普通高等院校城乡规划专业系列规划教材

城乡规划原理

CHENGXIANG GUIHUA YUANLI

朱深海 主编

中国建材工业出版社

图书在版编目(CIP)数据

城乡规划原理/朱深海主编 . —北京:中国建材
工业出版社,2019.1 (2024.1重印)
普通高等院校城乡规划专业系列规划教材
ISBN 978-7-5160-2363-1

Ⅰ.①城… Ⅱ.①朱… Ⅲ.①城市规划—中国—教材
Ⅳ.①TU984.2

中国版本图书馆 CIP 数据核字(2018)第 186476 号

内容提要

城乡规划的发展动态与新变化对其内容、方法提出了新的要求,本书结合近几年城乡规划的新观点和新方法,重点阐述中小城镇规划与设计的基本理论和方法,并对各专项规划和详细规划做了简单介绍。本书更新了《中华人民共和国城乡规划法》以及《城市用地分类与规划建设用地标准》(GB 50137—2011)颁布执行后的城乡规划的新内容,且与国家城市规划执业制度及其考试相结合,将执业考试的内容有机地结合到书中,直观且明确地阐述城市性质和类型、城市人口构成和规模、城乡用地分类标准,以更好地适应城市规划实践的需要。

本书可作为城乡规划专业教材,也可作为相关专业及从事城乡规划和建筑设计的人员的参考书。

城乡规划原理

朱深海 主编

出版发行:中国建材工业出版社
地　　址:北京市海淀区三里河路 11 号
邮　　编:100831
经　　销:全国各地新华书店
印　　刷:北京印刷集团有限责任公司
开　　本:787mm×1092mm　1/16
印　　张:20.5
字　　数:460 千字
版　　次:2019 年 1 月第 1 版
印　　次:2024 年 1 月第 7 次
定　　价:72.00 元

前 言

PREFACE

普通高等院校城乡规划专业系列规划教材

2007 年 10 月 28 日,第十届全国人民代表大会常务委员会第三十次会议通过《中华人民共和国城乡规划法》,自 2008 年 1 月 1 日起施行,《中华人民共和国城市规划法》同时废止,2015 年 4 月 24 日第十二届全国人民代表大会常务委员会第十四次会议通过对《中华人民共和国城乡规划法》作出修改。2014 年 10 月 29 日,国务院以国发〔2014〕51 号文件印发《国务院关于调整城市规模划分标准的通知》,对原有城市规模划分标准进行了调整。为了进一步落实新时期城乡统筹、多规合一的发展要求,强化全域土地用途管制,住房城乡建设部于 2017 年组织对《城市用地分类与规划建设用地标准(GB 50137—2011)》作出修订。2018 年 5 月 21 日,住房城乡建设部办公厅发布关于国家标准《城乡用地分类与规划建设用地标准 GB 50137(修订)(征求意见稿)》公开征求意见的通知。

以上新变化对城乡规划的内容和方法提出了新要求,本书融入最近几年城乡规划的新观点和新方法,更新了《中华人民共和国城乡规划法》颁布执行后以及《城市用地分类与规划建设用地标准》GB 50137(修订版)发布后的城乡规划的新内容,并且与国家城市规划执业制度及其考试相结合,将执业考试的内容有机地结合到本书中。

本书共由 12 章组成。第 1 章和第 2 章回顾了城市、城市化及城市规划学科的产生与发展。第 3 章介绍城乡规划的 4 个子系统。第 4 章讲述城镇体系的概念与演化规律以及城镇体系规划的编制内容。第 5 章是城乡规划的重要内容，着重介绍城市总体规划基础研究、城镇空间发展布局规划以及城市用地布局规划。第 6 章至第 10 章简单介绍各专项规划和详细规划，包括城市综合交通规划、控制性详细规划、修建性详细规划、城市工程系统规划和城乡住区规划。第 11 章主要介绍镇、乡和村庄规划。第 12 章阐述城乡规划实施管理的方法与制度。

本书编写过程中参考了大量的已有教材相关内容，并得到吉首大学教材建设立项资助，在此表示衷心感谢，希望本书编写能够对城乡规划原理课程的教学有所贡献。限于作者的水平和认识上的局限性，书中存在谬误实属难免，望广大读者批评指正，不吝赐教，以便在后续版本中更正。

编　者
2018 年 9 月 1 日于吉首大学张家界校区

城乡规划原理

目 录

CONTENTS

城乡规划原理

第1章
城市与城市的发展

主要内容：

城市的产生与发展、城市化

学习要求：

(1) 了解城市的产生与发展的过程与趋势。

(2) 掌握城市、城市化的概念。

1.1 城市的产生

城市是随着人类社会生产的发展和社会分工的出现，在原始社会向奴隶社会过渡的时期，由原始居民点分化而产生的。人类社会大分工是城市产生的根本动因。城市的产生与人类技术的进步和阶级的形成是密不可分的。

1.1.1 原始居民点的产生

在人类刚刚形成的原始社会中，当时的原始人以狩猎和采集为生，过着穴居和树居等生活，没有固定的居民点。

原始社会经历了旧石器时代、中石器时代和新石器时代三个漫长的阶段。

旧石器时代人类以直接打制的石器为主要劳动工具，从距今300万年延续到1万多年以前，当时人们群居在山洞里（穴居）或群居在树上（巢居），以一些植物的果实和根茎为食物，同时集体捕猎野兽、捕捞河湖中的鱼蚌来维持生活。旧石器时代中期，人的手已经较为灵活，石器制作技术提高，可制砍伐器、投掷的石球及木棍，开始集体狩猎及围猎，仍然以穴居和巢居为主。旧石器时代晚期生产能力进一步提高，生产方式为采集和渔猎，学会制造火，生活范围扩大。

在世界范围内，中石器时代大约开始于距今1.2万年，结束于农业的出现。原始人直接取之于自然的攫取性经济高涨，并孕育向生产性经济的转化。经济生活仍然基本上是渔猎和采集。因原来适应寒冷气候的大型动物消失，原始人改以猎取中小型野兽为主，其中大宗的猎物是鹿类。狗已成为家畜，在欧洲和西亚的一些地方，可能已开始驯养猪或山羊。随着人们采集活动经验的积累，在西亚一些地区，采集目标逐渐集中于大麦、小麦等野生禾稼，这可看作是农业起源的前奏。人们还以从水域中获取更多的鱼、贝类，以丰富食源。中石器时代，继续使用直接打制的大型石器，而占主体地位、间接打制的细石器工艺更为成熟，出现用细石片镶嵌在骨木柄上的箭、刀等复合工具。镖、锥等骨器也较为精良实用。弓箭的普遍使用，使狩猎效率大为提高。总之，整个渔猎采集经济比旧石器时代有了长足进步。人们除依旧利用自然洞穴栖息外，还有了季节性的窝棚居址。

新石器时代大约从1万年前开始，结束时间世界各地不尽相同，从距今5000多年至2000多年不等。新石器时代以使用磨制石器为标志，是原始社会的繁荣时期并正向阶级社会过渡。中国的新石器时代是原始社会氏族公社制由全盛到衰落的一个历史阶段。它以农耕和畜牧的出现为划时代的标志，表明已由依赖自然的采集渔猎经济跃进到改造自然的生产经济。磨制石器、制陶和纺织的出现，也是这一时代的基本特征。因而，新石器时代在中国历史上是古代经济、文化向前发展的新起点。

新石器时代的人类在长期的采集劳动实践中，逐渐发现了一些植物的生长规律，并摸索到了栽培的方法，同时开始使用经过磨光或钻孔加工的工具，从而产生了原始农业。在长期的狩猎劳动实践中，发现一些动物可以驯化成家畜，于是开始出现了原始畜牧业。由"采集"和"狩猎"产生出原始农业和原始畜牧业的分工，是人类社会第一次社会大分工。原始农业和原始畜牧业的出现，使人类能够通过自身的劳动来增加动植物的生产。生活有了保障，人口不断增长，人类开始过着比较安定的生活。

新石器时代的后期，开始出现固定的原始居民点。原始居民点的出现是人类社会第一次社会大分工的产物。早期的原始居民点多发育于自然资源较为优越的地区，大多靠近河流、湖泊，那里有丰富的水源、肥沃的土地，适于耕作，宜于居住。中国的黄河中下游、埃及的尼罗河下游、西亚的两河（幼发拉底河、底格里斯河）流域，是农业发展最早的地区，在那里最早出现原始居民点。

原始居民点一般选址在近水的二级阶地或向阳坡地上，便于取水，利于卫生。居民点内建筑成群、成片，有一定的功能分区。为了抵御野兽的侵扰和其他部落的袭击，往往在原始居民点外围挖筑壕沟，或者用石头、土、木等材料筑成墙、栅栏等。从已发掘的距今6000多年的西安姜寨遗址可以看出，原始居民点已经有简单的功能分区：该村落由居住区、葬墓区和陶窑区三部分组成。居住区西邻临河，东、南、北三面是人工挖掘的围沟，围沟和临河组成屏障，用来防御外来侵袭。在围沟内是居住区，该区是由圆形排列的四、五个居住群落所组成。每个群落均有十四、五座小房子，围绕一个公用的大房子和一个中心广场，房子的门都朝向中心广场开着，可见中心广场是他们经常聚集活动的地方。在居住区的东南部有一座120平方米的特大房子，坐东面西，呈方形半地穴式，是氏族成员公共活动的场所，也是他们召开氏族议事会的地方，氏族中的重大事务都在这里集体决策（图1-1为姜寨聚落遗址）。姜寨聚落遗址于1972年春，被当地农民修整田地时发现的。此后到1979年，考古工作者对姜寨聚落遗址进行了历时8年的发掘，发现姜寨聚落遗址现存面积约为5万平方米，发掘面积达1.7万平方米。

图 1-1 姜寨聚落遗址（西安市临潼区）

1.1.2 原始居民点的分化与城市的产生

在公元前 3000 年左右，原始居民点分化成为从事农业生产人口居住的乡村和从事手工业、商业为主的城市。从生产力发展角度来看，城市出现的直接因素是手工业与农业的分离（第二次社会大分工）以及商业与手工业的分离（第三次社会大分工）。

随着铜器、青铜器和铁器的应用，开始出现大面积的农田耕作和伐林垦荒。农业在规模上的扩大，导致经营种类的增多。除了谷物种植以外，还经营园艺，栽培各种经济作物，把经济作物加工成油、酒等。随着经营规模的扩大和经营活动的丰富，各种手工操作，如金属加工、纺织、制陶、酿酒、榨油、造船、皮革加工等活动逐渐增多，操作者经验日益丰富，制作技术不断改进。既进行农耕、畜牧活动，同时又制作各种手工制品的人越来越难以胜任，于是有人脱离农业或畜牧业生产而转入手工业的专门化发展。专职的手工业者逐渐增多，手工业终于从农业活动中分离，成为一个独立的生产部门。

第三次社会大分工是指原始社会晚期商人阶层的产生。随着生产力的不断提高，生产品有了剩余，这就产生了交换的条件和需求。我国古代文献易经曾有记载：日中为市，至天下之民，聚天下之货，交易而退，各得其所。这是对货物交易的较早记载。其实产品交换很早就发生了，至少不晚于第一次社会大分工的出现。但是只有在两次社会大分工之后，交换才得到了长足的发展。交换的不断发展和扩大，使商品生产出现并发展，又反过来促进了交换的进一步发展。交换规模扩大，品种增多，各个生产者和消费者之间直接的产品交换越来越不便利，于是专事交换的中间人——商人应运而生。不间断的交换活动使部分脱离生产的商人得以为生。交换的场所也固定了，即所谓的市。

这时候，原始居民点也出现了分化，一些交通便利，或者地理位置优越，人口较多，需求旺盛的居民点，逐渐发展成手工业中心和货物交易中心，成为早期的城市。

而以农业为主要产业的居民点就形成了农村居民点。

有了剩余产品，也就缓慢产生了私有制，原始生产关系开始解体，出现了阶级，出现了奴隶制社会。而城市也是随着私有制和阶级分化产生的。城市的出现是原始社会向奴隶社会发展过程中的产物，是阶级对立的产物。根据考古发现，人类历史上最早的城市出现在公元前 3000 年的两河流域。

1.2 城市的定义与市（镇）建制标准

1.2.1 城市的定义

从我国文字的字义来看，"城"指四面围以城墙，具有防卫意义的军事据点；"市"为交易场所，即"日中为市""五十里有市"的市。但是有防御城垣的居民点并不都是城市，有的村寨也设防御的墙垣。作为交易场所的居民点也并非都是城市，如我国大量集镇都成为周围村民的赶集场所。所以从字义来看，城市就是有一定防御能力的、具有商业功能的、有一定人口的居民点。

国内外的学者，从经济、社会、地理、历史、生态、政治、军事等不同的角度，对城市下过各种各样的定义，其数量不下几十种。地理学者认为，城市是建筑物和基础设施密集地区，是一种本质不同于农村的空间聚落；社会学家认为，城市之所以为城市，主要是城市形成一种特有的生活方式——城市性，就是指社会活动的形式和在由众多异质的个人组成的相对稳定的聚居地中出现的组织；经济学者认为，城市是工业和服务业经济活动高度聚集的结果，是市场呼唤的中心；人口学家认为，城市是人口高度聚集的地区，人口规模和密度是判断城市的标准。虽然各个学科从不同角度对城市进行了定义，但至今未有一个公认的定义，"要给城市下一个准确的定义，是一件比较困难的事情。城市的定义已经成了著名的难题"。美国城市学理论家刘易斯·芒福德指出："人类用了 5000 多年的时间，才对城市的本质和演变过程获得了一个局部的认识，也许要用更长的时间才能完全弄清它那些尚未被认识的潜在特性"。

中华人民共和国国家标准《城市规划基本术语标准》GB/T 50280—1998 对城市（城镇）定义为：以非农业和非农业人口聚集为主要特征的居民点，包括按国家行政建制设立的市和镇。

1.2.2 市（镇）建制标准

1993 年，国务院国发 38 号文《国务院批转民政部关于调整设市标准报告的通知》中指出："为了适应经济、社会发展和改革开放的新形势，适当调整设市标准，对合理发展中等城市和小城市，推进城市化过程，具有重要意义。"1992 年以前的新设市中，不少市的市政建设和第二、三产业是有明显进展的，对促进区域城市化是有一定意义的，其中不失有部分市的设置是合理的。然而，由于各地对"城市化"不甚理解，某些县市的设置打乱了行政区域的划分和行政机构的合理设置，造成对城市化的误导，并利用建市圈地出卖谋利等，出现了种种弊端。1997 年，国务院作出了"暂停审批县改市"的决定，民政部也对撤县设市进行了严格管理与控制。2013 年 1 月 24 日，民政部一次性批准吉林扶余县改市、云南弥勒县改市，被部分业内人士看作是冻结多年的县改市即将解禁。

世界各国设置城市的标准不同，主要指标为：行政级别、人口数量和人口密度、非农业人口比例和服务设施。

我国的市、镇建制标准前后经历过好几次变动。中华人民共和国成立初期，规定：人口在 5 万人以上的城镇予以设市。后来，为适应各时期国家城市发展的指导方针，我国曾数次制定和修订了设市标准。

新中国第一个正式颁布的设市标准是 1955 年 6 月国务院制定的《关于设置市镇建制的决定》，其设市的基准门槛是"聚集人口在 10 万人以上的城镇，可以设置市的建制"，要求"人口在 20 万人以上的市，如确有分设区的必要，可以设市辖区"。若聚居人口不足 10 万，必须是重要工矿基地、省级地方国家机关所在地、规模较大的物资集散地或边远地区的重要城镇，确有必要时，也可以设市。规定县级或者县级以上地方国家机关所在地或常住人口 2 000 以上、居民 50％以上为非农业人口的居民区可以设置镇的建制，少数民族地区标准从宽。当时，还把常住人口不足 2 000 人，但在 1 000 人以上，非农业人口超过 75％的地区以及休疗养人数超过当地常住人口 50％的疗养区列为城镇型居民区。

1958 年，受"大跃进"和人民公社的影响，市镇超常发展，但紧接着的 3 年自然灾害，国民经济严重受挫。为此，根据精简城镇人口的方针，中共中央、国务院于 1962 年发布了《关于当前城市若干问题的指示》，要求从严审查市镇。在此基础上，1963 年又发布了《关于调整市镇建制缩小城市郊区的指示》，虽然没有在人口数量上提高设市标准，却由于要求"在完成精减职工、减少城镇人口任务和缩小郊区后聚集人口仍然在 10 万人以上"，所以其要求更加严格。这个标准适应了我国 20 世纪 60 年代初期国民经济的严峻形势，是解决当时经济困难、调整城乡关系和工农关系的一项重要措施。设镇的下限标准提高到聚居人口 3 000 以上，非农业人口 70％以上或聚居人口 2 500～3 000 人，非农业人口 85％以上。

改革开放后，为适应新的发展形势，1983 年 5 月，民政部和劳动人事部在向国务院上报的《关于地市机构改革中的几个主要问题的请示报告》中提出"整县改市"的标准，其基准门槛是"县政府驻地的非农业人口在 8 万人以上，县政府驻地非农业人口占全县总人口 20％以上且工业年产值要在 2 亿元以上"。在此报告试行两年多的基础上，1986 年 4 月，国务院批转了《民政部关于调整设市标准和市领导县条件的报告》，分别对撤镇设市和撤县设市规定了标准。镇改市的基准标准是非农业人口 6 万人以上，年国民生产总值 2 亿元以上，已成为该地区的经济中心。县改市的基准标准是对于总人口 50 万人以下的县，要求县政府驻地的非农业人口在 10 万人以上，常住人口中农业人口不超过 40％，年国民生产总值要在 3 亿元以上；对于总人口 50 万人以上的县，要求县政府驻地的非农业人口在 12 万人以上，常住人口中农业人口不超过 40％，年国民生产总值要在 4 亿元以上。

我国现行的设市标准是 1993 年 5 月《国务院批转民政部关于调整设市标准的报告》，调整的要点是采取了分类指导的原则和增加了考察的指标，根据所在地区的人口密度，以及相应的人口指标、经济指标和基础设施指标考虑城市的设置（表 1-1）。

表 1-1 我国现行的设市标准

指　　标		县　　级　　市			地级市
		原来县的人口密度（人/平方千米）			
		＞400	100～400	＜100	
人口	县城镇人口中非农产业人口	≥12 万人	≥10 万人	≥8 万人	市区人口中非农产业人口＞25 万人
	非农户口人口	≥8 万人	≥7 万人	≥6 万人	市政府驻地非农户口人口＞20 万人
	县总人口中非农产业人口（占比）	≥15 万人（≥30%）	≥12 万人（≥25%）	≥10 万人（≥20%）	
经济	全县乡镇以上工业产值	≥15 亿元	≥12 亿元	≥8 亿元	工农业总产值＞30 亿元
	占工农业总产值百分比	≥80%	≥70%	≥60%	工业产值占比＞80%
	全县 GDP	≥10 亿元	≥8 亿元	≥6 亿元	GDP＞25 亿元
	全县第三产业占 GDP 百分比	＞20%	＞20%	＞20%	第三产业占 GDP＞35%
	地方预算内财政收入	≥100 元/人 ≥6 000 万元	≥80 元/人 ≥5 000 万元	≥60 元/人 ≥4 000 万元	地方预算内财政收入＞2 亿元
基础设施	自来水普及率	≥65%	≥60%	≥55%	
	道路铺装率	≥65%	≥55%	≥50%	
	排水系统	较好	较好	较好	

现行的设镇标准是 1984 年正式颁布的。这一年撤销人民公社，恢复乡作为县以下的乡村基层行政单位。规定 20 000 人以下的乡，假如乡政府驻地非农业人口超过 2 000 人的，可以撤乡建镇；总人口在 20 000 人以上的乡，乡政府驻地非农业人口占全乡人口 10% 以上的，也可以撤乡建镇。县政府所在地均应设镇的建制。少数民族地区、人口稀少的边远地区、山区和小型工矿区、小港口、风景旅游区、边境口岸等地，非农业人口虽不足 2 000 人，如确有必要，也可设镇。

1.3　城市的发展

城市的产生、发展和建设都受到社会、经济、文化科技等多方面因素的影响。城市是人类适应集居中对防御、生产、生活等方面的要求而产生，并随着这些要求的变化而发展。人们的集居形成社会，城市建设要适应和满足社会的需求，同时也受到科学技术发展的促进和制约。

城市的发展，大体上可分为三个大的发展阶段，即农业社会阶段、工业社会阶段和后工业社会阶段。也可把城市划分为古代城市和近代城市。

1.3.1　农业社会的城市

在农业社会历史中尽管出现过少数相当繁荣的城市，如我国的唐长安城和西方的古罗马城，并在城市和建筑方面留下了十分宝贵的人类文化遗产，但农业社会的生产力十分低下，对于农业的依赖性决定了农业社会的城市数量、规模及职能都是极其有限的，城市没有起到经济中心的作用，城市内手工业和商业不占主导地位，而主要是政治、军事或宗教为中心。农业社会的后期，以欧洲城市为代表孕育了一些资本主义萌芽，文艺复兴和启蒙运动的出现，使得西方市民社会显现雏形，为日后技术革新中的城市快速发展奠定了思想领域的基础。

农业社会城市发展很慢，绵延时期很长，城市人口占总人口的比重很少，直至1800 年，世界城市人口的总数为 2 930 万人，占世界总人口的 3％左右；城市规模很小，当时具有代表性的规划思想认为，一个理想城市的居民人数不要超过 1 万人，13世纪的欧洲城市人口很少超过 5 万人；城市功能单一，主要为行政管理、宗教活动、军事、手工业或商业中心等；城市的结构和形态都较单纯，城市多以王宫、庙宇、教堂、官邸以及其他大型公共建筑为中心，布局上体现出阶级对立的思想或者礼仪思想。

1.3.2　工业社会的城市

从 18 世纪后期开始的工业革命从根本上改变了人类社会与经济发展的状态。工业化带来生产力的空前提高及生产技术的巨大变革，导致了原有城市空间与职能的巨大重组，而且促进了大量新兴工业城市的形成，城市逐渐成为人类社会的主要空间形态与经济发展的主要空间载体。蒸汽机的发明和交通工具的革命以及工业生产本身的扩张趋势，加速了人口和经济要素向城市聚集，使城市规模扩张、数量猛增，产生了世界性的城镇化浪潮，城市真正成为国家和地区的经济发展中心。

工业社会城市大量兴起，城市人口迅速增加；工业生产成为城市为主要职能；城市功能和用地类型多样化，环境人工化；城市问题大量出现，如土地问题、住房问题、交通问题、环境污染问题、社会问题等；城市分布不均衡，形成区域性的城市密集区，沿海岸线或淡水河流、内河入海口、资源富集地区分布。

1.3.3　后工业社会的城市

有越来越多的学者认为我们正在逐步进入后工业社会，概括而言，后工业社会的生产力将以科技为主体，以高技术（如信息网络、快速交通等）为生产与生活的支撑，文化趋于多元化。城市的性质由生产功能转向服务功能，制造业的地位明显下降，经济呈服务化。高速公路、高速铁路、超音速飞机等现代化运输工具大大削弱了空间距离对人口和经济要素流动的阻碍。环境危机日益严重，城市的建设思想也由此走向生态觉醒，人类价值观念发生了重要变化，并向生态时代迈进。后工业社会种种因素导致了人们对未来城市发展形态及空间基础的多种理解，也为城市研究、城市规划设计提供了一个无比广阔的遐想空间。

后工业社会城市成为金融服务业、文化活动、国际贸易活动以及高科技活动的中心；发达国家从乡村到城市的人口迁移逐渐退居次要地位，一个全新的规模庞大的城乡人口流动的逆过程开始出现。据统计，几乎4 000万（占全美国人口的1/5）的美国人因变换工作及其他原因，每年至少搬家一次，而人口的主要流向是城市中上阶层人口移居市郊或外围地带，这就是所谓郊区城市化。人口和财富进一步向大城市集中，不仅使大城市数量急剧增加，而且大城市在地域空间不断扩展，出现了超级城市、巨城市、城市集聚区和大都市带等新的城市空间组织形式；城市生态环境问题仍然突出，如大气和水质的恶化、热岛效应、人口拥挤等问题依然没有得到解决。

1.3.4　古代城市的发展

古代城市是指工业革命以前农业社会时期的城市，城市发展很慢，绵延时期很长，城市人口占总人口的比重很少，直至1800年，世界城市人口的总数为2 930万人，占世界总人口的3‰左右。古代城市规模很小，当时具有代表性的规划思想认为，一个理想城市的居民人数不要超过1万人，13世纪的欧洲城市人口很少超过5万人。古代城市功能单一，大部分城市作为单一的行政管理、宗教活动、军事、手工业或商业中心等。古代城市的结构和形态都比较单纯，城市多以王宫、庙宇、教堂、官邸以及其他大型公共建筑为中心，布局上体现出阶级对立的思想或者礼仪思想。

这一时期的城市发展主要满足以下四方面的要求：政治、经济、社会发展和防御。

最初，人类的固定定居点具有防御性要求，其目的是为了防御野兽的袭击和部落之间的战争。在我国的殷商时期，就出现了土筑的城墙，到周以及春秋、战国时期，由于战争频繁，形成了古代史上一个筑城的高潮时期，当时诸子百家之一的墨家，在其文献《墨子》中就记载了最早的城市建设和城市规划的方法。此后，一直到清代，战争防御一直是我国古代城市的一个重要职能。从城市平面上看，从最初的一套城发展成为两套城、三套城等。城的外侧有深而广的壕沟，高而大的城墙，这都是为了防御的需要。

在古代西亚的巴比伦城，也有明显的城墙、壕沟防御体系。欧洲的许多城市，如英国的伦敦、法国的巴黎等都是从罗马帝国的营寨城发展来的。在欧洲的中世纪时期，主要从防御要求出发，将封建主的城堡选在山顶上或者湖边、河边，或者在其外围开人工水沟，建设吊桥等。古代城市的这种防御功能一直持续到冷兵器战争的结束，到工业革命以后，随着火药技术的进步和普及，城市的防御功能开始下降。

社会的阶级分化与对立在城市建设方面也具有明显的反映。在中国的古代城市中，统治阶级专用的宫城居中心位置并占据很大的面积。商都殷城以宫廷为中心，近宫外围布置若干居住聚落（邑），居民多为奴隶主和部分自由民，各邑之间空隙地段大多数为农业用地。居住聚落的外圈为散布的手工业作坊，也有居穴。居穴可能是手工业奴隶栖息之所。再外围是疏松的环布的居邑，以务农为主，居住有下等自由民和农业奴隶，还有部分小奴隶主。三国时期的曹魏邺城以一条东西干道将城市划为两部分：北半部分为贵族专用，其西为铜雀园，正中为举行典礼的宫殿，其东为帝王居住和办公的宫廷，再向东为贵族专用居住区——戚里；南半部为一般居住区。隋唐长安城，中间靠北为统治阶级专用的宫城，其南为集中设置中央办公机构及驻卫军的皇城，均有城墙与其他东南西三面的一般居住坊里严格分开。坊里有坊墙坊门，朝开夕闭实行宵禁，以便于管制。

政治体制对城市建设也有直接的影响，最明显就是中国封建社会都城的建设，典型的布局如长安城、东都洛阳、元大都、南京等。欧洲的城市建设也是一样，差异是中国的城市中心是政权统治中心，如宫殿、政府衙门等。而欧洲封建城市中的中心往往是神权统治的中心——教堂。

经济带动城市的发展和繁荣，经济制度也直接影响城市的发展形态，也会带来城市的结构布局的变化。在整个漫长的封建社会中，小农经济是社会的经济基础，然而欧洲与中国在土地所有制上有很大的差别，中国是地主所有制，地主可通过其代理人向农民征收实物或货币地租，地主阶级尤其是大中地主可以离开农村集中居住在城市，而封建统治的官僚阶级本身即是地主阶级或他们的代表人物。欧洲是封建领主制，封建主大多住在自己的城堡或领地的庄园中。中国的城市是政治、经济生活的中心，而欧洲的政治中心在城堡，经济中心在城市。

商品经济的发展仍然是促进城市发展的主要因素。中国封建社会中，商品经济发展虽然缓慢，但在一些商路交通要地，河流的交会点等，商业发达。手工业集中，往往形成一些商业都会。这些都会在很长时期内兴盛不衰，虽屡受战火毁坏，但仍能原地重建，如苏州、扬州、成都、广州等。南北朝以后，政治军事中心仍在关中地区，而经济中心转移至江淮。隋代大运河修通后，在运河沿线，发展起繁荣的商业都会，如汴州（开封）、泗州、淮阴、扬州、苏州、杭州等。元代后，建都北京，南北大运河仍为经济命脉。天津、沧州、德州、临清、济宁等地也相继繁荣起来，与原来已有的一些商业城市形成一个沿运河的城市带，并与长江中下游一些商业城市如汉口、九江、芜湖、安庆、南京、镇江联系起来，成为中国经济发达的地带。

中国虽有很长的海岸线，航海技术也较为发达，但始终未把海外贸易作为发展经济的重要手段。沿海城市如泉州、广州、明州（宁波），宋元时期，由于海外贸易的发展，曾一度繁荣；到明朝中叶，为防御海寇侵扰，沿海修筑大量防卫的卫所，并实行闭关政策，所以未能作为发展的重点，而发展的重点却是内地沿江河的城市或地区性的中心城市，这一点与欧洲和美洲有很大的差异。

欧洲罗马帝国强盛时期，地中海沿岸尽为罗马帝国统辖。很早时期，这些地区发展了海上交通，一些港口城市成为商旅交通繁盛的中心。中世纪时期，一些海港城市、通航河流的重要渡口和交汇点成为商业都会，如意大利的威尼斯、那不勒斯，法国的马赛，德国的汉堡、莱比锡等。14—15世纪开辟印度和美洲新航路后，这些航路成为一些殖民国家称霸海上和掠夺殖民地的交通命脉。一些沿海港口城市，成为他们所统治的商业中心。城市发展往往由沿海城市带动内陆城市，如美洲是先发展东海岸的一些城市然后逐步发展中西部城市。

城市最初是由剩余产品交换的商市而产生的。随着生产力的提高，剩余产品的数量、种类增加，交换活动因之扩大，商市也由小变大，由不固定到固定的场所。中国在西周奴隶社会，有规模的交换活动被奴隶主贵族所控制，都城的宫市是为他们服务的。春秋到战国时期，为适应封建经济要求，开始打破由奴隶主贵族控制的宫市，在都城中出现了各阶层共同享用的市。汉长安城设有集中的九市，隋唐长安城有集中的、规模很大的东市和西市，这种集中的市规模大、管理严，但却不便于居民。北宋中叶以后，随着城市商品经济的进一步发展，汴州出现了店铺密集的商业街，城市的集中市制逐渐废弃。这一改变给城市的结构布局带来了变革。到封建社会后期，出现拥有大量雇工的大型作坊和资本主义生产关系的萌芽，这种发展对于城市的结构布局有一定的影响。

总的来说，在漫长的农业社会中城市的发展是非常缓慢的。中世纪后，随着手工业及商业的发展，特别是 16 世纪新航路和新大陆的发现，刺激了商品经济的发展和海上贸易的发展，城市的发展进入新的时期，城市的数目在迅速扩大，但这一时期的城市规模一般不大。

1.3.5　近代城市的发展

农业产业的产生，称之为第一次产业革命，而以 16 世纪末 17 世纪初期开始的第二次产业革命，称之为工业革命，从此开始了人类社会的工业化时代。而相应的城市发展从古代城市发展到了近代城市，或者说从农业化时代的城市发展成为了工业化城市。工业革命使整个社会生产方式发生了巨变。随着科技进步和机器体系的推广，自然经济趋于解体，分散的、小规模的手工操作被社会大生产所取代，分工与协作向纵深发展，城市工业主导了社会的产业结构，城乡对立加剧，殖民扩张盛行于世，阶级对抗形成，贫富差距悬殊分化，商品大潮势不可挡地在全世界展开，世界市场逐渐形成，主要表现为城市数量大幅度增加、规模急剧膨胀、分布的区域范围扩展。

近代城市的发展可以分为以下五个方面：

一是城市的工业化发展促进了人口的聚集，加速了城市化步伐。工业革命实际上是能源和动力的革命，工业革命使得人们开始摆脱了对风力、水力等天然能源的束缚，通过人工能源，可以把生产活动更加集中在某一地区，从而使得加工工业在城市得以迅速发展，并带动了商业和贸易活动，从而使得城市人口迅速膨胀，正如马克思所讲：人口也像资本一样集中起来。工业化吸收了大量的农业人口，使之转化为城市人口，同时城市工业用地和商业用地等的扩张，也吞并了城市周围的大量农业用地，失去土地的农民被迫进入城市，成为工人，这些都加速了城市化的发展。

二是工业化发展促进了城市布局的变化。城市居住区发生了变化，形成了以工厂为中心的工人居住区，以及为其提供生活服务的衣食住行服务业的集中；这种圈层式的发展模式，是工业化初期城市发展的典型形态。工业化发展到一定程度后，流通业高度发展，城市中出现了仓储用地等新的用地需求。人口的聚集，生活水平的提高，生活需求的多样化，促进了城市商业用地、公共事业用地和其他金融用地的需求。交通工具的发展和交通设施系统的快速发展对于城市交通系统的变革需求产生了非常大的影响。

三是城市与环境的关系。城市的发展、扩展过程，也是自然环境变为人工环境的过程。城市是人类改造自然环境最彻底的地方，使得城市居民减少了甚至是丧失了与原有自然环境密切接触的种种乐趣和优点。因此，在城市化和城市发展中如何处理好人工环境和自然环境之间的关系，成为现代城市规划学科的重要课题。

美国加州大学洛杉矶分校经济学教授马修·卡恩提出，不久的将来，世界上大多数的人都将在商业化的城市中生活和工作。数十亿人的生活质量将取决于自由市场经济的发展与绿色城市的关系。有的城市在人口增长时环境会恶化，而有的城市却可以保护甚至提高环境的质量。绿色城市拥有清洁的空气和水、干净的街道和公园，在面对自然灾难时有自我复原的能力，传染病的发病率也比较低。绿色城市同时鼓励绿色行为，比如鼓励人们使用污染相对较少的公共交通工具。公共健康专家研究发现了一种衡量城市环境质量的方法。他们主要关注空气污染、污水以及其他能造成疾病的环境因素会对人们的健康带来什么样的影响。根据这种方法，如果一个城市与环境有关的疾病的发病率较低，我们就称其为"绿色城市"。从宏观变化趋势而言，城市发展对城市环境会产生两种相反的效应，即规模效应（size effect）和质量效应（quality effect）。伴随着经济的增长，消费和生产的规模会扩大，能源消耗和碳排放量也随之增加；同时，人们对环境的偏好也逐渐上升，加上公共政策的激励，生产者和消费者都会偏好更"绿色"的技术、设备和产品，这也会减少能源消耗和碳排放量。城市环境库兹涅茨曲线是一个动态的、描述人均收入与城市环境质量（或污染程度）关系的曲线——随着城市人均收入的增加，城市环境质量将会经历先恶化再改善的过程（图1-2）。

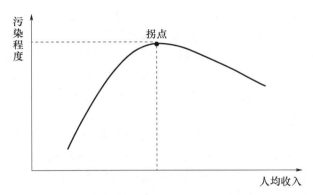

图 1-2 城市环境库兹涅茨曲线

四是科技的发展带来的城市聚集效益及高质量的城市生活。生产和人口的聚集促使城市发展，带来了前所未有的生产力的聚集，创造了巨大的物质财富。工业的发展、工业门类的增加、科技的进步和交流、多种产业的协作，给城市带来了巨大的聚集效益和规模效益。商品的交流和集散、信息的发达、人口的集中和流动使城市成为物流、人流、信息流的中心。科技的发展促进了市政工程及城市公用设施的发展，自来水、电灯、电话、煤气、公共汽车、电车、地下铁道、污水处理系统等技术上的不断改进，使城市的物质生活达到很高的水平。学校、剧院、图书馆、博物馆、娱乐设施的集中也使城市的文化生活水平不断提高。工业社会使城市高度发展，这是社会经济发展的必然结果，也是社会进步的表现。

五是近代城市发展带来一系列问题。工业社会使城市高度发展，但同时也出现了由于工业化及人口增加产生的土地问题、住房问题、交通问题、环境污染问题及社会问题等。城市畸形发展和扩张，工业生产在城市的高度集中，城市人口的急剧增长，破坏了城市生态系统的原有平衡，城市问题即"城市病"开始暴露并日趋严重。如交通拥挤、环境污染、布局混乱、用地不足、住房紧张、社会治安不良等一系列的问题，使城市居民的生产生活环境日益恶化。城市中心区逐渐开始衰落，形成所谓的腐烂中心。这些问题在城市规划中不断地被解决，也不断出现新的问题。

中国进入农业社会比西方早，而进入工业社会比西方晚。直至 1840 年鸦片战争后，资本主义生产方式及现代工业随着帝国主义势力的入侵进入中国，使东部沿海一些城市发生较大的变化，如由帝国主义侵占或由他们控制的租界发展起来的香港、大连、青岛、上海、汉口等，出现了近代工业、港口及一些现代的城市市政工程及公用设施。这些城市发展基本特征与西方近代城市相近，不同的是具有殖民地特征。而中国大部分地区的城市还处在农业社会阶段中。这种发展的不平衡也是近代中国社会及城市的特征。

中国近代城市的发展主要有以下几个方面的特点：

一是城市数量增加和规模扩大。城镇数量的增长、人口增长及城镇人口占总人口的比重等指标的统计分析表明，以 1900 年为界，前期我国的城镇数量增长比较缓慢，全国 2 000 人以上的城镇数量在 50 多年时间内只增长了 126 个。城镇人口由 1843 年的 2 070 万人，至 1893 年增至 2 350 万人，由占总人口的 5.1% 上升为 6.6%。后期城市发展较快，全国 5 万人口以上的城市，由 1893 年的 89 个迅速增长到 1936 年间的 160 个，几乎增加了 1 倍。1949 年，城镇人口增至 5 766 万人，占总人口的比重上升至 10.6%。

二是小城镇的普遍发展。商品流通的增大和部分农产品的商品化，是促进小城镇普遍发展的重要原因。据 1933 年的资料统计，当时全国总人口约 4.5 亿人，城市人口约 4 600 万人，约占全国总人口 10%，而生活在小城镇（规模 2 500～10 000 人）的人口则有 1 亿人之多，远远超出城市人口，占全国总人口约四分之一，可见我国半殖民地半封建时期小城镇所占有的重要地位。

三是城市经济结构上的商强工弱。经济结构一般是由资本投资结构所决定的。殖民资本是以资源掠夺和倾销工业产品为主要目的，工业投资只是殖民主义化的某种工具和手段。官僚资本目的在于为巩固其统治地位而服务，只是注重发展军事工业。民族资本实力弱小，对工业的投资明显不足。传统的城市商业与手工业的联系过于密切、保守、自我封闭，因此不可能在现代化的工业领域有所作为。这必定使民族工业遭受沉重打击，既丧失了产品市场，又得不到必要的原料。

四是城镇分布很不平衡。城镇主要集中分布在东部沿海地带和长江下游地区。该地区的城镇密度，1843 年达到 6.1～6.4 个/万平方千米，约为内地的 4.6 倍；1893 年沿海地区上升为 6.89 个/万平方千米；1936 年的城市密度高于内地约 6.7 倍。内陆地区的城市密度呈现停滞和衰落状态。如古城西安自近代开始至 1920 年，人口由上百万降至 20 万人；兰州人口由 1901 年的 65 万人，降至 1921 年的 32 万人。

1.3.6 第二次世界大战后现代城市的发展

1. 集中发展的同时，出现分散发展理论和实践

第二次世界大战中，欧亚大陆的许多城市受到战火的严重破坏。战后一段时间，城市都面临着恢复重建，许多城市都制定了重建及发展的城市规划，其中也不乏一些创新的思路。至 20 世纪 50 年代，世界范围内经过了经济恢复，进入新的发展时期。经济的恢复，工业的发展，也带来了城市化进程的加快，城市人口规模不断扩大，至

20世纪90年代，世界城市人口已达到总人口的50％。

城市的集中发展虽然在创造较高的经济效益，具有某些高水平的物质、文化生活质量。但同时出现城市远离自然，城市的建设及对自然环境的改造，使城市成为人类改造自然最彻底的地方，必然会带来一些生态环境的问题，如大气及水质的恶化、热岛效应、人口的拥挤等。所以在城市集中发展的同时，也出现城市分散发展的理论和实践，如在郊区建造卫星城，英国的新城运动等。

2. 城市的对外交通发展变化

城市的对外交通发展也有很大变化，航空、汽车取代了火车及轮船的运程或市际客运的地位，机场及航空港与火车客运站一样成为城市的"大门"，在有的城市中，竟然还取而代之。

国际经济的全球化，使海上货运有很大发展，船体的大型化、集装箱化，使城市及大型工业靠海发展致使港口城市的结构布局发生变化。

3. 城市中心的郊迁及老城市中心的"复苏"

第二次世界大战以后，在一些发达国家，由于城市中心居住环境的恶化、汽车交通的发达，出现了郊迁的现象，包括住宅区及一些工业企业，原来的城市中心地区出现衰退现象。但由于这些地区的区位优势，以及城市产业结构的转化，近年来一些城市由政府及企业采取土地置换、产业更新及财政政策与税收政策的倾斜，力使老城市中心地区"复苏"。例如，将原来的码头仓储用地再开发改为商贸或居住用地。

4. 城市发展上的差异

各国经济发展的不平衡，在城市的发展上也出现较大差异，发达国家已高度城市化，城市的空间扩展已逐渐为城市内部的更新改造所代替。在一些发展中国家，城市化的进程还要加快，城市的外延扩展已成为主要的发展形式，并呈现不同的发展形态，尤其是大城市呈中心向外圈层式扩展的形态；单中心沿交通干线的放射发展的形态；中心城与周边卫星城的发展形态；多中心开放组合式发展形态；以中心城为核心形成紧密联系的城镇群的形态，等等。

5. 城镇密集地区发展

第二、第三产业在城市中的集中，产业门类的增加与分工协作，使城市具有强大的聚集效益，使城市的规模不断扩张。城市强大的经济实力也使其向周围的地区及城镇具有强大的辐射效应。大量相互交换的物流、人流、信息流，使城市与区域城镇的联系更密切。大城市的原中心向外圈层式扩展的模式，逐渐向在空间上有隔离，由便利的交通网络联系，在产业上有协作及分工的城镇群，或城镇密集地区的方向发展。

第二次世界大战后世界经济的发展，世界经济的一体化趋势、跨国公司企业集团的发展，对一些发达的城镇密集地区的影响更大。例如，美国的东北部、芝加哥地区、西海岸城市带，日本的阪神地区，英国的东南部地区（伦敦、伯明翰、曼彻斯特），欧洲中部地区（德国、荷兰、法国）等。中国的城镇密集地区有以上海为中心的长江三角洲地区、广州为中心的原珠江三角洲地区、原京津唐地区、辽南地区、成都地区等。

6. 城市持续协调发展

由于经济的高度发展，人类对自然的改造及对地球资源的开发利用，渐渐发展到对环境的破坏，也危及到人类自身的生存环境，人们在严酷的事实中逐渐认识到"只有一个地球"的现实。1992年6月，在巴西里约热内卢召开环境与发展大会，会议通过关于环境与发展的《里约热内卢宣言》，提出了关于持续发展的号召，规划工作者也逐渐认识到把环境与城市持续发展的思想，体现在城市与区域的发展规划之中。

科学技术的发达带来物质生产的高度发达及人们物质生活的提高，同时也引发人们对精神文明的重视，对不可再生产的历史文化遗产的重视，对城市是人类历史文化发展的积淀成果这一特征的认同，认识到如何使高度发达的生产技术与传统的历史文化相和谐。全球经济一体化的趋势，以及交通的发展，各国之间经济、文化交流的密切，造成世界范围内的某种趋同性。如何与保持各民族及地区特色文化的多样性相协调，未来的城市应该是多色多彩的城市。

人工能源及加工工业的集中带来城市的发展、规模的扩大，是工业社会城市发展的模式。随着科学技术的发展，特别是以计算技术为代表的信息产业的发展，一些发达国家已进入后工业社会，即信息社会。计算机进入社会的各个方面，城市的办公、教育、医疗、购物等方面信息化、远程化，居住建筑功能扩大，生产分散化、小型化，这种种因素将促使城市发展形态、发展模式的变化。

1.4　城市化

城市化（或城镇化）是工业革命后的重要现象，城市化速度的加快已成为历史的趋势。

城市化有其一定的规律，研究各国城市化的历程，结合我国国情，预测城市化的趋势及水平，对当前的社会经济发展及城乡一体化进程有重要的意义。

1.4.1　城市化含义

1. 城市化（Urbanization）

城市化也称城镇化，是人类生产和生活方式由乡村向城市转化的历史过程，表现为乡村人口向城市人口转化以及城市不断发展和完善的过程。

城市化一般简单的释义为农业人口及土地向非农业的城市转化的现象及过程。具体包括以下几个方面：

（1）人口职业转变：即由农业转变为非农业的第二、第三产业，表现为农业人口的不断减少和非农业人口的不断增加。

（2）产业结构的转变：表现为第二产业和第三产业的结构比重不断提高，第一产业的比重相对降低。同时，农业完成现代化改造，农村产生大量剩余劳动力，转入到城市的第二、第三产业。

（3）土地及地域空间的变化：农业用地转化为非农业用地；居民居住形式由相对分散转化为较为集中的密度较高的居住形式，从与自然环境接近的空间转变为以人工环境为主的空间形态。比较集中的用地及较高的人口密度，便于建设较完备的基础设施，包括铺装的路面、上下水道、其他公用设施，可以有较多的文化设施，这与农村的生活质量相比有很大的提高。

城市化也可以称为城镇化，因为城市与镇均是城市型的居民点，均以第二、第三产业为主，其区别仅是文字使用的习惯或其规模的不同，"市"和"镇"尚有行政建制的区别。

2. 城市化水平（Urbanization Level）

城市化水平也称城镇化率，是衡量城市化发展程度的数量指标，一般用一定地域内城市人口占总人口的比重来表示。城市化水平也从一个方面表现社会发展的水平，表示工业化的程度。

城市化水平计算公式是：

$$PU = U \div P \times 100\%$$

式中　U——城市人口；

　　　P——总人口。

1.4.2　城市化进程的表现特征

1. 城市人口占总人口的比重不断上升

1950 年，世界城市化水平为 28.4%，1980 年上升到 41.3%，增加 12.9 个百分点，2008 年达到 50.01%，在世界范围内，居住在城市中的人口首次超过居住在乡村中的人口。2015 年世界城市化水平为 54.9%；预计 2020 年将达到 57.4%，世界城市人口占总人口的比重呈现不断上升的趋势。

2. 城市化水平与人均国民生产总值的增长成正比

美国经济学家兰帕德（E. E. Lampard）在《经济发展和文化变迁》第三卷中发表了一篇名为"经济发达地区城市发展历史"的文章指出，近百年来，美国城市发展与经济增长之间呈现一种非常显著的正相关，经济发展程度与城市化阶段之间有很大的一致性。

根据 1981 年美国人口咨询局的资料显示，不同经济类型的国家加权平均人均国民生产总值与其相应的加权平均城市化水平之间是一种很明显的相关关系，人均国民生产总值高的国家一般城市化水平也高。

诺瑟姆曾认为城市化水平与经济发展水平之间是一种粗略的线性关系，即经济发展水平越高城市化水平也越高。

周一星教授对 1977 年世界 157 个国家和地区的资料进行了统计分析，发现二者是一种十分明显的对数关系。

3. 产业结构中，农业、工业及其他行业的比重彼此消长

根据配第-克拉克定律，随着经济的发展，人均国民收入水平的提高，第一产业国民收入和劳动力的相对比重逐渐下降，第二产业国民收入和劳动力的相对比重上升，经济进一步发展，第三产业国民收入和劳动力的相对比重也开始上升。库兹涅茨等人对产业结构演变规律进行了更深入的研究，随着国民经济的发展，区域内第一产业实现的国民收入在整个国民收入中的比重与第一产业劳动力在全部劳动力中的比重一样，呈不断下降趋势；在工业化阶段，第二产业创造国民收入的比重及占用劳动力的比重都会提高，其中前者上升的速度会快于后者，在工业化后期特别是后工业化时期，第二产业的国民收入比重和劳动力比重会不同程度地下降；第三产业创造国民收入的比重及占用劳动力的比重会持续地处于上升状态，其中在工业化中前期阶段，其劳动力比重的上升速度会快于国民收入比重的上升速度。

4. 城市化水平高，也是农业现代化的结果

只有农业实现现代化的基础上，大量的农村人口（从事农业生产）才能从农业生产中解放出来，加入到工业化生产中去，转化为城市人口，所以从一定意义上说，农业的发展、农业的现代化，以及由此产生的农业人口剩余，是城市化的推动力和基本保证。

1.4.3 城市化的历史过程

城市化的进程，开始于 18 世纪的西欧产业革命，随着工业革命的深入，出现了大量现代化的工厂化大生产，资本和人口同时在城市集中起来，农民被剥夺了土地，被迫向城市集中，城市用地不断扩大，大量的农业用地转化为工业用地，转化为城市用地，大量的工业化城市由原来的小城镇和小城市发展起来。

美国城市地理学家诺瑟姆（Ray. M. Northam）在对英、美等西方国家工业化进程中城镇化率变化趋势进行分析的基础上，于 1979 年提出了城镇化发展的一般规律：一个国家或地区城镇化的轨迹为一条稍被拉平的"S"形曲线（即诺瑟姆曲线，图 1-3）。把城镇化过程大致分为三个阶段：

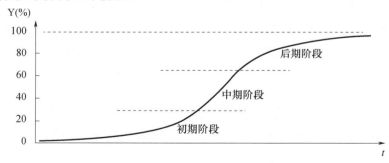

图 1-3　城市化发展的 S 形曲线

1. 初级阶段（城市化率小于 30%）

区域处于传统农业社会状态，此时社会的生产力水平尚偏低，城市化开始萌芽，

但发展速度缓慢，通过较长时期才能达到城市人口占总人口的 30％左右。

2. 中期阶段（城市化率大于 30％，小于 60％）

工业在区域经济和社会生活中占主导地位，经济实力明显增加，城市化速度加快，在不长的时期内，城市人口占总人口的比例达到 60％以上。欧美西方国家从 20 世纪30、40 年代到 70 年代末期，完成了这一阶段的转化，中国正处在这一阶段。

3. 稳定阶段（城市化率大于 60％）

农业现代化基本完成，农村剩余劳动力基本转化完毕，城市中第二产业发展稳定，而在技术进步、工业发展的基础上，城市人口中的一部分工业人口开始向第三产业转移。

1.4.4 中国的城市化进程

西方国家在 20 世纪中叶基本过渡到城市化的稳定阶段。我国从 19 世纪后半期开始城市化进程，但发展速度缓慢，发展也不平衡，直到 20 世纪 90 年代末期，还一直处于初期阶段。由于自然条件差异和社会经济发展的不平衡，东、中、西部地区的城市化水平存在着较大的差异。

1. 近代中国城市化

鸦片战争之前，我国是一个封闭的农业和人口大国。19 世纪初，世界 50 万人口以上的城市，中国就有 6 个（北京、江宁、扬州、苏州、杭州、广州）。全国城市的发展很不平衡，除了北京这样的全国政治中心外，大城市集中在商品经济比较发达的东南沿海地区，尤其是江浙两省。

鸦片战争以后，沿江、沿海城市开放，资本主义列强入侵。在这些地区又形成一批新的近代工商业城市，如上海、青岛、重庆等，其经济地位和城市规模逐渐超过传统的地区性政治或经济中心城市，如苏州、济南、成都等。

1895—1925 年，在中国实业家张謇推动下，南通为了发展近代工业和航运，开辟了新工业区和港区，建立了多核心的城镇体系，旧城内辟商场、兴学校、建博物馆、修道路，进行了近代市政建设。因此，南通被誉为"中国近代第一城"。

东北地区移民禁令取消后，由于其丰富的资源环境，资源城市、工矿城市在东北和华北地区迅速发展。在 20 世纪 30 年代东北沦陷后，日本侵略者进行了交通和工矿开发，该地区成为我国最早的工业基地，沈阳、长春一系列大中城市建设形成。

1949 年，中国的城市化水平仅刚刚越过 10％。但长江三角洲和原珠江三角洲等地形成了相对密集的城市区域，以及巨大的地区中心城市，如上海人口已达到 500 万人、广州人口达到 130 万人。华北地区的北京、天津两大城市人口在 200 万人左右，东北地区的沈阳人口达到 100 万以上。

2. 中华人民共和国成立后的城市化进程

（1）改革开放前。

从 1949 年后到改革开放以前，中国的城市化呈现出以下几个特点：

① 政府是城市化动力机制的主体。

② 城市化对非农劳动力的吸纳能力很低。

③ 城市化的区域发展受高度集中的计划体制的制约。

④ 劳动力的职业转换优先于地域转换。

⑤ 城市运行机制具有非商品经济的特征。

1949 年后，国家对于城市化曾明确指示"城市太大了不好""要多搞小城镇"。中国走出了一条"积极推进工业化，相对抑制城市化的道路"，造成了在社会结构上的深刻二元化。从 1949 年到 1978 年"三中全会"以前，中国的城市化相当缓慢，在 1950 至 1980 年的 30 年中，全世界城市人口的比重由 28.4％上升到 41.3％，其中发展中国家由 16.2％上升到 30.5％，但是中国仅由 11.2％上升到 19.4％。

许多学者赞同在上述时期，中国城市化呈现出显著的波动现象，大致还可细分为"一五"计划时期（1953—1957 年），大跃进及国民经济恢复时期（1958—1965 年），以及"文革时期"（1966—1976 年）来进行分析。各个阶段都出现了对于城市化健康发展非常不利的影响因素。

有学者认为，该阶段中国城市化水平滞后的现象，是与改革开放前中国所选择的经济发展战略分不开的。因为这种城市化的缓慢并不是建立在工业发展停滞或缓慢的基础上。相关数据指出，改革开放前的 29 年，中国的工业和国民经济增长速度并不算慢，工业总产值 1978 年比 1949 年增长了 38.18 倍，工业总产值在工农业总产值中的比重，由 1949 年的 30％提高到 1978 年的 72.2％。非农产业在国民收入构成中的比重，也由 1949 年的 31.6％上升到 1978 年的 64.6％。因此，这是城市化滞后于工业化发展的独特现象。实际上，重工业对于劳动力的吸收能力较小，因此，带动城市化同步增长的能力较差。

总的来讲，这段时期，各种具体制度造成了城乡之间的巨大差异，构成了城乡之间的壁垒，阻止了农村人口向城市的自由流动。形成了城乡之间相互隔离和相互封闭的"二元社会"，城市化进程明显迟滞。

（2）改革开放后。

改革开放以来，我国城镇发展的动力机制发生了巨大变化，城市化模式由计划经济体制下的"自上而下型"，逐步演变为社会主义市场经济体制下多元并行的发展格局。城镇的数量和规模迅速增加，城镇建设量大而广，传统的城乡二元结构发生重大变化。

城市化进程在中央宏观政策的逐步调整和地方改革实验和探索中前进。

改革开放初期，农村经济体制改革，"上山下乡"的知识青年和下放干部返城并就业，恢复高考也使得一批农村学生进入城市；城乡集市贸易开放，农民向城镇流动并暂住；乡镇企业开始崛起，促进了小城镇的发展。区域经济发展出现了著名的"温州模式""苏南模式"和"珠江模式"。在 1980 年，国务院批转的《全国城市规划工作会议纪要》中强调"控制大城市规模，合理发展中等城市，积极发展小城市"，体现了政府在这一时期对人口流入大城市所带来的各种问题的担忧。

20 世纪 80 年代，城市经济蓬勃增长，乡镇企业和城市改革双重推动城市化发展。在沿海地区，出现了大量新兴的小城镇。20 世纪 80 年代末期，中国经济已经高度对外开放，大规模的农村务工人口应运而生。为控制人口流动给大城市建设带来的压力，

1990年开始执行的《城市规划法》强调："严格控制大城市规模，合理发展中等城市和小城市。"

随着经济全球化的浪潮，借鉴发达国家的城市化经验，以多年来国民经济和国家财力的积累，国家把城市化当成重要的发展战略予以提出。2000年10月，中共中央关于国家"十五"计划的建议中，明确了把积极稳妥地推进城镇化，作为必须着重研究和解决的重大政策性问题。近年来，中国城市化的方针已发生了重大调整。2002年11月，"十六大"报告明确提出："坚持大中小城市和小城镇协调发展，走中国特色的城镇化道路。"2005年，中共十六大报告提出"大中小城市和小城镇协调发展"的思路，逐步取代了"严格控制大城市规模、合理发展中等城市和小城市"的方针。

2007年是中国城市化进程中重要的一年。面对人口、资源、环境之间的种种矛盾，这一年我国相继颁布《城乡规划法》《物权法》，建立健全了经济适用房制度，为我国城市化的发展提供了法律保证。同时随着《节约能源法》的修订出台以及对节能、减排、水污染治理工作的开展和发展城市公交措施的推出，显示出中国城市化进程进入了以倡导法制、人文、环保新的发展模式。

改革开放40年来，城市化已成为推动我国经济增长、社会进步的重要手段。我国城市化水平从1978年的17.9%左右提高到2017年的58.5%，设市城市从193个发展到655个，建制镇从2 173个发展到21116个，城镇人口达到8.13亿人。初步形成了十大城市密集区，其中长江三角洲、港珠澳大湾区、京津冀地区三大城市密集区发展相对成熟。辽中南地区、关中地区、山东半岛地区、闽东南地区、江汉地区、中原地区、成都地区、重庆地区等，其产业聚集和人口聚集加速，形成了较为完善的城镇体系，成为正在走向成熟的城市密集区。

3. 国家新型城镇化政策

《国家新型城镇化规划（2014—2020年）》（下称《规划》）于2014年3月16日发布，《规划》明确了未来城镇化的发展路径、主要目标和战略任务，统筹相关领域制度和政策创新，是指导全国城镇化健康发展的宏观性、战略性、基础性规划。

《规划》强调，要紧紧围绕全面提高城镇化质量，加快转变城镇化发展方式，以人的城镇化为核心，有序推进农业转移人口市民化；以城市群为主体形态，推动大中小城市和小城镇协调发展；以综合承载能力为支撑，提升城市可持续发展水平；以体制机制创新为保障，通过改革释放城镇化发展潜力，努力实现城镇化水平和质量稳步提升、城镇化格局更加优化、城市发展模式科学合理、城市生活和谐宜人、城镇化体制机制不断完善的发展目标。

《规划》提出，要实施好有序推进农业转移人口市民化、优化城镇化布局和形态、提高城市可持续发展能力、推动城乡发展一体化四大战略任务。要加强制度顶层设计，尊重市场规律，统筹推进人口管理、土地管理、财税金融、城镇住房、行政管理、生态环境等重点领域和关键环节体制机制改革，形成有利于城镇化健康发展的制度环境。

2016年2月2日，国务院以国发〔2016〕8号印发《关于深入推进新型城镇化建设的若干意见》（下称《意见》）。该《意见》分总体要求、积极推进农业转移人口市民化、全面提升城市功能、加快培育中小城市和特色小城镇、辐射带动新农村建设、完善土地利用机制、创新投融资机制、完善城镇住房制度、加快推进新型城镇化综合试点、健全新型城镇化工作推进机制 10 部分 36 条。

《意见》指出，新型城镇化是现代化的必由之路，是最大的内需潜力所在，是经济发展的重要动力，也是一项重要的民生工程，要总结推广各地区行之有效的经验，深入推进新型城镇化建设，充分释放新型城镇化蕴藏的巨大内需潜力，为经济持续健康发展提供持久强劲动力。

《意见》提出，要坚持走中国特色新型城镇化道路，以人的城镇化为核心，以提高质量为关键，以体制机制改革为动力，紧紧围绕新型城镇化目标任务，加快推进户籍制度改革，提升城市综合承载能力，制定完善土地、财政、投融资等配套政策。

《意见》强调，深入推进新型城镇化，要坚持点面结合、统筹推进，着力解决好"三个 1 亿人"城镇化问题，全面提高城镇化质量，充分发挥国家新型城镇化综合试点作用，带动全国新型城镇化体制机制创新；坚持纵横联动、协调推进，加强部门间政策制定和实施的协调配合，推动相关政策和改革举措形成合力，加强部门与地方政策联动，确保改革举措和政策落地生根；坚持补齐短板、重点突破，加快实施以农民工融入城镇、新生中小城市培育发展和新型城市建设为重点的"一融双新"工程，瞄准短板，优化政策组合，弥补供需缺口。

第 2 章
城市规划学科的产生和发展

主要内容：

（1）古代的城市规划思想。

（2）现代城市规划思想。

（3）当代城市规划思想方法的变革。

（4）新中国城市规划的实践与展望。

学习要求：

（1）了解古代的城市规划思想。

（2）知道并理解现代城市规划的各种理论及当代城市规划的思想方法。

（3）了解我国城市规划工作的历史及所面临的问题。

2.1 古代的城市规划思想

经过了漫长的历史，人类在为生存奋斗的实践中，逐步认识如何改善自我的生存环境，使之满足生存安全、生活及生产的需要。从现有资料可以看出，世界各地原始群居地点的选择和居民点的选址，普遍利用有利地形，建在近水、向阳和避风的地段。而居民点内部的空间结构，则充分体现了原始社会人类的社会关系、生产关系以及与自然环境的共存关系。

2.1.1 中国古代的城市规划思想

中国古代文明中有关城镇修建和房屋建造的论述，总结了大量生活实践的经验，其中经常以阴阳五行和堪舆学的方式出现。虽然至今尚未发现有专门论述规划和建设城市的中国古代书籍，但有许多理论和学说散见于《周礼》《商君书》《管子》和《墨子》等政治、伦理和经史书中。

夏代（公元前 21 世纪起）对"国土"进行全面勘测，人们开始迁居到安全处定居，居民点开始集聚，向城镇方向发展。夏代留下的一些城市遗迹表明，当时已经具有了一定的工程技术水平，如陶制的排水管的使用及夯打土坯筑台技术的采用等，但总体上，在居民点的布局结构方面都尚原始。夏代的天文学、水利学和居民点建设技术为以后中国的城市建设规划思想的形成积累了物质基础。

商代开始出现了我国的城市雏形。商代早期建设的河南堰师商城，中期建设的位于今天郑州的商城和位于今天湖北的盘龙城，以及位于今天安阳的殷墟等都城，都已有发掘的大量材料。商代盛行迷信占卜，崇尚鬼神。这直接影响了当时的城镇空间布局。

中国中原地区在周代已经结束了游牧生活，经济、政治、科学技术和文化艺术都得到了较大的发展，这期间兴建了丰、镐两座京城。在修复建设洛邑城时，"如武王之意"完全按照周礼的设想规划城市布局。召公和周公曾去相土勘测定址，进行了有目的、有计划、有步骤的城市建设，这是中国历史上第一次有明确记载的城市规划事件。

《周礼·考工记》记述了关于周代王城建设的空间布局："匠人营国，方九里，旁三门。国中九经九纬，经涂九轨。左祖右社，面朝后市。市朝一夫"（图2-1）。同时，《周礼》还记述了按照封建等级，不同级别的城市，如"都""王城"和"诸侯城"在用地面积、道路宽度、城门数目、城墙高度等方面的级别差异；还有关于城外的郊、田、林、牧地的相关关系的论述。《周礼·考工记》记述的周代城市建设的空间布局制度对中国古代城市规划实践活动产生了深远的影响。《周礼》反映了中国古代哲学思想开始进入都城建设规划，这是中国古代城市规划思想最早形成的时代。

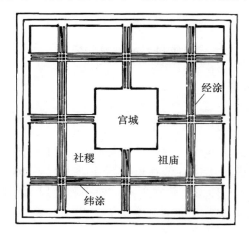
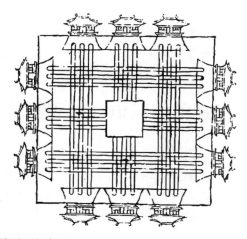

图 2-1　周王城平面想象图

战国时代，《周礼》的城市规划思想受到各方挑战，向着多种城市规划布局模式发展，丰富了中国古代城市规划布局的模式。除鲁国国都曲阜完全按周制建造外，吴国国都规划时，伍子胥提出了"相土尝水，象天法地"的规划思想，他主持建造的阖闾城，充分考虑江南水乡的特点，水网密布，交通便利，排水通畅，展示了水乡城市规划的高超技巧。越国的范蠡则按照《孙子兵法》为国都规划选址。临淄城的规划锐意革新、因地制宜，根据自然地形布局，南北向取直，东西向沿河道蜿蜒曲折，防洪排涝设施精巧实用，并与防御功能完美结合。即使在鲁国，济南城也打破了严格的对称格局，与水体和谐布局，城门的分布并不对称。赵国的国都建设则充分考虑北方的特点，高台建设，壮丽的视觉效果与城市的防御功能相得益彰。而江南淹国国都淹城，城与河浑然一体，自然蜿蜒，利于防御。战国时代，丰富的城市规划布局创造，得益于不受一个集权帝王统治的制式规定，更重要的是有《管子》和《孙子兵法》等论著，在思想上丰富了城市规划的创造。

《管子·度地篇》中关于居民点选址要求的记载："高勿近阜而水用足，低勿近水而沟防省"。《管子》认为"因天材，就地利，故城郭不必中规矩，道路不必中准绳"，从思想上完全打破了《周礼》单一模式的束缚。《管子》还认为，必须将土地开垦和城市建设统一协调起来，农业生产的发展是城市发展的前提。对于城市内部的空间布局，《管子》认为应采用功能分区的制度，以发展城市的商业和手工业。《管子》是中国古代城市规划思想发展史上一本革命性的也是极为重要的著作。它的意义在于打破了城市单一的周制布局模式，从城市功能出发，理性思维和以自然环境和谐的准则确立起来了，其影响极为深远。

另一本战国时代的重要著作为《商君书》，它更多地从城乡关系、区域经济和交通布局的角度，对城市的发展以及城市管理制度等问题进行了阐述。《商君书》中论述了都邑道路、农田分配及山陵丘谷之间比例的合理分配问题，分析了粮食供给、人口增长与城市发展规模之间的关系，开创了我国古代区域城镇关系研究的先例。

战国时期形成了大小套城的都城布局模式，即城市居民居住在称为"郭"的大城，统治者居住在称为"王城"的小城。列国都城基本上都采取了这种布局模式，反映了当时"筑城以卫君，造郭以守民"的社会要求。

秦统一中国后，在城市规划思想上也曾尝试过进行统一，并发展了"相天法地"的理念，即强调方位，以天体星象坐标为依据，布局灵活具体。秦国都城咸阳虽然宏大，却无统一规划和管理，贪大求快引起国力衰竭。由于秦王朝信神，其城市规划中的神秘主义色彩对中国古代城市规划思想影响深远。同时，秦代城市的建设规划实践中出现了很多复道、甬道等多重的城市交通系统，这在中国古代城市规划史中具有开创性的意义。

汉代国都长安的遗址发掘表明，其城市布局并不规则，没有贯穿全城的对称轴线，宫殿与居民区相互穿插，说明周礼制布局并没有在汉朝国都规划实践中得以实现。王莽代汉取得政权后，受儒教的影响，在城市空间布局中导入祭坛、明堂、辟雍等大规模的礼制建筑，在国都洛邑的规划建设中有充分的表现。洛邑城空间规划布局为长方形，宫殿与市民居住生活区在空间上分隔，整个城市的南北中轴上分布了宫殿，强调了皇权，周礼制的规划思想理念得到全面的体现。

三国时期，公元204年魏王曹操营建的邺城规划布局中，已经采用城市功能分区的布局方法。邺城的规划继承了战国时期以宫城为中心的规划思想，改进了汉长安布局松散、宫城与坊里混杂的状况。邺城功能分区明确，结构严谨，城市交通干道轴线与城门对齐，道路分级明确（图2-2）。邺城的规划布局对此后的隋唐长安城的规划，以及对以后的中国古代城市规划思想发展产生了重要影响。

三国期间，吴国国都原位于今天的镇江，后按诸葛亮军事战略建议迁都选址于金陵。金陵城市用地依自然地势发展，以石头山、长江险要为界，依托玄武湖防御，皇宫位于城市南北的中轴上，重要建筑以此对称布局。"形胜"是对周礼制城市空间规划思想的重要发展，金陵是周礼制城市规划思想与自然结合理念思想综合的典范。

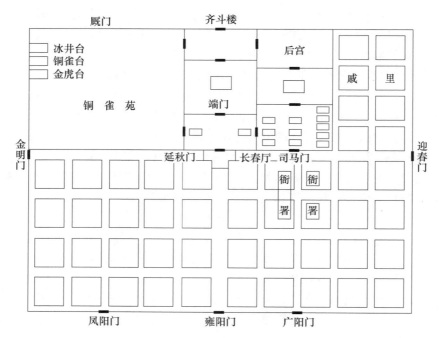

图 2-2　曹魏邺城平面示意图

南北朝时期，东汉传入中国的佛教和春秋时代创立的道教空前发展，开始影响中国古代城市规划思想，突破了儒教礼制城市空间规划布局理论一统天下的格局。具体有两方面的影响：一方面，城市布局中出现了大量宗庙和道观，城市的外围出现了石窟，拓展和丰富了城市空间理念；另一方面，城市的空间布局强调整体环境观念，强调形胜观念，强调城市人工和自然环境的整体和谐，强调城市的信仰和文化功能。

隋初建造的大兴城（长安）汲取了曹魏邺城的经验并有所发展。除了城市空间规划的严谨外，还规划了城市建设的时序：先建城墙，后辟干道，再造居民区的坊里。

建于公元 7 世纪的隋唐长安城（图 2-3），是由宇文恺负责制定规划的。长安城的建造按照规划利用了两个冬闲时间由长安地区的农民修筑完成。先测量定位，后筑城墙、埋管道、修道路、划定坊里。整个城市布局严整，分区明确，充分体现了以宫城为中心，"官民不相参"和便于管制的指导思想。城市干道系统有明确分工，设集中的东西两市。整个城市的道路系统、里坊、市肆的位置体现了中轴线对称的布局。有些方面如旁三门、左祖右社等也体现了周代王城的体制。里坊制在唐长安得到进一步发展，坊中巷的布局模式以及与城市道路的连接方式都相当成熟。而 108 个坊中都考虑了城市居民丰富的社会活动和寺庙用地。在长安城建成后不久，新建的另一都城东都洛阳，也由宇文恺制定规划，其规划思想与长安相似，但汲取了长安城建设的经验，如东都洛阳的干道宽度较长安缩小。

五代时期后周世宗柴荣在显德二年（公元 955 年）关于改建、扩建东京（汴梁）而发布的诏书是中国古代关于城市建设的一份杰出文件。它分析了城市在发展中出现的矛盾，论述了城市改建和扩建要解决的问题：城市人口及商旅不断增加，旅店货栈出现不足，居住拥挤，道路狭窄泥泞，城市环境不卫生，易发生火灾等。它提出了改建、扩建的规划措施，如扩建外城，将城市用地扩大 4 倍，规定道路宽度，设立消防设施，还提出了规划的实施步骤等。此诏书为中国古代"城市规划和管理问题"的研究提供了代表性文献。

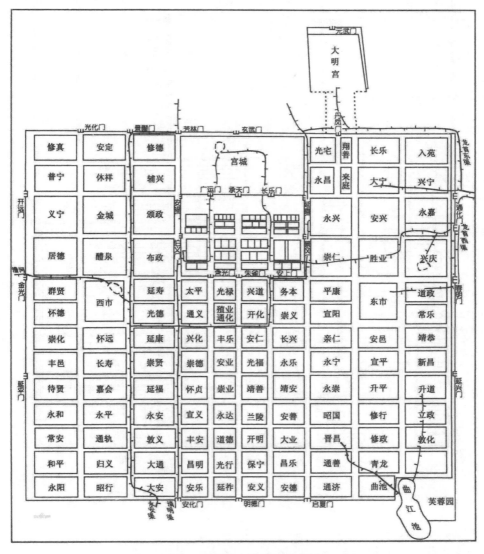

图 2-3 唐长安城平面示意图

宋代开封城的扩建，按照五代时期后周世宗柴荣的诏书，进行了有规划的城市扩建，为认识中国古代城市扩建问题研究提供了代表性案例。随着商品经济的发展，从宋代开始，中国城市建设中延绵了千年的里坊制度逐渐被废除，在北宋中叶的开封城中开始出现了开放的街巷制。这种街巷制成为中国古代后期城市规划布局与前期城市规划布局区别的基本特征，反映了中国古代城市规划思想重要的新发展。

元代出现了中国历史上另一个全部按城市规划修建的都城——元大都（图 2-4）。城市布局更加强调中轴线对称，在几何中心建中心阁，在很多方面体现了《周礼·考工记》上记载的王城的空间布局制度。同时，城市规划中又结合了当时的经济、政治和文化发展的要求，并反映了元大都选址的地形地貌特点。

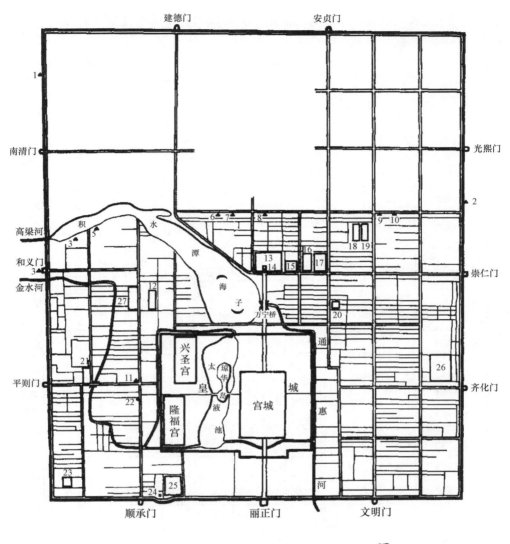

图 例： ▲考古发掘地点 ▬▬大街 ——湖同 ▬▬城垣 ～～河流、湖泊

图 2-4 元大都平面示意图

　　中国古代民居多以家族聚居，并多采用木结构的低层院落式住宅，这对城市的布局形态影响极大。由于院落组群要分清主次尊卑，从而产生了中轴线对称的布局手法。这种南北向中轴对称的空间布局方法由住宅组合扩大到大型的公共建筑，再扩大到整个城市。这表明中国古代的城市规划思想受到占统治地位的儒家思想的深刻影响。

　　除了以上代表中国古代城市规划的、受儒家社会等级和社会秩序而产生的严谨、中心轴线对称规划布局外，中国古代文明的城市规划和建设中，最多的是反映"天人合一"思想的规划理念，体现的是人与自然和谐共存的观念。大量的城市规划布局中，充分考虑当地地质、地理、地貌的特点，城墙不一定是方的，轴线不一定是一条直线，自由的外在形式下面是富于哲理的内在联系。

　　中国古代城市规划强调整体观念和长远发展，强调人工环境与自然环境的和谐，强调严格有序的城市等级制度。这些理念在中国古代的城市规划和建设实践中得到了充分的体现，同时也影响了日本、朝鲜等东亚国家的城市建设实践。

2.1.2 西方古代的城市规划思想

公元前 500 年的古希腊城邦时期，提出了城市建设的希波丹姆（Hippodamus）模式，这种城市布局模式以方格网的道路系统为骨架，以城市广场为中心。广场是市民集聚的空间，城市以广场为中心的核心思想反映了古希腊时期的市民民主文化。因此，古希腊的方格网道路城市从指导思想方面与古埃及和古印度的方格网道路城市存在明显差异。希波丹姆模式寻求几何图像与数之间的和谐与秩序的美，这一模式在希波丹姆规划的米列都（Milet）城得到了完整的体现（图 2-5）。

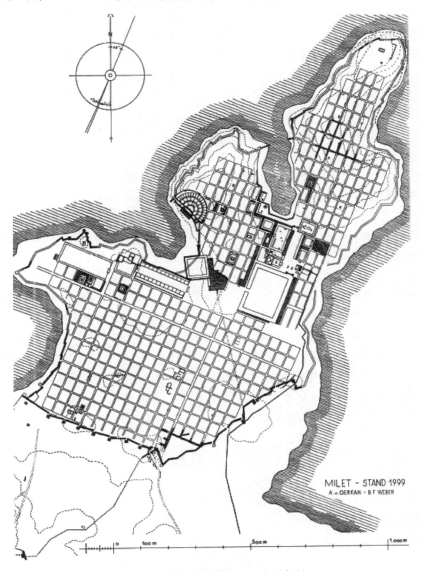

图 2-5 希波丹姆模式——米列都城

公元前的 300 年间，罗马几乎征服了全部地中海地区，在被征服的地方建造了大量的营寨城。营寨城有一定的规划模式，平面呈方形或长方形，中间十字形街道，通向东、南、西、北四个城门，南北街称 Cardos，东西道路称 Decamanus，交点附近为露天剧场或斗兽场与官邸建筑群形成的中心广场（Forum）。古罗马营寨城的规划思想深受军事控制目的影响，以在被占领地区的市民心中确立向着罗马当臣民的认同。

公元前 1 世纪的古罗马建筑师维特鲁威（Vitruvius）的著作《建筑十书》（*De Architectura Libri Decem*），是西方古代保留至今唯一最完整的古典建筑典籍。该书分为十卷，在第一卷"建筑师的教育，城市规划与建筑设计的基本原理"，第五卷"其他公共建筑物"中提出了不少关于城市规划、建筑工程、市政建设等方面的论述。

欧洲中世纪城市多为自发成长，很少有按规划建造的。由于战争频繁，城市的设防要求提到很高地位，产生了一些以城市防御为出发点的规划模式。

14～16 世纪，封建社会内部产生了资本主义萌芽，新生的城市资产阶级势力不断壮大，在有的城市中占了统治地位，这种阶级力量的变化反映在文化上就是文艺复兴。许多中世纪的城市，不能适应这种生产及生活发展变化的要求而进行了改建，改建往往集中在一些局部地段，如广场建筑群方面。当时意大利的社会变化较早，因而城市建设也较其他地区发达，威尼斯的圣马可广场具有有代表性，它成功地运用不同体形和大小的建筑物和场地，巧妙地配合地形，组成具有高度建筑艺术水平的建筑组群。

16～17 世纪，国王与资产阶级新贵族联合反对封建割据及教会势力，在欧洲先后建立了君权专制的国家，它们的首都，如巴黎、伦敦、柏林、维也纳等，均发展成以政治、经济、文化为中心的大城市。新的资产阶级的雄厚实力，使这些城市的改建扩建的规模超过以前任何时期。其中，以巴黎的改建规划影响较大。巴黎是当时欧洲的生活中心，路易十四在巴黎城郊建造凡尔赛宫，而且改建了附近整个地区。凡尔赛的总平面采用轴线对称放射的形式，这种形式对建筑艺术、城市设计及园林均有很大的影响，成为当时城市建设模仿的对象。其设计思想及理论内涵还是从属于古典建筑艺术，未形成近代的规划学。

1889 年出版的西特（Camillo Sitte）的著作 *Der Städtebau nach seinen künstlischen Grundsätzen*（《按照艺术原则进行城市设计》）是一本较早的城市设计论著。该书 1902 年被译成法文，1926 年被译成西班牙文，1945 年被译成英文，1982 年被译成意大利文。这引起了人们对城市美学问题的兴趣，产生了较大的影响。西特的书力求从城市美学和艺术的角度来解决当时大都市的环境问题、卫生问题和社会问题，所以说，他还停留在建筑学的角度，但是把工作对象扩大到了整个城市，这种扩大的建筑学与现代意义上的城市规划还存在着差距。

2.1.3 其他古代文明的城市规划思想

除了中国和西方以外，世界其他地方古代文明也有各自的城市规划思想和实践。

大约公元前 3000 年，小亚西亚已经存在耶立科（Jericho），古埃及有赫拉考波立斯（Hierakonpolis），波斯有苏达（Suda）等古文明地区的城市。在公元前 4000 年至公元前 2500 年的 1500 年间，世界人口数量增加了一倍，城市数量也成倍增长。已掌握的考古资料表明，这些城市主要分布在北纬 20°～40°之间，且绝大部分选址于海边或大河两岸。

从全球范围，这个时期的城市分布西起今天的西班牙南部，东至中国的黄海和东海（表2-1）。

表2-1　现有发掘的其他古代文明城市数

公元前	3000 年	2500 年	2000 年	1500 年
古埃及	4	6	10	12
美索不达米亚	5	12	22	22
西亚	4	6	13	20
波斯	2	3	3	5
小亚西亚	—	3	6	9
克里特岛	—	—	—	4
古希腊	—	—	—	10
南西班牙	—	—	—	2
古印度	—	—	—	10

古代两河流域文明发源于幼发拉底河与底格里斯河之间的美索不达米亚平原，当地的居民信奉多神教，建立了奴隶制政权，创造出灿烂的古代文明。古代两河流域的城市建设充分体现了其城市规划思想，比较著名的有波尔西巴（Borsippa）、乌尔（Ur）以及新巴比伦城。

波尔西巴建于公元前3500年，空间特点是南北向布局，主要考虑当地南北向良好的通风；城市四周有城墙和护城河，城市中心有一个"神圣城区"，王宫布置在北端，三面临水，住宅庭院则杂混布置在居住区（图2-6）。

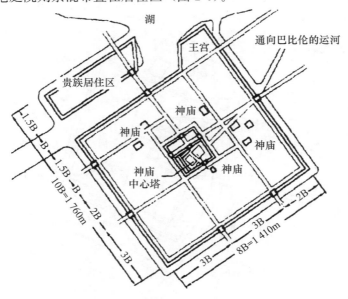

图2-6　波尔西巴城平面示意图

乌尔的建城时间在公元前2500年到公元前2100年。该城有城墙和城壕，面积约为88hm^2，人口为30 000～35 000人。乌尔城平面呈卵形，王宫、庙宇以及贵族僧侣的府邸位于城市北部的夯土高台上，与普通平民和奴隶的居住区间有高墙分隔。夯土高台共7层，中心最高处为神堂，之下有宫殿、衙署、商铺和作坊。乌尔城内有大量的耕地（图2-7）。

波尔西巴和乌尔具有非常相似的土地用途分类以及由于土地利用形成的道路系统，但两城市的建设时间相差近1000年，这期间社会经济有了很大的发展变化。波尔西巴城有独立的贵族区，而乌尔城由于农业文明的发展，城市用地出现了农田与居民点的混合分布。

巴比伦城始建于公元前3000年，作为巴比伦王国的首都，公元前689年被亚述王国所毁，亚述王国也随后于公元前650年灭亡。新巴比伦王国重建了巴比伦城，并成为了当时西亚的商业和文化中心。新巴比伦城（图2-8）横跨幼发拉底河东西两岸，平面呈长方形，东西约为3 000m，南北约为2 000m，设9个城

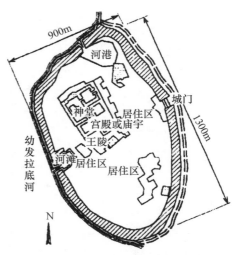

图2-7　乌尔城平面示意图

门。城内有均匀分布的大道，主大道为南北向，宽约为7.5m，其西侧布置了圣地。圣地位于城市的中心，筑有观象台，其门的东侧和北侧布置了朝圣者居住的方形庭院。圣地的南面是神庙，神像在中轴线的尽端，神庙面向的是夏至日的日出方向。城内的其他大道相对较窄，为1.5～2.0m。新巴比伦城的城墙两重相套，以加强防御功能。城中为国王和王后修建的"空中花园"位于20多米的高处，通过特殊装置用幼发拉底河水浇灌，被后人称为世界七大奇迹之一。

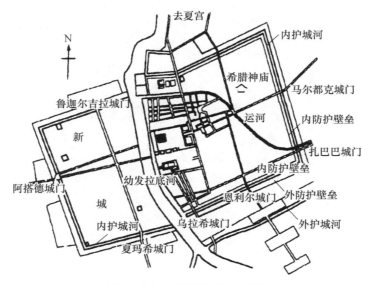

图2-8　新巴比伦城平面示意图

在古埃及，英霍特（Imhote）可以被称作是第一位城市规划师。据记载，公元前

2800 年，他受埃及法老 Djoser 之命规划了孟菲斯（Memphis）城市的总图。据说他以死城撒卡拉（Sakkarah）的映像规划了作为生命载体的孟菲斯城的布局，这反映了古埃及文明时期，城市规划思想受到对死神、对自然力神秘崇拜的影响。英霍特以古埃及文明中对于人的灵魂永生，千年后复活，而人只是短暂在世的信仰，将陵墓、庙宇以及狮身人面像等规划选址于城市的主要节点。孟菲斯内城与陵墓区的用地规模基本相等，均坐北朝南，遥相呼应。

建于公元前 2000 年的卡洪（Kahun）城（图 2-9）是代表古埃及文明的重要城市。它位于通往绿洲的要道上，是开发绿洲的必经之路，也是修建金字塔的大本营。卡洪城平面呈矩形，正南北朝向。厚墙将城市内部分为东西两部分：墙西为奴隶居住区，迎向西面沙漠吹来的热风。墙东侧北部的东西向大道又将东城分为南北两部分，路北为贵族区，排列着大的庄园，面向北来的凉风；路南主要是商人、小吏和手工业者等中等阶层的居住区，建筑物零散分布呈曲尺形，在城市的东南角为墓地。整个卡洪城布局严谨，社会空间严格区分。

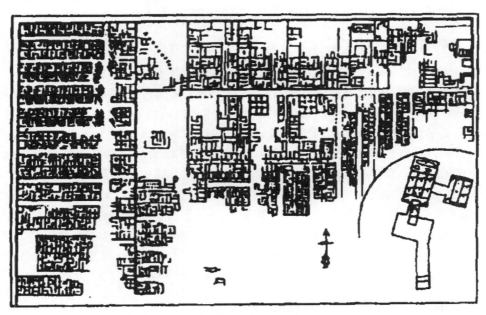

图 2-9　卡洪城平面示意图

2.2 现代城市规划理论

2.2.1 现代城市规划的理论渊源-空想社会主义

近代工业革命给城市带来了巨大的变化，创造了前所未有的财富，同时也给城市带来了种种矛盾。城市中的多种矛盾也日益尖锐。诸如居住拥挤、环境质量恶化、交通拥挤等，危害了劳动人民的生活，妨碍了资产阶级自身的利益。因此，从全社会的需要出发，提出了如何解决这些矛盾的城市规划理论。从资本主义早期的空想社会主义者、各种社会改良主义者及一些从事城市建设的实际工作者和学者提出了种种设想。到 19 世纪末 20 世纪初形成了有特定的研究对象、范围和系统的现代城市规划学。

1. 托马斯·莫尔的乌托邦

空想社会主义的乌托邦（Utopia）是托马斯·莫尔（Thomas More，1477—1535年）在 16 世纪时提出的。当时资本主义尚处于萌芽时期，针对资本主义城市与乡村的脱离和对立，私有制和土地投机等所造成的种种矛盾，莫尔设计乌托邦中有 50 个城市，城市与城市之间最远一天能到达。城市规模受到控制，以免城市与乡村脱离。每户有一半人在乡村工作，住满两年轮换。街道宽度定为 200 英尺（比当时的街道要宽），城市通风良好。住户门不上锁，以废弃财产私有的观念。生产的东西放在公共仓库中，每户按需要领取，设有公共食堂、公共医院。以莫尔为代表的空想社会主义者在一定程度上揭露了资本主义城市矛盾的实质，但他们实际代表了封建社会小生产者，由于新兴资本主义对他们的威胁，引起畏惧心理及反抗，所以企图倒退到小生产的旧路上去。乌托邦对后来的城市规划理论有一定的影响。

2. 康帕内拉的"太阳城"

康帕内拉（Tommaso Campanella，1568—1639 年）的"太阳城"方案中财产为公有制，没有私有财产和私有观念、没有压迫和剥削、人人过着幸福生活。居民从事畜牧、农业、航海、防卫等工作。太阳城位于广阔平原的一座小山上，直径为两英里多，圆周为七英里。城市空间结构由 7 个同心圆组成，整个城以山顶为圆心，一圈一圈地向山脚延伸，共有七圈。在这个城市里，到处是巍峨壮丽的宫殿、美轮美奂的教堂，平坦整洁的街道，金碧辉煌的塔楼。在太阳城的制度设计中，最高统治者是司祭，叫做"太阳"，既是宗教领袖又是世俗领袖，下面有三位领导人，分别是威力、智慧和爱。"威力"掌握和平与战争事务，"智慧"负责管理艺术家、手工业者和科学家，"爱"掌管生育事务，确保后代成为最优秀的人物。康帕内拉的主要著作有 1593 年的《论基督王国》，1602 年的《太阳城》和 1638 年的《形而上学》，以及 1613—1614 年发表的 30 卷的《神学》。

3. 罗伯特·欧文的"新协和村"

当资本主义制度已经形成，开始暴露其种种矛盾时，有一些空想社会主义者，针对当时已产生的社会弊病，提出了种种社会改良的设想，罗伯特·欧文（Robert Owen，1771—1858 年）是英国 19 世纪初有影响的空想社会主义者，10 岁起当学徒，后来成为一名大工厂的经理和股东。他提出解决生产的私有性与消费的社会性之间矛盾的方式是"劳动交换银行"及"农业合作社"。他所主张建立的"新协和村（New Harmony）"，居住人口 500～1 500 人，有公用厨房及幼儿园。住房附近有用机器生产的作坊，村外有耕地及牧场。为了做到自给自足，必需品由本村生产，集中于公共仓库，统一分配。他宣传的这些设想，遭到了当时政府的拒绝。1852 年，他在美国印第安纳州买下 3 万英亩土地，带了 900 名志同道合者去实现"新协和村"。随后还有不少欧文的追随者建立了多个新协和村形式的公社（Community）。

4. 傅里叶的法郎吉

资本主义由巩固到发展的时期，城市的矛盾更加突出。这时的空想社会主义者提出种种社会改革方案。与上述主张不同的是，他们并不反对资本主义方式，也不想倒退到小生产去，而是提出一些超阶级的主观空想。傅里叶（Charles Fourier，1772—1837年）对资本主义的种种罪恶和矛盾进行了尖锐而深刻的揭露和批判。他的理想社会是以名为法郎吉（Phalange）的生产者联合会为单位，由1 500～2 000人组成的公社，生产与消费相结合，不是家庭小生产，而是有组织的大生产。通过公共生活的组织，减少非生产性家务劳动，以提高社会生产力。公社的住所是很大的建筑物，有公共房屋也有单独房屋。他曾设计了这些公社新村的布置图，将生产与生活组织在一起。傅里叶的主要著作有1808年的《四种运动和人的命运》，1822年的《关于家庭农业联合》和1830年的《新的工业世纪》。傅里叶强调社会要适应人的需要，警惕竞争的资本主义制度造成的浪费。他在法国和美国建立起协助移民区，其中最著名的是1840—1846年在美国马萨诸塞州和新泽西州建立的法郎吉。

这些空想社会主义的设想和理论学说中，把城市当作一个社会经济的范畴，而且看作为适应新的生活而变化，这显然比那些把城市和建筑停留在造型艺术的观点要全面一些，也更深刻。他们的一些理论，也成为以后的"田园城市""卫星城市"等规划理论的渊源。而他们的追随者也不断地提出新观点和新思想，在各大洲建立的各种形式的"公社"至今仍存在和发展。

2.2.2 田园城市（Garden City）理论

1898年，英国人霍华德（Ebenezer Howard）提出了"田园城市"的理论。他经过调查，写了一本书：*Tomorrow：a Peaceful Path towards Real Reform*（《明天——一条引向真正改革的和平道路》），希望彻底改良资本主义的城市形式，指出了在工业化条件下，城市与适宜的居住条件之间的矛盾，大城市与自然隔离的矛盾。霍华德认为，城市无限制发展与城市土地投机是资本主义城市灾难的根源，建议限制城市的自发膨胀，并使城市土地属于这一城市的统一机构；城市人口过于集中是由于城市吸引人口的"磁性"所致，如果把这些磁性进行有意识的移植和控制，城市就不会盲目膨胀；如果将城市土地统一归城市机构，就会消灭土地投机，而土地升值所获得的利润，应该归城市机构支配。他为了吸引资本，实现其理论还声称，城市土地也可以由一个产业资本家或大地主所有。霍华德指出"城市应与乡村结合"。他以一个"田园城市"的规划图解方案更具体地阐述了其理论（图2-10，图2-11）：城市人口32 000人，占地404.7hm²，城市外围有2 023.4hm²土地为永久性绿地，供农牧业生产用。城市部分由一系列同心圆组成，有6条大道由圆心放射出去，中央是一个占地20hm²的公园。沿公园也可建公共建筑物，其中包括市政厅、音乐厅兼会堂、剧院、图书馆、医院等，它们的外面是一圈占地58hm²的公园，公园外圈是一些商店、商品展览馆，再外一圈为住宅，再外面为宽128m的林荫道，大道当中为学校、儿童游戏场及教堂，大道另一面又是一圈花园住宅。霍华德除了在城市空间布局上进行了大量的探讨外，还用了书中的大量篇幅研究了城市经济问题，提出了一整套城市经济财政改革方案。他认为城

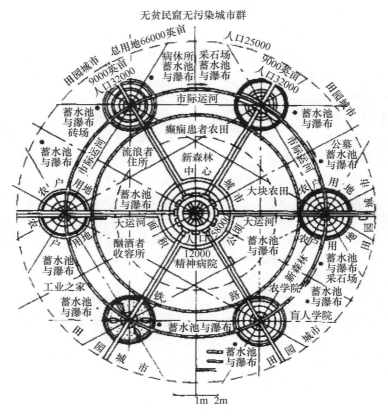

图 2-10 田园城市图解（一）

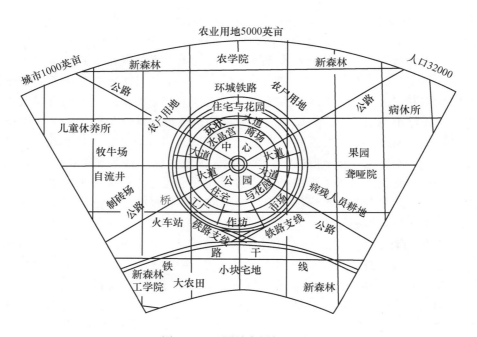

图 2-11 田园城市图解（二）

市经费可从房租中获得。他还认为城市是会发展的，当其发展到规定人口时，便可在离它不远的地方，另建一个相同的城市。他强调要在城市周围永久保留一定绿地的原则。霍华德的书在1898年出版时并没有引起社会的广泛关注。1902年，他又以《明日的田园城市》（*Garden City of Tomorrow*）为名再版该书，迅速引起了欧美各国的普遍注意，影响极为广泛。

霍华德的理论比傅里叶、欧文等人的空想进了一步。他把城市当作一个整体来研究，联系城乡的关系，提出适应现代工业的城市规划问题，对人口密度、城市经济、城市绿化的重要性问题等都提出了见解，对城市规划学科的建立起了重要的作用，今天的规划界一般都把霍华德的"田园城市"方案的提出作为现代城市规划的开端。

霍华德提出的"田园城市"与一般意义上的花园城市有着本质的区别。一般的花园城市是指在城市中增添了一些花坛和绿地，而霍华德所说的"Garden"是指城市周边的农田和园地，通过这些田园控制城市用地的无限扩张。

由于时代的局限，他不可能认识资本主义社会城市种种矛盾的真正原因——阶级及社会制度的根源，而只能提出转移工人阶级斗争目标、保存资产阶级统治、和平改革的道路。他在书中公开提出他的目的是："非政治的社会主义。"即使这样，他的理论仍受到广泛的注意。于是在英国出现两种以"田园城市"为名的建设试验，一种是房地产公司经营的、位于市郊的、以"花园城市"为名的，以中小资产阶级为对象的大型住区；另一种为根据霍华德的"田园城市"思想进行的试点，例如始建于1902年的列契沃斯（Letchworth），它位于伦敦东北，距伦敦64km，但到1917年时，人口才18 000人，与霍华德的理想相距甚远。

2.2.3 勒·柯布西埃的现代城市设想

与霍华德希望通过新建城市来解决过去城市尤其是大城市中所出现的问题的设想完全不同，勒·柯布西埃（Le Corbusier）则希望通过对过去城市尤其是大城市本身的内部改造使这些城市能够适应城市社会发展的需要。

柯布西埃是现代建筑运动的重要人物。1922年，他发表了"明天城市"（The City of Tomorrow）的规划方案（图2-12），阐述了他从功能和理性角度对现代城市的基本认识，从现代建筑运动的思潮中所引发的关于现代城市规划的基本构思。书中提供了一张300万人口的城市规划图，中央为中心区，除了必要的各种机关、商业和公共设施、文化和生活服务设施外，有将近40万人居住在24栋60层高的摩天大楼中，高楼周围有大片的绿地，建筑仅占地5％。在其外围是环形居住带，有60万居民住在多层的板式住宅内。最外围的是可容纳200万居民的花园住宅。整个城市的平面是严格的几何形构图，矩形和对角线的道路交织在一起。规划的中心思想是提高市中心的密度，改善交通，全面改造城市地区，形成新的城市概念，提供充足的绿地、空间和阳光。在该项规划中柯布西埃还特别强调了大城市交通运输的重要性。在中心区规划了一个地下铁路车站，车站上面布置直升机起降场。中心区的交通干道由三层组成：地下走重型车辆，地面用于市内交通，高架道路用于快速交通。市区与郊区由地铁和郊区铁路线来联系。

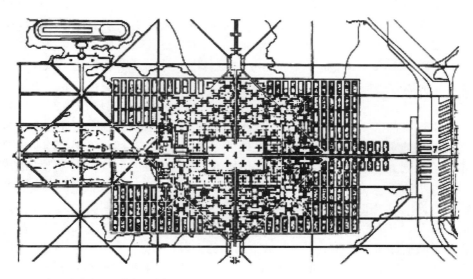

图 2-12 "明天城市"（The City of Tomorrow）规划方案（1922）

1931 年，柯布西埃发表了他的"光辉城市"（The Radiant City）的规划方案。这方案是他以前城市规划方案的进一步深化，同时也是他的现代城市规划和建设思想的集中体现（图 2-13）。他认为城市必须集中，只有集中的城市才有生命力，由于拥挤而带来的城市问题是完全可以通过技术手段而得到解决的，这种技术手段就是采用大量的高层建筑来提高密度和建立一个高效率的城市交通系统。高层建筑是柯布西埃心目中象征着大规模的工业社会的图腾，在技术上也是"人口集中、避免用地日益紧张、提高城市内部效率的一种极好手段"，同时也可以保证城市有充足的阳光、空间和绿化，因此在高层建筑之间保持有较大比例的空旷地。他的理想是在机械化的时代里，所有的城市应当是垂直的花园城市，而不是水平向的每家每户拥有花园的田园城市。城市的道路系统应当保持行人的极大方便，这种系统由地铁和人车完全分离的高架道路组成。建筑物的地面全部架空，城市的全部地面均可由行人支配，建筑屋顶设花园、地下通地铁，距地面 5 米高设汽车运输干道和停车场网。

柯布西埃作为现代城市规划原则的倡导者和执行这些原则的中坚力量，他的上述设想充分体现了他对现代城市规划的一些基本问题的探讨，通过这些探讨，逐步形成了理性功能主义的城市规划思想，这些思想集中体现在由他主持撰写的《雅典宪章》（1933）之中。他的这些城市规划思想，深刻地影响了第二次世界大战后全球范围的城市规划和城市建设。而他本人的实践活动一直到 20 世纪 50 年代初应印度总理之邀主持昌迪加尔（Chandigarh）的规划时才得以充分施展（图 2-14）。该项规划在 20 世纪 50 年代初由于严格遵守《雅典宪章》中的规定，而且布局规整有序而得到普遍的赞誉。

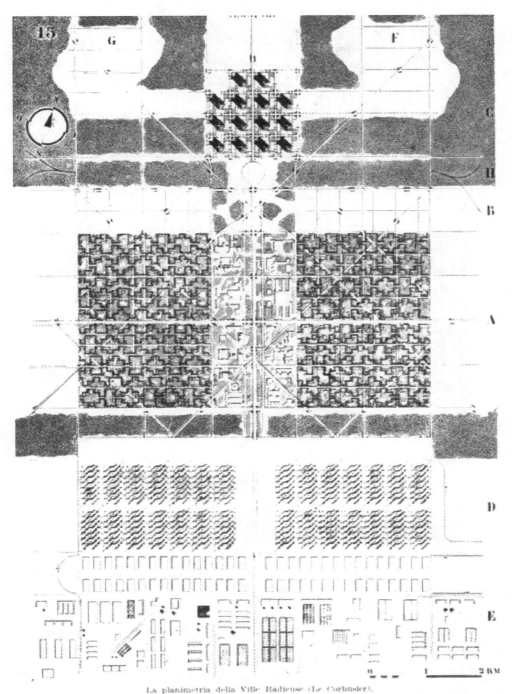

La planimetria della Ville Radieuse (Le Corbusier).

abitazioni; B, alberghi e ambasciate; C, città degli affari; D, industrie; E, industrie pesanti (fra le due i depositi generali e i docks); F, G, nuclei satelliti con caratteri speciali (per es., città degli studi, centro del governo, ecc.); H, stazione ferroviaria e aeroporto.

图 2-13　"光辉城市"（The Radiant City）规划方案（1931）

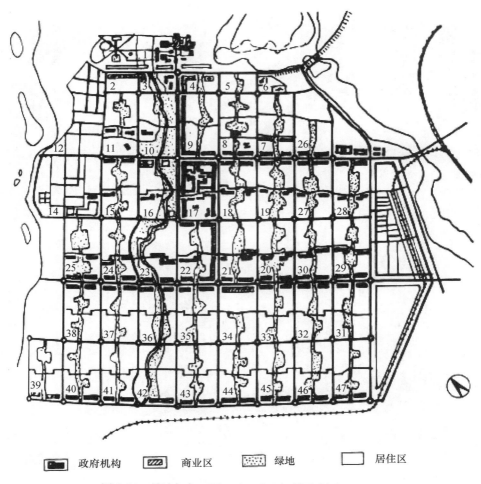

政府机构　　　商业区　　　绿地　　　居住区

图 2-14　昌迪加尔（Chandigarh）规划示意图（1951）

2.2.4　卫星城镇规划的理论和实践

20 世纪初，大城市的恶性膨胀，使如何控制及疏散大城市人口成为突出的问题。霍华德的"田园城市"理论由他的追随者恩维（Unwin）进一步发展成为在大城市的外围建立卫星城市，以疏散人口控制大城市规模的理论，并在 1922 年提出了一种理论方案。同时期，美国规划建筑师惠依顿也提出在大城市周围用绿地包围，限制其发展，在绿地之外建立卫星城镇，设有工业企业，和大城市保持一定联系。

从 20 世纪初英国创建卫星城以来，卫星城的性质和功能也在不断变化，从早期依附性的"卧城"逐渐向功能更为完善的"产城融合"的新城转变，其演变轨迹大致可以分为以下几个阶段：

1. 单一人口疏解功能的"卧城"

卧城是卫星城的初级形式，始建于第一次世界大战后法国巴黎和英国伦敦，距母城 10～20km 的郊区，是根据当时兴起的卫星城理论，为分散大城市人口而建设的。

1912—1920 年，巴黎制定了郊区的居住建筑规划，打算在离巴黎 16km 的范围内建立 28 座居住城市，这些城市除了居住建筑外，没有生活服务设施，居民的生产工作及文化生活上的需要尚需去巴黎解决，一般称这种城镇为"卧城"。卧城的特点是与母城间距离较近，一般为 20~30km，且位于通往母城的主要交通干线上，主要在大城市周围承担居住职能，容纳的人口一般为 2 万~6 万。由于"卧城"规模小，职能有限，对母城依附性强，同时增加了与市中心间的交通压力，故难以真正起到分散与控制大城市人口规模的作用。

2. 拥有部分产业支撑的半独立"辅城"

针对"卧城"的缺陷，芬兰建筑师埃列尔·沙里宁（Eliel Saarinen）于 1917 年提出建设半独立的"辅城"，解决一部分居民就业。1918 年，沙里宁与荣格（Bertel Jung）受一私人开发商的委托，在赫尔辛基新区明克尼米-哈格（Munkkiniemi-Haaga）提出一个 17 万人口的扩展方案。由于该方案远远超出了当时财政经济和政治处理能力，缺乏政治经济的背景分析和考虑，只有一小部分得以实施，但因此，建筑师沙里宁在第二次世界大战以前被看成了一名规划师。沙里宁主张在赫尔辛基附近建立一些半独立城镇，以控制其进一步扩张。这类卫星城镇不同于"卧城"，除了居住建筑外，还设有一定数量的工厂、企业和服务设施，使一部分居民就地工作，另一部分居民仍去母城工作。

在瑞典首都斯德哥尔摩附近建立的卫星城市魏林比（Vallinby）是半独立的，对母城有较大的依赖性。魏林比距母城 15km，从斯德哥尔摩乘郊区电车或者城际铁路约需 25min 便可抵达。原规划总用地约为 290 公顷，随着建设的不断深入，目前已扩展到 300 公顷以上，周边相继新建了若干小型的居住区。新城最初规划居住人口为 2.5 万人，随着本地区的常住居民、外国移民和消费人群的逐年增加，目前实际居民已经超过 5 万人，周边小型居住区也已容纳近 3 万居民，聚居区人口构成趋向于多元化。继 20 世纪 40 年代，英国伦敦卫星城哈罗新城建成后，其成为欧洲 20 世纪 50 年代城市规划建设的重要样板之一。新城由建筑师马克留斯主持设计，其成功之处在于以轨道交通线加强与母城的功能联系，提供便宜而舒适的住宅建筑，通过不断吸纳各类各阶层的居民而积累起丰富的社区生活形态。2001 年进行的改造更新，增加了一系列的可持续设计，例如将商业空间产生的垃圾回收处理，通过能源的再利用，实现了社区的可持续循环。

3. 产城融合的独立"新城"

"辅城"解决了卫星城部分居民的生活和就业问题，但由于产业结构单一、规模偏小、就业吸纳能力不足，无法从根本上解决大城市过度膨胀带来的问题。第二次世界大战后，出现了功能完整、独立性强、依靠自身的力量发展的第三代卫星城——"新城"。新城坚持"产城融合"的发展路径，将产业发展和完善城市功能结合起来，不再过度依赖"母城"提供生活服务和解决就业问题，大大减少了"母城"与卫星城之间通勤压力，逐渐成长为城市经济增长新的中心或者副中心，为城市发展拓展了新的空间。"新城"人口规模在 25 万~40 万之间。目前，新城已经发展到第四代，除接受主城扩散的功能外，同时也具有自己的行政、经济、社会中心，功能呈现多样性和独立性特征，增强了城镇的吸引力。我国的香港地区，20 世纪 70 年代以来有计划地发展了沙田、荃湾、屯门等 9 个具有相当规模的新市镇，至 1996 年已居住 260 万人，占全港地区人口的 40%。

不论是"卧城"还是半独立的卫星城镇，对疏散大城市的人口方面并无显著效果，所以很多人又在进一步探讨大城市合理的发展方式。1928 年编制的大伦敦规划方案中，采用在外围建立卫星城镇的方式，并且提出大城市的人口疏散应该从大城市地区的工业及人口分布的规划着手。这样，建立卫星城镇的思想开始和地区的区域规划联系在一起。

第二次世界大战中，欧洲部分城市受到程度不同的破坏。在城市的重建规划时，郊区普遍新建了一些卫星城市。英国在这方面做了很多工作，由阿伯克隆比（Patrick Abercrombie）主持的大伦敦规划，主要是采取在外围建设卫星城镇的方式，计划将伦敦中心区人口减少 60%。这些卫星城镇独立性较强，城内有必要的生活服务设施，而且还有一定的工业，居民的工作及日常生活基本上可以就地解决，这类卫星城镇是基本独立的。第一批先建造了哈罗（Harlow）、斯特文内几（Stevenage）等 8 个卫星城镇，吸收了伦敦市区工厂 500 多家和居民 40 万人。

哈罗是 1947 年规划设计的，1949 年开始建造，距伦敦 37km，规划人口 7.8 万人，占地约为 2 590hm²。由伦敦迁出一部分工业和人口来此。生活居住区由多个邻里单位组成，每个邻里单位有小学及商业中心。几个邻里单位组成一个区。城市主要道路在区与区之间的绿地穿过，联系着市中心、车站和工业区。英国的各新城开发公司，为了吸引工厂迁入卫星城镇创造了种种条件：修好道路、划好工业区、修建了长期出租的厂房。也采取许多措施吸引居民迁入：如居住条件好，每人平均绿化面积达 50 多平方米，房租及地税也比较低。

第三代的卫星城实质上是独立的新城。以英国在 20 世纪 60 年代建造的米尔顿·凯恩斯（Milton-Keynes）为代表。其特点是城市规模比第一、第二代卫星城大，并进一步完善了城市公共交通及公共福利设施。该城位于伦敦西北与利物浦之间，与两城各相距 80km，占地为 90km²，规划人口为 25 万人。该城于 1967 年开始规划，1970 年开始建设，1977 年底已有居民 8 万人。规划的特点是城镇具有多种就业机会，社会就业平衡，交通便捷，生活接近自然，规划方案具有灵活性和经济性。城市平面为方形，纵横各约为 8km，高速干道横贯中心方格形道路网的道路间距为 1km。邻里单位内设有与机动车道完全分开的自行车道与人行道，城市中心设大型商业中心；邻里单位设小型商业点，位于交通干道的边缘。

从卫星城镇的发展过程中可以看出，由"卧城"到半独立的卫星城，到基本上完全独立的新城，其规模逐渐由小到大。20 世纪 40 年代，英国卫星城的人口在 5 万～8 万之间，到了 20 世纪 60 年代后，卫星城人口的规模已扩大为 25 万～40 万人。日本的多摩新城，规模也由原计划的 30 万扩大到 40 万人。规模大的新城就可以提供多种就业机会，也有条件设置较大型完整的公共文化生活服务设施，可以吸引较多的居民，减少对母城的依赖。

2.2.5 现代城市规划的其他理论

1. 索里亚·玛塔的线形城市理论

线形城市（Linear City）是由西班牙工程师索里亚·玛塔于 1882 年首先提出来的。

当时是铁路交通大规模发展的时期，铁路线把遥远的城市连接了起来，并使这些城市得到了很快的发展。在各个大城市内部及其周围，地铁线和有轨电车线的建设改善了城市地区的交通状况，加强了城市内部及与其腹地之间的联系，从整体上促进了城市的发展。按照索里亚·玛塔的想法，那种传统的从核心向外扩展的城市形态已经过时，它们只会导致城市拥挤和卫生恶化，在新的集约运输方式的影响下，城市将依赖交通运输线组成城市的网络，而线形城市就是沿交通运输线布置的长条形的建筑地带，"只有一条宽 500 米的街区，要多长就有多长——这就是未来的城市"，城市不再是一个一个分散的不同地区的点，而是由一条铁路和道路干道相串联在一起的、连绵不断的城市带。位于这个城市中的居民既可以享受城市型的设施又不脱离自然，并可以使原有城市中的居民回到自然中去。

后来，索里亚·玛塔提出了线形城市的基本原则，他认为这些原则是符合当时欧洲正在讨论的"合理的城市规划"要求的。在这些原则中第一条是最主要的："城市建设的一切问题，均以城市交通问题为前提。"最符合这条原则的城市结构就是使城市中的人从一个地点到其他任何地点在路程上耗费的时间最少。既然铁路是能够做到安全、高效和经济的最好的交通工具，城市的形状理所当然就应该是线形的。这一点也就是线形城市理论的出发点。在余下的其他原则中，索里亚·玛塔还提出城市平面应当呈规矩的几何形状，在具体布置时要保证结构对称，街坊呈矩形或梯形，建筑用地应当至多只占 1/5，要留有发展的余地，要公正地分配土地等原则。

1894 年，索里亚·玛塔创立了马德里城市化股份公司，开始建设第一段线形城市。这个线形城市位于马德里的市郊，由于经济和土地所有制的限制，这个线形城市只实现了一个片断——约 5 公里长的建筑地段。

线形城市理论对 20 世纪的城市规划和城市建设产生了重要影响。20 世纪 30 年代中，原苏联进行了比较系统的全面研究，当时提出了线形工业城市等模式，并在斯大林格勒等城市的规划实践中得到运用。在欧洲，哥本哈根的指状式发展（1948 年规划）和巴黎的轴向延伸（1971 年规划）等都可以说是线形城市模式的发展。

2. 戈涅的工业城市设想

工业城市的设想由法国建筑师戈涅于 20 世纪初提出，1904 年在巴黎展出了这方案的详细内容，1917 年出版了名为《工业城市》的专著，阐述了他的工业城市的具体设想。该工业城市是一个假想城市的规划方案，位于山岭起伏地带的河岸的斜坡上，人口规模为 35 000 人。城市的选址是考虑"靠近原料产地或附近有提供能源的某种自然力量，或便于交通运输"。在城市内部的布局中强调按功能划分为工业、居住、城市中心等，各项功能之间相互分离，以便于今后各自的扩展需要。同时工业区靠近交通运输方便的位置，居住区布置在环境良好的位置，中心区应连接工业区和居住区。在工业区、居住区和市中心区之间有方便快捷的交通服务。

戈涅的工业城市的规划方案已经摆脱了传统城市规划，尤其是学院派城市规划方案追求气魄、大量运用对称和轴线放射的现象。在城市空间的组织中，他更注重各类设施本身的要求和与外界的相互关系。在工业区的布置中将不同的工业企业组织成若干个群体，对环境影响大的工业如炼钢厂、高炉、机械锻造厂等布置得远离居住区，而对职工数较多、对环境影响小的工业如纺织厂等，则接近居住区布置，并在工厂区中布置了大片的绿地。而在居住街坊的规划中，将一些生活服务设施与住宅建筑结合在一起，形成一定地域范围内相对自足的服务设施。居住建筑的布置从适当的日照和通风条件的要求出发，放弃了当时欧洲尤其是巴黎盛行的周边式的形式，而采用独立式，并留出一半的用地作为公共绿地使用。在这些绿地中布置可以贯穿全城的步行小道。城市街道按照交通的性质分成几类，宽度各不相等，在主要街道下铺设可以把各区联系起来，并一直通到城外的有轨电车线。

戈涅在工业城市中提出的功能分区思想，直接孕育了《雅典宪章》所提出的功能分区的原则，这一原则对于解决当时城市中工业居住混杂而带来的种种弊病，具有重要的积极意义。同时，与霍华德的田园城市相比较，就可以看到，工业城市以重工业为基础，具有内在的扩张力量和自主发展的能力，因此更具有独立性；而田园城市在经济上仍然具有依赖性的以轻工业和农业为基础。在一定的意识形态和社会制度的条件下，对于强调工业发展的国家和城市而言，工业城市的设想会产生重要影响。这也就是原苏联城市规划界在中华人民共和国成立初期，对戈涅的工业城市理论重视的原因，并提出了不少有关工业城市的理论模型。

3. 西谛的城市形态研究

19 世纪末，城市空间的组织基本上延续着由文艺复兴后形成的、经巴黎美术学院经典化并由豪斯曼巴黎改建所发扬光大和定型化了的长距离轴线、对称，追求纪念性和宏伟气派的特点。由于资本主义市场经济的发展，对土地经济利益的过分追逐，出现了死板僵硬的方格城市道路网、笔直漫长的街道、呆板乏味的建筑轮廓线和开敞空间的严重缺乏，因此引来了人们对城市空间组织的批评。因此，1889 年西谛出版的《城市建设艺术》一书，就被人形容为在欧洲的城市规划领域炸开了一颗爆破弹，成为当时对城市空间形态组织的重要著作。

西谛考察了希腊、罗马中世纪和文艺复兴时期许多优秀建筑群的实例，针对当时城市建设中出现的忽视城市空间艺术性的状况，提出必须以确定的艺术方式形成城市建设的艺术原则。必须研究过去时代的作品，并通过寻求古代作品中美的因素来弥补当今艺术传统方面的损失，这些有效的因素必须成为现代城市建设的基本原则，这就是他的这本书的任务和主要内容。西谛通过对城市空间的各类构成要素如广场、街道、建筑小品等之间的相互关系的探讨，揭示了这些设施位置的选择、布置以及与交通、建筑群体布置之间建立艺术的和宜人的相互关系的一些基本原则，强调人的尺度、环境的尺度与人的活动以及他们的感受之间的协调，从而建立起城市空间的丰富多彩和人的活动空间。西谛以实例证明而肯定了中世纪城市建设在城市空间组织上的人文与艺术成就方面的积极作用，认为中世纪的建设是自然而然、一点一点生长起来的，而不是在图板上设计完之后再到现实中去实施的，因此城市空间更能符合人的视觉感受。而到了现代建筑师和规划师却只依靠直尺、丁字尺和罗盘，有的对建设现场的状况都不去调查分析就进行设计，这样的结果必然是满足于僵死的规则性、无用的对称以及令人厌烦的千篇一律。

西谛也很清楚地认识到，在社会发生结构性变革的条件下，很难指望用简单的艺术规则来解决面临的全部问题，而是要把社会经济的因素作为艺术考虑的给定条件，在这样的条件下来提高城市的空间艺术性。因此，即使是在格网状的、方块体系下，同样可以通过遵守艺术性原则而来改进城市空间，使城市体现出更多的美的精神。西谛通过具体的实例设计对此予以说明。他提出，在现代城市对土地使用经济性追求的同时，也应强调城市空间的效果，应根据既经济又能满足艺术布局要求的原则寻求两个极端的调和，一个良好的城市规划不走向任一极端。要达到这样的目的，应当在主要广场和街道的设计中强调艺术布局，而在次要地区则可以强调土地最经济的使用，由此而使城市空间在总体上产生良好的效果。

4. 格迪斯的学说

格迪斯作为一个生物学家，最早注意到工业革命、城市化对人类社会的影响。通过对城市进行生态学的研究，强调了人与环境的相互关系，并揭示了决定现代城市成长和发展的动力。他的研究显示，人类居住地与特定地点之间存在的关系是一种已经存在的、由地方经济性质所决定的精致的内在联系。因此，他认为场所、工作和人是结合为一体的。在1915年出版的著作《进化中的城市》中，他把对城市的研究建立在客观现实研究的基础之上，周密分析地域环境的潜力和局限对于居住地布局形式与地方经济体系的影响关系，突破了当时常规的城市概念，提出把自然地区作为规划研究的基本框架。他指出，工业的集聚和经济规模的不断扩大，已经造成了一些地区的城市发展显著集中。在这些地区，城市向郊外的扩展已属必然，并形成了这样一种趋势，把城市结合成大的城市集聚区或者形成组合城市。在这样的条件下，原来局限于城市内部空间布局的城市规划应当成为城市地区的规划，即将城市和乡村的规划纳入到同一体系之中，使规划包括若干个城市以及它们周围所影响的整个地区。这一思想经美国学者芒福德（Lewis Momford）等人的发扬光大，形成了对区域的综合研究和区域规划。

格迪斯认为城市规划是社会改革的重要手段，因此城市规划要得到成功就必须充分运用科学的方法来认识城市。他运用哲学、社会学和生物学的观点揭示了城市在空间和时间发展中所展示的生物学和社会学方面的复杂性，由此提出在进行城市规划前，要进行系统的调查，取得第一手的资料，通过实地勘察了解所规划城市的历史、地理、社会、经济、文化、美学等因素，把城市的现状和地方经济、环境发展潜力以及限制条件联系在一起进行研究，在这样的基础上才有可能进行城市规划工作。他的名言是先诊断后治疗，由此而形成了影响至今的现代城市规划过程的公式：调查—分析—规划（Survey-Analysis-Plan），即通过对城市现实状况的调查，分析城市未来发展的可能，预测城市中各类要素之间的相互关系，然后依据这些分析和预测制订规划方案。

5. 邻里单位、小区规划与社区规划

20世纪30年代，在美国和欧洲出现一种"邻里单位"（Neighborhood Unit）的居住区规划思想，它与过去将住宅区的结构从属于道路划分方格的那种形式不同，旧的方式路格很小，方格内居住人口不多，难于设置足够的公共设施。儿童上学及居民购买日常的必需品，必须穿越城市道路。在以往机动交通不太发达的情况下，尚未感到过多的不方便。到20世纪20年代后，城市道路上的机动交通日益增长，交通量和速度都增加，车祸经常发生，对老弱及儿童穿越道路的威胁更加严重，而过小的路格，过多的交叉口，也降低了城市道路的通行能力。旧的住宅布置方式，大多是围绕道路

形成周边和内天井的形式，结果住宅的朝向不好，建筑密集。机动交通发达后，沿街居住非常不安宁。"邻里单位"思想要求在较大的范围内统一规划居住区，使每一个"邻里单位"成为组成居住区的"细胞"。开始考虑的是幼儿上学不要穿越交通道路，"邻里单位"内要设置小学，以此决定并控制"邻里单位"的规模。后来也考虑在"邻里单位"内部设置一些为居民服务的、日常使用的公共建筑及设施，使"邻里单位"内部和外部的道路有一定的分工，防止外部交通在"邻里单位"内部穿越。

"邻里单位"思想还提出在同一邻里单位内安排不同阶层的居民居住，设置一定的公共建筑，这些也与当时资产阶级搞阶级调和和社会改良主义的意图相呼应。"邻里单位"理论在英国及欧美一些国家盛行，而且也按这种方式建造了一些居住区。

这种思想适应现代城市由于机动交通发展带来的规划结构上的变化，把居住的安静、朝向、卫生、安全放在重要的地位，因此对以后居住区规划影响很大。

第二次世界大战后，在欧洲一些城市的重建和卫星城市的规划建设中，"邻里单位"思想得到进一步的应用、推广，并在此基础上发展成为"小区规划"的理论。试图把小区作为一个居住区构成的"细胞"，将其规模扩大，不限于以一个小学的规模来控制，也不仅是由一般的城市道路来划分，而趋向于由交通干道或其他天然或人工的界线（如铁路、河流等）为界，在这个范围内，把居住建筑、公共建筑、绿地等予以综合解决，使小区内部的道路系统与四周的城市干道有明显的划分。公共建筑的项目及规模也可以扩大，日常必需品的供应、一般的生活服务都可以在小区内解决。

20世纪60年代后，城市规划领域中对城市的社会问题的认识逐步提高，居住区规划设计不再局限于住宅和设施等物质环境，而是将解决居住区内的社会问题提高到重要位置，社区规划的概念逐步取代了小区规划的提法。规划师的责任重心更趋多元化，给予了社会问题，尤其是给社区中的弱者以更多的关怀。

6. 有机疏散思想

针对大城市过分膨胀所带来的各种"弊病"，伊利尔·沙里宁（Eliel Saarinen）在1934年发表了《城市——它的成长、衰败与未来》（*The city-Its Growth，Its Decay，Its Future*）一书，书中提出了有机疏散的思想。

有机疏散的思想，并不是一个具体的或技术性的指导方案，而是对城市的发展带有哲理性的思考，是在吸取了前些时期和同时代城市规划学者的理论和实践经验的基础上，在对欧洲、美国一些城市发展中的问题进行调查研究与思考后得出的结果。沙里宁与荣格早在1918年提出了赫尔辛基新区明克尼米-哈格17万人口的扩展方案，有机疏散思想是该方案的延续发展。

沙里宁认为，一些大城市一边向周围迅速扩展，同时内部又出现他称之为"瘤"的贫民窟，而且贫民窟也不断蔓延，这说明城市是一个不断成长和变化的机体。城市建设是一个长期的缓慢的过程，城市规划是动态的。他认为对待城市的各种"病"就像对人体的各种病一样。根治城市病靠"吃药"、动点"小手术"是不行的，要动大手术，就是要从改变城市的结构和形态做起。

他用对生物和人体的认识来研究城市，认为城市由许多"细胞"组成，细胞间有一定的空隙，有机体通过细胞不断地繁殖而逐步生长，它的每一个细胞都向邻近的空间扩展，这种空间是预先留出来供细胞繁殖之用，使有机体的生长具有灵活性，同时又能保护有机体。

他从生物的这种成长现象中受到启示，认为有机疏散就是把扩大的城市范围划分为不同的集中点所使用的区域，这种区域内又可分成不同活动所需要的地段。他认为，由于城市的功能产生某种力量，而使城市具有一种膨胀的趋势，当分散的离心力大于集中的向心力时就会出现分散的现象。他认为，有机分散的过程如同缓慢、持续地进行的化学反应一样，存在正反应与逆反应，通过这两种作用，能逐渐把城市的紊乱状态转变为有序状态。这两种作用将在城市内部的潜在力量中产生出对日常活动进行功能性的集中，对这些集中点又产生有机的分散。他认为，街道交通拥挤对城市的影响与血液不畅对人体的影响一样，主动脉、大静脉等组成输送大量物质的主要线路，毛细血管则起着局部的输送作用。输送的原则是简单明了，输送物直接送达目的地，并不通过与它无关的其他器官，而且流通渠道的大小是根据运量的多少而定。按照这种原则，他认为应该把联系城市主要部分的快车道设在带状绿地系统中，也就是说把高速交通集中在单独的干线上，使其避免穿越和干扰住宅区等需要安静的场所。他认为，以往的城市是把有秩序的疏散变成无秩序的集中，而他的思想可以把无秩序的集中变为有秩序的分散。在他的著作中还从土地产权、价格、城市立法等方面论述了有机疏散的必要和可能。有机疏散的思想在战后许多城市规划工作中得到应用。但是 20 世纪 60 年代以后，也有许多学者对这种把其他学科里的规律套用到城市规划中的简单做法提出了尖锐的质疑。

7. 理性主义规划理论及其批判

1960—1970 年的西方城市规划操作的指导理论可以用三个词来概括：系统、理性和控制论。

第二次世界大战结束以后，刘易斯·凯博（Lewis Keeble）1952 年出版的《城乡规划的原则与实践》（*Principles and Practice of Town and Country Planning*）全面阐述了当时被普遍接受的规划思想。经过十几年的实践，1961 年凯博再版了这本书。凯博的这本书中集中反映了城市规划中的理性程序，城市规划的对象还主要局限在物质方面，规划的编制程序步步相扣，从现状调查、数据收集统计、方案提出与比较评价、方案选定、各工程系统规划的编制都在理论上达到了至善至美的严密逻辑。在规划实践中，这本书成为了当时城市规划编制工作的操作指导手册，其思想方法代表了理性主义的标准理论。

与理性主义规划相辅的是 20 世纪 60 年代末 70 年代初，在城市规划中系统工程的导入和数理分析的大量推广，大型计算机的出现是其技术基础。系统工程的导入把城市更多地看成一个巨型系统，而规划则更多地从运筹学和系统结构方面着手。城市规划的前期调查变得越来越严密，工作量也就越来越大，大型计算机的出现使得大量调查数据的处理成为可能。城市规划工作中运用了大量的数理模型，包括用纯粹数理公式表达的城市发展模型和城市规划控制模型。在此现象之下，城市规划编制的理论程序也就更加理性，理性主义成为主导的规划思想。

理性主义规划理论认为，规划方案是对城市现状问题的理性分析和推导的必然结果。但是在理性主义使规划变得越来越严密的时候，城市规划专业也变得越来越让人看不懂，大堆复杂的数理模型对城市发展的实际意义让人无法理解。除了对理性主理论的工作方法的批判外，还针对理性主义理论在规划过程中多局限于物质形态，对城市中的社会问题关心太少等问题。对理性主义理论的批判还来自于行政管理过程，理性主义理论对决策者的立场观点缺乏充分的认识。查尔斯·林德伯伦姆（Charles Lindblom）在 1959 年发表《紊乱的科学》（*The Science of "Muddling Through"*）一文，针对各国编制的几乎是清一色的越来越繁琐的城市综合规划（Comprehensive Planning），林德伯伦姆尖锐地指出，这类城市综合规划要求太多的数据和过高综合分析水平，都远远超出了一名规划师的领悟能力，实际上，一名规划师在实践中忙于细部处理的综合性总体规划却放弃了最重要的城市发展战略。林德伯伦姆在文中呼吁，必须冲破综合性总体规划的繁文缛节，重新定义规划自己的能力作用，去达到真正能达到的规划目的。

8. 城市设计研究

根据王建国先生在《城市设计》一书中的定义，城市设计指人们为某特定城市建设目标所进行的对城市外部空间和形体环境的设计和组织。但在实际的理解过程中，我们经常和城市规划概念混淆，因而我们有必要先理解城市设计与城市规划的概念分别和相互关系。

城市设计是以城镇建筑环境中的空间组织和优化为目的，对包括人和社会因素在内的城市形体空间对象所进行的设计工作。因此，城市设计与城市规划既有联系又有区别。城市规划综合了经济、技术、社会、环境四者的规划，追求的是经济效益、社会效益、环境效益三者的平衡发展。今天的城市规划应由经济规划、社会规划、政策确定、物质规划四方面组成，效率、公平和环境是其依循的基本原则。其内容所及远远超出城市设计的对象范围。但是，城市设计又有其独特性。首先，城市设计所关注的是人与城市形体环境的关系和城市生活的营造，内容比较具体而细致。其次，城市设计可以起到深化城市规划和指导具体实施的作用。同时，由于城市设计和城市规划在所处理的内容对象方面相接近或者衔接得非常紧密而无法明确划分开来，从总体规划、分区规划、详细规划直到专项规划中都包含城市设计的内容，因此，城市设计始终是城市规划的组成部分，它起到了连接城市规划和建筑学的桥梁作用，是城市规划与建筑设计之间有效的"减震器"。

工业革命后，近现代西方城市空间环境和物质形态发生了深刻的变化。由于技术的进步，武器也发生了根本的改变，使西方中古城市的城墙渐渐失去了原有的军事防御作用；同时，近现代城市功能的革命性发展，以及新型交通和通信工具的发明运用，使得近现代城市形体环境的时空尺度有了很大的改变，城市社会也具有了更大的开放程度。然而也就是在这一时期，西方城市人口及用地规模急剧膨胀，城镇自发蔓延生长的速度超出了人们的预期，而且超出了人们用常规手段驾驭的能力。就在这一时期，城市逐渐形成了一种犬牙交错的"花边状态"，城镇形态产生了明显的"拼贴"特征。环境异质性加强，特色日渐消逝，质量日渐下降。这时人们逐渐认识到，有规划的设计对于一个城镇发展是十分必要的，只有通过整体的形态规划才能摆脱城镇发展现实中的困扰。

现代主义启蒙时期的一些理想城市方案，如 19 世纪欧斯曼的巴黎改建设计、美国的格网城市、"花园城"理论及其实践、柯布西耶的"现代城市"设想和赖特的"广亩城市"主张等，反映了自古以来人们观念中对理想城镇模式的追求。其中，柯布西耶的"现代城市"模式对后世城市建设影响很大。著名的学者彼得·霍尔认为："在第二次世界大战后所规划的城市中，柯布西耶的影响是不可估量的。"

上述主张认为，城市发展中只要有一套良好的总体物质环境设计理论和方案，其他的经济、社会乃至文化的一系列问题就可以避免，但多年以后，人们发现这种设计的价值观只是设计者本身的愿望而已。印度昌迪加尔、巴西的巴西利亚和许多新城的设计建成，标志着这种规划设计思想的整体物质实现，但由于缺少有"根基"的居民生活环境内聚力，加之模式本身是静态的，不能满足本质上是动态演进的城市发展需要，所以不少人批评这些设计"是把一种陌生的形体强加到有生命的社会上"，其实践是在政治和经济强有力的干预下完成的。

而到了第二次世界大战后，发达国家经济经过恢复、重建有了长足的发展，也积累了足够的财力、物力用于城市建设，使许多城市继工业革命后又一次获得了高速的发展。然而，由于过度依循形体决定论的建设思路，重视外显的建设规模和速度，特别是席卷西方的城市更新运动，对城市内在的环境品质和文化内涵掉以轻心，反而使得城市中心进一步衰退和"空心化"，不少历史文化遗产受到威胁和破坏，甚至有不断恶化的趋势。正是在这种情况下，人们才再一次提出城市设计这一"古已有之"主题。20世纪50年代末，特别是20世纪60年代以来，尊重人的精神要求，追求典雅生活风貌，古城保护和历史建筑遗产保护，成为现代城市设计区别于以往主要注重形体空间美学的主要特征。

现代城市设计实践作为城市建设中的重要内容也得到了发展。各种理论和方法也应运而生，构成了现代城市设计多元并存的局面。吉伯德在《市镇设计》一书中指出："作为一个环境，中世纪的城镇是美好的，朴素而清洁的……理解它不需要理论或者抽象的设计理论。"由于城市小和具有人的尺度的连续性，永远不会使人感到单调乏味；他还指出，所有伟大的城市设计者都应有"历史感"和"传统感"。《拼贴城市》一书的作者柯林·罗和凯特运用了"图底分析"的方法，比较分析了古罗马城与"现代城市"在格局、尺度、空间围合等方面的本质差异后指出，西方城市是一种大规模现实化和许多未完成目的的组成，总的画面是不同建筑意向的经常"抵触"。林奇教授等从城市居民的集体意象着手，首创性地建立了城市形象调查方法，分析了现存城市结构的优劣及其评价标准，总结概括出城市形体环境的五点构成要素。他还认为，要使规划具有意义，城市设计师和规划师必须了解其所规划环境中使用者的思想和行为。雅各布从社会学、心理学和行为科学方面对城市设计问题进行了研究。她认为，"大规模的计划"不容易做好，压抑想象力，缺少弹性和选择性，再度表达了对统一规划的设计思想的抨击。亚历山大在其著作《城市并非树形》和《图式语言》中，主张用半网格形的复杂模式来取代树形结构的理论模式，允许城市各种因素和功能之间有交错重叠。亚历山大认为"城市是包含生活的容器，它能为其内在的复合交错的生活服务，……如果我们把城市建成树形系统的城市，它会把我们的生活搞得支离破碎。"接着他又指出："现代城市的同质性和雷同性扼杀了丰富的生活方式，抑制了个性发展。"因此，有必要发展一种由许多亚文化群构成的城市环境。

上述这种多元的城市设计视角有一个共同的特点，就是城市设计者和理论家对"人"的意识的重新觉醒和高度重视，这种"自下而上"的渐进主义设计思想与以往那种形态决定思想迥然不同。这一思想转变从 20 世纪城市规划和建筑界两份纲领性文件主题的演变可以清楚地看到。体现现代主义理想的《雅典宪章》曾认为，城市建设起作用的主要是"功能"因素，城市应该按照"居住、工作、游憩、交通"四大功能进行规划。这种认识到了 20 世纪 50 年代末开始有了改变，人们逐渐认识到这两种方法上各有千秋，应该有机结合。1977 年，在秘鲁首都利马通过的《马丘比丘宪章》直率地批评了现代主义那种机械式的城市分区做法。他认为这是"牺牲了城市的有机构成"，否认了"人类的活动要求流动的，连续的空间这一事实"。而秘鲁的马丘比丘代表着不同于西方文明的另一种文化体系的存在，同样具有蓬勃的生机和独特的魅力。世界性的"公众参与"运动的兴起，标志着城市运动的兴起，标志着城市设计的方法从主观到客观，从一元到多元，从理想到现实迈出了决定性的一步。相应地，城镇形态从单一性到复合型，从同质性到异质，从总体到局部发生了重要转折。

城市设计理论发展到今天，在全世界日益关注"可持续发展"的前提下，城市设计的指导思想也进一步发生了变化，其中最重要的是对城市环境问题和生态学条件的认识、反思和觉醒，并努力将这种认识反映到城市设计实践中去，也是向"绿色城市设计"的方向发展。

现代城市设计与传统城市设计具有明显区别。工业革命以前的城市建设都是以城市设计为途径的，因为古代人们始终是以物质形态的城市为对象进行规划的。此后，西特倡导的"视觉有序"观点，柯布西耶的"现代城市"主张，沙里宁的"有机城市"思想也都可归于这种传统城市设计范畴。

传统城市设计有以下特点：主导思想和价值观是"物质形态决定论"和"精英高明论"——即认为个别的智者的规划设计或统治者的力量可以驾驭城市。把整个城市看成是扩大规模的建筑设计，而不太注重具有应用意义的和各种局部范围内的案例研究。在方法上，多用建筑师惯用的手段和设计过程，缺乏与其他学科的交流和互补。在抽象层次上涉及人的价值、人的居住条件等有关问题，但对城市社区中不同价值观的存在，不同文化和不同委托人的需求及选择认识不足。

现代城市设计自第二次世界大战以后，人们心中所考虑的城市建设的主要问题已经转移到了对和平、人性和良好环境品质的渴求。因此，现代城市设计以提高和改善城市空间环境质量为目标。同时，不再将整个城市作为对象，而是缩小了对象范围，采取更为务实的立场。它所运用的技术和方法，所涉及的旁系学科范围却远远超出了传统城市设计，可以说现代城市设计就是一项综合性的城市环境设计。在主导思想上，城市设计是一个多因子共存互动的随机过程，它可以作为一种干预手段对社会产生影响，但不能从根本上解决社会问题。在对象上，多是局部的、城市部分的空间环境。但涉及内容远远超出了传统的空间艺术范畴，它所关心的是具体的人，活生生的人，而不是抽象的人。在方法上，以跨学科为特点，这种综合性和动态弹性，体现为一种城市建设的连续决策过程，并常由某组织机构驾驭。客观认识自身在城市建设中的层次和有效范围，承认与城市规划和建设设计相关，但不主张互相取代。设计成果不再只是一些漂亮的方案表现图，而是图文并茂。

9. 城市规划的社会学批判、决策理论和新马克思主义

简·雅各布斯（Jane Jacobs）于 1961 年发表的《美国大城市的生与死》 （*The*

Death and Life of Great American Cities）被有的学者毫不夸张地称作当时规划界的一次大地震。雅各布斯在书中对规划界一直奉行的最高原则进行了无情的批判。她把城市中大面积绿地与犯罪率的上升联系到一起，把现代主义和柯布西埃推崇的现代城市的大尺度指责为对城市传统文化的多样性的破坏。她批判大规模的城市更新是国家投入大量的资金让政客和房地产商获利，让建筑师得意，而平民百姓都是旧城改造的牺牲品。当市中心的贫民窟被一片片地推平时，大量的城市无产者却被驱赶到了近郊区，在那里造起了一片片新的住宅区，实际上是一片片未来的贫民窟。

无论雅各布斯的观点正确与否，这是现代城市规划几十年来第一次被赤裸裸地暴露在社会公众面前，包括现代城市规划的一条条理念及其工作方法，也包括规划师的灵魂与钱袋。雅各布斯是一位嫁给了建筑师的新闻记者，作为一个"外行"，对城市规划理论的发展起到了一个里程碑式的作用。更重要的是，规划师们过去从专业理论的发展角度集中讨论的是如何做好规划，而雅各布斯让规划师开始注意在为谁做规划。

整个 20 世纪 60～70 年代的城市规划理论界对规划的社会学问题的关注超越了过去任何一个时期，其中影响较大的有 1965 年大卫多夫（Paul Davidoff）发表的《规划中的倡导与多元主义》（*Advocacy and Pluralism in Planning*），以及其在 1962 年与雷纳（T．Reiner）合著的，发表于 JAIP 上的《规划选择理论》（*A Choice Theory of Planning*）。大卫多夫的这两篇论文在当时的城市规划理论界取得了很高的荣誉。他对规划决策过程和文化模式的理论探讨，以及对规划中通过过程机制保证不同社会集团的利益，尤其是弱势团体利益的探索，都在规划理论的发展史上留下了重要的一笔。

罗尔斯（J. Rawls）在 1972 年发表了《公正理论》（*Theory of Justce*）在规划界第一次把规划公正的理论问题提到了论坛上。半年之后，作为重要的新马克思主义理论家的大卫·哈维（David Harvey）写了《社会公正与城市》（*Social Justice and the City*）一书，把这个时代的规划社会学理论推向高潮，成为以后的城市规划师的必读之书。

20 世纪 70 年代后期，城市学中新马克思主义的另一位掌门人卡斯泰尔斯（Manuel Castells）于 1977 年发表了《城市问题的马克思主义探索》（*The Urban Question：A Marxist Approach*），正面打出了马克思主义的旗号。1978 年，他又发表了专著《城市，阶级与权力》（*City，Class and Power*），反映出 20 世纪 60 年代培养的一代马克思主义青年在规划理论界开始占据了城市学理论的制高点，这一方面是因为这些热血青年开始走向大学教授的岗位；另一方面，规划理论界开始摆脱雅各布斯对城市表象景观的市民式的抨击，对这些表象之下的社会、经济和政治制度本质进行了深入的分析和批判。

1992 年前后，国际规划界中出现了大量关于妇女在城市规划中的地位、作用和特征的讨论，约翰·弗雷德曼（John Friedmann）也加入其中，发表了《女权主义与规划理论：认识论的联系》（*Feminist and Planning Theories：The Epistemological Connections*），他认为至少有两点是女权主义对规划理论的重要贡献：一是性别问题相对于社会关系中的个人职业精神（Ethics），更强调社会的联系和竞争的公平；二是女权主义的方法论中强调差异性和共识性，挑战了传统规划中的客观决定论，使规划实践中的权力更加平等。

10. 从环境保护到可持续发展的规划思想

20 世纪 70 年代初，石油危机对西方社会意识形成了强烈的冲击，战后重建时期的以破坏环境为代价的乐观主义人类发展模式被彻底打破，保护环境从一般的社会呼吁逐步在城市规划界成为思想共识和一种操作模式，西方各国相继在城市规划中增加了环境保护规划部分，对城市建设项目要求进行环境影响评估（Environmental Impact Assessment）。

20 世纪 80 年代，环境保护的规划思想又逐步发展成为可持续发展的思想。其实，人类对于可持续发展问题的认识可以追溯到 200 多年前，英国经济学家马尔萨斯（T．R．Malthus）的《人口原理》已经指出了人口增长、经济增长与环境资源之间的关系。100 年前，当工业化引起城市环境恶化时，霍华德提出了"田园城市"的概念。20 世纪 50 年代，人居生态环境开始引起人类的重视。60 年代，人们开始关注考虑长远发展的有限资源的支撑问题，罗马俱乐部《增长的极限》代表了这种思想。1972 年，联合国在斯德哥尔摩召开的人类环境会议通过的《人类环境宣言》，第一次提出"只有一个地球"的口号。1976 年，人居大会（Habitat）首次在全球范围内提出了"人居环境（Human Settlement）"的概念。1978 年，联合国环境与发展大会第一次在国际社会正式提出"可持续的发展（Sustainable Development）"的观念。

1980 年，世界自然保护同盟、世界野生生物基金会和联合国环境规划署等组织制定了《世界自然保护大纲》，认为应该将资源保护与人类发展结合起来考虑，而不是像以往那样简单对立。1981 年，布朗的《建设一个可持续发展的社会》首次对可持续发展观念作了系统的阐述，分析了经济发展遇到的一系列的人居环境问题，提出了控制人口增长、保护自然基础、开发再生资源的三大可持续发展途径。1987 年，世界环境与发展委员会向联合国提出了题为《我们共同的未来》的报告，对可持续发展的内涵作了界定和详尽的立论阐述，指出我们应该致力于资源环境保护与经济社会发展兼顾的可持续发展的道路。1992 年，联合国环境与发展大会通过的《环境与发展宣言》和《全球 21 世纪议程》的中心思想是：环境应作为发展过程中不可缺少的组成部分，必须对环境和发展进行综合决策。大会报告的第七章专门针对人居环境的可持续发展问题进行论述，这次会议正式确立了可持续发展是当代人类发展的主题。1996 年的联合国第二次人类居住大会（Habitatll），又被称为城市高峰会议（The City Summit），总结了联合国环境与发展大会召开以来人居环境发展的经验，审议了大会的两大主题："人人享有适当的住房"和"城市化进程中人类住区的可持续发展"，会议通过了《伊斯坦布尔人居宣言》。1998 年 1 月，联合国可持续发展署在巴西圣保罗召开地区间专家组会议，1998 年 4 月，召开可持续发展委员会第六次季会，讨论研究各国可持续发展新的经验。

20 世纪 90 年代，在国际城市规划界出现了大量反映可持续发展思想和理论的文献。1992 年，布雷赫尼（M. Breheny）编著了《可持续发展与城市形态》（*Sustainable Development and Urban Form*）。1993 年，布劳尔斯（A．BloowerS）编著了《为了可持续发展的环境而规划》（*Planning for a Sustainable Environment*）。同年，瑞德雷（Matt Ridley）和罗（BobbiS，Low）的《自私能拯救环境吗》（*Can Selfishness Save the Environment* ）将可持续发展的环境问题与资本主义本质的社会意识联系起来，显示了其思想的力度，这样的环境学与社会学的切入远比一般泛泛地谈环境的可持续性的理论框架高明得多，也深刻得多。除此之外，较有影响的文献还有：1995 年巴顿（H. Barton）等著的《可持续的人居：为规划师、设计师和开发商所写的导引》（*Sustainable Settlements：A Guide for Planners，Designers and Developer*），同年，里杰特（H. Liggett）和派兹（D. C. Pezzy）合编的《专家与环境规划》（*Experts and Environmental Planning*）；1996 年，S. Buckingham 和 B. Evans 编写的《环境规划与可持续性》（*Environmental Planning and Sustainability*）；同年詹克斯（M . Jenks）等合写的《集约型城市：一种可持续的都市形式？》（*The Compact City：A Sustainable Urban Form？*）。这些文献从城市的总体空间布局、道路与工程系统规划等各个层面进行了以可持续发展为目标的分析，提出了城市可持续发展规划模式和操作方法。

11. 全球化进程中的世界城市理论

Cohen 于 1981 年首先提出"全球城市"的概念，指跨国公司战略决策所形成的国际性协调和控制中心，标志着世界城市理论的诞生。Cohen 认为制造业企业在全球急剧扩张，它们设立分公司和合资企业来应对全球竞争的挑战。随着企业结构和战略的改变，服务业对于制造业的重要性日益增加，制造业企业的全球扩张引起了为生产和营销提供服务企业的相应扩张。"企业集团和高级生产服务结构的变化导致了一系列制订全球商业决策和企业战略的全球城市的产生"，同时也降低了那些国内导向城市的地位。

Friedmann 于 1986 年发表的论文《世界城市假说》对"世界城市"进行概念化并提出了完整的研究框架。Friedmann 认为世界城市是国际资本和国内外移民聚集的中心。世界城市的都市功能、劳动力市场结构和城市物理形态是由世界城市融入世界经济的程度以及在国际劳动分工中承担的功能决定的。世界城市的全球控制功能体现在其产业结构上，主要包括公司总部、国际金融、交通通信和高端商业服务。城市被全球资本用作生产、销售和组织的基点，城市间联系使得世界城市形成"复杂的空间等级"。Friedmann 在 1995 年发表的论文中进一步强调了世界城市是连接区域、全国和世界经济的节点，城市间具有"密集的经济和社会互动"。Friedmann 提出的框架为世界城市的研究奠定了坚实基础，他不仅看到了世界城市的崛起及背后的原因，更看到了世界城市的网络特性，为世界城市研究突破国家城市体系框架的制约提供了理论依据。

20 世纪 90 年代初，蕴含丰富内容的术语"全球化"开始取代"国际劳动分工"出现在学术界。Sassen 于 1991 年出版的《全球城市：纽约、伦敦、东京》标志着新的世界城市学说产生。Sassen 认为通信技术的发展使得现代经济流程在空间和组织上分散成为了可能，正是这种"全球生产线"要求管理、控制和规划等功能的集中。空间扩散和全球整合相统一的趋势促进了全球城市的产生，并成为了 Sassen 研究的起点。在新的生产方式下，产品多样化、跨国并购和经营等新的经济现象对管理提出了更高要求，企业和政府越来越依赖于专业生产服务业。专业生产服务业具有聚集经济，倾向于在全球城市布局。金融业的多样化、创新和产品全球供应使得金融企业越来越集中于少数几个金融中心。所以，Sassen 认为全球城市不仅是传统理论所强调的管理中心，同时也是专业服务和金融创新的生产中心。

Sassen 认为全球城市有以下四个新功能：①作为世界经济组织的高度集中的命令

点；②作为金融和专业服务业的重要聚集地，制造业不再是经济的主导部门；③作为金融和专业服务的生产中心；④作为金融和专业服务的主要市场。Sassen 的研究主要包括纽约、伦敦和东京三个城市，但并不能认为她的理论忽视了城市的网络联系特性。她认为全球城市崛起的前提是生产的地域扩散和管理的全球整合，Sassen 于 2007 年进一步指出专业服务业企业需要以子公司等形式为各个全球城市提供服务，进而增强城市间的网络联系。

Castells 认为信息技术的发展改变了社会形态。现代社会是由资本、信息、技术、组织互动、音像符号等各种流组成的。"流是支配我们经济、政治和象征性生活的过程表达"，Castells 认为"流的空间"支配并塑造着网络社会。Castells "流的空间"理论至少包括三个层面：第一层是包括微电子、通信、电脑、广播系统和高速交通等基于电子信息的"流的空间"的物质支持，它们构成了网络社会具有战略意义的过程的物质基础。信息技术的发展使得网络社会里功能的空间连接成为了可能。第二层是"流的空间"中的节点和中心。"流的空间"具有位置属性，"网络连接起来的是具有明确社会、文化、物理和功能特征的具体地点。一些地点是网络中承担协调功能的交换和通信中心，另一些地点则是围绕网络中具有战略意义的功能而从事相应活动并建立起相应组织的节点"，"中心和节点都根据它们在网络中的相应权重呈等级分布"。全球城市就是网络社会的中心和节点，所以说"全球城市不是一个地点而是一个过程"。社会的主要过程是在网络中进行的，网络连接起了不同的地点并赋予了每一个地点在等级体系中的角色和权重，这种角色和权重决定了每一个地点的命运。第三层是支配性的管理精英形成的空间组织。Castells 认为在社会中占据领导地位的技术、金融和管理精英出于兴趣和工作的需要也会对具体的空间格局有所要求。占据支配地位的精英组织构成了我们社会最基本的支配形式，群众的利益只能在满足精英支配性利益的框架内得到部分体现。Castells 提出了一个全新的全球城市理论分析框架，他把全球城市抽象为一个存在于"流的空间"中的"过程"。城市虽然具有自己的特性，但却不能脱离网络而独立存在，城市的功能和地位由网络所决定。

Cohen、Friedmann、Sassen 和 Castells 都强调了企业联系、生产要素流动、商品贸易等经济联系在世界城市网络中至关重要的地位，随着城市逐步迈进后工业化社会，服务业在城市经济联系中扮演了最主要的角色。他们的世界城市理论虽然摆脱了国家城市体系的束缚，正确认识了全球化进程中世界城市崛起的重要意义，但他们的理论和实证中都隐藏着城市等级体系的假设，因此 Taylor 认为他们认识到了世界城市体系的范围却未能正确认识其结构。

Pred 运用多分部大企业内部联系数据研究美国 Seattle-Tacoma 都市区的"工作控制联系"时，发现城市的联系可能超出传统的腹地而与其他城市保持更紧密的联系，并且不随距离的增加而衰减，也不符合重力模型。Pred 认为都市区间的联系并非中心地理论所示那样简单而有规律，它们之间的真实联系是复杂的。

Taylor 在 Pred 的研究基础上指出用城市等级体系来反映城市间关系具有误导性。如果城市体系研究采用了性质数据，研究结果肯定是等级性的，用联系数据进行实证检验就能发现城市体系的等级性假设与现实不符。所有城市都处在全球化进程中并共同具有"世界"和"全球"特性，只有打破行政区空间单元的束缚，运用联系数据在世界范围内研究城市间复杂联系的特性，才能够更加深刻地认识世界城市网络的本质。

2.3 现代城市规划五大著名宪章

2.3.1 雅典宪章

1933 年，国际现代建筑协会（C.I.A.M.）在雅典召开会议，中心议题是城市规划，并制定了《城市规划大纲》（下称《大纲》），后来被称为《雅典宪章》。《大纲》集中反映了当时"现代建筑"学派的观点。《大纲》首先提出，城市要与其周围影响地区作为一个整体来研究，指出城市规划的目的是解决居住、工作、游憩与交通四大城市功能的正常进行。

《大纲》认为居住的主要问题是：人口密度过大，缺乏敞地及绿化；太近工业区，生活环境不卫生；房屋沿街建造影响居住安静，日照不良，噪声干扰；公共服务设施太少而且分布不合理。因而，建议居住区要用城市中最好的地段，规定城市中不同地段采用不同的人口密度。

《大纲》认为工作的主要问题是：工作地点在城市中无计划地布置，与居住区距离过远；"从居住地点到工作的场所距离很远，造成交通拥挤，有害身心，时间和经济都受损失"。因为工业在城郊建设，引起城市的无限制扩展，又增加了工作与居住的距离，形成过分拥挤而集中的人流交通。因此《大纲》中建议有计划地确定工业与居住的关系。

《大纲》认为游憩的主要问题是：大城市缺乏敞地。其指出城市绿地面积少，而且位置不适中，无益于市区居住条件的改善；市中心区人口密度本来就已经很高，难得拆出一小块空地，应将它辟为绿地，改善居住卫生条件。因此，建议新建居住区要多保留空地，旧区已坏的建筑物拆除后应辟为绿地，要降低旧区的人口密度，在市郊要保留良好的风景地带。

《大纲》认为，城市道路完全是旧时代留下来的，宽度不够，交叉口过多，未能按功能进行分类。并指出，过去学院派那种追求"姿态伟大""排场"及"城市面貌"的做法，只可能使交通更加恶化。《大纲》认为，局部的放宽、改造道路并不能解决问题，应从整个道路系统的规划入手；街道要进行功能分类，车辆的行驶速度是道路功能分类的依据；要按照调查统计的交通资料来确定道路的宽度。《大纲》认为，大城市中办公楼、商业服务、文化娱乐设施过分集中在城市中心地区，也是造成市中心交通过分拥挤的重要原因。

《大纲》还提出，城市发展中应保留名胜古迹及历史建筑。

《大纲》最后指出，城市的种种矛盾，是由大工业生产方式的变化和土地私有引起的。城市应按全市人民的意志进行规划，要以区域规划为依据。城市按居住、工作、游憩进行分区及平衡后，再建立三者联系的交通网。居住为城市主要因素，要多从居住者的要求出发，应以住宅为细胞组成邻里单位，应按照人的尺度（人的视域、视角、步行距离等）来估量城市各部分的大小范围。城市规划是一个三度空间的科学，不仅是长宽两方向，应考虑立体空间。要以国家法律形式保证规划的实现。

《大纲》中提出的种种城市发展中的问题、论点和建议，很有价值，对于局部解决城市中一些矛盾也起到一定的作用。《大纲》中的一些理论，由于基本思想是要适应生产及科学技术发展给城市带来的变化，而敢于向一些学院派的理论、陈旧的传统观念提出挑战，因此也具有一定的生命力。《大纲》中的一些基本论点也成为了资本主义近代规划学科的重要内容，至今还发生深远的影响。但《大纲》回避了城市社会中的阶级矛盾问题，仅集中在形态层面，所以很难完全实现其理论。

2.3.2　威尼斯宪章

《威尼斯宪章》是保护文物建筑及历史地段的国际原则，全称为《保护文物建筑及历史地段的国际宪章》，又称为《国际古迹保护与修复宪章》。1964 年 5 月 31 日，从事历史文物建筑工作的建筑师和技术员在威尼斯召开国际会议第二次会议中通过此宪章。宪章肯定了历史文物建筑的重要价值和作用，将其视为人类的共同遗产和历史的见证。

宪章分定义、保护、修复、历史地段、发掘和出版 6 部分，共 16 条。明确了历史文物建筑的概念，同时要求，必须利用一切科学技术保护与修复文物建筑。强调修复是一种高度专门化的技术，必须尊重原始资料和确凿的文献，决不能有丝毫臆测。其目的是完全保护和再现历史文物建筑的审美和价值，还强调对历史文物建筑的一切保护、修复和发掘工作都要有准确的记录、插图和照片。

2.3.3　马丘比丘宪章

20 世纪 70 年代后期，国际建协鉴于当时世界城市化趋势和城市规划过程中出现的新内容，于 1977 年在秘鲁的利马召开了国际性的学术会议。与会的建筑师、规划师和有关官员以《雅典宪章》为出发点，总结了近半个世纪以来尤其是第二次世界大战后的城市发展和城市规划思想、理论和方法的演变，展望了城市规划进一步发展的方向，在古文化遗址马丘比丘山上签署了《马丘比丘宪章》。该宪章申明：《雅典宪章》仍然是这个时代的一项基本文件，它提出的一些原理今天仍然有效。但随着时代的进步，城市发展面临着新的环境，而且人类的认识对城市规划也提出了新的要求，《雅典宪章》的一些指导思想已不能适应当前形势的发展变化，因此需要进行修正。

《马丘比丘宪章》首先强调了人与人之间的相互关系对于城市和城市规划的重要性，并将理解和贯彻这一关系视为城市规划的基本任务。与《雅典宪章》相反，我们深信人的相互作用与交往是城市存在的基本依据。城市规划必须反映这一现实。在考察了当时城市化快速发展和遍布全球的状况之后，《马丘比丘宪章》要求将城市规划的专业和技术应用到各级人类居住点上，即邻里、乡镇、城市都市地区、区域、国家和洲，并以此来指导建设。而这些规划都必须对人类的各种需求作出解释和反应，并应该按照可能的经济条件和文化意义提供与人民要求相适应的城市服务设施和城市形态。从人的需要和人与人之间的相互作用关系出发，《马丘比丘宪章》针对于《雅典宪章》和当时城市发展的实际情况，提出了一系列的具有指导意义的观点。

《马丘比丘宪章》在对四十多年的城市规划理论探索和实践进行总结的基础上，指出《雅典宪章》所崇尚的功能分区没有考虑城市居民人与人之间的关系，结果是城市患了贫血症，在那些城市里建筑物成了孤立的单元，否认了人类的活动要求流动的连续的空间这一事实。确实，《雅典宪章》以后的城市规划基本上都是依据功能分区的思想而展开的，尤其在第二次世界大战后的城市重建和快速发展阶段中按规划建设的许多新城和一系列的城市改造中，由于一味强调纯粹功能分区而导致了许多问题，人们发现经过改建的城市社区竟然不如改建前或一些未改造的地区充满活力，新建的城市则又相当地冷漠、单调，缺乏生气。从 20 世纪 50 年代后期就已经开始，对功能分区进行批评，认为功能分区并不是一种组织良好城市的方法，而最早的批评就来自于CIAM的内部，即 Tesm 10，他们认为柯布西埃的理想城市"是一种高尚的、文雅的、诗意的、有纪律的、机械环境的机械社会，或者说，是具有严格等级的技术社会的优美城市"。他们提出的以人为核心的人际结合（Human Association）思想以及流动、生长、变化的思想，为城市规划的新发展提供了新的起点。20 世纪 60 年代的理论清算则以雅各布斯（J. Jacobs）充满激情的现实评述和亚历山大（C Alexander）相对抽象的理论论证为代表。《马丘比丘宪章》接受了这样的观点，提出"在今天，不应当把城市当作一系列的组成部分拼在一起考虑，而必须努力去创造一个综合的多功能的环境"，并且强调，"在 1933 年，主导思想是把城市和城市的建筑分成若干组成部分，在1977 年，目标应当是把已经失掉相互依赖性、相互关联性，失去其活力和涵义的组成部分重新统一起来"。

　　《马丘比丘宪章》认为城市是一个动态系统，要求城市规划师和政策制定人必须把城市看作在连续发展与变化的过程中的一个结构体系。20 世纪 60 年代以后，系统思想和系统方法在城市规划中得到了广泛的运用，直接改变了过去将城市规划视作对终极状态进行描述的观点，而更强调城市规划的过程性和动态性。在第二次世界大战期间逐渐形成、发展的系统思想和系统方法在 20 世纪 50 年代末被引入到规划领域，而形成了系统方法论。在对物质空间规划进行革命的过程中，社会文化论主要从认识论的角度进行批判，而系统方法论则从实践的角度进行建设，尽管两者在根本思想上并不一致，但对城市规划的范型转换都起了积极的作用。最早运用系统思想和方法的规划研究开始于美国 20 世纪 50 年代末的运输——土地使用规划（Transport-land Use Planning）。这些研究突破了物质空间规划对建筑空间形态的过分关注，而将重点转移至发展的过程和不同要素间的关系，以及要素的调整与整体发展的相互作用之上。自20 世尼 60 年代中期后，在运输—土地使用规划研究中发展起来的思想和方法，经麦克劳林（J. B. Mcloughlin）、查德威克（Chard wick）等人在理论上的完善和广大规划师在实践中的自觉运用，形成了城市规划运用系统方法论的高潮。《马丘比丘宪章》在对这一系列理论探讨进行总结的基础上作了进一步的发展，提出"区域和城市规划是一个动态过程，不仅要包括规划的制定，而且也要包括规划的实施。这一过程应当能适应城市这个有机体的物质和文化的不断变化"。在这样的意义上，城市规划就是一个不断模拟、实践反馈、重新模拟的循环过程，只有通过这样不间断的连续过程才能更有效地与城市系统相协同。

　　自 20 世纪 60 年代中期开始，城市规划的公众参与成为城市规划发展的一个重要内容，同时也成为此后城市规划进一步发展的动力。达维多夫（Paul Davidoff）等提出的"规划的选择理论"（A Choise Theory of Planmng）和"倡导性规划"（Advocacy Planning）概念就成为城市规划公众参与的理论基础。其基本的意义在于，不同的人和不同的群体具有不同的价值观，规划不应当以一种价值观来压制其他多种价值观，而应当为多种价值观的体现提供可能，规划师就是要表达这不同的价值判断并为不同的利益团体提供技术帮助。城市规划的公众参与，就是在规划的过程中要让广大的城市市民尤其是受到规划内容所影响的市民参加规划的编制和讨论，规划部门要听取各种意见，并且要将这些意见尽可能地反映在规划决策之中，成为规划行动的组成部分，而真正全面和完整的公众参与则要求公众能真正参与到规划的决策过程之中。1973 年，联合国世界环境会议通过的宣言开宗明义地提出：环境是人民创造的，这就为城市规划中的公众参与提供了政治上的保证。城市规划过程的公众参与现已成为许多国家城市规划立法和制度的重要内容和步骤。《马丘比丘宪章》不仅承认公众参与对城市规划的重要性，而且更进一步推进了其发展。《马丘比丘宪章》提出，"城市规划必须建立在各专业设计人、城市居民以及公众和政治领导人之间的系统的不断的互相协作配合的基础上"，并"鼓励建筑使用者创造性地参与设计和施工"。在讨论建筑设计时更为具体地指出，"人们必须参与设计的全过程，要使用户成为建筑师工作整体中的一个部门"，并提出了一个全新的概念，"人民建筑是没有建筑师的建筑"，充分强调了公众对环境的决定性作用，而且，"只有当一个建筑设计能与人民的习惯、风格自然地融合在一起的时候，这个建筑才能对文化产生最大的影响"。

2.3.4　佛罗伦萨宪章

从《威尼斯宪章》伊始，历史古迹的概念不再是纯粹的建筑古迹，人们将那些能见证"一种独特的文明、一种富有意义的发展或一个历史事件"的"城市或乡村环境"，包括城市、园林、历史地段等也纳入古迹范畴。这种理念的形成无疑对历史园林的保护有重要的意义。1981 年 5 月，国际古迹遗址理事会与国际历史园林委员会在佛罗伦萨召开会议，起草了一份历史园林保护宪章，于 1982 年 12 月 15 日作为《威尼斯宪章》的附件，即《佛罗伦萨宪章》。宪章开宗明义地指出："作为古迹，历史园林必须根据《威尼斯宪章》的精神予以保存。既然它是一个'活'的古迹，其保存也必须遵循特定的规则进行，此乃本宪章之议题。"

2.3.5　北京宪章

1999 年 6 月 23 日，国际建协第 20 届世界建筑师大会在北京召开，大会一致通过了由吴良镛教授起草的《北京宪章》（下简称《宪章》）。《宪章》总结了百年来建筑发展的历程，并在剖析和整合 20 世纪的历史与现实、理论与实践、成就与问题，以及各种新思路和新观点的基础上，展望了 21 世纪建筑学的前进方向。

《宪章》被公认为是指导 21 世纪建筑发展的重要纲领性文献，标志着吴良镛的广义建筑学与人居环境学说，已被全球建筑师普遍接受和推崇，从而扭转了长期以来西方建筑理论占主导地位的局面。

面临新的时代，《宪章》提出了新的行动纲领：变化的时代，纷繁的世界，共同的议题，协调的行动。宪章共分四部分。

第一部分：认识时代。《宪章》首先总结了 20 世纪的时代特征——大发展和大破坏。《宪章》认为，20 世纪大规模的技术和艺术革新造就了丰富的建筑设计作品，并帮助人类从世界大战的创伤中恢复过来，在建筑史上是一个伟大而进步的时代。但是，人类对自然、文化遗产的破坏已经危及人类自身生存，"建设性"破坏屡见不鲜。接着，《宪章》又展望了21世纪的世界——大转折的世纪。21世纪，人类将处于一个变化更为迅速的时代，全球化和多样化的矛盾将继续存在，并且更加尖锐，作为建筑师，应该自觉思考21世纪建筑学在新世纪中的角色。

第二部分：直面新的挑战。《宪章》首先提出了建筑学面临的问题，包括大自然的报复、混乱的城市化、技术的"双刃剑"及建筑魂的失落。接着，宪章提出了我们面临的共同选择——可持续发展。建筑学也要走可持续发展的道路，在生态观、经济观、科技观、社会观和文化观上重新思考建筑学。

第三部分：提出了一个新的、21世纪的建筑学体系——广义建筑学。从地区、文化、科技、经济、艺术、政策法规、业务、教育、方法论等不同侧面思考这一问题。《宪章》认为，广义建筑学是建筑学、风景园林学、城市规划学的综合，即三位一体。广义建筑学把建筑看作一个循环体系，建筑学要着眼于人居环境的建造。广义建筑学强调技术和人文的相互结合，并根据人类社会的不同特征，注意技术多层次的运用；注意到文化的多元性，建立全球—地区建筑学；创造整体的环境艺术、雕塑、绘画、工艺、手工劳动重新结合为建筑不可分割的部分；建立全方位的建筑学教育、发展全社会的建筑学。《宪章》还提出了广义建筑学的方法论。

最后，《宪章》得出了两个基本结论，既要"在纷繁的世界中，探寻一致之点"，又要"各循不同的道路，达到共同目标"，做到"一致百虑，殊途同归"。

2.4 当代城市规划思想方法的变革

任何思想方法的变革都是相对过去传统的思想方法而言的，任何思想方法意义上的进步都是对于过去传统思想方法中不合理的东西的抛弃以及创新。而思想方法的变革总是依托社会活动的发展进行的。所以理解城市规划思想方法的变革，首先是认识城市规划思想发展背后的社会、经济和文化背景。它们是思想方法的附着物，是进行思想方法变革的基础。

2.4.1 当代城市规划思想方法的变革

1. 由单向的封闭型思想方法转向复合开放型的思想方法

所谓单向的封闭型思想方法包含了两层涵义：其一，思维的单向性，这与现代思想方法的双向联系和多环联系的思想方法相违背，是一种最简单的思维方法，否定了思维过程中思维的后一阶段成果对前一阶段成果的作用；其二，封闭型是指思想过程中单系统的思维方式，它否定了该系统外的环境对系统的作用。通俗地说，单向性否定了思维过程中的反馈作用，封闭型否定了系统外的作用。

在城市规划存在的问题中，有许多是属于这种思想方法造成的结果。例如，规划与管理的关系中，我们往往把管理看作是被动的，规划是主动的。规划设计工作向管理部门提供编制完成的总体规划或近期建设图纸，管理部门按总体规划或近期建设规划图纸和说明书执行规划、实施规划。而实践告诉我们，一个城市的开发或改造的成效如何，很大程度上取决于管理部门的组织。而且管理工作对规划设计工作有很大的作用，这就是反馈。规划设计工作必须与管理工作协调起来，规划设计成果的内容和形式都必须与管理工作的方法相适应，才能使规划设计工作的成果得以实现。正是由于这种单一性的思想方法，使得我们在规划设计工作中忽视了管理工作对规划工作本身的作用，造成规划成果与实际状态脱离，规划成果难以实现的局面。管理工作与规划设计是同等重要的，它们是分析问题、解决问题的整个过程中的两个不同阶段，不但存在规划成果是管理工作的依据的正关系，还应看到管理工作对规划设计工作的反馈和反作用，从这个角度看，管理实施规划也是一种"再创造"。又如，在规划实施过程中，城市的建设与发展受到社会经济诸因素的共同作用。然而我们在编制城市总体规划、确定城市规模问题上往往缺乏必要的弹性，按照城市人口和用地规模的统计资料和指标体系得到的规划规模往往与实际发展的结果相差甚远，所以出现了很多城市在规划报批时，城市的实际规模已超过规划规模的笑话。这就是一种封闭型的思想方法造成的结果，只考虑规划在系统内的发展规律和因素，忽视了该系统之外的作用。

所谓复合与单向是在思维途径上相对而言的，在复合性思维的过程中要求有多条思维途径，这里包括反馈思维、平行思维等。平行思维否定过去工作中一些被理解为前后关系的环节，而将它们视为共同作用的环节。在编制规划时应同时考虑该方案的实施方案、管理方案、集资方案以及实现方案后的维持方案。

发散与开放也相对存在，就是要求在考虑某一问题时，不但要有该分析系统中复合性思维，还要求思维有一定广度，要考虑系统外因素的作用，利用与分析对象的特征联系与相关的其他因素。这样，规划编制工作过程就会将广泛地听取社会学、心理学、经济学、管理学等方面的建议视为必然。

2. 由最终理想状态的静态思想方法转向过程导控的动态思想方法

所谓最终理想状态的静态思想方法特征，就是指否定动态发展的思想方法，追求最终的理想状态，忽视发展过程中的协调，缺乏运行概念。这种思想方法曾经造就了空想社会主义大师，产生了乌托邦的理想。但在规划界中，还是经常受到这种最终理想状态的迷惑，静态的思想方法会干扰规划的发展，使规划脱离城市建设发展的实际。

例如，在编制总体规划时，我们往往重视规划最终方案实现时城市的各系统之间的比例是否协调，空间布局结构是否合理，但是却忽视了在实现这种状态过程中若干年内城市各系统内及各系统之间运行是否协调、合理运行的效益（经济效益、社会效益和环境效益）是否高。然而，城市是一个不断发展中的大系统，运行过程的效益是否高，城市各系统之间是否协调发展，远远比最终状态的合理性来得重要，更何况最终的合理性还要受到更长远发展的检验。

动态过程的思想方法要求把城市规划工作的对象确定为动态过程，城市规划工作的成果是一种对动态过程的控制和引导方法，城市规划管理的控制手段也是一种动态过程。

城市规划的目的是在城市发展的各个阶段，保持整个系统运行良好，因此绝对不应该只是强调最终的理想状态，依靠一张总体规划就能完成此工作，而是需要说明的是在城市发展过程中，除了每个阶段保证城市良性运行外，还应衔接好城市发展过程中的各个阶段。

3. 由刚性规划的思想方法转向弹性规划的思想方法

所谓刚性规划思想方法特征即缺乏多种选择性。在城市规划工作中表现为欲求唯一的最佳方案，但这种最佳方案往往只是编制者自身价值观的集中表现，这种缺乏选择性的唯一的规划成果是很难适应城市这个综合复杂的社会团体发展需要的，这种刚性思想是不严肃的、不科学的。以这种思想方法编制规划本身已经孕育了城市实际发展对规划的否定。

造成刚性规划思想方法的原因之一是机械的社会观，以机械性代替社会的综合性。原因之二是把规划与设计混为一谈，以设计工作的思想方法代替规划工作的思想方法。规划工作不是为城市设计最美好的一幅蓝图，而是为城市的发展提供优化的、可行的选择。

弹性规划思想方法要求抛弃刚性规划思想方法。首先需要明确城市的发展是一个社会发展过程。在社会发展进程中构成社会的各系统之间是互相作用的，其中由社会经济水平决定的社会意识形态具有最重要的决定性意义。

在城市发展进程中，城市规划作为其中一个作用力与诸作用力共同发挥效果，规划作用力的大小与规划本身的合理性有关，但根本上取决于整个社会意识形态和社会经济水平。所以说，城市规划只是以政府意愿形式出现的反映社会经济水平的普遍市民的愿望，它是维护城市社会发展过程平衡中的诸多力量之一。

由此可见，城市发展的结果受到诸如城市社会意识、城市社会经济水平和政策体制等诸因素的影响，城市用地布局形态和物质（Physicol）构成都是服从于它们的。城市社会意识和社会经济水平构成的多样性、发展时间上的摆动决定了为其服务的城市规划必须提供多种的可能性和选择性，即需要弹性的规划思想方法。弹性规划的思想方法在城市规划工作中表现为规模的必要弹性、时效期的必要弹性、用地形态上的必要弹性等。

4. 由指令性的思想方法转向引导性的思想方法

指令性的思想方法首先假设了城市诸系统的发展是由某一中心的枢纽控制的，而城市规划编制及管理就是这个伟大的枢纽，它控制了整个城市中的各个系统的发展。这种思想方法的危害性极大，使城市规划工作从城市诸系统孤立了出来。

规划绝不是在实际城市发展中起指令性控制作用的中心枢纽。从城市规划工作阶段上分析，在规划编制阶段、技术设计阶段，应该集思广益，广泛综合各方面的分析研究成果。在管理实施规划阶段，每一个城市用地开发案例或建设项目也是需要投资方、接受投资方和管理部门协同努力，如果城市中有组织开发的机构，则更是依靠经济规律等诸因素共同作用进行工作。

在指令性思想方法指导下编制总体规划时，使规划者脱离城市实际受多方作用的事实，随心所欲地变更城市用地现状。不顾客观能力，缺乏依据地划定开发用地的性质和规模，这是造成规划成果肤浅、脱离实际、无法深入的一个重要的思想方法根源。理论和实践都已经告诉我们找错位置的城市规划是不能发挥其应有的作用的。

引导性的思想方法也是一种控制论思想。它强调各系统发挥自身的选择性，强调规划在城市发展进程中的引导性控制作用，城市规划是向各个系统提供正确的发展选择的引导者。

例如，在城市开发过程中，城市发展方向的选择就受到城市的经济效益的检验，而在实施城市规划过程中，城市开发者的经济效益和社会效益也起着重大作用。引导性的思想方法首先要了解城市发展的需求，城市开发者的价值观，其次根据布局结构关系拟定出城市发展的引导性措施，充分利用经济规律的作用、政策的影响等诸因素将城市的发展引入良性的运行轨道。

2.4.2　思想方法的变革对工作的冲击和影响

针对传统的城市规划思想方法中存在的问题，新的城市规划思想体系在实践中酝酿产生，以适应新形势的要求，使得城市规划工作向更深入、更严谨、更切合实际的方向发展，在城市规划工作中，新的思想方法的发展会带来一系列的影响和冲击。

1. 对工作方法的冲击和影响

城市规划工作将向分析的广泛性、论证的严谨性、成果的弹性方面发展。分析的广泛性包括收集数据资料的广泛性，以及分析角度和分析对象的多样性。其中，规划前期的分析工作将受到更好的重视。复合发散性思维要求我们更多考虑对规划工作产生影响的因素。这些因素首先是规划系统内部的因素，如规划工作方法必须与管理工作方法结合起来，必须与组织开发实施的工作方法结合起来。其次是规划系统外部的经济规律的作用因素、政策影响因素等。

论证的严谨性主要指规划论证工作中思想方法的严谨、论证手段的严谨，包括应用数理统计论证，利用计算机辅助论证等。

城市规划工作成果的弹性是指规划成果形式的弹性和规划成果内容的弹性。成果形式的弹性反映规划成果不再仅仅是一套规定的图纸，规划成果通过非图纸表达的方式会有新发展；针对不同的城市特性，不同的城市发展阶段规划图纸会有新变化，增加必要的图纸，除去为形式而做的图纸；针对城市规划管理实施的要求，规划图纸应有专供管理参考依据使用的管理控制规划图等。规划成果内容的弹性反映出规划成果不再是一个最终状态的理想布局，而是有多种发展可能性的、能反映不同发展阶段的规划成果。

2. 对工作中的传递方式的影响

这里的传递方式是指城市规划工作在参加规划的单位之间的传递关系或程序。城市规划编制工作、城市技术设计工作和管理实施工作中将按照工作的性质，分为技术设计论证工作、政府立法执行工作和组织开发经营活动，这是新的改革形势的要求，是城市建设的客观规律的要求，是规划向纵深发展的要求，也是新的规划思想方法体系在工作过程中的体现。

规划技术设计论证工作是一项科学技术性工作，其内部的工作传递关系是横向的、复合的。随着规划力量的发展，某一项规划中的技术设计论证工作不再是完成行政指令性的任务，而是由各方面的技术力量共同研究分析、合作来完成的，这是一种发展趋势。

政府立法执行工作是指确认规划的法律效果。在该工作中的传递关系应该是纵向为主的，即指令性的控制为主，同时运用经济规律和其他社会规律进行引导性和指导性的控制。这对传统的工作方法也是一次变革。

组织开发经营活动的传递关系也是横向为主的传递关系，强调社会总效益和参加开发经营单位集体效益的结合，所以这种传递关系也是横向为主的传递关系。

2.5 中国当代城市规划思想与发展历程

2.5.1 计划经济体制时期的城市规划思想与实践

在中华人民共和国成立前夕，毛泽东就指出"从现在起，开始了城市到乡村并由城市领导乡村的时期，党的工作中心由乡村移到了城市"，"必须用极大的努力去学会管理城市和建设城市"（中共七届二中全会）。1949年10月，中华人民共和国成立，标志着旧中国半封建半殖民地制度的覆灭和社会主义新制度的诞生。从此城市规划和建设进入了一个崭新的历史时期。

中华人民共和国成立之初，城市面临着医治战争创伤，消除旧社会腐朽恶习，建设新的社会秩序，恢复生产，安定人民生活等重要问题，百废待兴，为了适应城市经济的恢复和发展，城市建设工作提上了议事日程。当时主要是整治城市环境，改善广大劳动人民的居住条件，改造臭水沟、棚户区，整修道路，增设城市公共交通和给排水设施等。同时增加建制市，建立城市建设管理机构，加强城市的统一管理。

1951年2月，中共中央在《政治局扩大会议决议要点》中指出："在城市建设计划中，应贯彻为生产、为工人阶级服务的观点。"明确规定了城市建设的基本方针。当年主管全国基本建设和城市建设工作的中央财政经济委员会还发布了《基本建设工作程序暂行办法》，对基本建设的范围、组织机构、设计施工，以及计划的编制与批准等都作了明文规定。1952年9月中央财政经济委员会召开了中华人民共和国成立以来第一次城市建设座谈会，并提出城市建设要根据国家长期计划分别在不同城市，有计划、有步骤地进行新建或改造，加强规划设计工作，加强统一领导，克服盲目性。会议决定各城市要制定城市远景发展的总体规划，在城市总体规划的指导下有条不紊地建设城市。城市规划的内容要求参照草拟的《中华人民共和国编制城市规划设计与修建设计程序（初稿）》进行。从此，中国的城市建设工作开始了统一领导、按规划进行建设的新时期。

第一个五年计划时期（1953—1957年），第一次由国家组织有计划的大规模经济建设。城市建设事业作为国民经济的重要组成部分，为保证社会与经济的发展服务于生产建设和人民生活，也由历史上无计划、分散建设进入一个有计划、有步骤建设的新时期。当时国家的基本任务是，集中主要力量进行以156个重点建设项目为中心的、以694个建设单位组成的工业建设，以建立社会主义工业化的初步基础。随着社会主义工业建设的迅速发展，在中国辽阔的国土上，出现了许多新兴工业城市、新的工业区和工人镇。由于国家财力有限，城市建设资金主要用于重点城市和某些新工业区的建设。大多数城市的旧城区建设只能按照"充分利用、逐步改造"的方针，充分利用原有房屋和市政公用设施进行维修养护和局部的改建和扩建。1954 年 6 月，原建工部在北京召开了第一次城市建设会议。会议着重研究了城市建设的方针任务、组织机构和管理制度，明确了城市建设必须贯彻国家过渡时期的总路线和总任务，为国家社会主义工业化、为生产、为劳动人民服务。并按照国家统一计划，采取与工业建设相适应的"重点建设、稳步前进"的方针。1956 年，国务院撤销城市建设总局，成立国家城建部，内设城市规划局等城市建设方面的职能局，分别负责城建方面的政策研究及城市规划设计等业务工作。国家建设委员会颁布的《城市规划编制暂行办法》是新中国第一部重要的城市规划立法。该办法分 7 章 44 条，包括城市规划基础资料、规划设计阶段、总体规划和详细规划等方面的内容，以及设计文件及协议的编订办法。在此期间，城市规划的实践主要是根据工业建设的需要开展联合选择厂址工作，并组织编制城市规划。"一五"期间，全国共计有 150 多个城市编制了规划。到 1957 年，国家先后批准了西安、兰州、太原、洛阳、包头、成都、郑州、哈尔滨、吉林、沈阳、抚顺等 15 个城市的总体规划和部分详细规划，使城市建设能够按照规划，有计划按比例地进行。加强生产设施和生活设施配套建设，是"一五"时期新工业城市建设的一个显著特点。

从 1958 年开始，进入"二五"计划时期。1958 年 5 月，中共第八届全国代表大会第二次会议确定了"鼓足干劲、力争上游、多快好省地建设社会主义的总路线"。会后迅速掀起了"大跃进"运动和人民公社化运动，高指标、瞎指挥、浮夸风和"共产风"等"左倾"错误严重泛滥起来。在"大跃进"高潮中，部分省、自治区对省会和大中城市在"一五"期间编制的城市总体规划重新进行修订。这次修订是根据工业大跃进的指标进行的。城市规模过大，建设标准过高，城市人口迅速膨胀，住房和市政公用设施紧张；同时征用了大量土地，造成很大的浪费，城市发展失控，打乱了城市布局，恶化了城市环境。对于这些问题，本应该让各城市认真总结经验教训，通过修改规划，实事求是地予以补救，但 1960 年 11 月召开的第九次全国计划会议却草率地宣布了"三年不搞城市规划"。这一决策是一个重大失误，不仅对"大跃进"中形成的不切实际的城市规划无以补救，而且导致各地纷纷撤销规划机构，大量精简规划人员，使城市建设失去了规划的指导，造成了难以弥补的损失。

1961 年 1 月，中共中央提出了"调整、巩固、充实、提高"的"八字"方针，作出了调整城市工业项目、压缩城市人口、撤销不够条件的市镇建制以及加强城市建设设施的养护维修等一系列重大决策。经过几年调整，城市设施的运转有所好转，城市建设中的其他紧张问题也有所缓解。在国民经济调整时期，1962 年 10 月，中共中央国务院联合发布《关于当前城市工作若干问题的批示》，规定今后凡是人口在 10 万人以下的城镇，没有必要设立市建制。今后在很长时期内对于城市，特别是大城市人口的增长，应当严加控制。计划中新建的工厂应当尽可能分散在中小城市。这些思想后来又有新的发展，比如将大庆建设中的"工农结合、城乡结合、有利生产、方便生活"作为城市建设方针，反对建设集中的城市，以及将沿海一些重要企业迁往内地的"三线"建设方针等。1964 年，在"设计革命"中，既批判设计工作存在贪大求全，片面追求建筑高标准，同时还批判城市规划只考虑远景，不照顾现实，规模过大，占地过多，标准过高，求新过急的"四过"。各地纷纷压规模、降标准，又走向了另一极端，同样给城市建设造成了危害。1965 年 3 月开始，城市建设资金急剧减少，使城市建设陷入无米之炊的困境。这些方针政策给全国城市合理布局、工业生产和人民生活的提高，城市规划和建设的健康发展，带来了极为严重的负面影响。

1966 年 5 月开始的"文化大革命"，城市规划和建设受到冲击，各城市也纷纷撤销城市规划和建设管理机构，下放工作人员，城市建设档案资料大量销毁，使城市建设和城市管理造成极为混乱的无政府状态，到处呈现了乱拆乱建、乱挤乱占的局面。"文化大革命"后期，国家对各方面进行了整顿，城市规划工作有所转机。1972 年 5 月 30 日，国务院批转原国家计委、建委、财政部《关于加强基本建设管理的几项意见》，其中规定城市的改建和扩建要做好规划，重新肯定了城市规划的地位。1973 年 9 月，国家建委城建局在合肥市召开了部分省、自治区、直辖市城市规划座谈会，讨论了当时城市规划工作面临的形势和任务，并对《关于加强城市规划工作的意见》《关于编制与审批城市规划工作的暂行规定》《城市规划居住区用地控制指标》等几个文件草案进行了讨论。1974 年，国家建设委员会下发文件《关于城市规划编制和审批意见》和《城市规划居住区用地控制指标》并试行，终于使十几年来被废止的城市规划有了编制和审批的依据。在此期间，在唐山大地震后的重建工作以及上海的金山石化基地和四川攀枝花钢铁基地建设等方面，城市规划排除干扰做出了重要的贡献。

2.5.2 改革开放初期的城市规划思想与实践

1976 年底"文化大革命"正式结束，1978 年春召开了第三次城市工作会议，总结了 30 年来正反两方面的经验和教训，提出了恢复和加强城市规划工作问题。1980 年召开了全国城市规划工作会议，讨论了城市规划工作如何适应四个现代化的经济和社会发展目标，总结了城市规划在国家建设工作中的地位和作用，明确提出"市长的职责是把城市规划建设管理好"，并且对在全国范围内恢复和开展城市规划工作作了部署。会议还讨论了加强城市规划法制，修订城市规划编制办法，并建议开始拟定城市规划法，充分肯定了城市规划在国家现代化建设中的地位和作用，城市规划开始走上健康发展的轨道。

1982 年 1 月 15 日，国务院批准了第一批共 24 个国家历史文化名城，此后分别于 1994 年、1996 年相继公布了第二、第三批共 75 个国家级历史文化名城，近年来又分别批准了山海关、凤凰县等为国家级历史文化名城，为历史文化遗产的保护起了重要的推动作用，并从制度上提供了可操作的手段。1983 年召开了历史文化名城规划与保护座谈会，由此推动了历史文化名城保护规划，作为城市规划中的重要内容得到全面的开展。

从 20 世纪 80 年代中期开始，温州、上海等城市在经济体制改革过程中面临着市场经济下城市规划如何发挥作用的问题，积极探索逐步形成了控制性详细规划的雏形。此后，经原建设部的推广，在实践中不断完善，对全国的城市经济发展以及城市规划作用的有效发挥起到了重要作用，最终经《城市规划法》确立为法定规划。

1984 年，国务院正式颁布《城市规划条例》，这是中华人民共和国成立后正式颁布的第一个城市规划条例，它标志着我国的城市规划开始走向法制化方向迈进。为适应全国国土规划纲要编制的需要，原建设部组织编制了全国城镇布局规划纲要，由国家计委纳入全国国土规划纲要，同时发各地作为各省编制省域城镇体系规划和修改，调整城市总体规划的依据。民政部把这个规划纲要作为编制全国设市规划的参考。

1984 年至 1988 年间，国家城市规划行政主管部门实行国家计委、建设部双重领导，建设部为主的行政体制，适应了改革开放初期以政府主导下的城市快速建设时期的需要，促进了城市建设投资和城市建设之间的协同。

2.5.3 20 世纪 90 年代以来的城市规划思想与实践

进入 20 世纪 90 年代以后，一方面社会经济体制的改革不断深化，社会主义市场经济的体制初步确立，推进了社会经济快速而持续的发展，另一方面在经济全球化等的不断推动下，城市化的发展和城市建设进入了快速时期。面对新的形势和任务，1991 年 9 月，原建设部召开全国城市规划工作会议，提出"城市规划是一项战略性、综合性强的工作，是国家指导和管理城市的重要手段。实践证明，制定科学合理的城市规划并严格按照规划实施，可以取得好的经济效益、社会效益和环境效益"。针对1992 年后一段时期内，在全国各地快速建设和发展中出现的"房地产热"和"开发区热"等现象严重干扰了城市的正常发展以及由此对城市规划工作的冲击，1996 年 5 月，国务院发布了《关于加强城市规划工作的通知》，在总结了前一阶段经验的基础上，指出"城市规划工作的基本任务是统筹安排城市各类用地及空间资源，综合部署各项建设，实现经济和社会的可持续发展"，并明确规定要"切实发挥城市规划对城市土地及空间资源的调控作用，促进城市经济和社会协调发展"。1999 年 12 月，原建设部召开全国城乡规划工作会议。国务院领导要求城乡规划工作应把握十个方面的问题：统筹规划，综合布局；合理和节约利用土地和水资源；保护和改善城市生态环境；妥善处理城镇建设和区域发展的关系；促进产业结构调整和城市功能的提高；正确引导小城镇和村庄的发展建设；切实保护历史文化遗产；加强风景名胜的保护；精心塑造富有特色的城市形象；把城乡规划工作纳入法制化轨道。提出必须尊重规律、尊重历史、尊重科学、尊重实践、尊重专家。强调城乡规划要围绕经济和社会发展规划，科学地确定城乡建设的布局和发展规模、合理配置资源。在城市规划区内、村庄和集镇规划区内，各种资源的利用要服从和符合城市规划、村庄和集镇规划。会后国务院下发《国务院办公厅关于加强和改进城乡规划工作的通知》，强调要"充分认识城乡规划的重要性，进一步明确城乡规划工作的基本原则"，进一步明确了新时期规划工作的重要地位，"城乡规划是政府指导和调控城乡建设和发展的基本手段，是关系我国社会主义现代化建设事业全局的重要工作"，并重申"城市人民政府的主要职责是抓好城市的规划、建设和管理，地方人民政府的主要领导，特别是市长、县长，要对城乡规划负总责"。

进入 21 世纪后，全国各地出现了新一轮基本建设和城市建设过热的状况，国务院在实施宏观调控之初，首先就强调通过城乡规划来进行调控。2002 年 5 月 15 日，国务院发出《国务院关于加强城乡规划监督管理的通知》，提出要进一步强化城乡规划对城乡建设的引导和调控作用，健全城乡规划建设的监督管理制度，促进城乡建设健康有序发展。通知要求城市规划和建设要加强城乡规划的综合调控，严格控制建设项目的建设规模和占地规模，加强城乡规划管理监督检查等。同年 8 月 2 日，国务院九部委联合发出《关于贯彻落实〈国务院关于加强城乡规划监督管理的通知〉的通知》，根据国务院通知精神，对近期建设规划、强制性规划以及建设用地的审批程序、历史文化名城保护等内容提出具体要求，初步确立了城市规划作为宏观调控的手段和公共政策的基本框架。原建设部此后即制定了《近期建设规划工作暂行办法》和《城市规划强制性内容暂行规定》，明确了近期建设规划及各类规划中的强制性内容的具体要求，从而使宏观调控的要求能够更具操作性。在此基础上，《城市规划编制办法》于 2005 年进行了调整和完善，明确了城市规划的基本内容和相应的编制要求，该办法自 2006 年 4 月 1 日起施行。针对新一轮经济建设过热中地方政府不遵守城市规划的现象，原建设部和监察部开展了城乡规划效能监察工作，保证城市规划作用的发挥。在此基础上，原建设部开始了城乡规划督察员制度的建设和试点工作，保证中央政府的政策能够得到全面的贯彻执行。

2005 年 10 月，中共十六届五中全会首次提出的科学发展观是我国深化社会经济改革的指针；2007 年，党的十七大对科学发展观的内涵作了进一步的阐述，"科学发展观第一要义是发展，核心是以人为本，基本要求是全面协调可持续，根本方法是统筹兼顾"。从 2006 年开始执行的"国民经济和社会发展第十一个五年规划"明确提出了"要加快建设资源节约型、环境友好型社会"，既为城市规划的发展指明了方向，同时，全面、协调和可持续的发展观的确立，也为城市规划作用的发挥奠定了基础。

进入 20 世纪 90 年代后，伴随着社会经济的快速发展，中国的城市化进入了快速发展时期。2000 年的第五次人口普查结果显示，全国的城市化水平已达 36.22%。2000 年，全国人大通过的《国民经济和社会发展第十个五年计划纲要》明确提出了"实施城镇化战略，促进城乡共同进步"的基本策略。2000 年 6 月，中共中央、国务院发布了《关于促进小城镇健康发展的若干意见》，指出"当前加快城镇化进程的时机和条件已经成熟。抓住机遇，适时引导小城镇健康发展，应当作为当前和今后较长时期农村改革与发展的一项重要任务"。2005 年 9 月 29 日，胡锦涛总书记在中共中央政治局第二十五次集体学习时指出：城镇化是经济社会发展的必然趋势，也是工业化、现代化的重要标志。2005 年 10 月，中共十六届五中全会明确提出了建设社会主义新农村的重大历史任务。2006 年初，《中共中央国务院关于推进社会主义新农村建设的若干意见》下发，实质性地启动了新农村建设。这是我国统筹城乡发展，解决"三农"问题的重大举措，也是推进健康城镇化的重要内容，新农村建设规划在各地都有开展，与此同时，城乡统筹在城市规划的各个阶段都得到了有效的贯彻。2007 年 10 月 28 日，中华人民共和国第十届全国人民代表大会常务委员会第三十次会议通过《中华人民共和国城乡规划法》，为城乡规划的开展确立了基本的框架，该法自 2008 年 1 月 1 日起施行。

2015 年 11 月 9 日，中央全面深化改革领导小组第十八次会议审议通过了《关于深入推进城市执法体制改革改进城市管理工作的指导意见》。2015 年 11 月 10 日，中央财经领导小组第十一次会议上，习近平指出做好城市工作，首先要认识、尊重、顺应城市发展规律，端正城市发展指导思想。2015 年 12 月 14 日，中共中央政治局会议研究部署了城市工作，会议提出要认识、尊重、顺应城市发展规律，端正城市发展指导思想；推进农民工市民化，加快提高户籍人口城镇化率；增强城市宜居性；改革完善城市规划；提高城市管理水准；坚持把"三农"工作作为全党工作重中之重，同时要更加重视做好城市工作。

2015 年 12 月 20 日，中央城市工作会议在北京召开。习近平在会上发表重要讲话，分析城市发展面临的形势，明确做好城市工作的指导思想、总体思路、重点任务。李克强在讲话中论述了当前城市工作的重点，提出了做好城市工作的具体部署，并作总结讲话。时隔 37 年，中国再次召开中央城市工作会议，在"建设"与"管理"两端着力，转变城市发展方式，完善城市治理体系，提高城市治理能力，解决城市病等突出问题。会议指出，我国城市发展已经进入新的发展时期。改革开放以来，我国经历了世界历史上规模最大、速度最快的城镇化进程，城市发展波澜壮阔，取得了举世瞩目的成就。城市发展带动了整个经济社会发展，城市建设成为现代化建设的重要引擎。城市是我国经济、政治、文化、社会等方面活动的中心，在党和国家工作全局中具有举足轻重的地位。我们要深刻认识城市在我国经济社会发展、民生改善中的重要作用。会议强调，当前和今后一个时期，我国城市工作的指导思想是：全面贯彻党的十八大和十八届三中、四中、五中全会精神，以邓小平理论、"三个代表"重要思想、科学发展观为指导，贯彻创新、协调、绿色、开放、共享的发展理念，坚持以人为本、科学发展、改革创新、依法治市，转变城市发展方式，完善城市治理体系，提高城市治理能力，着力解决城市病等突出问题，不断提升城市环境质量、人民生活质量、城市竞争力，建设和谐宜居、富有活力、各具特色的现代化城市，提高新型城镇化水平，走出一条中国特色城市发展道路。会议指出，城市工作是一个系统工程。做好城市工作，要顺应城市工作新形势、改革发展新要求、人民群众新期待，坚持以人民为中心的发展思想，坚持人民城市为人民。这是我们做好城市工作的出发点和落脚点。同时，要坚持集约发展，框定总量、限定容量、盘活存量、做优增量、提高质量，立足国情，尊重自然、顺应自然、保护自然，改善城市生态环境，在统筹上下功夫，在重点上求突破，着力提高城市发展持续性、宜居性。

第3章 城乡规划体系

主要内容：

（1）城乡规划的概念。

（2）城乡规划体制概述。

（3）城乡规划法律法规系统。

（4）城乡规划行政体系。

（5）城乡规划技术系统。

（6）城乡规划运作系统。

学习要求：

（1）掌握城乡规划的概念、特点和作用。

（2）掌握规划体制所涉及的4个子系统的概念，重点掌握我国现行城乡规划体制，了解规划所应遵循的法律法规系统、规划行政体系的组织以及开发控制的程序与方法等。

3.1 城乡规划的基本概念

3.1.1 城乡规划的概念

根据国家《城市规划基本术语标准》，城市规划是"对一定时期内城市的经济和社会发展、土地利用、空间布局以及各项建设的综合部署、具体安排和实施管理"，这是从城市规划的主要工作内容对城市规划所作的定义。《〈中华人民共和国城乡规划法〉解说》则从城乡规划的社会作用的角度对城乡规划作了如下定义："城乡规划是各级政府统筹安排城乡发展建设空间布局，保护生态和自然环境，合理利用自然资源，维护社会公正与公平的重要依据，具有重要公共政策的属性。"

3.1.2 城乡规划的基本特点

1. 综合性

城市的社会、经济、环境和技术发展等各项要素既互为依赖又相互制约，城市规划需要对城市的各项要素进行统筹安排，使之各得其所、协调发展。综合性是城市规划的最重要特点之一，在各个层次、各个领域以及各项具体工作中都会得到体现。比如考虑城市的建设条件时，就不仅需要考虑城市的区域条件，包括城市间的联系、生态保护、资源利用以及土地、水源的分配等问题，也需要考虑气象、水文、工程地质和水文地质等范畴的问题，同时也必须考虑城市经济发展水平和技术发展水平等。当考虑城市发展战略和发展规模时，就会涉及城市的产业结构与产业转型、主导产业及其变化、经济发展速度、人口增长和迁移、就业、环境（如水、土地等）的可容纳性和承载力、区域大型基础设施以及交通设施等对城市发展的影响，同时也涉及周边城市的发展状况、区域协调以及国家的政策等，当具体布置各项建设项目、研究各种建设方案时，需要考虑该项目在城市发展战略中的定位与作用，该项目与其他项目之间的相互关系以及项目本身的经济可行性、社会的接收程度、基础设施的配套可能以及对环境的影响等，同时也要考虑城市的空间布局、建筑的布局形式，城市的风貌等方面的协调。城市规划不仅反映单项工程涉及的要求和发展计划，而且还综合各项工程相互之间的关系。它既为各单项工程设计提供建设方案和设计依据，又需统一解决各单项工程设计之间技术和经济等方面的种种矛盾，因而城市规划和城市中各个专业部门之间需要有非常密切的联系。

2. 政策性

城市规划是关于城市发展和建设的战略部署，同时也是政府调控城市空间资源、指导城乡发展与建设、维护社会公平、保障公共安全和公众利益的重要手段。因此，城市规划一方面必须充分反映国家的相关政策，是国家宏观政策实施的工具；另一方面，城市规划需要充分协调经济效益和社会公正之间的关系。城市规划中的任何内容，无论是确定城市发展战略、城市发展规模，还是确定规划建设用地，确定各类设施的配置规模和标准，或者城市用地的调整、容积率的确定或建筑物的布置等都会关系到城市经济的发展水平和发展效率、居民生活质量和水平、社会利益的调配、城市的可持续发展等，是国家方针政策和社会利益的全面体现。

3. 民主性

城市规划涉及城市发展和社会公共资源的配置，需要代表最为广大的人民的利益。正由于城市规划的核心在于对社会资源的配置，因此城市规划就成为社会利益调整的重要手段。这就要求城市规划能够充分反映城市居民的利益诉求和意愿，保障社会经济的协调发展，使城市规划过程成为市民参与规划制定和动员全体市民实施规划的过程。

4. 实践性

城市规划是一项社会实践，是在城市发展的过程中发挥作用的社会制度。因此，城市规划需要解决城市发展中的实际问题，这就需要城市规划因地制宜，从城市的实际状况和能力出发，保证城市的持续有序发展。城市规划是一个过程，需要充分考虑近期的需要和长期的发展，保障社会经济的协调发展。城市规划的实施是一项全社会的事业，需要城市政府和广大市民共同努力才能得到很好的实施，这就需要运用各种社会、经济、法律等手段来保证城市规划的有效实施。

3.1.3 城乡规划的作用

1. 宏观经济条件调控的手段

在市场经济体制下，城市建设的开展在相当程度上需要依靠市场机制的运作，但纯粹的市场机制运作会出现市场失败的现象，这已有大量的经济学研究予以了论证。因此，就需要政府对市场的运行进行干预，这种干预的手段是多种多样的，既有财政方面的（如货币投放量、税收、财政采购等），也有行政的（如行政命令、政府投资等），而城市规划则通过对城市土地和空间使用配置的调控，来对城市建设和发展中的市场行为进行干预，从而保证城市的有序发展。

一方面，城市的建设和发展之所以需要干预，关键在于各项建设活动和土地使用活动具有极强的外部性。在各项建设中，私人开发往往将外部经济性利用到极致，而将自身产生的外部不经济性推给了社会，从而使周边地区承受不利的影响。通常情况下，外部不经济性是由经济活动本身所产生，并且对活动本身并不构成危害，甚至是其活动效率提高所直接产生的。在没有外在干预的情况下，活动者为了自身的收益而不断地提高活动的效率，从而产生更多的外部不经济性，由此而产生的矛盾和利益关系是市场本身所无法进行调整的。因此，就需要公共部门对各类开发进行管制，从而使新的开发建设避免对周边地区带来负面的影响，从而保证整体的效益。

另一方面，城市生活的开展需要大量的公共物品，但由于公共物品通常需要大额投资，而回报率低或者能够产生回报的周期很长，经济效益很低甚至没有经济效益，因此无法以利润来刺激市场的投资和供应，但城市生活又不可缺少公共物品，因此就需要由政府进行提供，采用奖励、补贴等方式，或依法强制性地要求私人开发进行供应，而公共物品的供应往往会改变周边地区的土地和空间使用关系的调整，因此就需要进行事先的协调和确定。

此外，城市建设中还涉及短期利益和长期利益之争，比如对自然、环境资源的过度利用所产生的对长期发展目标的危害，涉及市场运行决策中的"合成谬误"而导致的投资周期的变动等，这就需要对此进行必要的干预，从而保证城市发展的有序性。

城市规划之所以能够作为政府调控宏观经济条件的手段，其操作的可能性是建立在这样的基础之上的：一是通过对城市土地和空间使用的配置，即城市土地资源的配置进行直接的控制。由于土地和空间使用是各项社会经济活动开展的基础，因此它直接规定了各项社会经济活动未来发展的可能与前景。城市规划通过法定规划的制定和对城市开发建设的管理，对土地和空间使用施行了直接的控制，从物质实体方面拥有了调控的可能。这种调控从表面上看是对土地和空间使用的直接调配，是对怎样使用土地和空间的安排，但在调控的过程中，涉及的实质上是一种利益的关系，而且关系到各种使用功能未来发展的可能，也就是说城市规划对土地使用的任何调整或内容的安排，涉及的不只是建构筑物等物质层面内容，更是一种权益的变动。因此城市规划涉及的就是对社会利益进行调配或成为社会利益调配的工具。第二，城市规划对城市建设进行管理的实质是对开发权的控制，这种管理可以根据市场的发展演变及其需求，对不同类型的开发建设施行管理和控制。开发权的控制是城市规划宏观调控作用发挥的重要方面。例如，针对房地产的周期性波动，城市规划可以配合宏观调控的整体需要，在房地产处于高潮期时，通过增加土地供应为房地产开发的过热进行冷处理；而当房地产开发处于低潮期时，则可以采取减少开发权的供应的方法，从而可以在一定程度上削减其波动的峰值，避免房地产市场的大起大落，维护市场的相对稳定，使城市的发展更为有序。

2. 保障社会公共利益

城市是人口高度集聚的地区，当大量的人口生活在一个相对狭小的地区时，就形成了一些共同的利益需求，比如充足的公共设施（如学校公园、游憩场所、城市道路和供水、排水、污水处理等）、公共安全、公共卫生，舒适的生活环境等，同时还涉及自然资源和生态环境的保护、历史文化的保护等。这些内容在经济学中通常都可称为"公共物品"，由于公共物品具有非排他性和非竞争性的特征，即这些物品社会上的每一个人都能使用，而且都能从使用中获益，因此对于这些物品的提供者来说，就不可能获得直接的收益，这就与追求最大利益的市场原则并不一致。因此，在市场经济的运作中，市场不可能自觉地提供公共物品。这就要求有政府的干预，这是市场经济体制中政府干预的基础之一。

城市规划通过对社会、经济、自然环境等的分析，结合未来发展的安排，从社会需要的角度对各类公共设施等进行安排，并通过土地使用的安排为公共利益的实现提供基础，通过开发控制保障公共利益不受到损害。例如，根据人口的分布等进行学校、公园、游憩场所以及基础设施等的布局，满足居民的生活需要并且使用方便，创造适宜的居住环境，又能使设施的运营相对比较经济、节约公共投资等。同时，在城市规划实施的过程中，保证各项公共设施与周边地区的建设相协同，对于自然资源、生态环境和历史文化遗产以及自然灾害易发地区等，则通过空间管制等手段予以保护和控制，使这些资源能够得到有效保护，使公众免受地质灾害。

3. 协调社会利益，维护公平

社会利益涉及多方面，就城市规划的作用而言，主要是指由土地和空间使用所产生的社会利益之间的协调。就此而论，社会利益的协调也涉及许多方面。

首先，城市是一个多元的复合型的社会，而且又是不同类型人群高度集聚的地区，各个群体为了自身的生存和发展，都希望谋求最适合自己、对自己最为有利的发展空间。因此，也就必然会出现相互之间的竞争，这就需要有居间调停者来处理相关的竞争性事务。在市场经济体制下，政府就担当着这样的责任。城市规划以预先安排的方式、在具体的建设行为发生之前，对各种社会需求进行协调，从而保证各群体的利益得到体现，同时也保证社会公共利益的实现。作为社会协调的基本原则就是公平地对待各利益团体，并保证普通市民尤其是弱势群体的生活和发展的需要。城市规划通过对不同类型的用地进行安排，满足各类群体发展的需要，针对各种群体尤其是弱势群体在城市发展不同阶段中的不同需求，提供适应这些需求的各类设施，并保证这些设施的实现。与此同时，通过公共空间的提供和营造，为各群体之间的相互作用提供场所。

其次，通过开发控制的方式，协调特定的建设项目与周边建设和使用之间的利益关系。在城市这样高度密集的地区，任何的土地使用和建设项目的开展都会对周边地区产生影响。这种影响既有可能来自于土地使用的不相容性，比如工业用地和居住用地等，也可能来自于土地的开发强度，比如容积率、建筑高度等，如果进行不相适宜的开发，就有可能影响到周边土地的合理使用及其相应的利益。在市场经济体制下，某一地块的价值不仅取决于该地块的使用本身，而且往往还受到周边地块的使用性质、开发强度、使用方式等的影响，而且不仅受到现在的土地使用状况，更为重要的是会受到其未来的使用状况的影响。这对于特定地块的使用具有决定性的意义。比如说，周边地块的高强度开发（比如高容积率）就有可能造成环境质量的下降，人口和交通的拥挤等就会导致该用地的贬值，从而使其受到利益上的损害。城市规划通过预先的协调，提供未来发展的确定性，使任何的开发建设行为都能确知周边的未来发展情况，同时通过开发控制来保证新的建设而不会对周边的土地使用造成利益损害，从而维护社会的公平。

4. 改善人居环境

人居环境涉及许多方面，既包括城市与区域的关系、城乡关系、各类聚居区（城市、镇、村庄）与自然环境之间的关系，也涉及城市与城市之间的关系，同时也涉及各级聚居点内部的各类要素之间的相互关系。城市规划在综合考虑社会、经济、环境发展的各个方面，从城市与区域等方面入手，合理布局各项生产和生活设施，完善各项配套，使城市的各个发展要素在未来发展过程中相互协调，满足生产和生活各个方面的需要，提高城乡环境品质，为未来的建设活动提供统一的框架。同时从社会公共利益的角度实行空间管制，保障公共安全和保护自然和历史文化资源，建构高质量的、有序的、可持续的发展框架和行动纲领。

3.2 城乡规划工作者的角色与地位

3.2.1 政府部门的规划工作者

政府部门中的城市规划工作者担当着两方面的职责：一方面是作为政府公务员所担当的行政管理职责，是国家和政府的法律法规和方针政策的执行者；另一方面担当了城市规划领域的专业技术管理职责，是城市规划领域和运用城市规划对各类建设行为进行管理的管理者。他们是行政管理体系与城市规划专业技术之间的桥梁，有的更是专业技术领域的行政决策者。因此，政府部门的城市规划工作者是城市规划领域中贯彻执行国家和政府的法律法规和方针政策的核心，同时也是保证城市规划专业技术合理性的中坚，是城市规划实施和发挥作用的关键。从这样的意义上讲，政府部门的城市规划工作者的角色，就是要发挥城市规划在城市建设和发展中的作用，并运用城市规划的专业技术手段，执行国家和政府的宏观政策，保证城市的有序发展。作为政府部门的成员，政府部门的城市规划工作者在具体行政行为开展的过程中，运用城市规划的手段维护社会公共利益，并通过对各类建设的规划管理，对不同的利益诉求进行协调，在特定情况下对相关的利益冲突进行仲裁，维护社会公平。

3.2.2 规划编制部门的规划工作者

城市规划编制部门的城市规划工作者的主要职责是编制经法定程序批准后可以操作的城市规划成果，因此其主要角色是专业技术人员和专家。但很显然，城市规划作为政府行为具有公共政策的属性，因此城市规划的编制具有极强政策性，不仅要实施国家和政府的政策，而且其编制成果也将通过法定的程序转化为政府的政策和作为政府管理的依据，因此具有极强的政府行为的特征。这是规划编制机构与其他的咨询机构等不同的地方，也是城市规划编制部门的城市规划工作者区别于其他专业技术人员或专家的重要方面。但也应该看到作为规划编制部门的规划工作者终究不是决策者，而是为决策者提供咨询和参谋，因此必须坚持专业技术的要求，强调专业技术上的科学性和合理性，从而使最终的决策能够建立在科学的基础之上。

此外，由于城市规划中的任何工作都涉及社会利益的调配，因此规划编制单位的城市规划工作者同样担当着社会利益协调者的角色，这就需要公正、公平地处理好各种社会利益之间的相互关系，保障社会公共利益，从而实现社会的和谐发展。

3.2.3 研究与咨询机构的规划工作者

研究与咨询机构的城市规划工作者从事着与城市规划相关的研究和咨询的工作。这种研究和咨询的工作与规划编制机构的工作的区别主要在于：其主要并不是编制法定的城市规划，其完成的研究和咨询的成果并不会直接被作为法定性的政策和文件而得到执行。因此，在相当程度上，研究与咨询机构的规划工作者是以专业技术人员和专家的身份为主，工作的重点在于提出合理的建议和进行技术储备。

与前面两种规划工作者（政府部门和规划编制机构的规划工作者）相比较，研究和咨询机构的城市规划工作者在工作内容上要更少受到现实和实施中具体问题的制约，更具有对现实的批判性和合理性的追求，因此也就更具有社会改革的动力和热情。当然，其他机构的城市规划工作者也可能具有社会改革的热情和行动，但这与他们所担任的工作没有必然的相关性，而是他们个体性的行为。研究与咨询机构的城市规划工作者也可能成为不同社会利益的代言人，其所代言的往往是受人委托的，而并不完全是自身机构的。他们通过对社会利益的代言而参与到社会利益协调的过程中，并发挥相应的作用。

3.2.4 私人部门的规划工作者

尽管研究和咨询机构中的相当部分可以归入到私人部门，但由于他们所从事的工作具有为委托人服务的特征，因此与这里所讨论的私人部门存在着一定的差异。这里所指的私人部门主要是指类似于房地产开发、投资等机构，它们在城市规划过程中具有非常明确的利益诉求。

在私人部门中的规划工作者，首先是特定利益团体的代言人，他们运用自己的专业技术与政府部门、规划编制机构或者咨询机构等的城市规划工作者进行沟通和交流，以维护其所代表的机构的利益。尽管规划工作者所受的职业教育要求其更多关注公共利益，但处于私人部门中的规划工作者主要是从私人部门提出的要求出发的，是为特定企业谋求最大利益的，但是这并不意味私人部门中的城市规划工作者对公共利益就无所作为。首先私人部门本身也具有特定的社会责任的意识，从而有助于规划工作者担当起一定的社会责任；其次，私人部门的规划工作者具有公共领域和私人领域的桥梁的作用，从而使两方面的利益得到兼顾，为保证实现整体利益提供基础。

3.3 城乡规划体制概述

在人类文明发展史上，很早就有了城市和城市规划。但是现代城市规划作为政府干预工具的职能，却是经济基础和上层建筑之间的关系发展到一定阶段的产物。一个国家的城乡规划体制界定了城乡规划活动运转的空间、城乡规划活动所应当遵循的规则与逻辑。具体而言，城乡规划体制是通过规划法规系统、规划行政系统、规划技术系统，以及规划运作系统来共同构建的。规划法规体系为规划活动提供了法定依据和法定程序，并决定了城乡规划体系的基本特征。城市规划体系的演进常常表现在规划行政、规划编制和开发控制三个方面所发生的重大变革。

3.3.1 规划法规系统

规划法规系统是规划行政体系、规划技术系统和规划运作系统的法律固化总和。法规系统又构成了整个规划体制的基础，为规划行政、规划编制和开发控制方面提供了法定依据和法定程序。规划体制的产生与发展常常是以法规系统的重大变化为标志的。1909 年，英国颁布了世界上第一部城市规划法，随后一些工业国家也相继制定了城市规划法，这标志着城市规划成为政府的法定职能。然而，直到第二次世界大战之后，这些国家才形成了比较成熟的现代城市规划体系，并且在其后始终处于不断演进之中。作为现代城市规划体系的核心，每一部城市规划法的诞生都标志着城市规划体系又进入了一个新的历史阶段，主要表现在规划行政、规划编制和开发控制等方面产生了重大的变革。

城市规划的法规体系包括主干法及其从属法规、专项法和相关法。各国（地区）规划法规体系的基本构成是相似的，但是各个组成部分的具体内容会有所差别。

1. 主干法

规划法是城乡规划法规体系的核心，因而又被称作主干法（Principal Act），其主要内容是有关规划行政、规划编制和开发控制的法律条款。尽管各国规划法的详略程度不同，但都具有纲领性和原则性的特征，不可能对各个实施细节作出具体规定，因而需要有相应的从属法规（Subsidiary Legislation）来阐明规划法相关条款的实施细则，特别是在规划编制和开发控制方面。根据立法体制，规划法由国家立法机构如议会制定，从属法规则由法律所授权的政府部门制定。

2. 专项法

城乡规划的专项法是针对规划中某些特定议题的立法。由于主干法具有普遍的适用性和相对的稳定性，这些特定议题（也许会有空间上和时间上的特定性）不宜由主干法来提供法定依据。以英国为例，1946年的《新城法》、1949年的《国家公园法》、1965年的《产业分布法》、1978年的《内城法》和1980年的《地方政府、规划和土地法》等都是针对特定议题的专项立法，为规划行政、规划编制或开发控制等方面的某些特殊措施提供法定依据。

3. 相关法

由于城市物质环境的建设和管理包含多个方面，涉及多个行政部门，因而需要各种相应的立法加以规范，城市规划法规只是其中的一个领域。尽管有些立法不是特别针对城市规划的，但是会对城市规划产生重要的影响，较为典型的是有关地方政府机构在环境方面的立法。

3.3.2　规划行政系统

规划行政系统是指从国家中央政府到地方城镇政府规划管理部门的机构设置，以及各个层面上机构权责的界定。各国和地区的规划行政体系可以分为两种基本体制：中央集权和地方自治，分别以英国和美国为代表。

英国的规划行政系统是中央集权型的代表。中央政府的城市规划主管部门对地方政府的规划行为有着较大的影响力，其权限包括制定相关法规和政策以确保城市规划法的实施；指导地方政府的规划工作；审批郡政府的结构规划；受理规划上诉；并有权干预地方政府的发展规划（地方规划）和开发控制（一般是影响较大的开发项目）。

美国作为一个联邦制国家，其规划行政系统是地方自治型的代表。联邦政府并不具有法定的规划职能，只能借助财政手段（如联邦补助金）发挥间接的影响。地方政府的规划行政管理职能由州的立法授权。

3.3.3　规划技术系统

规划技术系统指各个层面的规划应完成的目标、任务和作用，以及完成这些任务所必需的内容和方法，也包括各层面上规划编制的技术规范。规划的技术系统是建立一个国家完整的空间规划系统的基本框架，包括国土规划、区域规划、城市空间战略规划和建设控制规划等多个层面。

各国和地区的规划体系虽然有所不同，但是城市规划体系却是大致相同的。基本可以分为两个层面，分别是战略性的发展规划和实施性的开发控制规划。编制城市规划是大多数国家地方政府的法定职能。战略性发展规划是制订城市的中长期战略目标，以及土地利用、交通管理、环境保护和基础设施等方面的发展准则和空间策略，为城市各分区和各系统的实施性规划提供指导框架，但不足以成为开发控制的直接依据。英国的空间发展战略（Space Development Strategy）、美国的综合规划（Comprehensive Plan）、日本的地域区划（Area Division）、新加坡的概念规划（Concept Plan）和中国香港的全港和次区域发展策略（Development Strategy）都是战略性发展规划。

以战略性发展规划为依据，针对城市中的各个分区制定实施性发展规划，作为开发控制的法定依据。美国的区划条例（Zoning Regulation）、日本的土地利用分区（Land Use District）和分区规划（District Plan）、新加坡的开发指导规划（Development Guide Plan）和中国香港的分区计划大纲图（Outline Zoning Plan）都是开发控制的法定依据。

3.3.4　规划运作系统

城乡规划运作系统是指规划实施操作机制的总和。规划组织系统和规划技术系统作为静态结构系统，包括各个层面的规划如何编制、编制的规定前提条件、编制过程各阶段的条件制约规定、公众参与的过程规定、规划终稿的法定审定程序、规划成果实施的移交、规划实施的政策制定程序、土地一级市场的控制机制、城乡土地开发的规划审批程序、审批过程的权限监督机制、违反法定规划诉讼机制程序的规定、规划实施过程的准核程序制度、规划修正修订程序等。

3.4　我国现行城乡规划体系

3.4.1　我国现行城乡规划法规系统

1. 我国的法规系统构成

任何国家城乡规划法规体系的构建必然服从该国的法律框架，对一国城乡规划法规体制的理解必须基于对该国的法律体制深刻的认识。在我国，立法包含两层含义：从狭义层面讲，立法是指宪法规定的国家立法机构所制定的普遍使用的规则；从广义层面讲，一切有权制定普遍性规则的机构所制定的具有普遍约束力的规则都是立法。这些"具有普遍约束力的规则"绝大部分是国家法律的深化和具体化，或者是旨在有效实施国家法律的法规。需要强调的是，这些规则不得与国家法律相冲突。上述"有权制定普遍性规则的机构"主要是指由国家立法机构依法授权制定相关法规的国家行政机关和地方立法机构。在我国广义层面的立法形式包括以下几类：

（1）中华人民共和国宪法。宪法具有最高的法律效力。

（2）法律。由全国人民代表大会及其常务委员会制定的调整特定社会关系的法律文件，是特定范畴内的基本法。根据所调整的社会关系的不同，法律一般可分为行政法、财政法、经济法、民法、刑法、诉讼法等。

（3）行政法规。在我国行政法规专指国务院制定的行政法律规范。行政法规是国务院在领导和管理国家的各项行政工作中，根据宪法和法律制定有关经济、建设、教育、科技、文化、外交等各类法规的总称。国务院是国家行政的最高机关，制定行政法规是国务院领导全国行政工作的一种重要手段。

（4）地方性法规。地方性法规是地方各级人民代表大会及其常务委员会根据宪法和《中华人民共和国地方人民代表大会和地方各级政府组织法》的规定制定的法律规范。我国有三级地方人民代表大会及其常务委员会可以制定地方性法规：一是省、自治区、直辖市的人民代表大会及其常务委员会；二是省、自治区人民政府所在地城市的人民代表大会及其常务委员会；三是经国务院批准的较大城市的人民代表大会及其常务委员会。地方性法规主要规范地方行政管理问题，是地方各级人民政府从事行政管理工作的依据。

（5）部门规章。国务院各部、委员会等具有行政管理职能的机构，可以根据法律和国务院的行政法规以及决定和规定等，在本部门的权限范围内制定部门规章。部门规章规定事项的目的在于执行法律或国务院行政法规特定事项。

（6）地方政府规章。省、直辖市和自治区以及省、自治区人民政府所在城市或由国务院指定城市的人民政府，可以根据法律、行政法规和本省、自治区、直辖市的地方性法规，制定在其行政区范围内普遍适用的规则。

（7）技术标准（规范）。我国实行技术标准（规范）的管理，技术标准（规范）的制定属于技术立法的范畴。技术标准（规范）包括国家标准（规范）、地方标准（规范）和行业标准（规范）。

对我国城乡规划法规体制的理解必须从两个维度展开：第一，从城乡规划专业角度来看与核心法之间的关系如何；第二，从一般性法律规范角度来看，该法律规范属于哪一类。

2. 主干法

《中华人民共和国城乡规划法》（以下简称《城乡规划法》）是我国城乡规划领域的主干法。

（1）《城乡规划法》的法律地位与作用

《城乡规划法》是约束城乡规划行为的准绳，是我国各级城乡规划行政主管部门行政的法律依据，也是城乡规划编制和各项建设必须遵守的行为准则。

《城乡规划法》是由全国人民代表大会及其常务委员会通过，并由国家主席签署发布的城乡规划领域的基本法，在我国城乡规划法规体系中拥有最高的法律效力。《城乡规划法》是制定规范其他层次的城乡规划法规与规章的法律依据，根据各种具体实际情况，该法确定的原则和规范可以通过体系内各层次的法律法规进行细化和落实。但是，城乡规划法规体系内的这些下位法律规范不得违背《城乡规划法》确定的原则和规范。

《行政诉讼法》规定："人民法院审理行政案件，以事实为依据以法律为准绳。"在城乡规划行政领域，《城乡规划法》就是人民法院审理城乡规划行政诉讼案件时的法律依据，即该法是人民法院审理和裁判被诉有关城乡规划具体行政行为的合法性和适当性的标准与准绳。

（2）《城乡规划法》的基本框架

《城乡规划法》全面定义与界定了城乡规划行政的各个维度：①城乡规划的制定，主要界定了各类法定规划的编制主体与审批主体、主要编制内容，以及各自的审批程序；②城乡规划的实施，不仅强调了新区开发和建设，旧城区改建，历史文化名城、名镇、名村保护和风景名胜区周边建设中的城乡规划实施要点，还详细界定了"一书两证"的适用条件以及申请与受理程序；③城乡规划的修改，主要规定了各类法定城乡规划修改的前提和审批程序；④监督检查，主要阐述了城乡规划编制、审批、实施、修改等环节的监督检查主体以及有权采取的相应措施；⑤法律责任，主要阐述了违反本法相关规定的组织和责任人应当承担的法律责任。

3. 从属法规与专项法规

《城乡规划法》作为我国城乡规划领域的主干法，必然需要一系列的从属法规和专项法规进行落实和补充。从城乡规划行政管理角度出发，我国城乡规划法规体系的从属法规和专项法规主要在《城乡规划法》的几个重要维度展开，对城乡规划的若干重要领域进行了深入细致的界定，包括：城乡规划管理、城乡规划组织编制和审批管理、城乡规划行业管理、城乡规划实施管理以及城乡规划实施监督检查管理。上述具体某一维度内部又可能由不同类型的若干法律法规组成，它们反映了特定地方政府或国家行政部门对特定城乡规划问题的意愿和原则。

城乡规划法规体系的从属法规和专项法规主要形式如下表 3-1 所示。

表 3-1　我国现行城乡规划从属法规和专项法规体系

分类	行政法规	部门规章	技术标准（规范）
城乡规划管理	村庄和集镇规划建设管理条例（1993年）	开发区规划管理办法（2011年1月26日修正版）建制镇规划建设管理办法（2011年1月26日修正版）	城市规划基本术语标准 GB/T 50280—1998
城乡规划组织编制和审批管理		城市规划编制办法（2005年12月）城市规划编制办法实施细则（建规〔1994〕333号）近期建设规划工作暂行规定（建规〔2002〕218号）城市规划强制性内容暂行规定（建规〔2002〕218号）城市总体规划审查工作规则（建规〔1998〕161号）城镇体系规划编制审批办法（1994年）省域城镇体系规划编制审批办法（2010年）县域城镇体系规划编制要点（试行）（建村〔2000〕74号）村镇规划编制办法（2000年试行）	城市用地分类与规划建设用地标准 GB 50137—2011　城乡规划工程地质勘察规范 CJJ 57—2012　城乡建设用地竖向规划规范 CJJ 83—2016　建筑气候区划标准 GB 50178—1993　城市居住区规划设计规范 GB 50180—1993（2016年修订版）　城市道路交通规划设计规范 GB 50220—1995　停车场规划设计规则（试行）GB/T 51149—2016　城市工程管线综合规划规范 GB 50289—2016　防洪标准 GB 50201—2014　城市排水工程规划规范 GB 50318—2017　城市给水工程规划规范 GB 50282—2016　城市电力规划规范 GB/T 50293—2014　城市道路绿化规划与设计规范 CJJ 75—1997　风景名胜区规划规范 GB 50298—1999　城市绿地分类标准 CJJ/T 85—2017　城市规划制图标准 CJJ/T 97—2003　村镇规划标准 GB 50188—2007　历史文化名城保护规划规范 GB 50357—2005

续表

分类	行政法规	部门规章	技术标准（规范）
城乡规划实施管理	风景名胜区条例（2006年） 历史文化名城名镇名村保护条例（2008年）	城市国有土地使用权出让转让规划管理办法（1992年） 建设项目选址规划管理办法（建规〔1991〕583号） 城市地下空间开发利用管理规定（2001年修改） 城市抗震防灾规划管理规定（2003年） 城市绿线管理办法（2002年修改） 城市紫线管理办法（2003年） 城市黄线管理办法（2005年） 城市蓝线管理办法（2005年） 停车场建设和管理暂行规定（1988年） 城市绿化规划建设指标的规定（建城〔1993〕784号） 风景名胜区建设管理规定（1993年）	
城乡规划行业管理		城市规划编制单位资质管理规定（2000年修订） 注册城市规划师执业资格制度暂行规定（1999年）	
城乡规划实施监督检查管理		城建监察规定（1996年）	

资料来源：同济大学，城市规划原理（第四版），中国建筑工业出版社，2010.08。

（1）行政法规。主要是国务院根据《宪法》和相关法律制定的关于城乡规划特定领域的法律性文件，典型的如《风景名胜区条例》。

（2）地方性法规。主要是特定地方人民代表大会及其常务委员会根据本行政区域的具体情况和实际需求制定的城乡规划领域的地方性法规，典型的如北京市人大常委会通过颁布的《北京城市建设规划管理暂行办法》和湖南人民代表大会常务委员会发布的《湖南省〈城市规划法〉实施办法》。

（3）部门规章。中华人民共和国住房和城乡建设部（以下简称住房城乡建设部）是我国国家层面的城乡规划行政主管部门。原建设部（住房城乡建设部的前身）根据《城乡规划法》制定了一系列的城乡规划部门规章，典型的如《城市规划编制办法》。原建设部还会同国务院其他相关部门共同制定发布了一些与城乡规划关系紧密的部门规章，典型的如《建设项目选址规划管理办法》。

（4）地方政府规章。省、自治区、直辖市和较大的市的人民政府可以制定城乡规划方面的地方规章，典型的如上海市人民政府颁布的《上海市城市规划管理技术规定》和湖南省人民政府颁布的《湖南省村镇规划管理暂行办法》。

（5）城乡规划技术标准（规范）。城乡规划技术标准与技术规范是城乡规划行政的重要技术性依据，也是城乡规划行政管理具有合法性的客观基础。它们所规范的主要是城乡规划内部的技术行为，它们的内容应当覆盖城乡规划过程中所有的、一般化的技术性行为，也就是在城乡规划编制和实施过程中具有普遍规律性的技术依据。目前国家已经颁布了大量的城乡规划技术标准（规范），涉及城市规划基本术语、城市用地分类与规划建设用地、城市居住区规划设计、城市道路、城市排水、城市给水、城市供电、工程管线、风景名胜区规划等城乡规划的多个领域。技术标准与规范同样包括国家和地方两个层次，地方性的技术标准可以根据行政区域内的具体条件作出相应的修正。

4. 相关法

在我国，与城乡规划相关的法律法规覆盖法律法规体系的各个层面，涉及土地与自然资源保护与利用、历史文化遗产保护、市政建设等众多领域，是城乡规划活动在涉及相关领域时的重要依据。同时，城乡规划作为政府行为，还必须符合国家行政程序法律的有关规定（表 3-2）。

表 3-2　我国现行的与城乡规划相关的法律规范体系

分类	法律	行政法规	部门规章	技术标准、技术规范
综合	立法法 行政许可法 测绘法 物权法 节约能源法	信访条例		
土地及自然资源	土地管理法 环境保护法 环境影响评价法 水法 森林法 矿产资源发	土地管理法实施办法 建设项目环境保护管理条例 城镇国有土地使用权出让和转让暂行条例 外商投资开发经营成片土地暂行管理办法 基本农田保护条例 自然保护区条例 规划环境影响评价条例		
历史文化遗产保护	文物保护法	文物保护法实施条例		
市政建设与管理	公路法 广告法	城市道路管理条例 城市绿化条例 城市市容和环境卫生管理条例 城市供水条例	城市生活垃圾管理办法 城市燃气管理办法 城市排水许可管理办法 城市地下水开发利用保护规定	

续表

分类	法律	行政法规	部门规章	技术标准、技术规范
建设工程与管理	建筑法 标准化法	建设工程勘察设计管理条例 注册建筑师条例	工程建设标准化管理规定 中外合作设计工程项目暂行规定 关于外国企业在中华人民共和国境内从事建设工程设计活动的管理暂行规定	各类建筑设计规范 建筑抗震设计规范 住宅设计规范
房地产管理	城市房地产管理法	城市房地产开发经营管理条例 城市房屋拆迁管理条例 城镇个人建造住宅管理规定	城市新建住宅小区管理办法	
城市防灾	人民防空法 防震减灾法 消防法			城市防洪工程设计规范
保密管理	军事设施保护法 保守国家秘密法			
行政执法与法制监督	国家公务员法 行政复议法 行政诉讼法 行政处罚法 国家赔偿法			

资料来源：同济大学，城市规划原理（第四版），中国建筑工业出版社，2010.08。

3.4.2 我国现行城乡规划行政系统

行政作为一种管理活动，包括城乡规划管理活动，必须具备一系列的要素，管理主体就是构成管理活动的要素之一。管理主体是管理活动中具有决定性影响的要素，一切管理活动都要通过管理主体发挥作用。

1. 各级城乡规划行政主管部门的设置

城乡规划管理是在国家行政制度框架内实施的一项管理工作，我国的城乡规划行政体系由不同层次的城乡规划行政主管部门组成，即国家城乡规划行政主管部门；省、自治区、直辖市城乡规划行政主管部门；城、镇城乡规划行政主管部门。

具体来说国家城乡规划行政主管部门为中华人民共和国住房和城乡建设部，具体工作由其内设机构城乡规划司负责；省、自治区城乡规划行政主管部门为省、自治区的住房和城乡建设厅（有些省、自治区为建设厅），具体工作由其内设机构城乡规划处负责；直辖市城乡规划行政主管部门为市规划局；市、县的城乡规划行政主管部门为市、县规划局（或建委、建设局）。另外，根据各城市行政事权界定的不同，城乡规划主管部门可能有不同的称谓，典型的如上海市的城乡规划行政主管部门为上海市规划和国土资源管理局。

2. 城乡规划主管部门的职权

各级城乡规划行政主管部门分别对各自行政辖区的城乡规划工作依法进行管理；各级城乡规划行政主管部门对同级政府负责；上级城乡规划行政主管部门对下级城乡规划行政主管部门进行业务指导和监督。

根据《城乡规划法》和相关法律法规，城市城乡规划行政主管部门拥有以下职权：

行政决策权。即城乡规划行政主管部门有权对其具有管辖权的管理事项作出决策，如核发"一书两证"。

行政决定权。即城乡规划行政主管部门依法对管理事项的处理权，以及法律、法规、规章中未明确规定事项的规定权。前者如对建设用地的使用方式作出调整；后者如制定管理需要的规范性文件或依法对某些规定内容的执行作出行政解释。

行政执行权。即城乡规划行政主管部门依据法律、法规和规章的规定，或者上级部门的决定等在其行政辖区内具体执行的管理事务的权力。如贯彻执行以法律程序批准的城乡规划。

3.4.3 我国现行城乡规划技术系统

1. 法定规划体系

《城乡规划法》第二条规定："本法所称城乡规划包括城镇体系规划、城市规划、镇规划、乡规划和村庄规划。城市规划、镇规划分为总体规划和详细规划。详细规划分为控制性详细规划和修建性详细规划。"根据战略性和实施性城乡规划二元划分的标准，各种城镇体系规划都是战略性规划；对于城市而言，城市（镇）总体规划是战略性规划，控制性详细规划和修建性详细规划是实施性规划见表3-3。

表3-3　我国法定城乡规划类型

层面	规划属性	法定规划类型
国家层面	战略性规划	全国城镇体系规划
省、自治区、直辖市域层面	战略性规划	省域城镇体系规划
城市、城镇层面	战略性规划	城市总体规划
	实施性规划	控制性详细规划 修建性详细规划
乡村层面	战略性规划	乡规划
	实施性规划	村庄规划

资料来源：同济大学，城市规划原理（第四版），中国建筑工业出版社，2010。

2. 规划依据

（1）上位规划

城乡规划是对一定地域空间的规划。依法制定的上一层次规划的控制力大于下一层次规划的控制力，城乡规划的制定必须以上一层次的规划为依据。《城市规划编制办法》第二十一条规定："编制城市总体规划应当以全国城镇体系规划、省域城镇体系规划以及其他上层次法定规划为依据"。《城市规划编制办法》第二十四条规定："编制城市控制性详细规划，应当依据已经依法批准的城市总体规划或分区规划，考虑相关专项规划的要求……编制城市修建性详细规划，应当依据已经依法批准的控制性详细规划"。

（2）国民经济和社会发展规划

城乡规划是在空间上对城乡各项事业的发展所作的统筹安排，而城乡各项事业的发展又是由国民经济和社会发展规划所确定的。《城乡规划法》第五条规定："城市总体规划、镇总体规划以及乡规划和村庄规划的编制，应当依据相应的国民经济和社会发展规划。"

（3）城乡规划相关法律规范和技术标准（规范）

《城市规划编制办法》规定："城市规划编制单位应当严格依据法律、法规的规定编制规划，提交的规划成果应当符合本办法和国家有关标准"。还规定："编制城市规划，应当遵守国家有关标准和技术规范，采用符合国家有关规定的基础资料。"

（4）国家政策

城乡规划是落实国家政策的重要工具，《城乡规划法》第四条规定："制定和实施城乡规划，应当遵循城乡统筹、合理布局、节约土地、集约发展和先规划后建设的原则，改善生态环境，促进资源、能源节约和综合利用，保护耕地等自然资源和历史文化遗产，保持地方特色、民族特色和传统风貌，防止污染和其他公害，并符合区域人口发展、国防建设、防灾减灾和公共卫生、公共安全的需要"。这些中央政府所珍视的价值观是各层级城乡规划编制的重要方针。

（5）城市政府及其城乡规划主管部门的指导意见

对城市土地使用的调控是城市政府实现其愿景的重要工具，所以城市政府及其城乡规划主管部门非常重视各类城乡规划对城市各种事业发展的空间安排。

3.4.4 我国现行城乡规划运作体制

我国城乡规划运作体制的核心是程序合法、依据合法。

1. 开发控制制度

我国城市规划运作实施"一书两证"制度，即建设项目选址意见书、建设用地规划许可证和建设工程规划许可证。乡村规划运作实施规划许可证制度，开发控制程序和要求在城市规划区和乡、村庄规划区有所不同。

1）对于城市规划区

（1）建设项目选址意见书申请阶段。

按照国家规定需要有关部门批准或者核准的建设项目以划拨方式提供国有土地使用权的，建设单位在报送有关部门批准或者核准前，应当向城乡规划主管部门申请核发选址意见书。根据1991年原建设部、国家计委关于印发《建设项目选址规划管理办法》的通知，建设项目选址意见书按建设项目计划审批权限实行分级规划管理。县人民政府（地级市、县级市、直辖市、计划单列市）计划行政主管部门审批的建设项目，由该人民政府城市规划行政主管部门核发选址意见书；省、自治区人民政府计划行政主管部门审批的建设项目由项目所在地县、市人民政府城市规划行政主管部门提出审查意见，报省、自治区人民政府城市规划行政主管部门核发选址意见书；中央各部门、各公司审批的小型和限额以下的建设项目，由项目所在地县、市人民政府城市规划行政主管部门核发选址意见书；国家审批的大中型和限额以上的建设项目，由项目所在地县、市人民政府城市规划行政主管部门提出审查意见，报省、自治区、直辖市、计划单列市人民政府城市规划行政主管部门核发选址意见书并报国务院城市规划行政主管部门备案。但是，上述项目以外的建设项目不需要申请选址意见书。

（2）建设用地规划许可证申请阶段。

在城市、镇规划区内以划拨方式提供国有土地使用权的建设项目，经有关部门批准、核准、备案后，建设单位应当向城市、县人民政府城乡规划主管部门提出建设用地规划许可申请，由城市、县人民政府城乡规划主管部门依据控制性详细规划核定建设用地的位置、面积、允许建设的范围，核发建设用地规划许可证。

在城市、镇规划区内以出让方式提供国有土地使用权的，在国有土地使用权出让前，城市、县人民政府城乡规划主管部门应当依据控制性详细规划提出出让地块的位置、使用性质、开发强度等规划条件，作为国有土地使用权出让合同的组成部分。在签订国有土地使用权出让合同后，建设单位应当持建设项目的批准、核准、备案文件和国有土地使用权出让合同，向城市、县人民政府城乡规划主管部门领取建设用地规划许可证。

（3）建设工程规划许可证申请阶段。

在城市、镇规划区内进行建筑物、构筑物、道路、管线和其他工程建设的建设单位或者个人，应当向城市、县人民政府城乡规划主管部门或者省、自治区、直辖市人民政府确定的镇人民政府申请办理建设工程规划许可证。申请办理建设工程规划许可证，应当提交使用土地的有关证明文件、建设工程设计方案等材料。需要建设单位编制修建性详细规划的建设项目，还应当提交修建性详细规划。对符合控制性详细规划和规划条件的，由城市、县人民政府城乡规划主管部门或者省、自治区、直辖市人民政府确定的镇人民政府核发建设工程规划许可证。

2）对于乡、村庄规划区

在乡、村庄规划区内进行乡镇企业、乡村公共设施和公益事业建设的，建设单位或者个人应当向乡、镇人民政府提出申请，由乡、镇人民政府报市、县人民政府城乡规划主管部门核发乡村建设规划许可证。

2. 开发控制的依据

城乡规划行政主管部门在实施城乡规划时的依据主要有：法律规范依据、城乡规划依据、技术规范依据和政策依据。

（1）法律规范依据。城乡规划实施必须贯彻《城乡规划法》及其配套法规和相关法律法规；遵循当地由省、自治区和直辖市依法制定的城乡规划地方性法规、政府规章和其他规范性文件。

（2）城乡规划依据。根据《城乡规划法》，城市、县人民政府城乡规划主管部门不论是核发建设用地规划许可证，还是建设工程规划许可证，都将控制性详细规划作为最为重要的依据。

（3）技术规范、标准依据。包括国家制定的城乡规划技术规范、标准；城乡规划行业制定的技术规范、标准；各省、自治区、直辖市根据国家技术规范编制的地方性技术规范、标准。

（4）政策依据。城乡规划运作是行政管理工作。各级人民政府根据经济社会发展的实际情况，为城市建设和管理需要制定的各项政策也是城乡规划运作的依据。

表 3-4 所示为北京市建设规划用地许可证（建筑工程）申请的审查依据。

表 3-4　北京市建设规划用地许可证（建筑工程）申请审查依据

	法规	适用条款
1	《中华人民共和国城乡规划法》	第四十、四十一、四十二、四十四条
2	《北京市城市规划条例》	第二十六、二十七、二十八、二十九、三十、三十一、三十二、三十三、三十四、三十五、三十六、三十七条
3	《北京市生活居住建筑间距暂行规定》	全部条款
4	《北京市人民政府关于在城市道路两侧和交叉路口周围新建、改建建筑工程的若干规定》	第一、二、三条
5	《关于在城市干道两侧划定隔离带的规定》	第一、二、三条
6	《关于城市干道两侧隔离带内现有村镇建设管理的若干规定》	第二、三、四、五、六、七条
7	《北京市铁路干线两侧隔离带规划建设管理暂行规定》	第二、三、四、五、六条
8	《北京市密云水库怀柔水库和京密引水渠水源保护管理条例》	第二十三条
9	《关于划定市区河道两侧隔离带的规定》	第一、二、三、四条
10	《北京市城市自来水厂地下水源保护管理办法》	第五、六、七条
11	《人民防空工程建设与使用管理规定》	第十、十一条
12	《北京市水利工程保护管理条例》	第十一条
13	《关于加强规划管理保护机场净空的通知》	第三、四条
14	《北京市人民政府关于加强对涉外建设项目进行国家安全事项审查的通知》	第一、二条
15	《文物保护法》	第十八条
16	《北京市文物保护管理条例》	第二十二、二十三条
17	《北京市历史文化名城保护条例》	第二十四、二十五条
18	《北京市文物保护单位保护范围及建设控制地带管理规定》	第二、三、四、五、六、七条
19	《北京市长城保护管理办法》	第十二条

续表

	法规	适用条款
20	《北京市人民政府关于加强八达岭——十三陵风景名胜区规划管理的规定》	第二、三、四、五、六条
21	《北京市人民政府关于严格控制颐和园、圆明园地区建设工程的规定》	第二、三、四、五、六条
22	《中华人民共和国传染病防治法》	第三十条
23	《北京市生活饮用水卫生监督管理条例》	第八条
24	《中华人民共和国食品卫生法》	第十九条
25	《中华人民共和国无线电管理条例》	第三十二条
26	《广播电视设施保护条例》	第十八、十九条
27	《北京市工程建设场地地震安全性评价管理办法》	第五、九条
28	《北京市实施〈中华人民共和国防震减灾法〉办法》	第十七条

资料来源：北京市规划和国土资源管理委员会官方网站 http://www.bjghw.gov.cn/web/

第 4 章
城镇体系规划

主要内容：

（1）城镇体系的概念与演化规律。

（2）城镇体系规划的地位与作用。

（3）城镇体系规划的编制原则。

（4）城镇体系规划的编制内容。

学习要求：

（1）掌握城镇体系和城镇体系规划的概念。

（2）了解区域城镇体系的演化规律。

（3）掌握城镇体系规划的编制原则和编制内容。

4.1 城镇体系规划的作用与任务

4.1.1 城镇体系的概念与演化规律

1. 城镇体系的概念

任何一个城市都不可能孤立地存在，城市与城市之间、城市与外部区域之间总是在不断地进行着物质、能量、人员、信息等各种要素的交换与相互作用。正是这种相互作用才把区域内彼此分离的城市（镇）结合为具有特定结构和功能的有机整体即城镇体系。简言之，城镇体系指在一个相对完整的区域或国家中由一系列不同职能分工、不同等级规模、空间分布有序的城镇所组成的联系密切、相互依存的城镇群体。《城市规划基本术语标准》GB/T 50280—1998 中对城镇体系（urban system）解释是：一定区域内在经济、社会和空间发展上具有有机联系的城市群体。这个概念有以下几层含义：

（1）城镇体系是以一个相对完整区域内的城镇群体为研究对象，不同的区域有不同的城镇体系。

（2）城镇体系的核心是中心城市，没有一个具有一定经济社会影响力的中心城市，就不可能形成有现代意义的城镇体系。

（3）城镇体系是由一定数量的城镇所组成的。城镇之间存在着性质、规模和功能方面的差别，即各城镇都有自己的特色，而这些差别和特色则是依据各城镇在区域发展条件的影响和制约下，通过客观的和人为的作用而形成的区域分工产物。

（4）城镇体系最本质的特点是相互联系，从而构成一个有机整体。如果仅仅是在一定区域空间内分布着大小不等而缺乏相互联系的城镇，这只是一种商品经济不发达时期城镇群体的空间形态，而不是有机整体。

2. 区域城镇体系演变的基本规律

城镇体系是区域城镇群体发展到一定阶段的产物，也是区域社会经济发展到一定阶段的产物。因此，城镇体系存在着一个形成—发展—成熟的过程。

按社会发展阶段划分，城镇体系的演化和发展阶段可以分为：①前工业化阶段（农业社会），以规模小、职能单一、孤立分散的低水平均衡分布为特征；②工业化阶段，以中心城市发展集聚为表征的高水平不均衡分布为特征；③工业化后期至后工业化阶段（信息社会），以中心城市扩散，各种类型城市区域（包括城市连绵区、城市群、城市带、城市综合体等）的形成，各类城镇普遍发展，区域趋向于整体性城镇化的高水平均衡分布为特点。简单地说，城镇体系的组织结构演变经历了低水平均衡阶段、极核发展阶段、扩散阶段和高水平均衡阶段等。

从空间演化形态看，区域城镇体系的演化一般会经历点、轴、网的逐步演化过程（图4-1）。

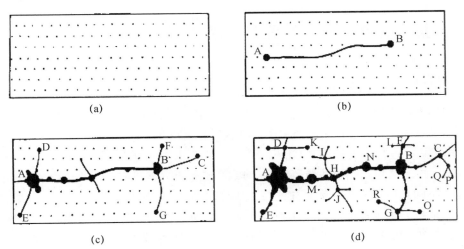

图4-1　点、轴、网空间结构系统形成过程模式

（资料来源：陆大道. 区域发展及其空间结构［M］. 北京：科学出版社，1995）

（1）点、轴形成前的均衡阶段，如图4-1（a）所示，区域是比较均质的空间，社会经济客体虽说呈有序状态的分布，但却是无组织状态，这种空间无组织状态具有极端的低效率。

（2）点、轴同时开始形成，如图4-1（b）所示，区域局部开始有组织状态，区域资源开发和经济进入动态增长时期。

（3）主要的点、轴系统框架形成，如图 4-1（c）所示，社会经济发展迅速，空间结构变动幅度大。

（4）点、轴、网空间结构系统形成，如图 4-1（d）所示，区域进入全面有组织状态，它的形成是社会经济要素长期自组织过程的结果，也是科学的区域发展政策和计划、规划的结果。

3. 全球化时代城镇体系的新发展

当前，世界城市发展的重要特点是全球城市化与城市全球化。21 世纪，全球已迈入城市时代，城市化人口达到 50%，城市正在成为整个社会的主体。以城市为中心，组织、带动、服务于整个社会已是明显的时代特征。世界城市体系正在形成，城市间的等级职能正以新的国际劳动地域分工规则进行重组。新的国际劳动分工不同于传统的以产业和产品分工为中心的、水平分工的国际劳动地域分工，其特点是以市场为导向、以跨国公司为核心的经济活动全过程中各个环节（管理策划、研究开发、生产制造、流通销售等）的垂直功能分工。

在全球时代，城市等级系统取决于各个城市参与全球经济社会活动的地位与程度，以及占有、处理和支配资本和信息的能力，城市职能结构应以各城市在经济活动组织中的地位分工为依据。在全球化背景下，城镇体系研究也出现了一些新的概念，例如城市连绵区、城市地带、城市群、都市圈等，这些都是用来研究城市化空间形式的概念，是地域城市化的特殊空间表现形式，是城市和乡村一种特殊的社会经济相互作用力的结果。事实上，城市连绵区、城市地带和城市群内都形成了特定的城镇体系。

4.1.2 城镇体系规划的地位与作用

1. 城镇体系规划的地位

城镇体系规划旨在一定地域范围内妥善处理各城镇之间、单个或数个城镇与城镇群体之间以及群体与外部环境之间的关系，以达到地域经济、社会、环境效益最佳的发展。

《城市规划基本术语标准》GB/T 5028—1998 中对城镇体系规划（Urban System Planning）的定义是：一定地域范围内，以区域生产力合理布局和城镇职能分工为依据，确定不同人口规模等级和职能分工的城镇的分布和发展规划。具体说，城镇体系规划是以地域分工为原则，根据工业、农业和交通运输及文化科技等事业的发展需要，在分析各城镇的历史沿革、现状条件的基础上，明确各城镇在区域城镇体系中的地位和分工协作关系，确定其城镇的性质、类型、级别和发展方向，使区域内各城镇形成一个既有明确分工，又能有机联系的大、中、小城镇相结合和协调发展的有机结构。

近年来，城镇体系规划的重要性日益显著。在 2008 年开始实施的《中华人民共和国城乡规划法》中明确规定：国务院城乡规划主管部门会同国务院有关部门组织编制全国城镇体系规划，用于指导省域城镇体系规划、城市总体规划的编制（第十二条）。为了进一步发挥城镇对经济社会发展的重要推动作用，提高我国参与国际竞争的能力，逐步改变城乡二元结构，实现区域协调发展，国务院城乡规划主管部门会同国务院有关部门于 2005 年组织编制了《全国城镇体系规划（2005—2020 年）》。同时，各省、自治区人民政府根据《中华人民共和国城乡规划法》和《城镇体系规划编制审批办法》的规定组织编制的省域城镇体系规划也在全面进行中。

目前,根据《中华人民共和国城乡规划法》及《城市规划编制办法》的相关内容,我国已经形成了由城镇体系规划、城市总体规划、分区规划、控制性详细规划和修建性详细规划等所组成的比较完整的空间规划系列。虽然从理论上讲,城镇体系规划属于区域规划的一个部分,但是由于历史的原因,在我国的城乡规划编制体系中,城镇体系规划事实上长期扮演着区域性规划的角色,具有区域性、宏观性、总体性的特征,尤其是对城乡总体规划起着重要的指导作用。根据《中华人民共和国城乡规划法》及《城市规划编制办法》的规定,全国城镇体系规划用于指导省域城镇体系规划;全国城镇体系规划和省域城镇体系规划是城市总体规划编制的法定依据。在《中华人民共和国城乡规划法》中进一步明确:市域城镇体系规划则作为城市总体规划的一部分,为各城镇总体规划的编制提供区域性依据,其重点是"从区域经济社会发展的角度研究城市定位和发展战略,按照人口与产业、就业岗位的协调发展要求,控制人口规模、提高人口素质,按照有效配置公共资源、改善人居环境的要求,充分发挥中心城市的区域辐射和带动作用,合理确定城乡空间布局,促进区域经济社会全面、协调和可持续发展"。

2. 城镇体系规划的主要作用

城镇体系规划一方面需要合理地解决体系内部各要素之间的相互联系及相互关系,另一方面又需要协调体系与外部环境之间的关系。作为致力于追求体系整体最佳效益的城镇体系规划,其作用主要体现在区域统筹协调发展上:

(1)指导总体规划的编制,发挥上下衔接的功能。城镇体系规划是城市总体规划的一个重要基础,城市总体规划的编制要以全国城镇体系规划、省域城镇体系规划等为依据。编制城镇体系规划是在考虑了与不同层次的法定规划协调后制定的,对于实现区域层面的规划与城市总体规划的有效衔接意义重大。

(2)全面考察区域发展态势,发挥对重大开发建设项目及重大基础设施布局的综合指导功能。重大基础设施的布局通常需要从区域层面进行考虑,城镇体系规划可以避免"就城市论城市"的思想,综合考察区域发展态势,从区域整体效益最优化的角度实现重大基础设施的合理布局,包括对基础设施的布局和建设时序的调控。

(3)综合评价区域发展基础,发挥资源保护和利用的统筹功能。城镇体系规划中一个很重要的内容是明确区域内哪些地方可以开发、哪些地方不可开发,或者哪些地方的开发建设将对生态环境造成影响而应限制开发等。综合评价区域发展基础,统筹区域资源的保护和利用,实现区域的可持续发展是城镇体系规划的一项重要职责。

(4)协调区域城市间的发展,促进城市之间形成有序竞争与合作的关系。城镇体系规划通过对区域内城市的空间结构、等级规模结构、职能组合结构及网络系统结构等进行协调安排,根据各城市的发展基础与发展条件,从区域整体优化发展的角度指导区域内城市的发展,从而避免区域内城市各自为战,促进区域的整体协调发展。

4.2 城镇体系规划的编制

4.2.1 城镇体系规划的编制原则

1. 城镇体系规划的类型

（1）按行政等级和管辖范围，可以分为全国城镇体系规划、省域（或自治区域、直辖市）城镇体系规划、市域（包括其他市级行政单元）城镇体系规划等。

（2）根据实际需要，还可以由共同的上级人民政府组织编制跨行政区域的城镇体系规划。

（3）随着城镇体系规划实践的发展，在一些地区也出现了衍生型的城镇体系规划类型，例如都市圈规划、城镇群规划等。

2. 城镇体系规划编制的基本原则

城镇体系规划是一个综合的多目标规划，涉及社会经济各个部门、不同空间层次乃至不同的专业领域。因此，在规划过程中应贯彻以空间整体协调发展为重点，促进社会、经济、环境的持续协调发展的原则。

1）因地制宜的原则

一方面城镇体系规划应该与国家社会经济发展目标和方针政策相符，符合国家有关发展政策，与国土规划、土地利用总体规划等其他相关法定规划相协调；另一方面又要符合地方实际、城市发展的特点，具有可行性。

2）经济社会发展与城镇化战略互相促进的原则

经济社会发展是城镇化的基础，城镇化又对经济发展具有极大的促进作用，城镇体系规划应把两者紧密地结合起来，一方面，把产业布局、资源开发、人口转移等与城镇化进程紧密联系起来，把经济社会发展战略与城镇体系规划之间紧密结合起来；另一方面，城镇化战略要以提高经济效益为中心，充分发挥中心城市、重点城镇的作用，带动周围地区的经济发展。

3）区域空间整体协调发展的原则

从区域整体的观念出发，协调不同类型空间开发中的问题和矛盾，通过时空布局强化分工与协作，以期取得整体大于局部的优势。有效协调各个城市在城市规模、发展方向以及基础设施布局等方面的矛盾，有利于城乡之间、产业之间的协调发展，避免重复建设。中心城市是区域发展的增长级，城镇体系规划应发挥特大城市的辐射作用，带动周边地区发展，实现区域整体的优化发展。

4）可持续发展的原则

区域可持续发展的实质是在经济发展过程中，要兼顾局部利益和全局利益、眼前利益和长远利益，要充分考虑到自然资源的长期供给能力和生态环境的长期承受能力，在确保区域社会经济获得稳定增长的同时，自然资源得到合理开发利用，生态环境保持良性循环。在城镇体系规划中，要把人口、资源、环境与发展作为一个整体来加以综合考虑，加强自然与人文景观的合理开发和保护，建立可持续发展的经济结构，构建可持续发展的空间布局框架。

4.2.2 城镇体系规划的编制内容

1. 全国城镇体系规划编制的主要内容

根据《中华人民共和国城乡规划法》，国务院城乡规划主管部门有责任组织编制全国城镇体系规划，指导全国城镇的发展和跨区域的协调。全国城镇体系规划是统筹安排全国城镇发展和城镇空间布局的宏观性、战略性的法定规划，是国家制定城镇化政策、引导城镇化健康发展的重要依据，也是编制、审批省域城镇体系规划和城市总体规划的依据，有利于加强中央政府对城镇发展的宏观调控。城镇作为社会经济发展的主要空间载体，其规划必然涵盖社会经济等诸多方面。因此，从某种意义上看，全国城镇体系规划就是国家层面的空间规划。

全国城镇体系规划的主要内容是：

1）明确国家城镇化的总体战略与分期目标

落实以人为本、全面协调可持续的科学发展观，按照循序渐进、节约土地、集约发展、合理布局的原则，积极稳妥地推进城镇化与国家中长期规划相协调，确保城镇化的有序和健康发展。根据不同的发展时期制定相应的城镇化发展目标和空间发展重点。

2）确立国家城镇化的道路与差别化战略

针对我国城镇化和城镇发展的现状，从提高国家总体竞争力的角度分析城镇发展的需要，从多种资源环境要素的适宜承载程度来分析城镇发展的可能，提出不同区域差别化的城镇化战略。

3）规划全国城镇体系的总体空间格局

构筑全国城镇空间发展的总体格局并考虑资源环境条件、人口迁移趋势、产业发展等因素，分省区或分大区域提出差别化的空间发展指引和控制要求，对全国不同等级的城镇与乡村空间重组提出导引。

4）构架全国重大基础设施支撑系统

根据城镇化的总体目标，对交通、能源、环境等支撑城镇发展的基础条件进行规划。尤其要关注自然生态系统的保护，它们事实上也是国家空间总体健康、可持续发展的重要支撑。

5）特定与重点地区的规划

全国城镇体系规划中确定的重点城镇群、跨省城镇发展协调地区、重要江河流域、湖泊地区和海岸带等，在提升国家参与国际竞争的能力、协调区域发展和资源保护方面具有重要的战略意义。根据实施全国城镇体系规划的需要，国家可以组织编制上述地区的城镇协调发展规划，组织制定重要流域和湖泊的区域城镇供水排水规划等，切实发挥全国城镇体系规划指导省域城镇体系规划、城市总体规划编制的法定作用。

2. 省域城镇体系规划编制的主要内容

省域城镇体系规划是各省、自治区经济社会发展目标和发展战略的重要组成部分，也是省、自治区人民政府实现经济社会发展目标，引导区域城镇化与城市合理发展，协调和处理区域中各城市发展的矛盾和问题，合理配置区域空间资源，防止重复建设的手段和行动依据，对省域内各城市总体规划的编制具有重要的指导作用。同时，省域城镇体系规划也是落实国家总体发展战略，中央政府用以调控各省区城镇化与城镇发展、合理配置空间资源的重要手段和依据。

1）编制省域城镇体系规划时的原则

（1）符合全国城镇体系规划，与全国城市发展政策相符，与国土规划、土地利用总体规划等其他相关法定规划相协调。

（2）协调区域内各个城市在城市规模、发展方向以及基础设施布局等方面的矛盾，有利于城乡之间、产业之间的协调发展，避免重复建设。

（3）体现国家关于可持续发展的战略要求，充分考虑水、土地资源和环境的制约因素和保护耕地的方针。

（4）与周边省（自治区、直辖市）的发展相协调。

省域城镇体系规划要立足省、自治区政府的事权，明确本省、自治区城镇发展战略，明确重点地区的城镇发展、重要基础设施的布局和建设、生态建设和资源保护的要求；明确需要由省、自治区政府协调的重点地区（跨市县的城镇密集地区）和重点项目，并提出协调的原则、标准和政策。为省、自治区政府审批城市总体规划、县域城镇体系规划和基础设施建设提供依据。省、自治区政府可以根据实施省域城镇体系规划的需要和已批准的省域城镇体系规划，组织制定城镇密集地区、重点资源和生态环境保护区域和其他地区的城镇发展布局规划，深化、细化省域城镇体系规划的各项要求。

2）省域城镇体系规划的核心内容

（1）制定全省（自治区）城镇化和城镇发展战略，包括确定城镇化方针和目标，确定城市发展与布局战略。

（2）确定区域城镇发展用地规模的控制目标。省域城镇体系规划应依据区域城镇发展战略，参照相关专业规划，对省域内城镇发展用地的总规模和空间分布的总趋势提出控制目标；并结合区域开发管制区划，根据各地区的土地资源条件和省域经济社会发展的总体部署，确定不同地区、不同类型城镇用地控制的指标和相应的引导措施。

（3）协调和部署影响省域城镇化与城市发展的全局性和整体性事项，包括确定不同地区、不同类型城市发展的原则性要求，统筹区域性基础设施和社会设施的空间布局和开发时序；确定需要重点调控的地区。

（4）确定乡村地区非农产业布局和居民点建设的原则，包括确定农村剩余劳动力转化的途径和引导措施，提出农村居民点和乡镇企业建设与发展的空间布局原则，明确各级、各类城镇与周围乡村地区基础设施统筹规划和协调建设的基本要求。

（5）确定区域开发管制区划。从引导和控制区域开发建设活动的目的出发，依据区域城镇发展战略，综合考虑空间资源保护、生态环境保护和可持续发展的要求，确定规划中应优先发展和鼓励发展的地区，需要严格保护和控制开发的地区，以及有条件地许可开发的地区，并分别提出开发的标准和控制的措施，作为政府进行开发管理的依据。

（6）按照规划提出的城镇化与城镇发展战略和整体部署，充分利用产业政策、税收和金融政策、土地开发政策等政策手段，制订相应的调控政策和措施，引导人口有序流动，促进经济活动和建设活动健康、合理、有序的发展。

3. 市域城镇体系规划编制的主要内容

为了贯彻落实城乡统筹的规划要求，协调市域范围内的城镇布局和发展，在制定城市总体规划时，应制定市域城镇体系规划。市域城镇体系规划属于城市总体规划的一部分，编制市域城镇体系规划的目的主要有：①贯彻城镇化和城镇现代化发展战略，确定与市域社会经济发展相协调的城镇化发展途径和城镇体系网络。②明确市域及各级城镇的功能定位，优化产业结构和布局，对开发建设活动提出鼓励或限制的措施。③统筹安排和合理布局基础设施，实现区域基础设施的互利共享和有效利用。④通过不同空间职能分类和管制要求，优化空间布局结构，协调城乡发展，促进各类用地的空间集聚。

根据《城市规划编制办法》的规定，市域城镇体系规划应当包括下列内容：

（1）提出市域城乡统筹的发展战略。其中，位于人口、经济、建设高度聚集的城镇密集地区的中心城市，应当根据需要提出与相邻行政区域在空间发展布局、重大基础设施和公共服务设施建设、生态环境保护、城乡统筹发展等方面进行协调的建议。

（2）确定生态环境、土地和水资源、能源、自然和历史文化遗产等方面的保护与利用的综合目标和要求，提出空间管制原则和措施。

（3）预测市域总人口及城镇化水平，确定各城镇人口规模、职能分工、空间布局和建设标准。

（4）提出重点城镇的发展定位、用地规模和建设用地控制范围。

（5）确定市域交通发展策略，原则确定市域交通、通信、能源、供水、排水、防洪、垃圾处理等重大基础设施、重要社会服务设施的布局。

（6）在城市行政管辖范围内，根据城市建设、发展和资源管理的需要，划定城市规划区。

（7）提出实施规划的措施和有关建议。

4. 城镇体系规划的强制性内容

根据《城市规划编制办法》《城市规划强制性内容暂行规定》，城镇体系规划的强制性内容应包括：

（1）区域内必须控制开发的区域。包括自然保护区、退耕还林（草）地区、大型湖泊、水源保护区、分滞洪地区、基本农田保护区、地下矿产资源分布地区，以及其他生态敏感区等。

（2）区域内的区域性重大基础设施的布局。包括高速公路、干线公路、铁路、港口、机场、区域性电厂和高压输电网、天然气门站、天然气主干管、区域性防洪、滞洪骨干工程、水利枢纽工程、区域引水工程等。

（3）涉及相邻城市、地区的重大基础设施布局。包括取水口、污水排放口、垃圾处理场等。

第5章
城市总体规划

主要内容:

(1) 城市总体规划的主要任务和内容。

(2) 城市总体规划纲要的任务、内容和成果要求。

(3) 城市总体规划编制程序和方法。

(4) 城市总体规划基础研究。

(5) 城镇空间发展布局规划。

(6) 城市用地布局规划。

学习要求:

(1) 掌握城市总体规划的工作任务、编制程序和方法。

(2) 熟悉城市自然资源条件分析、城市环境容量研究及其他专题研究。

(3) 掌握城市总体规划现状调查的内容和方法、城市发展目标的制定和城市规模的确定。

(4) 熟悉城镇空间发展布局,掌握城市用地分类及其适用性评价,掌握城镇各类用地布局规划。

5.1 城市总体规划的作用和任务

5.1.1 城市总体规划的作用

城市总体规划涉及城市的政治、经济、文化和社会生活等各个领域,在指导城市有序发展、提高建设和管理水平等方面发挥着重要的先导和统筹作用。在新中国的城市规划发展历史中,城市总体规划占有十分重要的地位。近年来,随着社会主义市场经济体制的建立和逐步完善,适应形势的发展要求,我国对城市总体规划的编制组织、编制内容等都进行了必要的改革与完善。目前,城市总体规划已经成为指导与调控城市发展建设的重要手段,具有公共政策属性。

城市总体规划是城市规划的重要组成部分,经法定程序批准的城市总体规划文件是编制城市近期建设规划、详细规划、专项规划和实施城市规划行政管理的法定依据。各类涉及城乡发展和建设的行业发展规划，都应符合城市总体规划的要求。由于具有全局性和综合性，我国的城市总体规划不仅是专业技术，同时更重要的是引导和调控城市建设，保护和管理城市空间资源的重要依据和手段，因此，也是城市规划参与城市综合性战略部署的工作平台。

5.1.2 城市总体规划的主要任务和内容

1. 城市总体规划的主要任务

城市总体规划是对一定时期内城市的性质、发展目标、发展规模、土地使用、空间布局以及各项建设的综合部署和实施措施。编制城市总体规划，应当以全国城镇体系规划、省域城镇体系规划以及其他上层次法定规划为依据，从区域经济社会发展的角度研究城市定位和发展战略，按照人口与产业、就业岗位的协调发展要求，控制人口规模、提高人口素质，按照有效配置公共资源、改善人居环境的要求，充分发挥中心城市的区域辐射和带动作用，合理确定城乡空间布局，促进区域经济社会全面、协调和可持续发展。

城市总体规划的主要任务是：根据城市经济社会发展需求和人口、资源情况及环境承载能力，合理确定城市的性质、规模；综合确定土地、水、能源等各类资源的使用标准和控制指标，节约和集约利用资源；划定禁止建设区、限制建设区和适宜建设区，统筹安排城乡各类建设用地；合理配置城乡各项基础设施和公共服务设施，完善城市功能；贯彻公交优先原则，提升城市综合交通服务水平；健全城市综合防灾体系，保证城市安全；保护自然生态环境和整体景观风貌，突出城市特色；保护历史文化资源，延续城市历史文脉；合理确定分阶段发展方向、目标、重点和时序，促进城市健康有序发展。

2. 城市总体规划的主要内容

城市总体规划一般分为市域城镇体系规划和中心城区规划两个层次。

（1）市域城镇体系规划的主要内容。

提出市域城乡统筹发展战略；确定生态环境、土地和水资源、能源、自然和历史文化遗产等方面的保护与利用的综合目标和要求，提出空间管制原则和措施；确定市域交通发展策略；原则确定市域交通、通信、能源、供水、排水、防洪、垃圾处理等重大基础设施，重要社会服务设施的布局；根据城市建设、发展和资源管理的需要划定城市规划区；提出实施规划的措施和有关建议。

（2）中心城区规划的主要内容

分析确定城市性质、职能和发展目标，预测城市人口规模；划定禁建区、限建区、适建区并制订空间管制措施；确定建设用地规模，划定建设用地范围，确定建设用地的空间布局；提出主要公共服务设施的布局；确定住房建设标准和居住用地布局，重点确定经济适用房、普通商品住房等满足中低收入人群住房需求的居住用地布局及标准；确定绿地系统的发展目标及总体布局，划定绿地的保护范围（绿线），划定河湖水面的保护范围（蓝线）；确定历史文化保护及地方传统特色保护的内容和要求；确定交通发展战略和城市公共交通的总体布局，落实公交优先政策，确定主要对外交通设施和主要道路交通设施布局；确定供水、排水、供电、电信、燃气，供热、环卫发展目标及重大设施总体布局；确定生态环境保护与建设目标，提出污染控制与治理措施；确定综合防灾与公共安全保障体系，提出防洪、消防、人防、抗震、地质灾害防护等的规划原则和建设方针；提出地下空间开发利用的原则和建设方针；确定城市空间发展时序，提出规划实施步骤、措施和政策建议。

5.1.3 编制城市总体规划必须坚持的原则

1. 统筹城乡和区域发展

编制城市总体规划必须贯彻工业反哺农业、城市支持农村的方针。要统筹规划城乡建设，增强城市辐射带动功能，提高对农村服务的水平，协调城乡基础设施、商品和要素市场、公共服务设施的建设，改善进城务工农民就业和创业环境，促进社会主义新农村建设。要加强城市与周边地区的经济社会联系，协调土地和资源利用、交通设施、重大项目建设、生态环境保护，推进区域范围内基础设施相互配套、协调衔接和共建共享。

2. 积极稳妥地推进城镇化

编制城市总体规划要考虑国民经济和社会发展规划的要求，根据经济社会发展趋势、资源环境承载能力、人口变动等情况，合理确定城市规模和城市性质。大城市要把发展的重点放到城市结构调整、功能完善、质量提高和环境改善上来，加快中心城区功能的疏解，避免人口过度集中。中小城市要发挥比较优势，明确发展方向，提高发展质量，体现个性和特点。要正确把握好城镇化建设的节奏，按照循序渐进、节约土地、集约发展、合理布局的原则，因地制宜，稳步推进城镇化。

3. 加快建设节约型城市

编制城市总体规划，要根据建设节约型社会的要求，把节地、节水、节能、节材和资源综合利用落实到城市规划建设和管理的各个环节中。

要落实最严格的土地管理制度，严格保护耕地特别是基本农田，严格控制城市建设用地增量，盘活土地存量，将城市建设用地的增加与农村建设用地的减少挂钩，优化配置土地资源。

要以水的供给能力为基本出发点，考虑城市产业发展和建设规模，落实各项节水措施，加快推进中水回用，提高水的利用效率。

要大力促进城市综合节能，重点推进高耗能企业节能降耗，改革城镇供热体制，合理安排城市景观照明，鼓励发展新能源和可再生能源。

要加大城市污染防治力度，努力降低主要污染物排放总量，推进污水、垃圾处理设施建设，加强绿化建设，保护好自然生态，加快改善城市环境质量。大力发展循环经济，积极推行清洁生产，加强资源综合利用。

4. 为人民群众生产生活提供方便

改善人居环境，建设宜居城市，是城市总体规划工作的重要目标。要优先满足普通居民基本住房需求，着力增加普通商品住房、经济适用住房和廉租房供应，为不同收入水平的城镇居民提供适宜的住房条件。要坚持公交优先，加强城市道路网和公共交通系统建设，在特大城市建设快速道路交通和大运量公共交通系统，着重解决交通拥堵问题。要突出加强城市各项社会事业建设，完善教育、科技、文化卫生、体育和社会福利等公共设施，健全社区服务体系，提高人民群众的生活质量。要保护好历史文化名城、历史文化街区、文物保护单位等文化遗产，保护好地方文化和民俗风情，保护好城市风貌，体现民族和区域特色。

5. 统筹规划城市基础设施建设

编制城市总体规划要统筹规划交通、能源、水利通信、环保等市政公用设施；统筹规划城市地下空间资源开发利用；统筹规划城市防灾减灾和应急救援体系建设，建立健全突发公共事件应急处理机制。

5.2 城市总体规划纲要

5.2.1 城市总体规划纲要的任务和主要内容

1. 城市总体规划纲要的任务

编制城市总体规划应先编制总体规划纲要，作为指导总体规划编制的重要依据。城市总体规划纲要的任务是研究总体规划中的重大问题，提出解决方案并进行论证。经过审查的纲要也是总体规划成果审批的依据。

2. 城市总体规划纲要的主要内容

（1）提出市域城乡统筹发展战略。

（2）确定生态环境、土地和水资源、能源、自然和历史文化遗产保护等方面的综合目标和保护要求，提出空间管制原则。

（3）预测市域总人口及城镇化水平，确定各城镇人口规模、职能分工、空间布局方案和建设标准。

（4）原则确定市域交通发展策略。

（5）提出城市规划区范围。

（6）分析城市职能、提出城市性质和发展目标。

（7）提出禁建区、限建区、适建区范围。

（8）预测城市人口规模。

（9）研究中心城区空间增长边界，提出建设用地规模和建设用地范围。

（10）提出交通发展战略及主要对外交通设施布局原则。

（11）提出重大基础设施和公共服务设施的发展目标。

（12）提出建立综合防灾体系的原则和建设方针。

5.2.2　城市总体规划纲要的成果要求

城市总体规划纲要的成果包括文字说明、图纸和专题研究报告。

1. 文字说明

简述城市自然、历史、现状特点；分析论证城市在区域发展中的地位和作用、经济和社会发展的目标、发展优势与制约因素，提出市域城乡统筹发展战略，确定城市规划区范围；确定生态环境、土地和水资源、能源、自然和历史文化遗产保护等方面的综合目标和保护要求，提出空间管制原则；原则确定市域总人口、城镇化水平及各城镇人口规模；原则确定规划期内的城市发展目标、城市性质，初步预测城市人口规模；初步提出禁建区、限建区、适建区范围，研究中心城区空间增长边界，确定城市用地发展方向，提出建设用地规模和建设用地范围；对城市能源、水源、交通、公共设施、基础设施、综合防灾、环境保护、重点建设等主要问题提出原则规划意见。

2. 图纸

区域城镇关系示意图：

图纸比例为1：200 000，1：1 000 000，标明相邻城镇位置、行政区划、重要交通设施、重要工矿和风景名胜区。

市域城镇分布现状图：

图纸比例为1：50 000；1：200 000，标明行政区划、城镇分布、城镇规模、交通网络、重要基础设施、主要风景旅游资源、主要矿藏资源。

市域城镇体系规划方案图：

图纸比例为1：50 000，1：200 000，标明行政区划、城镇分布、城镇规模、城镇等级、城镇职能分工、市域主要发展轴（带）和发展方向、城市规划区范围。

市域空间管制示意图：

图纸比例为1：50 000，1：200 000，标明风景名胜区、自然保护区、基本农田保护区、水源保护区、生态敏感区的范围，重要的自然和历史文化遗产位置和范围、市域功能空间区划。

城市现状图：

图纸比例为1：5 000，1：25 000，标明城市主要建设用地范围、主要干路以及重要的基础设施。

城市总体规划方案图：

图纸比例为1：5 000，1：25 000，初步标明中心城区空间增长边界和规划建设用地大致范围，标注各类主要建没用地、规划主要干路、河湖水面、重要的对外交通设施、重大基础设施。

其他必要的分析图纸。

3. 专题研究报告

在纲要编制阶段，应对城市重大问题进行研究，撰写专题研究报告。例如，人口规模预测专题、城市用地分析专题等。

5.3 城市总体规划编制程序和方法

5.3.1 城市总体规划编制基本工作程序

1. 现状调研

现状调研主要是通过现场踏勘、部门访谈、区域调研、资料收集及汇总、现状分析等方法，从感性到理论认识城市的初始过程，主要包括下列内容：

1）现场踏勘

城市总体规划现场踏勘由市域和中心城区两部分组成。其中，市域调查重点为各个下辖县及市区所属的城关镇、重点镇及有特色的一般镇，了解这些城镇的规模、职能、特性、经济基础与产业结构、发展潜力、交通条件和资源区位优劣势等内容，并收集文字材料，便于核对，在现场踏勘过程中，着重观察城市发展的活力、城市特色和交通便利度等内容，运用专业知识进行开放式的思考。在中心城区应对城市建成区，包括与建成区连成片的建设区域，以及对周边村庄和城市可能发展的区域进行踏勘，核对并标注各类用地，对于图上没有更新的地块应按精度要求进行补测，保证总体规划的现状图上各要素的准确性与真实性。

2）部门访谈

部门访谈是对与规划相关的各个部门的综合调研，了解各个部门所属行业的现状、问题和工作计划，要求各部门提供与总体规划相关的专业规划成果，并对城市总体规划提出部门意见，各项会议内容要进行分类整理。

3）区域调研

区域调研包括两项内容：一是主观感受城市与区域之间的交流程度和相互影响程度，也可以通过一些经济流向或客货流向数据表示；二是考察周边城市与编制总体规划城市的共同点，便于从大区域把握城市定位。调研的内容包括与周边城市的交通条件、交通距离、客货流向等，还包括周边城市自身的城市结构、路网骨架、产业结构、经济基础、新区建设、旧城风貌等内容，寻找相似性和可借鉴的方面。

4）资料收集和汇总

通过各种途径收集城市相关资料，对编制总体规划的城市进行初步了解，一般分两个阶段进行：一是进现场前泛泛收集资料，形成初步印象；二是进现场后在地方情况基本掌握的前提下，关注各方面的意见和公布的相关文字及数据，以便对比分析。

基础资料汇总是城市总体规划中一项繁琐但很关键的工作，基础资料内容的翔实、准确与及时，直接影响着城市总体规划的最终成果的可操作性和科学性。基础资料汇总一般包括自己进行的专业调查资料、收集的文件与文献资料、座谈及访谈笔记汇总。

5）现状分析

以分析图、统计表、定性和定量分析的形式撰写调研分析报告，评估城市问题，提出规划解决的重点，并尽可能与地方主管部门进行沟通，就分析结论交换意见。

2. 基础研究与方案构思

在现状分析的基础上展开深入的研究，进一步认识城市，并以科学的分析研究为基础，理性的构思规划方案。目前，常用规划方案的比较方式有：一是依据城市不同的发展方向选择确定的多方案方式；二是依据城市不同发展速度确定的多方案方式；三是依据重点解决城市主要问题确定的多方案方式。实际规划工作中面对十分复杂的城市条件，往往综合三种方式，选定多个规划方案对比，就城市发展方向、主要门槛、城市结构、开发成本、路网结构、经济发展模式等方面进行对比，为优选最终方案提供依据。

3. 组织编制城市总体规划纲要

正式编写城市总体规划成果之前，应当先组织编制城市总体规划纲要，按规定提请审查。其中，组织编制直辖市、省会城市、国务院指定市的城市总体规划的，应当报请国务院建设主管部门组织审查；组织编制其他市的城市总体规划的，应当报请省、自治区建设主管部门组织审查。依据国务院建设主管部门或者省、自治区建设主管部门提出的审查意见，组织编制城市总体规划成果，按法定程序报请审查和批准。

城市总体规划纲要需要确定总体规划的框架和重大问题，提出纲要性的规定，如规划目标、城市性质、城市规模、空间布局、专项规划基本内容和重要设施的安排等，作为编制规划成果的依据。

4. 成果编制与评审报批

1）规划与城市建设协调

城市总体规划的成果内容丰富，跨度大，专业性强。规划成果的编制不仅要求自身周密、严谨和规范，并且要与地方城市建设进行充分协调，是一个理论性规划走向实践性规划的过程，是城市总体规划中十分关键的步骤。

2）评审报批

城市总体规划的评审报批是规划内容法定化的重要程序，通常会伴随着反复的修改完善工作，直至正式批复。个别总体规划的制定周期过长时，编制单位还需要对报批成果的主要基础资料（现状数据等）进行更新。

5.3.2 城市总体规划编制基本工作方法

1. 城市规划的分析方法

城市规划涉及的问题十分复杂和繁琐，必须运用科学和系统的方法，在众多的数据资料中分析出有价值的结论。城市规划常用的分析方法有三类，分别是定性分析、定量分析和空间模型分析。

1）定性分析

定性分析方法常用于城市规划中复杂问题的判断，主要有因果分析法和比较法。

（1）因果分析法。城市规划分析中涉及的因素繁多，为了全面考虑问题，提出解决问题的方法，往往先尽可能多地排列出相关因素，发现主要因素，找出因果关系。

（2）比较法。在城市规划中常常会碰到一些难以定量分析又必须量化的问题，对此可以采用对比的方法找出其规律性。例如，确定新区或新城的各类用地指标，可参照相近的同类已建城市的指标。

2）定量分析

城市规划中常采用一些概率统计方法、运筹学模型、数学决策模型等数理工具进行定量化分析。

（1）频数和频率分析。频数分布是指一组数据中取不同值的个案的次数分布情况，它一般以频数分布表的形式呈现。在规划调查中经常有调查的数据是连续分布的情况，如人均居住面积一般是按照一个区间来统计。

频率分布是指一组数据中不同取值的频数相对于总数的比率分布情况，一般以百分比的形式表达。

（2）集中量数分析。集中量数分析指的是用一个典型的值来反映一组数据的一般水平，或者说反映这组数据向这个典型值集中的情况。常见的有平均数、众数。平均数是调查所得各数据之和除以调查数据的个数；众数是一组数据中出现次数最多的数值。

（3）离散程度分析。离散程度分析是用来反映数据离散程度的。常见的方式有极差、标准差、离散系数。

极差是一组数据中最大值与最小值之差；标准差是一组数据对其平均数的偏差平方的算术平均数的平方根；离散系数是一种相对的表示离散程度的统计量，是指标准差与平均数的比值，以百分比的形式表示。

（4）一元线性回归分析。一元线性回归分析是利用两个要素之间存在比较密切的相关关系，通过试验或抽样调查进行统计分析，构造两个要素间的数学模型，以其中一个因素为控制因素（自变量），以另一个预测因素为因变量，从而进行试验和预测。例如，城市人口发展规模和时间之间的一元线性回归分析。

（5）多元回归分析。多元回归分析是对多个要素之间构造数学模型。例如，可以在房屋的价格和土地的供给，建筑材料的价格与市场需求之间构造多元回归分析模型。

（6）线性规划模型。如果在规划问题的数学模型中，决策变量为可控的连续变量，目标函数和约束条件都是线性的，则这类模型称为线性规划模型。城市规划中有很多问题都是为在一定资源条件下进行统筹安排，使得在实现目标的过程中，在消耗资源最少的情况下获得最大的效益，即如何达到系统最优的目标。这类问题就可以利用线性规划模型求解。

（7）系统评价法。系统评价法包括矩阵综合评价法、概率评价法、投入产出法、德尔菲法等。在城市规划中，系统评价法常用于对不同方案的比较、评价、选择。

（8）模糊评价法。模糊评价法是应用模糊数学的理论，对复杂的对象进行定量化评价，如可以对城市用地进行综合模糊评价。

（9）层次分析法。层次分析法将复杂的问题分解成比原问题简单得多的若干层次系统，再进行分析、比较、量化排序，然后再逐级进行综合。它可以灵活地应用于各类复杂的问题。

3）空间模型分析

城市规划各个物质要素在空间上占据一定的位置，形成错综复杂的相互关系。除了用数学模型、文字说明来表达外，还常用空间模型的方法来表达，主要有实体模型和概念模型两类。

（1）实体模型。除了可以用实物表达外，也可以用图纸表达。例如，用投影法画的总平面图、剖面图、立面图，主要用于规划管理与实施；用透视法画的透视图、鸟瞰图，主要用于效果表达。

（2）概念模型。一般用图纸表达，主要用于分析和比较。常用的方法有：

几何图形法：用不同色彩的几何形在平面上强调空间要素的特点与联系。常用于功能结构分析、交通分析、环境绿化分析等。

等值线法：根据某因素空间连续变化的情况，按一定的值差，将同值的相邻点用线条联系起来。常用于单因素的空间变化分析，例如用于地形分析的等高线图、交通规划的可达性分析、环境评价的大气污染和噪声分析等。

方格网法：根据精度要求将研究区域划分为方格网，将每一方格网的被分析因素的值用规定的方法表示（如颜色、数字、线条等）。常用于环境、人口的空间分布等分析。此法可以多层叠加，用于综合评价。

图表法：在地形图（地图）上相应的位置用玫瑰图、直方图、折线图、饼图等表示各因素的值。常用于区域经济、社会等多种因素的比较分析。

2. 城市总体规划编制要求

1）规划编制规范化

鉴于总体规划的重要作用和法律地位，无论是制定的程序还是编制内容都必须严谨、规范，要保证与政策的高度一致性。编制总体规划可以理解为是制定法律文件，本身必须遵守国家的相关法律法规，符合标准规范，因此需要在总体上掌握我国的法律体系，应清楚地知道总体规划在我国法律体系中的地位。规范化也是确保规划质量的技术保障。

2）规划编制的针对性

城市的产生和发展有其规律性，但是对于不同地理环境，不同发展时机的城市，规划编制需要有针对性。在我国东南沿海地区，城市用地紧张，工业项目集中，对总体规划中人口和用地指标一般有严格要求；中部地区大多城市属于发展时期，对总体规划中的基础设施的规划深度要求较高；西北部贫困地区则更注重城市环境保护治理与城市景观规划的内容。编制总体规划要求规划师能够运用自己的专业知识和技能，寻找并发现影响物质空间形成的动因，进而提出有效的政策，制定出最小风险的规划方案。

3）科学性

编制规划是城市规划实践的重要内容之一，总体规划涉及城市发展的重大战略问题，必须科学、严谨地予以对待。编制总体规划不仅要对重大问题进行研究论证，各个技术环节都必须有并且能够提供科学依据。在规划编制中运用先进技术手段和不断更新的科研成果，有助于规划师在编制总体规划中科学地分析、判断问题，正确把握规划决策。

4）综合性

城市总体规划涉及城市政治、经济、文化和社会生活各个领域，与许多学科和专业相关，规划的综合性体现在要尽可能地使相关研究和有关部门关注共同参与到编制过程中，在研究确定和解决城市发展的重大问题上发挥更大作用。

5.4 城市总体规划基础研究

5.4.1 城市总体规划现状调查

城市总体规划是对城市未来发展作出的预测，是实践性很强的工作，对城市现实状况把握的准确与否是规划能否发现现实中的核心问题、提出切合实际的解决办法，从而真正起到指导城市发展与建设的关键作用的基础。城市总体规划必须建立在科学的调查研究和分析的基础土，弄清城市发展的自然、社会、历史、文化的背景以及经济发展的状况和生态条件，找出城市发展建设中要解决的重要矛盾和问题。调查研究也是对城市从感性认识上升到理性认识的必要过程，调查研究所获得的基础资料是城市总体规划定性、定量分析的主要依据。

1. 现状调查的内容

城市是一个动态的、发展着的复杂系统，时刻处在不断变化的过程之中。通过科学、系统的调查，把握城市发展的客观规律，是认识城市未来发展的基础。城市规划调查研究按照其对象和工作性质可以大致分为三类：对物质空间现状的掌握，对各种文字、数据的收集整理，对市民意愿的了解和掌握。

1）区域环境的调查

区域环境的调查范围在不同的城市规划阶段可以指不同的地域。在城市总体规划阶段，指城市与周边发生相互作用的其他城市和广大的农村腹地所共同组成的地域范围，城市总体规划需要将所规划的城市纳入更为广阔的范围，才能更加清楚地认识所规划的城市的作用、特点及未来发展的潜力。

2）历史文化环境的调查

历史文化环境的调查，首先要通过对城市形成和发展过程的调查，把握城市发展的动力以及城市形态的演变原因。城市的经济、社会和政治状况的发展演变是城市发展最重要的决定因素。

每个城市由其历史、文化、经济、政治、宗教等方面的原因，在其发展过程中都形成了各自的特点。城市的特色与风貌体现在两个方面：一是社会环境方面，是城市中的社会生活和精神生活的结晶，体现了当地经济发展水平和当地居民的习俗、文化素养、社会道德和生活情趣等；二是物质方面，表现在历史文化遗产、建筑形式与组合、建筑群体布局、城市轮廓线、城市设施、绿化景观以及市场、商品、艺术和土特产等方面。

除少数完全新建的城市外，城市总体规划研究的大多是现有城市的延续与发展。了解城市本身的发展过程，掌握其中的规律，一方面可以更好地规划城市的未来，另一方面还可以将城市发展的历史文脉有意识地延续下来并发扬光大。另外，通过对城市发展过程中历次城市规划资料的收集以及与城市现状的对比、分析，也可以在一定程度上判断以往城市规划对城市发展建设所起到（或没有起到）的作用，并从中获得有用的经验和教训。

3）自然环境的调查

自然环境是城市生存和发展的基础，不同的自然环境对城市的形成起着重要作用，而不同的自然条件又影响了城市的功能组织、发展潜力、外部景观等。如南方城市与北方城市、平原城市与山地城市、沿海城市与内地城市之间的明显差别，往往是源自自然条件的差异。环境的变化也会导致城市发展的变化，如自然资源的开采与枯竭会导致城市的兴衰等。

在自然环境的调查中，主要涉及以下几个方面：

（1）自然地理环境，包括地理位置、地形地貌、工程地质、水文地质和水文条件等。

（2）气象因素，包括风向、气温、降雨、太阳辐射等。

（3）生态因素，主要涉及城市及周边地区的野生动植物种类与分布，生物资源、自然植被、园林绿地、城市废弃物的处置对生态环境的影响等。

4）社会环境的调查

社会环境的调查主要包括两个方面：首先是人口方面，主要涉及人口的年龄结构、自然变动、迁移变动和社会变动；其次是社会组织和社会结构方面，主要涉及构成城市社会各类群体及它们之间的相互关系，包括家庭规模、家庭生活方式、家庭行为模式及社区组织等，此外还有政府部门、其他公共部门及各类企事业单位的基本情况。

5）经济环境的调查

城市经济环境的调查包括以下几个方面：首先是城市整体的经济状况，如城市经济总量及其增长变化情况，城市产业结构，工农业总产值及各自的比重，当地资源状况、经济发展的优势和制约因素等；其次是城市中各产业部门的状况，如工业、农业、商业、交通运输业、房地产业等；再次是有关城市土地经济方面的内容，包括土地价格、土地供应潜力与供应方式、土地的一级市场与二级市场及其运作的概况等；最后是城市建设资金的筹措、安排与分配，其中既涉及城市政府公共项目资金的运作，也涉及私人资本的运作，以及政府吸引国内外资金从事城市建设的政策与措施。调查历年城市公共设施、市政设施的资金来源、投资总量以及资金安排的程序与分布等。

6）广域规划及上位规划

任何一个城市都不是孤立存在的，它是存在于区域之中的众多聚居点中的一个。因此，对城市的认识与把握，不但要从城市自身进行，还应从更为广泛的区域角度看待一个城市。通常，城市规划将国土规划、区域规划以及城镇体系规划等具有更广泛空间范围的规划作为研究确定城市性质、规模等要素的依据之一，有意识地按照广域规划和上位规划中对该城市的预测、规划和确定的地位，实现其在城市群中的职能分工。

7）城市土地使用的调查

按照国家《城市用地分类与规划建设用地标准》所确定的城市土地使用分类，对规划区范围的所有用地进行现场踏勘调查，对各类土地使用的范围、界限、用地性质等在地形图上进行标注，完成土地使用的现状图和用地汇总表。

8）城市道路与交通设施调查

城市交通设施可大致分为道路、广场、停车场等城市交通设施，以及公路、铁路、机场、车站、码头等对外交通设施。掌握各项城市交通设施的现状，分析发现其中存在的问题，是规划能否形成完善合理的城市结构、提高城市运转效率的关键。

9）城市园林绿化、开敞空间及非城市建设用地调查

了解城市现状各类公园、绿地、风景区、水面等开敞空间以及城市外围的大片农林牧业用地和生态保护绿地。

10）城市住房及居住环境调查

了解城市现状居住水平，中低收入家庭住房状况，居民住房意愿，居住环境，当地住房政策。

11）市政公用工程系统调查

了解城市现有给水、排水、供热、供电、燃气、环卫、通信设施和管网的基本情况，以及水源、能源供应状况和发展前景。

12）城市环境状况调查

与城市规划相关的城市环境资料主要来自于两个方面：一方面是有关城市环境质量的监测数据，包括大气、水质、噪声等，主要反映现状中的城市环境质量水平；另一方面是工矿企业等主要污染源的污染物排放监测数据。

2. 现状调查的主要方法

城市总体规划中的调查涉及面广，可运用的方法也多种多样，各类调查方法的选取与所调查的对象及规划分析研究的要求直接相关，各种调查的方法也都具有其各自的局限性。

1）现场踏勘或观察调查

这是城市总体规划调查中最基本的手段，通过规划人员直接地踏勘和观测工作，一方面可以获取有关的现状情况，尤其是物质空间方面的第一手资料，弥补文献、统计资料，以及各种图形资料的不足；另一方面可以使规划人员在建立起有关城市感性认识的同时，发现现状的特点和其中所存在的问题。现场踏勘主要用于城市土地使用、城市空间结构等方面的调查，也用于交通量调查等。

2）抽样调查或问卷调查

问卷调查是要掌握一定范围内大众意愿时最常见的调查形式。通过问卷调查的形式，可以大致掌握被调查群体的意愿、观点、喜好等。问卷调查的具体形式可以是多种多样的，例如可以向调查对象发放问卷，事后通过邮寄、定点投放、委托居民组织等形式回收，或者通过调查员实时询问、填写、回收（街头、办公室访问等）；也可以通过电话、电子邮件等形式进行调查。调查对象可以是某个范围内的全体人员，例如旧城改造地区中的全体居民，称为全员调查，也可以是部分人员，例如城市总人口的1％，称为抽样调查。问卷调查的最大优点就是能够较为全面客观、准确地反映群体的

观点、意愿、意见等。问卷调查中的问卷设计、样本数量确定、抽样方法选择等，需要一定的专业知识和技巧。

在城市总体规划工作中，由于时间、人力和物力的限制，通常更多地采用抽样调查而不是全员调查的形式。按照统计学的概念，抽样调查是通过按照随机原则，在一定范围内按一定比例选取调查对象（样本），汇总调查样本的意识倾向来推断一定范围内全体人员（母集）的意识倾向的方法，即通过对样本状况的统计反映母集的状况。

3）访谈和座谈会调查

性质上与抽样调查类似，但访谈与座谈会是调查者与被调查者面对面的交流，在总体规划中，这类调查主要运用在下列几种状况：一是针对无文字记载的民俗民风、历史文化等方面；二是针对尚未形成文字或对一些愿望与设想的调查，如城市中各部门、政府的领导以及广大市民对未来发展的设想与愿望等；三是针对某些关于城市规划重要决策问题收集专业人士的意见。

4）文献资料运用

城市总体规划的相关文献和统计资料，通常以公开出版的城市统计年鉴、城市年鉴、各类专业年鉴、不同时期的地方志等形式存在，这些文献及统计资料具有信息量大、覆盖范围广、时间跨度大，在一定程度上具有连续性，可推导出发展趋势等特点。在获取相关文献、统计资料后，一般按照一定的分类对其进行挑选、汇总、整理和加工。例如，对于城市人口发展趋势就可以利用历年统计年鉴中的数据，编制人口发展趋势一览表以及相应的发展趋势图，从中发现某些规律性的趋势。

5.4.2 城市自然资源条件分析

自然资源是指作为生产原料和布局场所的天然存在的自然物，是自然界中一切能为人类利用的自然要素，包括矿产资源、土地资源、森林资源、水资源、海洋资源等。其中，土地资源、水资源和矿产资源影响到城市的产生和发展的全过程，决定城市的选址、城市性质和规模、城市空间结构及城市特色，是城市赖以生存和发展的三大资源。

1. 土地资源

1）土地在城乡建设发展中的作用

土地在城乡经济、社会发展与人民生活中的作用主要表现为土地的承载功能、生产功能和生态功能，这三大功能缺一不可。

（1）承载功能。土地由于其物理特性，具有承载万物的功能。土地作为生物与非生物的载体，各种人工建（构）筑物的地基，是人类生产、生活赖以存在的物质基础。工程建设用地正是利用土地的这种承载功能，以土地的非生物附着方式为主要利用形态，把土地作为生产基地、生活场所，为人们提供居住、工作、学习、交通、旅游、公共设施等便利条件。

（2）生产功能。土地具有肥力，是万物生长的重要来源。它具备适宜生命存在的各种营养物质，和氧气、温度、湿度等结合在一起，从而使各种生物得以生存、繁殖。例如，耕地和养殖用地，它们都是因为具有较强的生产功能，能为农作物和水生动、植物提供生长所需的养分，所以成为人类食物和衣着原料的主要来源。

（3）生态功能。除了具有承载功能和生产功能外，土地还具有生态功能。一方面表现在它具有景观功能。巍峨的群山、浩瀚的江河、无垠的沃野、丰富的景观资源为人们陶冶性情、愉悦身心创造了难以量化的价值，同时也给旅游产业的开发创造了条件；另一方面还表现在土地具有维护生态平衡的作用，如林地、草场等不仅能补给大气中的氧气、涵养水源、保持水土、调节气候、防风固沙、净化空气，还能为众多的野生动物提供栖息和繁衍的场地，优化自然生态环境。

2）城市用地的特殊性

（1）区位的极端重要性。城市用地的空间位置不同，不仅造成用地间的级差收益不同，也使土地使用的环境效益和社会效益发生联动变化。随着城市土地有偿使用制度的逐步建立和完善，用地的区位属性直接影响城市用地的空间布局。

（2）开发经营的集约性。城市土地使用高度的集约经营和投入，使单位面积城市用地创造的物质和精神财富以及经济收益远远大于自然状态的土地。同时，由于土地开发经营集约度的不同，城市土地的利用方式和强度也不相同，造成用地的投入产出效益相差很大。

（3）土地使用功能的固定性。由于城市用地上建筑物投资的巨大，非特殊原因，这些土地的使用方式一般不会轻易改变。因此，城市总体规划在改变和确定土地用途时，必须科学研究、谨慎决策。

（4）不同用地功能的整体性。城市用地在功能上是一个统一的有机整体，城市总体规划的主要任务和作用就是研究城市用地功能布局的合理性和完整性，以促使城市协调、稳定、健康发展。

2. 水资源

1）水资源是城市产生和发展的基础

水是城市生命的源泉，社会、经济发展的基础，良好生态环境的保障。水的开发调蓄利用能力和开源节流的水平、潜力，是国家综合国力的重要组成部分。《中国21世纪议程》明确指出，"中国可持续发展建立在资源的可持续利用和良好的生态环境基础上"，而"水资源的持续利用是所有自然资源保护和可持续利用中最重要的一个问题"。由于我国城市的特殊地位和作用，其水资源开发利用几乎包括了人类水资源开发利用的全部内容，既有城市工业用水、居民消费用水，还有无土栽培的农业用水和绿地用水。可以说，城市水资源的水质保证和永续利用是其本身可持续发展的根本性问题。

2）水资源制约工业项目的发展

水是重要的生产资料。城市工业生产的发展潜力不仅取决于投资和研发能力，同时还受制于工业供水能力。在工业生产中，水的利用方式有：①用作原料（饮料、食品等）；②电镀工厂等用作化学反应媒介物；③用作搬运原料媒介物；④用作冷却水；⑤洗涤用水等。

3）丰富的水资源是城市的特色和标志

水是一种特殊的生态景观资源。优美的自然山水风光对城市布局、城市面貌、城市生态环境、城市人文历史特色的影响源远流长；杭州因西湖而闻名，桂林因漓江而甲天下，威尼斯更因水而成为享誉世界的旅游胜地。

4）正确评价水资源供应量是城市规划必须做的基础工作

城市总体规划要对城市水资源的可靠性进行详细勘察，分析和综合评价不仅是保障城市生产和人民生活的基础性工作，还是合理利用水资源、最大限度地避免水源工程选址不当的重要工程技术环节。

3. 矿产资源

1）矿产资源的开采和加工可促成新城市的产生

当某地区经勘探发现矿产资源，又经国家允许开采，于是采矿业便在此兴起。生产区、生活区、基础设施等逐渐从无到有，一个城市的雏形便产生了。随着采矿业规模的扩大，相关产业应运而生，从而形成一个完整的城市经济体系，城市由最初的雏形渐渐走向成熟，产生新的城市，如大庆、攀枝花等城市就是因矿产资源的开发而产生的。

2）矿产资源决定城市的性质和发展方向

矿业城市中矿产开发和加工业成为城市经济主导产业，整个产业结构是以此为核心构筑的，对城市的性质和发展方向起决定性作用。

我国在采掘矿产资源的基础上形成的矿业城市有：大同、鹤岗、鸡西、淮北、阜新等煤炭工业城市；大庆、任丘、濮阳、克拉玛依、玉门等石油工业城市；鞍山、本溪、包头、攀枝花、马鞍山等钢铁工业城市；个旧、金昌、白银、东川、铜陵等有色金属工业城市；景德镇陶瓷工业城市。

3）矿产资源的开采决定城市的地域结构和空间形态

与一般城市不同，矿业城市的地域结构和空间形态是由相应资源的开采决定的。城市是由多个相对独立的生产生活单元组成的，在空间上并不紧邻，较为松散。因此，城市总体规划布局呈分散式、开敞式、自由式。各分区之间联系薄弱，城市氛围不够，是这类城市特别是处于生长期城市的共同特征。

4）矿业城市必须制定可持续的发展战略

在失去固有资源优势后，如何使城市仍能保持旺盛的经济活力和持久的发展势头，是矿业城市规划需要研究的一个重要课题。因此，这类城市应制定一个长期发展规划，改变单一产业结构，发展相关产业，完善产业体系，特别是要注重发展教育、文化、基础设施产业，使城市由单一的矿业城市逐步过渡到综合性工业城市，进而发展成为区域中心城市。

5.4.3 城市总体规划的实施评估

1. 城乡规划实施评估的目的

城乡规划是政府指导和调控城乡建设发展的基本手段之一，也是政府在一定时期内履行经济调节、市场监管、社会管理和公共服务职能的重要依据。城乡规划一经批准，即具有法律效力，必须严格遵守和执行。一方面，在城乡规划实施期间需要结合当地经济社会发展的情况，定期对规划目标实现的情况进行跟踪评估，及时监督规划的执行情况，及时调整规划实施的保障措施，提高规划实施的严肃性。另一方面，对城乡规划进行全面科学的评估，也有利于及时研究规划实施中出现的新问题，及时总结和发现城乡规划的优点和不足，为继续贯彻实施规划或者对其进行修改提供可靠的依据，提高规划实施的科学性，从而避免一些地方政府及其领导违反法定程序，随意干预和变更规划。因此，《城乡规划法》第四十六条规定，省域城镇体系规划、城市总体规划、镇总体规划的组织编制机关，应当组织有关部门和专家定期对规划实施情况进行评估。

对城乡规划实施进行定期评估是修改城乡规划的前置条件。通过规划评估可以总结城乡规划实施的经验，发现问题，为修改城乡规划奠定良好的基础。根据《城乡规划法》第四十七条的规定，如果省域城镇体系规划、城市总体规划、镇总体规划经评估确需修改的，其组织编制机关方可按照规定的权限和程序修改上述规划。

2. 城市总体规划实施评估的要求

城市总体规划的实施是城市政府依据制定的规划，运用多种手段合理配置城市空间资源，保障城市建设发展有序进行的一个动态过程。由于城市总体规划的规划期时间跨度较长，规划期限一般为 20 年，所以定期对经依法批准的城市总体规划实施情况进行总结和评估是十分必要的。通过评估，不但可以监督检查总体规划的执行情况，而且也可以及时发现规划实施过程中存在的问题，提出新的规划实施应对措施，提高规划实施的绩效，并为规划的动态调整和修编提供依据。

评估中要系统性回顾上版城市总体规划的编制背景和技术内容，研究城市发展的阶段特征，把握好城市发展的自身规律，全面总结现行城市总体规划各项内容的执行情况，包括城市的发展方向和空间布局、人口与建设用地规模、综合交通、绿地、生态环境保护、自然与历史文化遗产保护、重要基础设施和公共服务设施等规划目标的落实情况以及强制性内容的执行情况。结合城市经济社会发展的实际，通过对照、检查和分析，总结成功经验，查找规划实施过程中存在的主要问题，深入分析问题的成因，研究提出改进规划制定和实施管理的具体对策措施建议，以指导和改进城市总体规划的实施工作，同时对城市总体规划修编的必要性进行分析。

5.4.4 城市空间发展方向

城市总体规划必须对城市空间的发展方向作出分析和判断，应对城市用地的扩展或改造，适应城市人口的变化。由于当前我国正处于城市高速发展的阶段，城市化的特征主要体现在人口向城市地区的积聚，即城市人口的快速增长和城市用地规模的外延型扩张。因此，在城市的发展中，非城市建设用地向城市用地的转变仍是城市空间变化与拓展的主要形式。而当未来城市化速度放慢时，则有可能出现以城市更新、改造为主的城市空间变化与拓展模式。

虽然城市用地的发展体现为城市空间的拓展，但与城市及其所在区域中的政治、经济、社会、文化、环境因素密切相关。因此，城市用地的发展方向也是城市发展战略中重点研究的问题之一，城市总体规划中对此应进行专门的分析、研究和论证。由于城市用地发展的事实上的不可逆性，对城市发展方向作出重大调整时一定要经过充分的论证。对城市发展方向的分析研究往往伴随着对城市结构的研究，但各自又有所侧重。如果说对城市结构的研究着眼于城市空间整体的合理性的话，那么对城市发展方向的分析研究则更注重于城市空间发展的可能性及合理性。影响城市发展方向的因素较多，可大致归纳为以下几种：

（1）自然条件：地形地貌、河流水系、地质条件等土地的自然因素通常是制约城市用地发展的重要因素之一；同时出于维护生态平衡、保护自然环境目的的各种对开发建设活动的限制，也是城市用地发展的制约条件之一。

（2）人工环境：高速公路、铁路、高压输电线等区域基础设施的建设状况，以及区域产业布局和区域中各城市间的相对位置关系等因素，均有可能成为制约或诱导城市向某一特定方向发展的重要因素。

（3）城市建设现状与城市形态结构：除个别完全新建的城市外，大部分城市均依托已有的城市发展。因此，城市现状的建设水平不可避免地影响到与新区的关系，进而影响到城市整体的形态结构。城市新区是依托旧城在各个方向上均等发展，还是摆脱旧城区在某特定方向上另行建立完整新区，决定了城市用地的发展方向。

（4）规划及政策性因素：城市用地的发展方向也不可避免地受到政策性因素以及其他各种规划的影响。例如，土地部门主导的土地利用总体规划中必定体现农田保护政策，从而制约城市因用地的扩展过多而占用耕地；而文物部门所制定的有关文物保护的规划或政策则限制城市用地向地下文化遗址或地上文物古迹集中地区的扩展。

（5）其他因素：除以上因素外，土地产权问题、农民土地征用补偿问题、城市建设中的城中村问题等社会问题，也是需要关注和考虑的因素。

5.4.5 城市发展目标和城市性质

1. 城市发展目标

城市发展目标是一定时期内城市经济、社会、环境的发展所应达到的目的和指标，通常可分为以下四个方面的内容：

（1）经济发展目标：包括国内生产总值（GDP）等经济总量指标、人均国民收入等经济效益指标，以及第一、二、三产业之间的比例等经济结构指标。

（2）社会发展目标：包括总人口规模等人口总量指标、年龄结构等人口构成指标、平均寿命等反映居民生活水平的指标，以及居民受教育程度等人口素质指标等。

（3）城市建设目标：建设规模、用地结构、人居环境质量、基础设施和社会公共设施配套水平等方面的指标。

（4）环境保护目标：城市形象与生态环境水平等方面的指标。

这些指标的分析、预测与选定，通常采用定性分析与定量预测相结合的方法，即在把握现状水平的基础上，按照一定的规律进行预测，并通过定性分析、类比等方法的校验，最终确定具体的取值。

2. 城市职能

城市职能是指城市在一定地域内的经济社会发展中所发挥的作用和承担的分工。

城市职能的着眼点是城市的基本活动部分。

按照城市职能在城市生活中的作用，可划分为基本职能和非基本职能。基本职能是指城市为城市以外地区服务的职能；非基本职能是城市为城市自身居民服务的职能。其中，基本职能是城市发展主动、主导的促进因素。

城市的主要职能是城市基本职能中比较突出的、对城市发展起决定作用的职能。

3. 城市性质

城市性质是指城市在一定地区、国家以致更大范围内的政治、经济与社会发展中所处的地位和担负的主要职能，由城市形成与发展的主导因素的特点所决定，由该因素组成的基本部门的主要职能所体现。城市性质关注的是城市最主要的职能，是对主要职能的高度概括。

城市性质是城市发展方向和布局的重要依据。在市场经济条件下，城市发展的不确定因素增多，城市性质的确定除了对城市发展的条件、区域的分工、有利的因素进行充分分析、确定城市承担的主要职能外，还应充分认识城市发展的不利因素，说明不宜发展的产业和职能，如水资源条件差的城市，对发展耗水大的产业，将构成制约因素。

城市性质应该体现城市的个性，反映其所在区域的经济、政治、社会、地理、自然等因素的特点。城市性质不是一成不变的，一个城市由于建设的发展或因客观条件变化，都会促使城市性质有所变化。但城市性质取决于它的历史、自然、区域这些较稳定的因素。因此，城市性质在相当一段时期内具有稳定性。

1）确定城市性质的意义

不同的城市性质决定着城市发展不同的特点，对城市规模、城市空间结构和形态以及各种市政公用设施的水平起着重要的指导作用。在编制城市总体规划时，确定城市性质是明确城市产业发展重点、确定城市空间形态和一系列技术经济措施，以及与其相适应的技术经济指标的前提和基础。明确城市的性质，便于在城市总体规划中把规划的一般原则与城市的特点结合起来，使规划更加切合实际。

2）确定城市性质的依据

城市性质的确定，可从两个方面去认识，一是从城市在国民经济中所承担的职能去认识，就是指一个城市在国家或地区的经济、政治、社会、文化生活中的地位和作用。城镇体系规划规定了区域内城镇的合理分布、城镇的职能分工和相应的规模。因此，城镇体系规划是确定城市性质的主要依据。城市的国民经济和社会发展规划，对城市性质的确定，也有重要的作用。二是从城市形成与发展的基本因素中去研究、认识城市形成与发展的主导因素。

3）确定城市性质的方法

确定城市性质不能就城市论城市，不能仅仅考虑城市本身发展条件和需要，必须从城市在区域社会经济中的地位和作用入手进行分析，然后对分析结论加以综合，科学地确定城市性质。也就是说，应把城市放在一个大区域背景中进行分析，才能正确确定其性质。

确定城市性质，就是综合分析影响城市发展的主导因素及其特点，明确它的主要职能，指出它的发展方向。在确定城市性质时必须避免两种倾向：一是将城市的"共性"作为城市的性质；二是不区分城市基本因素的主次——罗列，结果失去指导规划与建设的意义。

确定城市性质一般采用定性分析与定量分析相结合，以定性分析为主的方法。定性分析就是在进行深入调查研究之后，全面分析城市在经济、政治、社会、文化等方面的作用和地位。定量分析是在定性基础上，对城市职能特别是经济职能采用一定的技术指标，从数量上去确定起主导作用的行业（或部门）。一般从三方面入手：①起主导作用的行业（或部门）在全国或地区的地位和作用。②分析主要部门经济结构的主次，采用同一经济技术标准（如职工人数、产值、产量等），从数量上分析其所占比重。③分析用地结构的主次，以用地所占比重的大小表示。

5.4.6　城市规模

城市规模是以城市人口和城市用地总量所表示的城市的大小，城市规模对城市用地及布局形态有重要影响。合理确定城市规模是科学编制城市总体规划的前提和基础，是市场经济条件下政府转变职能、合理配置资源、提供公共服务、协调各种利益关系，制定公共政策的重要依据，是城市规划与经济社会发展目标相协调的重要组成部分。

1. 城市人口规模

城市人口规模就是城市人口总数。编制城市总体规划时，通常将城市建成区范围内的实际居住人口视作城市人口，即在建设用地范围中居住的户籍非农业人口、户籍农业人口以及暂住期在半年以上的暂住人口的总和。

《城市用地分类与规划建设用地标准》GB 50137—2011 明确了人口规模分为现状人口规模与规划人口规模，人口规模应按常住人口进行统计。常住人口指户籍人口数量与半年以上的暂住人口数量之和。

城市人口的统计范围应与地域范围一致，即现状城市人口与现状建成区、规划城市人口与规划建成区要相互对应。城市建成区指城市行政区内实际已成片开发建设、市政公用设施和公共设施基本具备的地区，包括城区集中连片的部分以及分散在城市近郊与核心有着密切联系、具有基本市政设施的城市建设用地（如机场、铁路编组站、污水处理厂等）。

国务院于 2014 年 10 月 29 日以国发〔2014〕51 号印发了《国务院关于调整城市规模划分标准的通知》，明确了新的城市规模划分标准以城区常住人口为统计口径，城区是指在市辖区和不设区的市，区、市政府驻地的实际建设连接到的居民委员会所辖区域和其他区域。常住人口包括：居住在本乡镇街道，且户口在本乡镇街道或户口待定的人；居住在本乡镇街道，且离开户口登记地所在的乡镇街道半年以上的人；户口在本乡镇街道，且外出不满半年或在境外工作学习的人。

1）城市人口的构成

城市人口的状态是在不断变化的，可以通过对一定时期内城市人口的年龄、寿命、性别、家庭、婚姻、劳动、职业、文化程度、健康状况等方面的构成情况加以分析，反映其特征。在城市总体规划中，需要研究的主要有年龄、性别、家庭、劳动、职业等构成情况。

年龄构成指城市人口各年龄组的人数占总人数的比例。一般将年龄分成六组：托儿组（0—3岁）、幼儿组（4—6岁）、小学组（7—11岁或7—12岁）、中学组（12—16岁或13—18岁）、成年组（男：17或19—60岁，女：17或19—55岁）和老年组（男：61岁以上；女：56岁以上）。为了便于研究，常根据年龄统计作出百岁图和年龄构成图。

了解城市人口年龄构成的意义：比较成年组人口与就业人数（职工人数）可以看出就业情况和劳动力潜力；掌握劳动后备军的数量和被抚养人口比例；对于估算人口发展规模有重要作用；掌握学龄前儿童和学龄儿童的数字和趋向是制定托、幼及中小学等规划指标的依据；判断城市的人口自然增长变化趋势；分析育龄妇女人口的年龄及数量是推算人口自然增长的重要依据。

性别构成反映男女之间的数量和比例关系，它直接影响城市人口的结婚率、育龄妇女生育率和就业结构。在城市总体规划工作中必须考虑男女性别比例的基本平衡。

家庭构成反映城市的家庭人口数量、性别和辈分组合等情况，它对于城市住宅类型的选择，城市生活和文化设施的配置，城市生活居住区的组织等有密切关系。我国城市家庭存在由传统的复合大家庭向简单的小家庭发展的趋向。

劳动构成按居民参加工作与否，计算劳动人口与非劳动人口（被抚养人口）占总人口的比例；劳动人口又按工作性质和服务对象分成基本人口和服务人口。基本人口指在工业、交通运输以及其他不属于地方性的行政、财经、文教等单位中工作的人员。它不是由城市的规模决定的，相反它却对城市的规模起决定性的作用。服务人口指为当地服务的企业、行政机关、文化、商业服务机构中工作的人员。它的多少是随城市规模而变动的。被抚养人口指未成年的、没有劳动力的以及没有参加劳动的人员。

研究劳动人口在城市总人口中的比例，调查和分析现状劳动构成，是估算城市人口发展规模的重要依据之一。

职业构成指城市人口中社会劳动者按其从事劳动的行业（即职业类型）划分各占总人数的比例。

产业结构与职业构成的分析可以反映城市的性质、经济结构、现代化水平、城市设施社会化程度、社会结构的合理协调程度，是制定城市发展政策与调整规划定额指标的重要依据。在城市总体规划中，应提出合理的职业构成与产业结构建议，协调城市各项事业的发展，达到生产与生活设施配套建设，提高城市的综合效益。

2）城市人口的变化

一个城市的人口始终处于变化之中，它主要受到自然增长与机械增长的影响，两者之和便是城市人口的增长值。

自然增长是指出生人数与死亡人数的净差值。通常以一年内城市人口的自然增加数与该城市总人口数（或期中人数）之比的千分率来表示，其增长速度称为自然增长率。

$$自然增长率 = \frac{本年出生人口数 - 本年死亡人口数}{年平均人数} \times 1000‰$$

出生率的高低与城市人口的年龄构成、育龄妇女的生育率、初育年龄、人民生活水平、文化水平、传统观念和习俗、医疗卫生条件以及国家计划生育政策有密切关系，死亡率则受年龄构成、卫生保健条件、人民生活水平等因素影响。目前，我国城市人口自然增长情况已由高出生、低死亡、高增长的趋势转变为低出生、低死亡、低增长。

机械增长是指由于人口迁移所形成的变化量，即一定时期内，迁入城市的人口与迁出城市的人口的净差值。机械增长的速度用机械增长率来表示：即一年内城市的机械增长的人口数对年平均人数（或期中人数）之千分率。

$$机械增长率 = \frac{本年迁入人口数 - 本年迁出人口数}{年平均人数} \times 1000‰$$

人口平均增长速度（或人口平均增长率）指一定年限内，平均每年人口增长的速度，可用下式计算：

$$人口平均增长率 = \sqrt[年限]{\frac{期末人口数}{期初人口数}} - 1$$

根据城市历年统计资料，可计算历年人口平均增长数和平均增长率，以及自然增长和机械增长的平均增长数和平均增长率，并绘制人口历年变动累计曲线。这对于估算城市人口发展规模有一定的参考价值。

3）城市人口规模预测

城市人口规模预测是按照一定的规律对城市未来一段时间内人口发展动态所作出的判断。其基本思路是：在正常的城市化过程中，城市社会经济的发展，尤其是产业的发展对劳动力产生需求（或者认为是可以提供就业岗位），从而导致城市人口的增长。因此，整个社会的城市化进程、城市社会经济的发展以及由此而产生的城市就业岗位，是造成城市人口增减的根本原因。

预测城市人口规模，既要从社会发展的一般规律出发，考虑经济发展的需求，也要考虑城市的环境容量等。

城市总体规划采用的城市人口规模预测方法主要有以下几种：

（1）综合平衡法：根据城市的人口自然增长和机械增长来推算城市人口的发展规模，适用于基本人口（或生产性劳动人口）的规模难以确定的城市，需要有历年来城市人口自然增长和机械增长方面的调查资料。

（2）时间序列法：从人口增长与时间变化的关系中找出两者之间的规律，建立数学公式来进行预测。这种方法要求城市人口要有较长的时间序列统计数据，而且人口数据没有大的起伏。此方法适用于相对封闭、历史长、影响发展因素缓和的城市。

（3）相关分析法（间接推算法）：找出与人口关系密切、有较长时序的统计数据且易于把握的影响因素（如就业、产值等）进行预测。此方法适用于影响因素的个数及作用大小较为确定的城市，如工矿城市、海港城市。

（4）区位法：根据城市在区域中的地位、作用来对城市人口规模进行分析预测，如确定城市规模分布模式的"等级—大小"模式、"断裂点"分布模式。该方法适用于城镇体系发育比较完善、等级系列比较完整、接近克里斯泰勒中心地理论模式地区的城市。

（5）职工带眷系数法：根据职工人数与部分职工带眷情况来计算城市人口发展规模。此方法适用于新建的工矿小城镇。

由于事物未来发展不可预知的特性，城市总体规划中对城市未来人口规模的预测是一种建立在经验数据之上的估计，其准确程度受多方因素的影响，并且随预测年限的增加而降低。因此，实践中多采用以一种预测方法为主，同时辅以多种方法校核的办法来最终确定人口规模。某些人口规模预测方法不宜单独作为预测城市人口规模的方法，但可以作为校核方法使用，例如以下几种方法：

① 环境容量法（门槛约束法）：根据环境条件来确定城市允许发展的最大规模。有些城市受自然条件的限制比较大，如水资源短缺、地形条件恶劣、开发城市用地困难、断裂带穿越城市、地震威胁大、有严重的地方病等。这些问题都不是目前的技术条件所能解决的，或是要投入大量的人力和物力，由城市人口的增长而增加的经济效益低于扩充环境容量所需的成本，经济上不可行。

② 比例分配法：当特定地区的城市化按照一定的速度发展，该地区城市人口总规模基本确定的前提下，按照某一城市的城市人口占该地区城市人口总规模的比例确定城市人口规模的方法。在我国现行规划体系中，各级行政范围内城镇体系规划所确定的各个城市的城市人口规模，可以看作是按照这一方法预测的。

③ 类比法：通过与发展条件、阶段、现状规模和城市性质相似的城市进行对比分析，根据类比对象城市的人口发展速度、特征和规模来推测城市人口规模。

2. 城市用地规模预测

1）城市用地分类与规划建设用地标准

《城市用地分类与规划建设用地标准》GB 50137—2011 是在《城市用地分类与规划建设用地标准》GBJ 137—1990 的基础上修订而成，2011 版新标准设立"城乡用地"分类。

"城乡用地"（Town and Country Land）指市域范围内所有土地，包括建设用地与非建设用地。建设用地包括城乡居民点建设用地、区域交通设施用地、区域公用设施用地、特殊用地、采矿用地以及其他建设用地等；非建设用地包括水域、农林用地以及其他非建设用地等。

城市建设用地（Urban Development Land）指城市内的居住用地、公共管理与公共服务用地、商业服务业设施用地、工业用地、物流仓储用地、道路与交通设施用地、公用设施用地、绿地与广场用地。

1990 年颁布的原标准作为城市规划编制与管理工作的一项重要技术规范施行了 21年。它在统一全国的城市用地分类和计算口径、合理引导不同城市建设布局等方面发挥了积极作用。随着我国城乡发展宏观背景的变化，2008 年 1 月《中华人民共和国城乡规划法》的颁布实施，以及国家对新时期城市发展应"节约集约用地，从严控制城市用地规模"的要求，因此对原标准作出修订。

由于县人民政府所在地镇的管理体制不同于一般镇，城镇建设目标与标准也与一般镇有所区别，其规划与建设应按城市标准执行；其他有条件的镇指人口规模、经济发展水平已达到设市城市标准，但管理体制仍保留镇的行政建制。因此，建议这两类镇的用地分类与规划建设用地标准参照新标准执行。

城市建设用地在现状调查时按现状建成区范围统计，在编制规划时按规划建设用地范围统计。多组团分片布局的城市可分片计算用地，再行汇总。

2）人均城市建设用地指标选取

通过各项因素对人均城市建设用地指标的影响进行分析，发现人口规模、气候区划两个因素对于人均城市建设用地的影响最为显著，因此新标准选择人口规模、气候区划两个因素进一步细分城市类别并分别进行控制。

新标准气候区划参考《城市居住区规划设计规范（2002年版）》GB 50180—1993相关规定，结合全国现有城市特点，分为Ⅰ、Ⅱ、Ⅵ、Ⅶ以及Ⅲ、Ⅳ、Ⅴ两类。

新标准的人均城市建设用地指标采用"双因子"控制，"双因子"是指"允许采用的规划人均城市建设用地指标"和"允许调整幅度"，确定人均城市建设用地指标时应同时符合这两个控制因素。其中，前者规定了在不同气候区划中不同现状人均城市建设用地指标城市可采用的取值上下限区间，后者规定了不同规模城市的规划人均城市建设用地指标比现状人均城市建设用地指标增加或减少的可取数值。

基于现状用地统计资料的分析，依据节约集约用地的原则，新标准将位于Ⅰ、Ⅱ、Ⅵ、Ⅶ气候区的城市规划人均城市建设用地指标的上下限幅度定为65.0～115.0平方米/人，将位于Ⅲ、Ⅳ、Ⅴ气候区的城市规划人均城市建设用地指标的上下限幅度定为65.0～110.0平方米/人。

新标准确定"允许调整幅度"总体控制在－25.0～＋20.0平方米/人范围内，未来人均城市建设用地除少数新建城市外，大多数城市只能有限度地增减。在具体确定调整幅度时，应本着节约集约用地和保障、改善民生的原则，根据各城市具体条件优化调整用地结构，在规定幅度内综合各因素合理增减，而非盲目选取极限幅度。

（1）新建城市是指新开发城市，应保证按合理的用地标准进行建设。新建城市的规划人均城市建设用地指标应在95.1～105.0平方米/人范围内确定，如果该城市不能满足以上指标要求时，也可以在85.1～95.0平方米/人范围确定。

（2）由于首都的行政管理、对外交往、科研文化等功能较突出，用地较多。因此，人均城市建设用地指标应适当放宽。首都的规划人均城市建设用地指标应在105.1～115.0平方米/人范围内确定。

（3）除首都以外的现有城市的规划人均城市建设用地指标，应根据现状人均城市建设用地规模、城市所在的气候分区以及规划人口规模，按表5-1的规定综合确定。所采用的规划人均城市建设用地指标应同时符合表中规划人均城市建设用地规模取值区间和允许调整幅度双因子的限制要求。

表 5-1　除首都以外的现有城市规划人均城市建设用地指标（平方米/人）

气候区	现状人均城市建设用地规模	规划人均城市建设用地规模取值区间	允许调整幅度		
			规划人口规模≤20.0万人	规划人口规模20.1万～50.0万人	规划人口规模＞50.0万人
Ⅰ、Ⅱ、Ⅵ、Ⅶ	≤65.0	65.0～85.0	＞0.0	＞0.0	＞0.0
	65.1～75.0	65.0～95.0	＋0.1～＋20.0	＋0.1～＋20.0	＋0.1～＋20.0
	75.1～85.0	75.0～105.0	＋0.1～＋20.0	＋0.1～＋20.0	＋0.1～＋15.0
	85.1～95.0	80.0～110.0	＋0.1～＋20.0	－5.0～＋20.0	－5.0～＋15.0
	95.1～105.0	90.0～110.0	－5.0～＋15.0	－10.0～＋15.0	－10.0～＋10.0
	105.1～115.0	95.0～115.0	－10.0～－0.1	－15.0～－0.1	－20.0～－0.1
	＞115.0	≤115.0	＜0.0	＜0.0	＜0.0

续表

气候区	现状人均城市建设用地规模	规划人均城市建设用地规模取值区间	允许调整幅度		
			规划人口规模 ≤20.0万人	规划人口规模 20.1万~50.0万人	规划人口规模 >50.0万人
Ⅲ Ⅳ Ⅴ	≤65.0	65.0~85.0	>0.0	>0.0	>0.0
	65.1~75.0	65.0~95.0	+0.1~+20.0	+0.1~+20.0	+0.1~+20.0
	75.1~85.0	75.0~100.0	−5.0~+20.0	−5.0~+20.0	−5.0~+15.0
	85.1~95.0	80.0~105.0	−10.0~+15.0	−10.0~+15.0	−10.0~+10.0
	95.1~105.0	85.0~105.0	−15.0~+10.0	−15.0~+10.0	−15.0~+5.0
	105.1~115.0	90.0~110.0	−20.0~−0.1	−20.0~−0.1	−25.0~−5.0
	>115.0	≤110.0	<0.0	<0.0	<0.0

资料来源：《城市用地分类与规划建设用地标准》GB 50137—2011。

（4）我国幅员辽阔，城市之间的差异性较大。既有边远地区及少数民族地区中的城市，地多人少，经济水平低，具有不同的民族生活习俗；也有一些山地城市，地少人多；还存在个别特殊原因的城市，如人口较少的工矿及工业基地、风景旅游城市等。这些城市可根据实际情况，本着"合理用地、节约用地、保证用地"的原则确定其规划人均城市建设用地指标，应专门论证确定规划人均城市建设用地指标，且上限不得大于150.0平方米/人。

3）城市用地规模预测举例

（1）西北某市所处地域为Ⅱ气候区，现状人均城市建设用地指标为64.1平方米/人，规划期末常住人口规模为50.0万人。对照表5-1，规划人均城市建设用地取值区间为65.0～85.0平方米/人，允许调整幅度为>0.0平方米/人，因此规划人均城市建设用地指标可选65.0～85.0平方米/人，规划期末城市建设用地规模为3 250～4 250hm²。

（2）华南某市所处地域为Ⅳ气候区，现状人均城市建设用地指标为95.0平方米/人，规划期末常住人口规模为100.0万人。对照表5-1，规划人均城市建设用地取值区间为80.0～105.0平方米/人，允许调整幅度为−10.0～+10.0平方米/人，因此规划人均城市建设用地指标可选85.0～105.0平方米/人（95.0−10.0＝85.0，95.0+10.0＝105.0，80.0～105.0和85.0～105.0取交集），规划期末城市建设用地规模为8 075～9 975hm²。

（3）华东某市所处地域为Ⅲ气候区，现状人均城市建设用地指标为119.2平方米/人，规划期末常住人口规模为75.0万人。对照表5-1，规划人均城市建设用地取值区间为≤110.0平方米/人，允许调整幅度为<0.0平方米/人，因此规划人均城市建设用地指标不能大于110.0平方米/人，规划期末城市建设用地规模控制在8 250hm²以内。

5.4.7 城市环境容量研究

1. 城市环境容量概念

城市环境容量是指环境对于城市规模以及人类活动提出的限度。具体地说，城市所在地域的环境在一定的经济技术和安全卫生要求前提下，在满足城市经济、社会等各种活动正常进行的前提下，通过城市的自然条件、现状条件、经济条件和社会文化历史条件等的共同作用，对城市建设发展规模以及人们在城市中各项活动的状况可承受的容许限度。

2. 城市环境容量的类型

城市环境容量包括城市人口容量、自然环境容量、城市用地容量以及城市工业容量、交通容量和建筑容量等内容。

1）城市人口容量

城市人口容量是指在特定时期内，城市相对持续容纳的具有一定生态环境质量和社会环境水平及具有一定活动强度的城市人口数量。

城市人口容量具有三个特性：一是有限性，城市人口容量应控制在一定限度之内，否则必将以牺牲城市中人们生活的环境为代价。二是可变性，城市人口容量会随着生产力与科技水平的活动强度和管理水平而变化。三是稳定性，在一定的生产力与科学技术水平下，一定时期内，城市人口容量具有相对稳定性。

2）城市大气环境容量

城市大气环境容量是指在满足大气环境目标值（即能维持生态平衡及不超过人体健康阈值）的条件下，某区域大气环境所能承受污染物的最大能力或允许排放污染物的总量。

3）城市水环境容量

城市水环境容量是指在满足城市用水以及居民安全卫生使用城市水资源的前提下，城市区域水资源环境所能承纳的最大污染物质的负荷量。水环境容量与水体的自净能力和水质标准有密切的关系。

4）城市土壤环境容量

城市土壤环境容量指土壤对污染物质的承受能力或负荷量。当进入土壤中的污染物质低于土壤容量时，土壤的净化过程成为主导方面，土壤质量能够得到保证；当进入土壤的污染物超过土壤容量时，污染过程将成为主导方面，土壤受到污染。

5）城市工业容量

城市工业容量指城市自然环境条件、城市资源能源条件、城市交通区位条件、城市经济科技发展水平等对城市工业发展规模的限度，在许多情况下以城市工业用地的发展规模来表现。影响城市工业容量的因素很多，如前述的人口容量、大气环境容量和水环境容量等。也有研究者根据工业用地占城市建设用地的比例，以及工工用地与居住用地之间的比例关系，并参照国家规范加以比较分析，从而得出城市工业容量的结论。

6）城市交通容量

城市交通容量指现有或规划道路面积所能容纳的车辆数。城市交通容量受到城市道路网形式及面积的影响。此外，还要受机动车与非机动车占路网面积比重、出车率、出行时间及有关折减系数的影响。

3. 城市环境容量的制约条件

1）城市自然条件

自然条件是城市环境容量中最基本的因素，包括地质、地形、水文及水文地质、气候、矿藏、动植物等条件的状况及特征。由于现代科学技术的高度发展，人们改造自然的能力越来越强，容易使人们轻视自然条件在城市环境容量中的作用和地位，但其基本作用仍然不可忽视。

2）城市现状条件

城市的各项物质要素的现有构成状况对城市发展建设及人们的活动都有一定的容许限度。此方面的条件包括工业、仓库、生活居住、公共建筑、城市基础设施、郊区供应等综合起来的现状城市用地容量。在城市现状条件中，城市基础设施即能源、交通运输、通信、给排水设施等方面的建设是社会物质生产以及其他社会活动的基础，基础设施的规模量对整个城市环境容量有重要的制约作用。

3）经济技术条件

城市拥有的经济技术条件对城市发展规模也提出容许限度。一个城市所拥有的经济技术条件越雄厚，它所拥有的改造城市环境的能力就越大。

4）历史文化条件

城市中历史文化的存在对城市环境容量产生很大影响。城市建设和现代化进程对城市遗留的历史文化的侵扰破坏了历史环境，促使人们越发强烈地意识到历史文化遗产保护的重要性，由此对城市环境容量的影响也随之加大。

5.4.8　城市总体规划其他专题研究

城市总体规划的专题研究是针对规划编制过程中所面对或需要解决的问题而进行的研究。这类研究通常都是寻找针对具体问题的对策，是城市总体规划编制工作进一步开展的基础，通过专题研究，为编制城市总体规划时对这些问题的解决提供依据，同时可以使规划编制过程更加科学和合理。一般来说，城市总体规划编制中的专题研究通常需要综合运用其他专业的知识（例如经济学、社会学、工程学等专业）。专题研究的本质上就是多学科的，因为对任何需要解决的问题都应把不同学科的有用之处组织在一起，从而为具体的行动提出对策或建议。

城市总体规划的专题研究根据各个城市的具体情况和具体要求而确定，除了对城市性质、规模、发展方向等进行专题研究外，有的城市在总体规划阶段还进行其他多项专题研究，包括城市发展的区域研究、产业发展战略研究、城市现代化的目标模式与建设指标体系研究、远景规划模式研究与比较、城市基础设施发展策略研究、城市用地的策略研究、对外交通系统研究、城市住房与居住环境质量的研究、城市景观和城市设计研究、总体规划编制与实施的研究等。这些研究涵盖了城市总体规划中所涉及的主要内容和特别需要关注的重大问题，为城市总体规划编制的合理和科学性提供依据。

5.5　城镇空间发展布局规划

5.5.1　市域城乡空间的构成及空间管制

1. 市域城乡空间的基本构成

市域城乡空间一般可以划分为建设空间、农业开敞空间和生态敏感空间三大类，也可以细分为城镇建设用地、乡村建设用地、交通用地、其他建设用地、农业生产用地、生态旅游用地等。

（1）城镇建设用地指为城镇各种建设行为所占据的用地，即《城市用地分类和规划建设用地标准》GB 50137—2011 及《镇规划标准》GB 50188—2007 中规定的用地类型。

（2）乡村建设用地指集镇区建设用地及乡村居民点建设用地。

（3）交通用地指区域性交通线路及其附属设施所占用的土地。

（4）其他建设用地主要指独立工矿、独立布局的区域性基础设施用地及特殊用地等。独立工矿用地指独立分布于城镇建成区之外，以工矿生产为主要内容的用地类型，在市域规划中一般指分布于各乡镇的市属及非市属工矿企业用地。独立布局的区域性基础设施用地指独立于一般城镇建成区的区域性水、电、气、电信等设施所占用的土地。特殊用地指军事、外事、保安等设施用地。这些建设用地类型一般与城乡居民生活无直接关系，因此规划中应单独列出，不宜作为城镇或乡村人均建设用地进行平衡。

（5）农业生产用地指各种农业（广义大农业）生产活动所占用的土地。

（6）生态旅游用地指各级自然生态环境保护区及其他具有生态意义的山体、水面、水源保护涵养区，具有旅游功能的区域等。

2. 空间管制分区

立足于生态敏感性分析和未来区域开发态势的判断，通常对市域城乡空间进行生态适宜性分区，分别采取不同的空间管制策略。一般来说，分为以下三类：

（1）鼓励开发区。一般指市域发展方向上的生态敏感度低的城市发展急需的空间，该区用地一般来说基地条件良好，现状已有一定开发基础，适宜城市优先发展。建设用地比例按照城市规划标准。

（2）控制开发区。一般包括农业开敞空间和未来的战略储备空间，航空、电信、高压走廊、自然保护区的外围协调区、文物古迹保护区的外围协调区。该区用地既要满足城市长远发展的空间需求，也担负区域基本农田保护任务，并具有一定的生态功能。建设用地的投放主要是满足乡村居民点建设的需要。

（3）禁止开发区指生态敏感度高、关系区域生态安全的空间，主要是自然保护区、文化保护区、环境灾害区、水面等。

3. 主体功能区

根据国家关于主体功能区的提法及目标要求，市域城乡空间又可划分为优化调整区、重点发展区、适度发展区以及控制发展区，定义如下：

1）优化调整区

优化调整区主要是指发展基础、区位条件均最为优越，但由于发展过度或发展方式问题，导致资源环境支撑条件相对不足的地区。未来发展的方向是转变经济增长方式，增强科技发展能力，调整空间布局，提高发展的质量与效率。特别应该指出优化调整区并非所有城市都会出现，只有那些工业化、城市化程度较高且资源环境压力较大的我国东部发达地区的部分县市级单元，才有可能出现这种空间发展类型。

2）重点发展区

重点发展区主要是指发展基础厚实、区位条件优越、资源环境支撑能力较强的地区，是区域未来工业化、城市化的最适宜发展区和人口集聚区。未来主要以加快发展、壮大规模为主，并应合理布局产业促进产业集聚。

3）适度发展区

适度发展区主要是指发展基础中等、区位条件一般、资源环境支撑能力不足、工业化和城市化发展条件一般的地区，或者是虽然各方面发展条件较好，但由于受到土地开发总量的限制，或者出于景观生态角度的考虑而无法列入重点发展区的地区。

4）控制发展区

控制发展区主要是指工业化、城市化的不适宜区，包括各类生态脆弱区以及各方面发展潜力不够，工业化、城市化发展条件最差的地区。这类区域的主体功能是生态环境功能，是整个区域主要的生态屏障。其中，建立于生态保护价值基础的旅游资源开发是该区的重要功能。

4. 市域城镇空间组合的基本类型

市域城镇空间由中心城区及周边其他城镇组成，主要有如下几种组合类型（图5-1）。

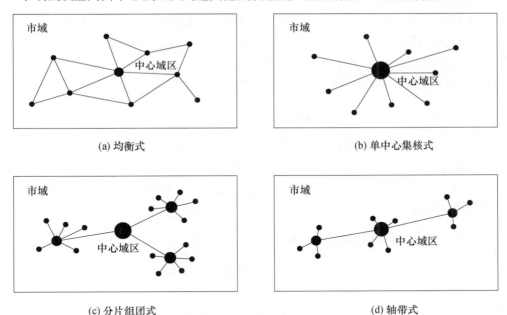

图 5-1　市域城镇空间组合类型

（1）均衡式：市域范围内中心城区与其他城镇的分布较为均衡，没有呈现明显的聚集。

（2）单中心集核式：中心城区集聚了市域范围内大量的资源，首位度高，其他城镇的分布呈现围绕中心城区、依赖中心城区的态势，中心城区往往是市域的政治、经济、文化中心。

（3）分片组团式：市域范围内城镇由于地形、经济、社会、文化等因素的影响，若干个城镇聚集成组团，呈分片布局形态。

（4）轴带式：这类市域城镇组合类型一般是由于中心城区沿某种地理要素扩散，如交通道路、河流以及海岸等，市域城镇沿一条主要伸展轴发展，呈串珠状发展形态。中心城区向外集中发展，形成轴带，市域内城镇沿轴带间隔分布。

5.5.2 市域城镇发展布局规划的主要内容

市域城镇发展布局规划的主要内容包括以下几方面：

1. 市域城镇聚落体系的确定与相应发展策略

目前，市域城镇发展布局规划中可将市域城镇聚落体系分为中心城市—县城—镇区、乡集镇—中心村四级体系。对一些经济发达的地区从节约资源和城乡统筹的要求出发，结合行政区划调整，实行中心城区—中心镇—新型农村社区的城市型居民点体系。市域城镇发展布局应根据当地城镇发展条件对市域城镇聚落体系进行合理安排，并提出相应发展策略，促使市域城镇聚落体系优化发展。

2. 市域城镇空间规模与建设标准

基于科学发展观和五个统筹的思想，市域城镇空间规模应秉承合理利用土地、集约发展的原则。市域城镇发展规划应结合市域城乡空间管制的内容，根据城镇的发展条件和发展状况，对未来市域城镇空间的城市化水平、人口规模、用地规模等进行合理预测，并针对不同城镇确定相应的建设标准。

3. 重点城镇的建设规模与用地控制

重点城镇是市域城镇发展的集中区，也是各种发展要素的聚集地，对于拉动整个市域的发展有着重要作用。重点城镇建设规模是否合理关系到整个市域健康、快速的发展。市域城镇发展布局规划应专门对重点城镇的建设规模进行研究，提出相应的用地控制原则，引导重点城镇的良好发展。

4. 市域交通与基础设施协调布局

市域交通与基础设施的合理布局是市域城镇发展的基础，交通和基础设施的布局一方面要满足市域内城镇发展的基本要求，另一方面又需要引导市域城镇在空间上的合理布局。市域城镇发展布局规划应对市域交通与基础设施的布局进行协调，按照可持续发展原则，避免重复建设，优化市域城镇的发展条件。

5. 相邻地段城镇协调发展的要求

市域是一个开放系统，一方面，市域城镇聚落体系是和周边市的发展相互联系的，存在着相互之间交叉服务的状况；另一方面，市域基础设施也是与大区域内的基础设施相连接的。因此，在进行市域城镇发展布局规划时，要对周边市的发展状况进行详细调查，从大区域上协调本市与相邻地段城镇的发展。

6. 划定城市规划区

市域城镇发展布局规划应根据城市建设、发展和资源管理的需要，划定城市规划区。城市规划区应当位于城市行政管辖范围内。

5.5.3 划定规划区的目的及其划定原则

1. 划定城乡规划区的目的

《城乡规划法》第二条规定，规划区是指城市、镇和村庄的建成区以及因城乡建设和发展需要必须实行规划控制的区域。

规划区的具体范围由有关人民政府在组织编制的城市总体规划、镇总体规划、乡规划和村庄规划中，根据城乡经济、社会发展水平和统筹城乡发展的需要划定。划定城乡规划区要坚持因地制宜、实事求是、城乡统筹和区域协调发展的原则，根据城乡发展的需要与可能，深入研究城镇化和城镇空间拓展的历史规律，科学预测城镇未来空间拓展的方向和目标，充分考虑城市与周边镇、乡村统筹发展的要求，充分考虑对水源地、生态控制区廊道、区域重大基础设施廊道等城乡发展的保障条件的保护要求，充分考虑城乡规划主管部门依法实施城乡规划的必要性与可行性，综合确定规划区范围。规划区是城乡规划、建设、管理与有关部门职能分工的重要依据之一，划定规划区应按照科学性、系统性的原则，统筹兼顾各方要求，采取定性与定量相结合的方式进行方案比选，听取各方意见，科学论证后最终确定。

在城乡规划的制定工作中，要结合本地实际，因地制宜，根据城乡规划制定和实施管理的工作需要，科学划定城乡规划区范围。

2. 划定规划区应当遵循的主要原则

（1）坚持科学发展观的原则。综合考虑当地城乡经济社会发展的实际水平与发展需要，既要为今后的发展提供空间准备，保障可持续发展目标要求的实现，又要注重经济发展与人口、资源、环境的协调，促进集约、优化利用土地与自然资源，防止引发城乡发展建设的盲目性、无序性。

（2）坚持城乡统筹发展的原则。将具有密切联系的市、镇、乡和村庄纳入统一的规划，实施统一规划前提下的管理，加强市、镇基础设施向农村地区延伸和社会服务事业向农村覆盖，保证一定空间距离范围内的城市、镇、乡和村庄在资源调配、生活供应、设施共享等方面能够实现相互依存、紧密联系，避免各自为政、重复建设、资源浪费。

（3）坚持因地制宜、实事求是的原则。根据城乡发展的需要与可能，深入研究城镇化和城市空间拓展的历史规律，科学预测城市未来空间拓展的方向和目标，充分考虑城市与周边镇、乡、村统筹发展的要求，充分考虑对水源地、生态廊道、区域重大基础设施廊道等城乡发展的保障条件的保护要求。

（4）坚持可操作性原则。保证规划区范围位于相应层级的行政管辖范围内，在一般情况下，应是一个用封闭线所围成的区域，并且以完整的行政管辖区为界限，以便于规划的实施管理。

必须强调的是，在已经确定的规划区内，必须实行严格的规划管理，一切建设活动必须依法符合城乡规划，服从城乡规划管理。

5.5.4 城市发展与空间形态的形成

城市的出现是人类社会进化、经济发展、生产力劳动分工加深和生产关系改变的结果。从游牧业到农业生产出现了在广阔地域上相对分散又相对永久性聚集起来的农村居民点，到商业、手工业兴起，因政治、军事、经济、交通等功能的需要，一些乡村才进一步发展成为较大规模的城镇。一方面，城市的形成是人们居住形式由简单聚落向功能多样、形态及结构复杂的大型聚居地客观演化的过程。另一方面，城市发展的历程也是人们不断能动地改善自己的集居环境，进行城市营建的过程。因世界各地自然条件、社会经济发展水平均有差异，初期城市的分布、规模和城市形态不可能相同，但是一般城市的发展均先经历相当长时期的相对稳定阶段，通常的形态是自发向心集中形式和放射路网，而通过规划建造的城市则多是由城墙确定为矩形和方格路网结构。直到工业革命后，城市才进入较快的动态发展时期，城市数量逐步增加，功能进一步充实，人口持续集聚，城市建筑和各种基础设施日益完善，城市建设用地不断扩展。因此，反映这种演化发展阶段的外部表现的城市空间形态必然随着时代也不断演化发展。同时，又由于城市本身多形成为相当规模、相当复杂的综合性物质实体，在一定时期内和特定的各种影响因素作用下所基本形成的某种明确的空间形态和布局结构，是不会轻易快速改变的，这种渐变而相对固定的现象也有其必然的规律。因此，一般城市的空间形态同时具有整体上绝对的动态性和阶段上相对的稳定性特征。

影响城市空间形态形成的因素是多方面的，其直接因素既包括城市本身所在的区位、地形、地质、水文、气象、景观、生态、农林矿业资源等地理环境自然条件，也包括城市的人口规模、用地范围、城市性质，在国家和地区中的地位和作用，能源、水源和对外交通、大型工业企业配置，公共建筑和居住区组织形式等社会经济和城市建设条件。其间接影响因素则是城市各历史时期的发展特征、国家政策和行政体制、规划设计理论和建筑法规、文化传统理念等人为条件。这些因素在一定历史时限和一定空间范围内，同时综合地作用于一个城市实体，每个城市的空间形态必然千差万别，许多城市形态的形成又往往具有相同的主要影响因素，和不少相似的发展阶段和环境空间，使其演化的规律大体一致，因而，在城市整体上有类似总平面外形轮廓和布局结构特点。对于多种多样的城市仍然可以归纳概括为几种主要的空间形态类型。

城市形态分类，有按照城市建成区主体平面形状或三维空间特征、按照城市扩展进程模式、按照城市活动中心和功能分区布局、按照城市道路网结构等多种分类方法，这些不同方法都是相互关联的。城市规划学术界较多采用比较直观的、简单易行的"图解式分类法"，以城市行政区划边界以内主体建成区总平面外轮廓形状为差别标准，城市主体周围距离较远或面积规模较小的相对独立的分区或村镇不参与差别标准。大体可以分为集中型、带型、放射型、星座型、组团型和散点型六大主要类型（图5-2）。

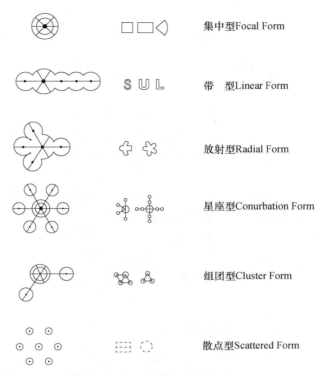

集中型Focal Form

带 型Linear Form

放射型Radial Form

星座型Conurbation Form

组团型Cluster Form

散点型Scattered Form

图 5-2 城市形态图解式分类示意

资料来源：邹德慈主编，城市规划导论，中国建筑工业出版社，2002 年出版，第 26 页。

1. 集中型形态（Focal Form）

城市建成区主体轮廓长短轴之比小于 4：1，是长期集中紧凑全方位发展状态，其中包括若干子类型，如方形、圆形、扇形等。这种类型城镇是最常见的基本形式，城市往往以同心圆方式同时向四周扩延。人口和建成区用地规模在一定时期内比较稳定，主要城市活动中心多处于平面几何中心附近，属于一元化的城市格局，建筑高度变化不突出，而且比较平缓。市内道路网为较规整的格网状。这种空间形态便于集中设置市政基础设施，合理有效利用土地，也容易组织市内交通系统。在一些大中型城市中也有相当紧凑而集中发展的，形成此种大密集团块状态的城市，人口密度与建筑高度不断增大，交通拥塞不畅，环境质量不佳。有些特大城市不断自城区向外连续分层扩展，俗称摊大饼式蔓延，反映了自发无序或规划管理失误状态，各项城市问题更难以解决。

2. 带型形态（Linear Form）

建成区主体平面形状的长短轴之比大于 4：1，并明显呈单向或双向发展，其子型有 U 形、S 形等。这些城市往往受自然条件所限，或完全适应和依赖区域主要交通干线而形成，呈长条带状发展，有的沿着湖海水面的一侧或江河两岸延伸，有的因地处山谷狭长地形或不断沿铁路、公路干线一个轴向的长向扩展城市，也有的全然是按一种"带型城市"理论，按既定规划实施而建造的。这类城市规模不会很大，整体上使城市各部分均能接近周围自然生态环境，空间形态的平面布局和交通流向组织也较单一，但是除了一个全市主要活动中心以外，往往需要形成分区次一级的中心而呈多元化结构。

3. 放射型形态（Radial Form）

建成区总平面的主体团块有三个以上明确的发展方向，包括指状、星状、花状等子型。这些形态的城市多是位于地形较平坦而对外交通便利的平原地区。它们在迅速发展阶段很容易由原城市旧区，同时沿交通干线自发或按规划多向多轴地向外延展，形成放射性走廊，所以全城道路在中心地区为格网状，而外围呈放射状的综合性体系。这种形态的城市在一定规模时多只有一个主要中心，属一元化结构，而形成大城市后又往往发展出多个次级副中心，又属多元结构。这样易于组织多向交通流向及各种城市功能。由于各放射轴之间保留楔形绿地，使城市与郊外接触而相对较大，环境质量也可能保持较好水平。有时为了减少过境交通穿入市中心部分，需在发展轴上的新城区之间或之外建设外围环形干路，这又很容易在经济压力下将楔形空地填充而变成同心圆式，在更大范围内蔓延扩展。

4. 星座型形态（Conurbation Form）

城市总平面是由一个相当大规模的主体团块和三个以上较次一级的基本团块组成的复合式形态。通常情况下是一些国家首都或特大型地区中心城市在其周围一定距离内建设发展若干相对独立的新区或卫星城镇。这种城市整体空间结构形似大型星座，人口和建成区用地规模很大，除了具有非常集中的高楼群中心商务区（CBD）之外，往往为了扩散功能而设置若干副中心或分区中心。联系这些中心及对外交通的环形和放射干路网使之成为相当复杂而高度发展的综合式多元规划结构。有的特大城市在多个方向的对外交通干线上间隔地串联建设一系列相对独立且较大的新区或城镇，形成放射性走廊或更大型城市群体。

5. 组团型形态（Cluster Form）

城市建成区是由两个以上相对独立的主体团块和若干个基本团块组成，这多是由于较大河流或其他地形等自然环境条件的影响，城市用地被分隔成几个有一定规模的分区团块，有各自的中心和道路系统，团块之间有一定的空间距离，但由较便捷的联系性通道使之组成一个城市实体。这种形态属于多元复合结构。若布局合理、团组距离适当，这种城市既可有较高效率（便捷的交通组织能缩短出行时间），又可保持良好的自然生态环境。

6. 散点型形态（Scattered Form）

城市没有明确的主体团块，各个基本团块在较大区域内呈散点状分布。这种形态往往是资源较分散的矿业城市。地形复杂的山地丘陵或广阔平原都可能有此种城市。也有的是由若干相距较远的独立发展的规模相近的城镇组合成为一个城市，这可能是因特殊的历史或行政体制原因而形成的。通常因交通联系不便，难于组织较合理的城市功能和生活服务设施，每一组团需分别进行因地制宜的规划布局。

由于前述城市空间形态所具有的动态性和多样性特征，在一个阶段中属于任何类型的城市均可能向其他类型发展转化。

5.5.5 城市空间形态与布局结构

1. 城市空间形态影响因素

在城市总体规划工作过程中，对城市空间形态布局进行分析研究和定位具有重要意义。与确定城市性质、发展目标和规模、各项建设用地功能分区布局以及各项系统的综合与部署均有直接联系。首先，应研究探讨形成城市空间形态的历史发展动态过程及其主要的基本影响因素作用，研究寻求其产生、发展、扩延或紧缩、迅速或缓慢等变化特征，研究分析其现状形态布局的利弊、优势与局限，以及对未来发展的几种预测性战略方案做出评价。其次，从国情和城市本身实际出发，自觉地运用城市空间形态发展的一般规律做出科学决策。最后，还应研究确定如何规划引导实现城市合理形态的对策和措施。这样才能充分发挥城市的功能和效益，才能使城市具有实现可持续发展的良性循环。

由于城市空间形态的形成和动态发展有其客观规律可循，研究其影响因素也是多方面的。有的是因城市所处地理区位和地形环境等天然特性条件必然影响因素（如山区城市、水网城市、横跨河流、湖海港口等），有的则是因城市规划性质或功能配置等非自然条件起决定作用（如各级中心城市、工矿城镇、交通枢纽、风景旅游城市等）。

一般来说，前者在规划和建设上是不可能或很难改变的，而后者有的因素是可能控制或引导其逐渐发生变化或改善的。因此，在城市总体规划过程中，对于城市形态与布局结构进行分析定位，既要依据客观条件符合规律，又应在一定程度上发挥主观能动作用，促使城市朝理想方向发展，认真深入地研究探讨是非常必要的。

2. 城市空间形态的设想方案

在制定城市总体规划过程中，对于一般中小规模城市的空间形态与布局结构分析定位是比较简单容易的。但对于人口和建成区用地规模很大并处于动态发展阶段的城市来说，由于城市各方面问题相当突出，往往面临人口仍在不断集中、功能日益复杂、居住拥挤、交通阻塞、环境恶化等严峻形势，必须从根本上寻求缓解和逐步改善的对策，也就必须从分析研讨未来的城市空间形态几种可能发展模式入手。在城市规划理论方法上有不少从经济、社会、文化、环境、交通等各种角度提出特大城市形态布局最佳方案的战略。其中主要可归纳以下几种设想方案：

（1）合理规划大城市人口和用地规模，抑制其无序扩展方式，以郊区环状绿带限制蔓延，改造城市中心地区，向高度和地下争取空间，为控制性方案。

（2）保持强大的城市中心功能，按规划引导城市进一步沿主体轴线或多向扩展，形成更大的放射型形态，而且保留绿化间隔和楔形绿地。

（3）适当分散城市功能，在大城市近郊外围培育建造一系列功能较单纯的新开发区或稍远的卫星城镇，形成更大规模的星座型形态。

（4）在几座大城市之间，沿市际交通干线走廊重新配置城市功能，在特大城市周围形成多向串联的城镇系列。

（5）在具有强大吸引力的大城市远郊范围，在一定距离的隔离绿色地带外，按环状配置新型的小城镇，保证其良好的生态环境。

（6）在特大城市行政区附近，建设具有独立功能或特殊性质的新城市或城市群。

（7）在城市行政区范围内，大面积分散城市功能，将大城市分解转化为城市共同体或社区共同体，为充分分散方案。

（8）从根本上避免形成单核心形态的大城市，而在保留的大型绿色核心区外围安排组织环状城镇群。

（9）在城市物质空间形态与布局结构上，重视根据城市历史和现状保持并发展原来所具有的特征，规划设计上强调继承历史、文化、人文传统内涵以及地方性景观和城市美学建设。

为了解决存在的众多难题，一些大城市在采取上述几种方案同时，都配合实施下列一些措施：限制人口增长，控制用地规模，调整城市中心功能，开发配置多元化副中心，规划建设新区新镇的同时治理改造旧区，调整城市经济和分散就业结构，改善城市道路网，建设捷运系统，靠近就业岗位营造居住区、提高居住水平，完善绿化体系，建立现代化市政工程，治理城市公害进行环境保护等，以求综合地更好地发挥城市效益，全面实现可持续发展目标。

在制定城市总体规划工作中，包括分析探讨城市空间形态与布局结构定位过程，最重要的是从城市的历史和现状出发，实事求是地寻求可行的战略。要采取与其历史、环境和社会经济状况相一致的政策，同时也不能忽视城市政治体制以及规划、管理水平的作用。

5.5.6 转型期城市空间增长特点

随着经济全球化、区域一体化进程加快，城市社会经济迅速发展，城市形态和空间结构随之出现了许多新的特点：一方面，城市规模迅速扩大，大批成片居住区、工业园区、各类开发区等城市新区在边缘崛起；另一方面，城市内部空间发生优化重组，结合城市房地产开发，城市内部出现了新型的商务商贸服务中心，旧城区逐步得到更新改造，城市空间结构走向多元化。

1. 新产业空间

新产业空间包括开发区、高新区、保税区等。开发区是集中体现我国转型与城市发展成就的区域，开发区土地开发规模大、建设速度快，不断吸取城市过滤出来的新要素，形成产业集聚规模经济。高新技术产业开发区主要依靠科技实力和工业基础，利用一切可能获得的先进科技、资金和管理手段而向国内外市场创造优化环境，最大限度地解放和发展科技生产力，促使我国的高新技术成果尽快实现商品化、产业化和国际化。高新区是我国发展高新技术产业的主要基地，如广州的软件园及生物岛、武汉的光谷等。保税区具有进出口加工、国际贸易、保税仓储、商品展示等功能，实行境内关外运作方式，是中国对外开放程度最高、运作机制最便捷、政策最优惠的经济区域之一。

2. 新型业态

进入转型期以来，中国零售商业快速发展，不断吸取国外发展成功模式的经验，商业业态出现许多新的形式，如超市、大型购物中心、各种专业店、便利店、连锁店等，并逐渐占据中国商业市场。伴随着城市用地的扩展，人口在郊区集聚，一些大型零售商业业态也在郊区出现。中国会展业发展迅速，以年均近20％的速度递增，会展活动频繁，形成了北京、上海、广州、大连、哈尔滨、武汉、乌鲁木齐、成都等地区会展业中心，城市会展空间成为城市商业贸易发展的重要载体。伴随着物流业的发展，物流园区在一些大城市已经建立，它是对物流组织管理节点进行相对集中建设与发展的、具有经济开发性质的城市物流功能区域；同时，也是依托相关物流服务设施降低物流成本，提高物流运作效率，改善企业服务有关的流通加工、原材采购，便于与消费地直接联系的生产等活动，具有产业发展性质的经济功能区。

3. 新居住空间

快速城市化和住房制度改革带来大量的住房需求，城镇住房制度从实物福利分配制度、单位制独立大院逐渐被住房市场化所代替，政府和单位作为住房供应的主体地位逐渐让位于市场为主体的住宅房地产开发。

城市地区商品房社区建设、城中村的产生成为转型期城市居住区的两个主要特点。第一，住房商品化后，城市居民可根据自己的实际购买能力和偏好选择住房，促使城市居住空间出现分异。房产商进行大规模的商品房社区建设，满足城市中下阶层的住房需要，出现了大型的商业楼盘、别墅、高级住宅区等。第二，城市向郊区的扩展包围了许多城郊结合部的村庄，导致城中村的产生。由于具有土地承租和农村土地集体所有的双重土地使用制度，城中村的土地使用以及房屋建设普遍混乱，城中村成为现代城市景观中极不协调的独特城市居住空间。

4. 大学园区

始于1998年高校扩招，使我国高校在校人数在短短几年内剧增，处于城市内部的众多高校发展举步维艰，纷纷谋求在郊区扩展建立分校。同时，中国也正从传统的工业技术转向以高速交通和通信技术为主要社会支撑技术，促进知识创新、技术创新源的集聚，因此城市出现了大学城、大学园等新城市空间。大学园区也促进了城市向郊区的扩展，大量城市人口的进入使边缘区的人口结构发生变化，在大学园区内的各种服务、娱乐、医疗、金融等设施也形成了具有综合服务功能的城市社区。大学园区尤其是以研究型大学为核心的大学园区，其科技创新及科技成果的转化功能与教学科研功能同等重要，集产、学、研为一体，促进了高新技术的研究及科技成果的转化，推动高新技术产业的发展。

5. 生态保护空间

进入转型期以来，城市在规划和管理上都更加注重城市生态环境可持续发展，重视城市河湖水面、绿地等开敞空间，城市通过点、线、面等的生态环境保护体系进行生态保护、生态隔离等，来保证城市的生态基底不受破坏。其中，城市外围绿带可以阻止城市向外扩张，公园、大型绿地等开敞空间可以隔离、拉疏新城与旧城之间的空间距离，以形成多中心、适度、合理的城市发展空间格局，保持城市的有机结构和优良的生态环境。

6. 中央商务区（CBD）

改革开放以来，伴随着经济全球化，作为城市对外开放窗口的中央商务区在我国三大经济增长的热点区域——港珠澳大湾区、长江三角洲、京津冀内的中心城市出现。CBD是在城市人流、物流、信息流、资金流最集中，交通最便捷，建筑密度最高，吸纳和辐射能力最强的地区。它集中了大量金融、商业、贸易、信息及中介服务机构，拥有大量商务办公酒店、公寓等配套设施，具备完善的市政交通与通信条件，便于现代商务活动的场所。商务中心区不仅是一个国家或地区对外开放程度和经济实力的象征，而且是现代化国际大都市的一个重要标志，如上海的陆家嘴。

7. 快速交通网

随着人口的增多以及城市空间结构的拉大，交通成为制约城市发展的一大障碍，许多大城市都开始兴建城市快速道路和轨道交通网络。

5.5.7 信息社会城市空间结构形态的演变发展趋势

1. 大分散小集中

信息化浪潮下的城市空间结构形态将从集聚走向分散，但分散之中又有集中，呈现大分散小集中的局面。技术进步既提高了生产率，也使空间出现"时空压缩"效应，人们对更好的、更接近自然的居住、工作环境的追求是城市空间结构分散化的重要原因。分散的结果就是城市规模扩大、市中心区的聚集效应降低、城市边缘区与中心区的聚集效应差别缩小、城市密度梯度的变化曲线日趋平缓、城乡界限变得模糊。城市空间结构的分散将导致城市的区域整体化，即城市景观向区域蔓延扩展。与分散对应，集中也是一个趋势。

总之，城市空间结构首先是分散化的，但是分散之中又具有相对集中的趋势。

2. 从圈层走向网络

进入工业化后期，电气化与石油的使用造就了现代城市，城市土地的利用方式出现明显的分化，形成不同的功能区，例如城市中心区往往是商务区，向外是居民区与工业区，再向外的城市边缘则又以居住为主。城市形态呈圈层式自内向外扩展。

进入信息社会，准确、快捷的信息网络将部分取代物质交通网络的主体地位，空间区位影响力削弱。网络的同时效应使不同地段的空间区位差异缩小，城市各功能单位的距离约束变弱，空间出现网络化的特征。网络化的趋势使城市空间形散而神不散，城市结构正是在网络的作用下，以前所未有的紧密程度联系着。分散化与网络化的另一个影响是城市用地从相对独立走向兼容。

3. 新型集聚体出现

虽然城市用地出现兼容化的特点，但城市外部效应、规模经济仍然存在。为了获取更高的集聚经济，不同阶层、不同收入水平与文化水平的城市居民可能会集聚在某个特定的地理空间，形成各种社区；功能性质类似或联系密切的经济活动，可能会根据它们的相互关系聚集成区。

另外，城市结构的网络化重构也将出现多功能新社区。网络化城市的多功能社区与传统社区不同，它除了居住功能外，还可以是远程教育、远程医疗、远程娱乐、网上购物等功能机构的复合体。目前，在世界发达地区的城市，位于郊区的社区不仅是传统的居住中心，而且还是商业中心、就业中心，具备了居住、就业、交通、游憩等功能，可以被看作多功能社区的端倪。

5.6 城市用地布局规划

5.6.1 城市用地分类与评价

1. 城乡用地分类与规划建设用地标准

2011 年住房和城乡建设部颁布的《城市用地分类与规划建设用地标准》GB 50137—2011 作为城市规划编制与管理工作的重要技术依据，对于科学合理规范城市土地利用、加强土地节约集约利用发挥了积极有效的作用。为了进一步落实新时期城乡统筹、多规合一的发展要求，强化全域土地用途管制，住房和城乡建设部于 2017 年组织修订了该标准。

《城乡用地分类与规划建设用地标准》GB 50137—2017 是在《城市用地分类与规划建设用地标准》GB 50137—2011 的基础上修订而成，新标准衔接地方事权有序统筹"城、镇、乡、村"，扩容增加镇与村庄建设用地分类与规划建设用地标准，完善城乡用地分类与管控体系，为建立覆盖全域范围的土地规范管理发挥基础性作用。

新标准延续并完善原标准的"城乡用地"分类、"城市建设用地"分类，增加"镇建设用地"分类、"村庄建设用地"分类。新的用地分类包括城乡用地分类、城市建设用地分类、镇建设用地分类、村庄建设用地分类四部分。其中，城市、县人民政府所在地镇和其他具备条件的镇使用城市建设用地分类；一般镇和具备条件的乡使用镇建设用地分类；一般乡政府驻地所在村庄、行政村、自然村等农村居民点使用村庄建设用地分类。

新标准鼓励城市、镇进行合理的用地兼容与混合用地设置，并应符合保障公共服务、营造宜居环境、避免功能冲突等原则，以及相关技术条件和政策要求。鼓励公共活动中心区、历史风貌地区、客运交通枢纽地区、重要滨水区、新型产业园区等地区的用地兼容与混合，以加强功能之间的有机联系，提升城市、镇的活力。同时，在充分保障各类公共设施建设规模和使用功能的基础上，鼓励公共管理与服务设施用地、交通设施用地、公用设施用地与各类用地的兼容与混合使用，推动存量规划背景下公共服务设施的落地与完善。

"城乡用地"分类的地类覆盖市域范围内所有的建设用地和非建设用地，以满足市域土地使用的规划编制、用地统计、用地管理等工作需求。其中的"城乡居民点建设用地"主要反映城市、镇、乡、村生活的基本职能要求，包括"城市建设用地""镇建设用地""村庄建设用地"。在城乡规划建设管理中应合理统筹生产、生活、生态空间。

新标准的用地分类按土地实际使用的主要性质或规划引导的主要性质进行划分和归类，具有多种用途的用地应以其地面使用的主导设施性质作为归类的依据。如高层多功能综合楼用地，底层是商店，2～15层为商务办公室，16～20层为公寓，地下室为车库，其使用的主要性质是商务办公，因此归为"商务用地"。若综合楼使用的主要性质难以确定时，按底层使用的主要性质进行归类。

为保证分类良好的系统性、完整性和连续性，城乡用地分类、城市建设用地分类采用大类、中类、小类3级分类体系，镇建设用地分类、村庄建设用地分类采用大类、中类2级分类体系。在图纸中同一地类的大、中、小类代码不能同时出现使用，不同地类的大、中、小类代码可以同时出现使用。

由于县人民政府所在地镇的管理体制不同于一般镇，城镇建设目标与标准也与一般镇有所区别，其规划与建设应按城市标准执行；其他具备条件的镇指人口规模、经济发展水平已达到设市城市标准，但管理体制仍保留镇的行政建制。因此，这两类镇与城市一并作为城市建设用地分类与规划建设用地标准的适用对象。除此之外的其他的镇适用镇建设用地分类与规划建设用地标准。

具备条件的乡指人口规模、经济发展水平已达到设镇标准，但管理体制仍保留乡的行政建制，可以根据实际需要使用镇建设用地分类与规划建设用地标准。其他乡政府驻地所在村庄、行政村、自然村使用村庄建设用地分类与规划建设用地标准。

1）城乡用地分类

城乡用地（Town and Country Land）指市（县、镇）域范围内所有土地，包括建设用地与非建设用地。建设用地包括城乡居民点建设用地、区域交通设施用地、区域公用设施用地、特殊用地、采矿用地、盐田以及其他建设用地，非建设用地包括水域、农林用地以及其他非建设用地。"城乡用地分类"在同等含义的地类上尽量与《土地利用现状分类》GB/T 21010—2017、《土地规划用地分类》衔接，并充分对接《中华人民共和国土地管理法》中的农用地、建设用地和未利用地"三大类"用地，以利于城乡规划在基础用地调查时可高效参照土地利用现状调查资料。城乡用地分为2大类、10中类、25小类，分类和代码应符合表5-2的规定。

表5-2　城乡用地分类和代码

类别代码			类别名称	内容
大类	中类	小类		
			建设用地	包括城乡居民点建设用地、区域交通设施用地、区域公用设施用地、特殊用地、采矿用地及其他建设用地等
H	H1		城乡居民点建设用地	城市、镇、乡、村庄建设用地
		H11	城市建设用地	城市人民政府驻地的建设用地

续表

类别代码			类别名称	内容
大类	中类	小类		
	H1	H12	镇建设用地	镇（乡）人民政府驻地的建设用地
		H13	村庄建设用地	农村居民点的建设用地
	H2		区域交通设施用地	铁路、公路、港口、机场和管道运输等区域交通运输及其附属设施用地，不包括城市、镇建设用地范围内的铁路客货运站、公路长途客运站以及港口客运码头
		H21	铁路用地	铁路编组站、线路等用地
		H22	公路用地	国道、省道、县道和乡道用地及附属设施用地
		H23	港口用地	海港和河港的陆域部分，包括码头作业区、辅助生产区等用地
		H24	机场用地	民用及军民合用的机场用地，包括飞行区、航站区等用地，不包括净空控制范围用地
		H25	管道运输用地	运输煤炭、石油和天然气等地面管道运输用地，地下管道运输规定的地面控制范围内的用地应按其地面实际用途归类
H	H3		区域公用设施用地	为区域服务的公用设施用地，包括区域性能源设施、水工设施、通信设施、广播电视设施、殡葬设施、环卫设施、排水设施等用地，不包括城市、镇建设用地范围内的公用设施用地
	H4		特殊用地	特殊性质的用地
		H41	军事用地	专门用于军，不包事目的的设施用地括部队家属生活区和军民共用设施等用地
		H42	安保用地	监狱、拘留所、劳改场所和安全保卫设施等用地，不包括公安局用地
		H43	外事用地	外国驻华使馆、领事馆、国际机构及其生活设施等用地
		H44	宗教用地	宗教活动场所用地
		H45	风景名胜设施用地	风景名胜区景点（包括名胜古迹、旅游景点、革命遗址等）、管理及服务设施用地
	H5		采矿用地	采矿、采石、采砂（沙）场，砖瓦窑等地面生产用地及尾矿堆放地
	H6		盐田	以生产盐为目的的土地，包括晒盐场所、盐池及附属设施用地
	H9		其他建设用地	除以上之外的建设用地，包括边境口岸和森林公园、自然保护区等的管理及服务设施等用地
E			非建设用地	水域、农林用地及其他非建设用地等
	E1		农林用地	耕地、园地、林地、牧草地、设施农用地、田坎、养殖水面、农田水利、农村道路等用地
		E11	耕地	种植农作物的土地，包括熟地，新开发、复垦、整理地，休闲地（含轮歇地、休耕地）；以种植农作物（含蔬菜）为主，间有零星果树、桑树或其他树木的土地；平均每年能保证收获一季的已垦滩涂和海涂。耕地中包括南方宽度小于1.0m，北方宽度小于2.0m固定的沟、渠、路和地坎（梗）；临时种植药材、草皮、花卉、苗木等的耕地，以及其他临时改变用途的耕地

结表

类别代码			类别名称	内容
大类	中类	小类		
	E1	E12	园地	种植以采集果、叶、根、茎、汁等为主的集约经营的多年生木本和草本作物，覆盖度大于50％或每亩株数大于合理株数70％的土地。包括用于育苗的土地
		E13	林地	生长乔木、竹类、灌木的土地，以及沿海生长红树林的土地。包括迹地，不包括城镇村范围内的绿化林木用地，铁路、公路征地范围内的林木，以及河流、沟渠的护堤林
		E14	牧草地	以草本植物为主，用于放牧或割草的草地，包括实施禁牧措施的草地与沼泽化草甸
		E15	其他农用地	设施农用地、田坎、坑塘水面、沟渠、农村道路等用地
E	E2		水域	陆地水域、滩涂、沼泽、冰川及永久积雪等用地
		E21	河流水面	天然形成或人工开挖河流常水位岸线之间的水面，不包括被堤坝拦截后形成的水库区段水面
		E22	湖泊水面	天然形成的积水区常水位岸线所围成的水面
		E23	水库水面	人工拦截汇集而成的总设计库容不小于10万立方米的水库正常蓄水位岸线所围成的水面
		E24	沿海滩涂	沿海大潮高潮位与低潮位之间的潮浸地带，包括海岛的沿海滩涂，不包括已利用的滩涂
		E25	内陆滩涂	河流、湖泊常水位至洪水位间的滩地；时令湖、河洪水位以下的滩地；水库、坑塘的正常蓄水位与洪水位间的滩地。包括海岛的内陆滩地，不包括已利用的滩地
		E26	沼泽地	经常积水或渍水，一般生长湿生植物的土地
		E27	冰川及永久积雪	表层被冰雪常年覆盖的土地
	E9		其他非建设用地	盐碱地、沙地、裸土地、裸岩石砾地、不用于畜牧业的荒草地等用地

资料来源：《城乡用地分类与规划建设用地标准（GB 50137—2017修订）》

2）城市建设用地分类

城市建设用地（Urban Development Land）指市（镇）内各类建设用地的统称，包括居住用地、公共管理与公共服务设施用地、商业服务业设施用地、工业用地、物流仓储用地、道路与交通设施用地、公用设施用地、绿地与广场用地、待深入研究用地。城市建设用地规模指上述用地之和，单位为 hm²。城市建设用地分为9大类、36中类、47小类，分类和代码应符合表5-3的规定。

表5-3 城市建设用地分类和代码

类别代码			类别名称	内容
大类	中类	小类		
R			居住用地	住宅和相应服务设施的用地

续表

类别代码			类别名称	内容
大类	中类	小类		
R	R1		一类居住用地	设施齐全、环境良好，以低层住宅为主的用地
		R11	住宅用地	住宅建筑用地及其附属道路、附属绿地、停车场等用地
		R12	服务设施用地	社区级服务设施用地，包括幼托、文化、体育、商业、卫生服务、养老助残、公用设施等用地，不包括中小学用地
	R2		二类居住用地	设施齐全、环境良好，以多、中、高层住宅为主的用地
		R21	住宅用地	住宅建筑用地（含保障性住宅用地）及其附属道路、附属绿地、停车场等用地
		R22	服务设施用地	社区级服务设施用地，包括幼托、文化、体育、商业、卫生服务、养老助残、公用设施等用地，不包括中小学用地
	R3		三类居住用地	设施较欠缺、环境较差，以需要加以改造的简陋住宅为主的用地，包括危房、棚户区、临时住宅等用地
		R31	住宅用地	住宅建筑用地及其附属道路、附属绿地、停车场等用地
		R32	服务设施用地	社区级服务设施用地，包括幼托、文化、体育、商业、卫生服务、养老助残、公用设施等用地，不包括中小学用地
A			公共管理与公共服务设施用地	行政、文化、教育、体育、卫生等机构和设施的用地，不包括居住用地中的服务设施用地
	A1		行政办公用地	党政机关、社会团体、事业单位等办公机构及其相关设施用地
	A2		文化设施用地	图书、展览等公共文化活动设施用地
		A21	图书博览用地	公共图书馆、博物馆、科技馆、纪念馆、美术馆和城市展览馆等设施用地
		A22	文化活动用地	综合文化活动中心、文化馆、青少年宫、妇女儿童活动中心、老年活动中心，以及公益性的剧院、音乐厅等设施用地
	A3		教育用地	高等院校、中等专业学校、中学、小学及其附属设施用地，包括为学校配建的独立地段的学生生活用地
		A31	高等院校用地	大学、学院、专科学校、研究生院、电视大学、党校、干部学校及其附属设施用地，包括军事院校用地
		A32	中等专业学校用地	中等专业学校、技工学校、职业学校等用地，不包括附属于普通中学内的职业高中用地
		A33	中小学用地	中学、小学用地
		A34	特殊教育用地	聋、哑、盲人学校及工读学校等用地
	A4		体育用地	体育场馆和体育训练基地等用地，不包括学校等机构专用的体育设施用地
		A41	体育场馆用地	室内外体育运动用地，包括体育场馆、游泳场馆、各类球场及其附属的业余体校等用地
		A42	体育训练用地	为体育运动专设的训练基地用地

续表

类别代码			类别名称	内容
大类	中类	小类		
A	A5		医疗卫生用地	医疗、保健、卫生、防疫、康复和急救设施等用地
		A51	医院用地	综合医院、专科医院、护理院、社区卫生服务中心等用地
		A52	卫生防疫用地	卫生防疫站、专科防治所、检验中心和动物检疫站等用地
		A53	特殊医疗用地	对环境有特殊要求的传染病、精神病等专科医院用地
		A59	其他医疗卫生用地	急救中心、血库等用地
	A6		社会福利用地	为社会提供福利和慈善服务的设施及其附属设施用地
		A61	养老设施用地	为老年人提供居住、康复、保健等服务功能的设施用地，包括养老院、敬老院、护养院等
		A62	儿童福利设施用地	为孤残儿童提供居住、护养等慈善服务的设施用地，包括儿童福利院、孤儿院、未成年救助保护中心等
		A63	残疾人福利设施用地	为残疾人提供居住、康复、护养等慈善服务的设施用地，包括残疾人福利院、残疾人康复中心等
		A69	其他社会福利设施用地	除以上之外的社会福利用地，包括救助管理站等
	A7		文物古迹用地	具有保护价值的古遗址、古墓葬、古建筑、石窟寺、近代代表性建筑、革命纪念建筑等用地。不包括已作其他用途的文物古迹用地
	A8		科研用地	科研事业单位及其附属设施用地
	A9		其他公共管理与公共服务设施用地	除以上之外的公共管理与公共服务设施用地，包括档案馆等用地
B			商业服务业设施用地	商业、商务、娱乐康体等设施用地，不包括居住用地中的服务设施用地
	B1		商业用地	商业及餐饮、旅馆等服务业用地
		B11	零售商业用地	以零售功能为主的商铺、商场、超市、市场等用地
		B12	批发市场用地	以批发功能为主的市场用地
		B13	餐饮用地	饭店、餐厅、酒吧等用地
		B14	旅馆用地	宾馆、旅馆、招待所、服务型公寓、度假村等用地
	B2		商务用地	金融保险、艺术传媒、研发设计、技术服务等综合性办公用地
		B21	金融保险用地	银行、证券期货交易所、保险公司等用地
		B22	艺术传媒用地	文艺团体、影视制作、广告传媒等用地
		B23	研发设计用地	以科技研发、设计咨询等为主的企业办公用地
		B29	其他商务用地	贸易等其他技术服务办公，以及展览馆、会展中心等用地
	B3		娱乐康体用地	娱乐、康体等设施用地
		B31	娱乐用地	剧院、音乐厅、电影院、歌舞厅、网吧以及绿地率小于65%的大型游乐等设施用地
		B32	康体用地	赛马场、高尔夫、溜冰场、跳伞场、摩托车场、射击场，以及水上运动的陆域部分等用地

续表

类别代码			类别名称	内容
大类	中类	小类		
B	B4		公用设施营业网点用地	零售加油、加气、电信、邮政等公用设施营业网点用地
		B41	加油加气站用地	零售加油、加气站等用地
		B49	其他公用设施营业网点用地	独立地段的电信、邮政、供水、燃气、供电、供热等其他公用设施营业网点用地
	B9		其他服务设施用地	非公益性的业余学校、培训机构、医疗机构、养老机构、宠物医院、通用航空、汽车维修站等其他服务设施用地
M			工业用地	工矿企业的生产车间、库房及其附属设施用地,包括专用铁路、码头和附属道路、停车场等用地,不包括露天矿用地
	M1		一类工业用地	对居住和公共环境基本无干扰、污染和安全隐患的工业用地,包括以产业研发、中试为主兼具小规模生产的工业用地
	M2		二类工业用地	对居住和公共环境有一定干扰、污染和安全隐患的工业用地
	M3		三类工业用地	对居住和公共环境有严重干扰、污染和安全隐患的工业用地
W			物流仓储用地	物资储备、中转、配送等用地,包括附属道路、停车场以及货运公司车队的站场等用地
	W1		一类物流仓储用地	对居住和公共环境基本无干扰、污染和安全隐患的物流仓储用地
	W2		二类物流仓储用地	对居住和公共环境有一定干扰、污染和安全隐患的物流仓储用地
	W3		危险品物流仓储用地	易燃、易爆和剧毒等危险品的专用物流仓储用地
S			道路与交通设施用地	城市道路、交通设施等用地,不包括居住用地、工业用地等内部的道路、停车场等用地
	S1		城市道路用地	快速路、主干路、次干路和支路等用地,包括其交叉口用地
	S2		城市轨道交通用地	独立地段的城市轨道交通地面以上部分的线路、站点用地
	S3		交通枢纽用地	铁路客货运站、公路长途客运站、港口客运码头、公交枢纽及其附属设施用地
	S4		交通场站用地	交通服务设施用地,不包括交通指挥中心、交通队用地
		S41	公共交通场站用地	城市轨道交通车辆基地及附属设施,公共汽(电)车首末站、停车场(库)、保养场,出租汽车场站设施等用地,以及轮渡、缆车、索道等的地面部分及其附属设施用地
		S42	社会停车场用地	独立地段的共机动车和非机动车使用的公共停车场和停车库用地,包括电动汽车充电站,不包括其他各类用地配建的停车场和停车库用地

续表

类别代码			类别名称	内容
大类	中类	小类		
S	S9		其他交通设施用地	除以上之外的交通设施用地，包括教练场等用地
U			公用设施用地	供应、环境、安全等设施用地
	U1		供应设施用地	供水、供电、供燃气和供热等设施用地
		U11	供水用地	城市取水设施、自来水厂、再生水厂、加压泵站、高位水池等设施用地
		U12	供电用地	变电站、开闭所、变配电所等设施用地，不包括电厂用地。高压走廊下规定的控制范围内的用地应按其地面实际用途归类
		U13	供燃气用地	分输站、门站、储气站、加气母站、液化石油气储配站、灌瓶站和地面输气管廊等设施用地，不包括制气厂用地
		U14	供热用地	集中供热锅炉房、热力站、换热站和地面输热管廊等设施用地
		U15	通信用地	邮政中心局、邮政支局、邮件处理中心、电信局、移动基站、微波站等设施用地
		U16	广播电视用地	广播电视的发射、传输和监测设施用地，包括无线电收信区、发信区以及广播电视发射台、转播台、差转台、监测站等设施用地
	U2		环境设施用地	雨水、污水、固体废物处理等环境保护设施及其附属设施用地
		U21	排水用地	雨水泵站、污水泵站、污水处理、污泥处理厂等设施及其附属的构筑物用地，不包括排水河渠用地
		U22	环卫用地	生活垃圾、医疗垃圾、危险废物处理（置），以及垃圾转运、公厕、车辆清洗、环卫车辆停放修理等设施用地
	U3		安全设施用地	消防、防洪等保卫城市安全的公用设施及其附属设施用地
		U31	消防用地	消防站、消防通信及指挥训练中心等设施用地
		U32	防洪用地	防洪堤、防洪枢纽、排洪沟渠等设施用地
		U33	人防用地	具有人防功能的各类地面空间及地下设施，不包括已作其他用途的人防用地
	U4		殡葬设施用地	殡仪馆、火葬场、骨灰存放处和墓地等设施用地
	U9		其他公用设施用地	除以上之外的公用设施用地，包括施工、养护、维修等设施用地
G			绿地与广场用地	公园绿地、防护绿地、广场等公共开放空间用地
	G1		公园绿地	向公众开放，以游憩为主要功能，兼具生态、美化、防灾等作用的绿地
	G2		防护绿地	具有卫生、隔离和安全防护功能的绿地
	G3		广场用地	以游憩、纪念、集会和避险等功能为主的城市公共活动场地
X			待深入研究用地	需进一步研究其功能定位和开发控制要求的城市建设用地

资料来源：《城乡用地分类与规划建设用地标准》GB 50137—2017

编制大城市、特大城市、超大城市总体规划，可采用主要功能区块布局方式，将城市建设用地类型简化为居住生活区、商业办公区、工业物流区、城市绿地区、战略预留区等城市功能区类型，每个功能区可包括必要的大、中、小用地类别。城市功能区分类和代码宜符合表 5-4 的规定。

表 5-4　城市功能区分类表

类别代码	类别名称	内容
Dr	居住生活区	以住宅和居住服务设施为主导功能的分区
Db	商业办公区	以商业、商务、娱乐康体为主导功能的分区
Dm	工业物流区	以工业、物流仓储为主导功能的分区
De	城市绿地区	以绿地、公园为主导功能的分区
Dx	战略预留区	应对发展不确定性的战略预留功能分区

资料来源：《城乡用地分类与规划建设用地标准》GB 50137—2017

3）镇建设用地分类

镇建设用地（Town Development Land）指镇（乡）内各类建设用地的统称，包括居住用地、公共管理与公共服务设施用地、商业服务业设施用地、工业用地、物流仓储用地、道路与交通设施用地、公用设施用地、绿地与广场用地。镇建设用地规模指上述用地之和，单位为 hm^2。镇建设用地分为 8 大类、29 中类、4 小类，分类和代码应符合表 5-5 的规定。

表 5-5　镇建设用地分类和代码

类别代码 大类	类别代码 中类	类别代码 小类	类别名称	所包含的用途
R			居住用地	各类居住建筑及相应的服务设施、宅间路和绿化等用地；不包括路面宽度等于和大于 6m 的道路用地
	R1		一类居住用地	设施齐全、环境良好，以低层住宅为主的用地
	R2		二类居住用地	设施较齐全、环境良好，以多、中、高层住宅为主的用地
	R3		四类居住用地	设施较欠缺、环境较差，以需要加以改造的简陋住宅为主的用地，包括危房、棚户区、临时住宅等用地
A			公共管理与公共服务设施用地	行政、文化、教育、体育、卫生等机构和设施的用地，不包括居住用地中的服务设施用地
	A1		行政办公用地	党政机关、社会团体、事业单位等办公机构及其相关设施用地
	A2		文化设施用地	文化站（室）、图书馆、科技站、展览厅等文化设施用地
	A3		教育用地	幼儿园、托儿所、小学、中学、专业学校及其附属设施用地，包括为学校配建的独立地段的学生生活用地
		A31	中学用地	初中、高中、完全中学及职业高中机器附属设施用地
		A32	小学用地	小学及其附属设施用地
		A33	幼托用地	幼儿园、托儿所及其附属设施用地
		A34	专业学校用地	专业学校及其附属设施用地

续表

类别代码			类别名称	所包含的用途
大类	中类	小类		
A	A4		体育用地	体育场馆和体育场地等用地，不包括学校等机构专用的体育设施用地
	A5		医疗卫生用地	医疗、保健、卫生、防疫、康复和急救设施等用地
	A6		社会福利用地	为社会提供福利和慈善服务的设施及其附属设施用地，包括福利院、养老院、孤儿院等用地
	A7		文物古迹用地	具有保护价值的古遗址、古墓葬、古建筑、石窟寺、近代代表性建筑、革命纪念建筑等用地。不包括已作其他用途的文物古迹用地
	A9		其他公共管理与公共服务设施用地	除以上设施用地以外的公共管理与公共服务设施用地，如科研用地等
B			商业服务业设施用地	商业、商务、娱乐康体等设施用地，不包括居住用地中的服务设施用地
	B1		商业商务用地	商业、餐饮、旅馆、娱乐、康体等服务业用地，包括集市等专用建筑和场地，银行、信用、保险等商务办公用地，及其附属设施用地；不包括临时占用街道、广场等设摊用地
	B2		公用设施营业网点用地	零售加油、加气、电信、邮政等公用设施营业网点用地
	B9		其他服务设施用地	提供良种、农资、农技、信息等农业服务的设施用地（如农技站、兽医站等），非公益性的业余学校、培训机构、医疗机构、宠物医院、汽车维修站等其他服务设施用地
M			工业用地	独立设置的各种生产建筑及其设施和内部道路、场地、绿化等用地
	M1		一类工业用地	对居住和公共环境基本无干扰、无污染的工业，如缝纫、工艺品制作、农产品加工、产业研发、中试为主兼具小规模生产的工业用地
	M2		二类工业用地	对居住和公共环境有一定干扰和污染的工业，如纺织、食品、机械等工业用地
	M3		三类工业用地	对居住和公共环境有严重干扰、污染和易燃易爆的工业，如采矿、冶金、建材、造纸、制革、化工等工业用地
W			物流仓储用地	物资的中转仓库、专业收购和储存建筑、堆场及其附属设施、道路、场地、绿化等用地
	W1		一类物流仓储用地	对居住和公共环境基本无干扰、污染和安全隐患的仓储、物流、转运中心、农业堆场用地
	W2		二类物流仓储用地	对居住和公共环境有一定干扰、污染和安全隐患的物流仓储用地
	W3		三类物流仓储用地	对居住和公共环境有严重干扰、污染和安全隐患的物流仓储用地

续表

类别代码			类别名称	所包含的用途
大类	中类	小类		
S			道路与交通设施用地	道路、交通设施等用地，不包括居住用地、工业用地等内部的道路、停车场以及交通指挥中心、交通队等用地
	S1		道路用地	路面宽度不小于 6m 的各种道路、交叉口等用地
	S2		交通设施用地	包括铁路客货运站、公路长途客运站、港口客运码头、公交枢纽及其附属设施等交通枢纽用地，以及交通服务设施用地，如公共汽（电）车首末站、停车场（库）等用地
U			公用设施用地	各类公用工程和环卫设施以及防灾设施用地，包括其建筑物、构筑物及管理、维修设施等用地
	U1		供应设施用地	供水、供电、供燃气和供热等设施用地
	U2		环境设施用地	雨水、污水、固体废物处理等环境保护设施及其附属设施用地
	U3		安全设施用地	消防、防洪等保卫镇安全的公用设施及其附属设施用地
	U4		殡葬设施用地	殡仪馆、火葬场、骨灰存放处和墓地等设施用地
G			绿地与广场用地	公园绿地、防护绿地、广场等公共开放空间用地
	G1		公园绿地	向公众开放，以游憩为主要功能，兼具生态、美化、防灾等作用的绿地
	G2		防护绿地	具有卫生、隔离和安全防护功能的绿地
	G3		广场用地	以游憩、纪念、集会和避险等功能为主的城市公共活动场地

资料来源：《城乡用地分类与规划建设用地标准》GB 50137—2017

4）村庄建设用地分类

村庄建设用地（village development land）指乡政府驻地村、行政村、自然村等农村居民点范围内各项建设用地的统称，包括村庄住宅用地、村庄公共服务用地、村庄产业用地、村庄基础设施用地、村庄绿地与公共空间用地、村庄其他建设用地。村庄建设用地规模指上述用地之和，单位为 hm^2。村庄建设用地应分为 6 大类、14 中类、17 小类，分类和代码应符合表 5-6 的规定。

表 5-6 村庄建设用地分类和代码

类别代码			类别名称	内容
大类	中类	小类		
R			村庄住宅用地	村庄辖区范围内各形式的住宅及其附属设施用地
	R1		一类住宅用地	村民户独家使用的低层住宅用地，及其附属设施、户间间距、进户小路用地
	R2		二类住宅用地	适应新型农村社区建设形成的多层、中层、高层为主的村民集中居住用地，以及村庄范围内的其他成片或零星居住设施用地
	R3		混合式住宅用地	兼具小卖部、小超市、农家乐、民宿等功能的村庄住宅用地

续表

类别代码			类别名称	内容
大类	中类	小类		
A			村庄公共服务用地	用于提供基本公共服务的各类集体建设用地，包括村庄公共服务设施用地、农业生产服务设施用地
	A1		村庄公共服务设施用地	包括公共管理、文体、教育、医疗卫生、社会福利、民俗、宗教等设施用地
		A11	办公用地	乡政府、村委会、各类村民自治组织的办公用地
		A12	文体设施用地	村庄范围内文化设施与体育设施用地
		A13	中小学用地	中学、小学用地
		A14	幼儿园用地	幼儿园用地
		A15	医疗卫生用地	乡卫生院、村卫生室及其他村级医疗卫生服务设施用地
		A16	社会福利用地	福利院、养老院、孤儿院等社会福利设施用地
		A17	文物古迹用地	具有保护价值的古遗址、古墓葬、古建筑、石窟寺、近代代表性建筑、革命纪念建筑等用地。不包括已作其他用途的文物古迹用地
		A19	其他公共服务设施用地	除以上设施用地以外的其他村庄公共服务设施用地
	A2		农业生产服务设施用地	兽医站、农机站、育秧房、打谷场、农具存放处等农业生产服务及其附属设施用地
B			村庄产业用地	用于生产经营的各类集体建设用地，包括商业设施用地、旅游设施用地、工业生产用地、物流仓储用地
	B1		村庄商业设施用地	包括各类商业服务业的店铺、银行、信用、保险等机构，小超市、小卖部、小饭馆等以及集贸市场用地
	B2		村庄旅游设施用地	村集体独立设置的用于旅游接待服务的设施用地
	B3		村庄工业生产用地	村集体独立设置的工业生产性建筑及其设施和内部道路、场地、绿化等用地
	B4		村庄物流仓储用地	用于物资中转、专业收购和存储的各类集体建设用地，包括仓库、堆场等用地
U			村庄基础设施用地	村庄道路、交通和公用设施等用地
	U1		村庄道路用地	村庄内的各类道路用地
	U2		村庄交通设施用地	包括停车场、公交站点等交通设施用地
	U3		村庄公用设施用地	包括给排水、供电、供气、供热、殡葬和能源等工程设施用地；公厕、垃圾站、粪便和垃圾处理设施等用地；消防、防洪等防灾设施用地
		U31	供水用地	各类集式式或分散式的村庄供水设施用地
		U32	供电用地	变电站、开闭所、变配电所等供电设施用地
		U33	供气用地	天然气、液化石油气、沼气等供气设施用地
		U34	供热用地	村庄集中供热采暖设施用地
		U35	通信用地	邮政所、移动基站、微波站等通信设施用地

续表

类别代码			类别名称	内容
大类	中类	小类		
U	U3	U36	排水用地	雨水泵站、污水泵站、各类农村污水处理设施及其附属的构筑物用地，不包括排水河渠用地
		U37	环卫用地	农村生活垃圾站，粪便和垃圾处理，以及垃圾转运、公厕等设施用地
		U38	防灾设施用地	消防、防洪、人防等防灾设施用地
		U39	其他公用设施用地	除以上设施用地以外的其他村庄公用设施用地
G			村庄绿地与公共空间用地	用于村民活动的公共绿地和广场等公共开放空间用地及生产防护绿地
	G1		村庄绿地	面向村民、有一定游憩设施的公共绿地，以及用于安全、卫生、防风等的防护绿地，不包括各类用地内部的绿地
	G2		村庄公共空间用地	用于村民活动的公共开放空间用地，不包括各类用地内部的场地
X			村庄其他建设用地	未利用及其他村庄集体建设用地，包括村庄集体建设用地内的未利用地、边角地、宅前屋后牲畜棚和菜园等

资料来源：《城乡用地分类与规划建设用地标准》GB 50137—2017

5）规划建设用地标准

（1）一般规定

建设用地在现状调查时按现状建成区范围统计，在编制规划时按规划建设用地范围统计。多组团分片布局的城市、镇可分片计算用地，再行汇总。

用地面积应按平面投影计算。每块用地只可计算一次，不得重复。

城市和镇的总体规划宜采用 1/10000 或 1/5000 比例尺的图纸进行建设用地分类计算，控制性详细规划宜采用 1/2000 或 1/1000 比例尺的图纸进行建设用地分类计算；乡规划和村庄规划宜采用 1/500 或 1/1000 比例尺的图纸进行建设用地分类计算。现状和规划的建设用地分类计算应采用同一比例尺。

用地的计量单位应为万平方米（公顷），代码为"hm^2"。数字统计精度应根据图纸比例尺确定，1/10000 图纸应精确至个位，1/5000 图纸应精确至小数点后一位，1/2000、1/1000 及 1/500 图纸应精确至小数点后两位。

城市、镇、村庄建设用地统计范围与人口统计范围必须一致，人口规模应按常住人口进行统计。

城市、镇总体规划与乡、村庄规划应按标准规定的表格格式进行用地汇总。

规划建设用地标准应包括规划人均城乡居民点建设用地面积标准、规划人均单项城市建设用地面积标准、规划人均单项镇建设用地面积标准、规划人均村庄建设用地面积标准四部分。

（2）城乡居民点建设用地标准

规划人均城乡居民点建设用地面积指标应根据现状人均城乡居民点建设用地面积指标、现状城镇化水平以及规划新增人口规模，按表5-7的规定综合确定。

表 5-7　规划人均城乡居民点建设用地面积指标（平方米/人）

基本依据		规划新增人口人均城乡居民点建设用地面积指标
现状人均城乡居民点建设用地面积指标	现状城镇化水平	
＞200	—	$P=0$
＞150～≤200	—	$p≤150$
＞100～≤150	≥70％	$p≤$现状水平且 $p≤120$
	＜70％	$p≤$现状水平且 $p≤140$
≤100	—	$p≤100$

注：现状＞200m² 的地区，不再新增城乡居民点建设用地，逐步推进减量规划。

规划期末城乡居民点建设用地总规模等于现状规模、规划期内新增城乡居民点建设用地规模之和，而规划期内新增城乡居民点建设用地规模为规划新增人口和规划新增人口人均城乡居民点建设用地的乘积，即：规划期末城乡居民点建设用地总规模＝现状规模＋规划新增人口×规划新增人口人均城乡居民点建设用地。

新建城市、镇的规划人均城乡居民点建设用地面积指标宜在（100.1～120.0）平方米/人内确定。

边远地区、少数民族地区城市、镇，以及部分山地城市、镇，人口较少的工矿业城市、镇，风景旅游城市、镇等，不符合表 5-7 规定时，应专门论证确定规划人均城乡居民点建设用地面积指标，且上限不得大于 200.0 平方米/人。

编制和修订城市、镇总体规划应以本标准作为规划城乡居民点建设用地的远期控制标准。

（3）城市建设用地标准

规划人均居住用地面积指标应符合表 5-8 的规定。

表 5-8　人均居住用地面积指标（平方米/人）

建筑气候区划	Ⅰ、Ⅱ、Ⅵ、Ⅶ气候区	Ⅲ、Ⅳ、Ⅴ气候区
人均居住用地面积	22.0～32.0	20.0～30.0

规划人均行政办公用地、文化设施用地、教育用地、体育用地、医疗卫生用地、社会福利用地之和的面积不应小于 5 平方米/人。

规划人均道路与交通设施用地面积不应小于 12.0 平方米/人。

规划人均绿地与广场用地面积不应小于 12.0 平方米/人，其中人均公园绿地面积不应小于 10.0 平方米/人。

规划人均公用设施用地面积不应小于 5.0 平方米/人。

编制和修订城市、镇总体规划应以本标准作为规划单项城市建设用地的远期控制标准。

（4）镇建设用地标准

规划人均居住用地面积指标应符合表 5-9 的规定。

表 5-9　人均居住用地面积指标（平方米/人）

建筑气候区划	Ⅰ、Ⅱ、Ⅵ、Ⅶ气候区	Ⅲ、Ⅳ、Ⅴ气候区
人均居住用地面积	50.0～80.0	45.0～75.0

规划人均行政办公用地、文化设施用地、教育用地、体育用地、医疗卫生用地、社会福利用地之和的面积不应小于 5 平方米/人。

规划人均道路与交通设施用地面积不应小于 12.0 平方米/人。

规划人均公园绿地面积不应小于 4.0 平方米/人。

规划人均公用设施用地面积不应小于 5.0 平方米/人。

编制和修订城市、镇总体规划应以本标准作为规划单项城市建设用地的远期控制标准。

（5）村庄建设用地标准

规划人均村庄建设用地面积指标应根据现状人均村庄建设用地面积指标，按表 5-10 的规定综合确定，并应同时符合表中允许采用的规划人均村庄建设用地面积指标和允许调整幅度双因子的限制要求。

表 5-10　规划人均村庄建设用地面积指标（平方米/人）

现状人均村庄建设用地 面积指标	允许采用的规划人均 村庄建设用地面积指标	允许调整幅度
≤100.0	100.0～110.0	≥0.0
100.1～150.0	100.0～150.0	−10.0～＋10.0
150.1～200.0	140.0～200.0	−20.0～0.0
＞200.0	≤200.0	＜0.0

历史文化名村、传统村落，边远地区、少数民族地区村庄，以及部分山地或高原的人口较少的村庄等，不符合表 5-10 中规定时，应根据所在省、自治区政府的相关规定确定规划人均村庄建设用地面积标准，且上限不得大于 300 平方米/人。

编制和修订城市、镇总体规划与乡、村庄规划，应以本标准作为规划村庄建设用地的远期控制标准。

（6）城市总体规划用地统计表统一格式

城市、镇总体规划与乡、村庄规划应统一按表 5-11～表 5-15 的格式进行用地汇总。

① 城市、镇总体规划城乡用地应按表 5-11 进行汇总。

表 5-11　城乡用地汇总表

用地 代码	用地名称			用地面积 （hm²）		人均城乡居民点 建设用地面积 （平方米/人）		占城乡用地比例 （％）	
				现状	规划	现状	规划 （新增 人口）	现状	规划
H		建设用地				—	—		
	其中	城乡居民点建设用地							
		其中	城市建设用地						
			镇建设用地						
			村庄建设用地						
		区域交通设施用地				—	—		
		区域公用设施用地				—	—		
		特殊用地				—	—		
		采矿用地				—	—		
		其他建设用地				—	—		

续表

用地代码	用地名称		用地面积（hm²）		人均城乡居民点建设用地面积（平方米/人）		占城乡用地比例（％）	
			现状	规划	现状	规划（新增人口）	现状	规划
E		非建设用地			—	—		
	其中	水域			—	—		
		农林用地			—	—		
		其他非建设用地			—	—		
		城乡用地			—	—	100	100

备注：＿＿＿＿＿＿年现状常住人口＿＿＿＿＿＿万人；
＿＿＿＿＿＿年规划常住人口＿＿＿＿＿＿万人。

② 城市（镇）总体规划城市建设用地应按表5-12进行汇总。

表5-12　城市建设用地构成表

用地代码	用地名称		用地面积（hm²）		占城市建设用地比例（％）		人均城市建设用地面积（平方米/人）	
			现状	规划	现状	规划	现状	规划
R	居住用地							
A	公共管理与公共服务设施用地							
	其中	行政办公用地						
		文化设施用地						
		教育用地						
		体育用地						
		医疗卫生用地						
		社会福利用地						
		文物古迹用地						
		科研用地						
		其他公共管理与公共服务设施用地						
B	商业服务业设施用地							
M	工业用地							
W	物流仓储用地							
S	道路与交通设施用地							
	其中：城市道路用地							
U	公用设施用地							
G	绿地与广场用地							
	其中：公园绿地							
X	待深入研究用地							
H11	城市建设用地				100	100		

③ 大城市、特大城市、超大城市的城市总体规划主要城市功能区应按表5-13进行汇总。

表5-13　城市功能区汇总表

功能区代码	功能区名称	规划功能区面积（hm²）	占城市建设用地比例（%）	人均城市功能区面积（平方米/人）
Dr	居住生活区			
Db	商业办公区			
Dm	工业物流区			
De	城市绿地区			
Dx	战略预留区			
H11	城市建设用地		100	

④ 镇（乡）总体规划镇建设用地应按表5-14进行汇总。

表5-14　镇建设用地构成表

用地代码	用地名称		用地面积（hm²）		占镇建设用地比例（%）		人均镇建设用地面积（平方米/人）	
			现状	规划	现状	规划	现状	规划
R	居住用地							
A	公共管理与公共服务设施用地							
	其中	行政办公用地						
		文化设施用地						
		教育用地						
		体育用地						
		医疗卫生用地						
		社会福利用地						
		文物古迹用地						
		其他公共管理与公共服务设施						
B	商业服务业设施用地							
M	工业用地							
W	物流仓储用地							
S	道路与交通设施用地							
	其中：道路用地							
U	公用设施用地							
G	绿地与广场用地							
	其中：公园绿地							
H12	镇建设用地				100	100		

备注：_____年现状常住人口_____万人；
　　　_____年规划常住人口_____万人。

⑤ 村庄规划村庄建设用地应按照表 5-15 进行汇总。

表 5-15　村庄建设用地构成表

用地代码	用地名称		用地面积（hm²）		占村庄建设用地比例（%）		人均村庄建设用地面积（m²/人）	
			现状	规划	现状	规划	现状	规划
R	村庄住宅用地							
	其中	一类住宅用地						
		二类住宅用地						
		混合式住宅用地						
A	村庄公共服务用地							
	其中	村庄公共服务设施用地						
		农业生产服务设施用地						
B	村庄产业用地							
	其中	村庄商业设施用地						
		村庄旅游设施用地						
		村庄工业生产用地						
		村庄物流仓储用地						
U	村庄基础设施用地							
	其中	村庄道路用地						
		村庄交通设施用地						
		村庄公用设施用地						
G	村庄绿地与公共空间用地							
	其中	村庄绿地						
		村庄公共空间用地						
X	村庄其他建设用地							
H13	村庄建设用地							

2. 城市用地评价

城市用地的评价包括多方面的内容，主要体现在三个方面，分别是自然条件评价、建设条件评价和用地经济性评价。这三方面是相互影响的，因此往往需要进行综合的评价。

1）城市用地自然条件评价

自然环境条件与城市的形成和发展关系十分密切，对城市布局结构形式和城市职能的充分发挥有很大的影响。城市用地的自然条件评价主要包括工程地质、水文、气候和地形等几个方面。

（1）工程地质条件。

① 土质与地基承载力。在城市用地范围内，由于地层的地质构造和土质的自然堆积情况存在着差异，其构成物质也就各不相同，加之受地下水的影响，地基承载力大小相差悬殊。全面了解城市用地范围内各种地基的承载能力，对城市建设用地选择和

各类工程建设项目的合理布置以及工程建设的经济性，都是十分重要的。此外，有些地基土质常在一定条件下改变其物理性质，从而对地基承载力带来影响。例如，湿陷性黄土在受湿状态下，由于土壤结构发生变化而下陷，导致上部建设的损坏。又如膨胀土，具有受水膨胀、失水收缩的性能，也会造成对工程建设的破坏。

② 冲沟。冲沟是由间断流水在地层表面冲刷形成的沟槽。冲沟切割用地，使之支离破碎，对土地的使用十分不利，尤其在冲沟的发育地区水土流失严重，而且道路的走向往往受其限制而增加线路长度和增设跨沟工程，给工程建设带来困难。规划前应弄清冲沟的分布坡度、活动状态，以及冲沟的发育条件，以便及时采取相应的治理措施。例如，对地表水导流或通过绿化工程等方法防止水土流失。

③ 滑坡与崩塌。滑坡与崩塌是一种物理工程地质现象。滑坡是由于斜坡上大量滑坡体（土体或岩体）在风化、地下水以及重力作用下，沿一定的滑动面向下滑动而造成的，常发生在山区或丘陵地区。因此，山区或丘陵地区城市在利用坡地或紧靠崖岩进行建设时，需要了解滑坡的分布及滑坡地带的界线、滑坡的稳定性状况。不稳定的滑坡体本身以及处于滑坡体下滑方向的地段均不宜作为城市建设用地。如果无法回避，必须采取相应工程措施加以防治。崩塌的成因主要是由山坡岩层或土层的层面相对滑动，造成山坡体失去稳定而塌落。当裂隙发育且节理面顺向崩塌的方向时，极易发生崩落。尤其是因过分的人工开挖，导致坡体失去稳定而造成崩塌。

④ 岩溶。地下可溶性岩石（如石灰岩、盐岩等）在含有二氧化碳、硫酸盐、氯等化学成分的地下水的溶解与侵蚀之下，岩石内部形成空洞（地下溶洞），这种现象称为岩溶，也叫喀斯特现象。地下溶洞有时分布范围很广，洞穴空间高大，若工程建筑物和水工构筑物不慎选在地下溶洞之上，其危险性是可以想象的。因此，在城市规划时要查清溶洞的分布、深度及其构造特点，而后确定城市布局和地面工程建设。

⑤ 地震。地震是一种自然地质现象，大多数地震是由地壳断裂构造运动引起的。所以了解和分析当地的地质构造非常重要。在有活动断裂带的地区，最易发生地震，而在断裂带的弯曲突出处和断裂带交叉的地方往往是震中所在。在强震区一般不宜建设城市，在震区建设城市时除制定各项建设工程的设防标准外，还须考虑震后疏散救灾等问题。其建筑不宜连绵成片，应尽量避开断裂破碎地段。地震断裂带上一般可设置绿化带，不得进行建设，同时也不能布置城市的主要交通干路。此外，在城市的上游不宜修建水库，以免地震时水库堤坝受损，洪水下泄，危及城市。

（2）水文及水文地质条件。

① 水文条件。江河湖泊等地面水体不但可作为城市水源，同时它还在水路运输、改善气候、稀释污水以及美化环境等方面发挥作用。但某些水文条件也可能给城市带来不利影响，例如洪水侵患，年水量的不均匀性，水流对沿岸的冲刷以及河床泥沙淤积等。沿江河的城市常会受到洪水的威胁，为防范洪水带来的影响，在规划中应处理好用地选择、用地布局以及堤防工程建设等方面的问题。还要区别城市不同地区，采用不同的防洪设计标准，有利于土地的充分利用，也有利于城市的合理布局和节约建设投资。城市建设也可能造成对原有水系的破坏，如过量取水、排放大量污水、改变水道与断面等，均能导致水体水文条件的变化，对城市建设产生新的问题。因此，在城市规划和建设之前，需要对水体的流量、流速、水位、水质等进行调查分析，研究规划对策。

② 水文地质条件。水文地质条件一般是指地下水的存在形式，含水层的厚度、矿化度、硬度、水温及水的流动状态等条件。地下水常常作为城市用水的水源，特别是在远离江河湖泊或地面水水量不足、水质不符合卫生要求的城市，调查并探明地下水资源尤为重要。地下水按其成因与埋藏条件，可分为三类，即上层滞水、潜水和承压水。其中，能作为城市水源的主要是潜水和承压水。潜水基本上是地表渗水形成，主要靠大气降水补给，所以潜水水位及其水的流动状态与地面状况是相关的，其埋深也因各地的地面蒸发、地质构造（如隔水层距地面的深浅等）和地形等不同而相差悬殊。承压水是指两个隔水层之间的重力水，由于有隔水顶板，承压水受大气降水的影响较小，也不易受地面污染，因此往往作为远离江河城市的主要水源。

地下水并不是取之不尽的，应探明地下水的蕴藏量和补给情况，根据地下水的补给量来确定开采的水量。地下水若过量开采，会使地下水位大幅度下降形成漏斗，这会使漏斗外围的污染物质流向漏斗中心，使水质变坏；严重的还会造成水源枯竭和引起地面沉陷，形成一个碟形洼地，对城市的防汛与排水均不利，而且对地面建筑及各项管网工程造成破坏。地下水的流向对城市布局也有影响。与地面水情况类似，对地下水有污染的一些建设项目不应布置在地下水的上游方向，以尽量减少水体污染。

（3）气候条件。气候条件对城市规划与建设有着诸多方面的影响，尤其在为城市居民创造舒适的生活环境、防止城市环境的污染等方面，关系更为密切。

① 太阳辐射。太阳辐射的强度与日照率，在不同纬度的地区存在着差异。认真分析城市所在地区的太阳运行规律和辐射强度，对于建筑的日照标准、建筑朝向、建筑间距的确定以及建筑的遮阳设施与各项工程的采暖设施的设置，提供了规划设计的依据。其中，某些因素的考虑将进一步影响到城市建筑密度、城市用地指标与用地规模以及建筑群体的布置等。

② 风象。风象对城市规划与建设有着多方面的影响，尤其城市环境保护与风象的关系更为密切。风是地面大气的水平移动，由风向与风速两个量表示。风向就是风吹来的方向，表示风向最基本的一个特征指标叫风向频率。风向频率一般是分 8 个或 16 个罗盘方位观测，累计某一时期内（一季、一年或多年）各个方位风向的次数，并以各个方向发生的次数占该时期内观测、累计各个不同风向（包括静风）的总次数的百分比来表示。即：风向频率＝（某一时期内观测、累计某风向发生的次数/同一时期内观测、累计风向的总次数）× 100％。风速是指单位时间内风所移动的距离，表示风速最基本的一个指标叫平均风速。平均风速是按每个风向的风速累计平均值来表示的。根据城市多年风向观测记录汇总所绘制的风向频率图和平均风速图又称风玫瑰图（图 5-3）。风玫瑰图是研究城市布局的重要依据。

③ 气温。气温对于城市规划与建设也有影响。如城市所在地区的日温差或年温差较大时，会给建筑工程的设施与施工带来影响；在工业配置时需根据气温条件，考虑工业生产工艺的适应性与经济性问题；在生活居住方面，则应根据气温状况考虑生活居住区的降温或采暖设备的设置等问题。在日温差较大的地区（尤其在冬天），常常因为夜间城市地面散热冷却较快，大气层下冷上热，而在城市上空出现逆温层现象，在静风或谷地地区，加上山坡气流下沉，更加剧这一现象。这时城市上空大气比较稳定，有害的工业烟气滞留或扩散缓慢，进而加剧了城市环境的污染。

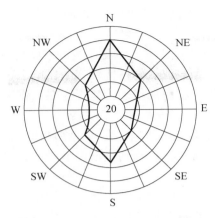

图 5-3 风玫瑰图

此外，城市由于建筑密集，硬地过多，生产与生活活动过程散发大量热量，往往出现市区气温比郊外高的现象，即所谓热岛效应，尤其在大城市中更为突出。为改善城市环境条件，降低炎热季节市区温度，在规划布局时可增设大面积水体和绿地，加强对气温的调节作用。

④ 降水与湿度。降水是降雨、降雪、降雹、降霜等气候现象的总称。降水量的大小和降水强度对城市较为突出的影响是排水设施。此外，山洪的形成、江河汛期的威胁等也给城市用地的选择及城市防洪工程带来直接的影响。

湿度的高低与降水的多少有着密切的联系，相对湿度又随地区或季节的不同而异。一般城市因大量人工建筑物与构筑物覆盖，相对湿度比城市郊区要低。湿度的大小还对城市某些工业生产工艺有所影响，同时又与居住环境是否舒适有关。

（4）地形条件。不同城市的地形条件，对城市规划布局、道路的走向和线型、各项基础设施的建设、建筑群体的布置、城市的形态与形象等，均会产生一定的影响。结合自然地形条件，合理规划城市各项用地和布置各项工程设施，无论是从节约土地和减少平整土石方工程投资，或者从城市管理等方面来看都具有重要的意义。

城市各项工程设施的建设对用地的坡度都有具体的要求。如在平地常要求不小于0.3％的坡度，以利于地面水汇集、排除，但地形过陡也将出现水土冲刷等问题。地形坡度的大小对道路的选线、纵坡的确定及土石方工程量的影响尤为显著。

2）城市用地建设条件评价

城市用地的建设条件是指组成城市各项物质要素的现有状况与它们在近期内建设或改进的可能，以及它们的服务水平与质量。与城市用地的自然条件评价相比，建设条件的评价更强调人为因素所造成的影响。除了新建城市之外，绝大多数城市都是在一定的现状基础上建设与发展的，不可能脱离城市现有的基础。因此，城市现有的布局往往对城市的进一步发展具有十分重要的影响。城市的现状条件，有时不能满足城市发展的要求，有时还会妨碍城市的建设和发展，这就要求对城市用地的建设条件进行全面评价，对不利的因素加以改造，更好地利用城市现有基础，充分发挥其潜力。

（1）城市用地布局结构方面。城市的布局现状是城市历史发展过程的产物，有着相当的稳定性。城市越大，一般越难以改动。对现状城市用地布局结构应着重从以下几个方面进行评价：

① 城市用地布局结构是否合理主要体现在城市各项功能的组合与结构是否协调，以及城市总体运行的效率。

② 城市用地布局结构能否适应发展需要，城市布局结构形态是封闭的，还是开放的，将对城市空间发展、调整或改变的可能性产生影响。如工业的改造或者规模的扩展，以此带来生活居住用地等相应的增加，是否会在工作地与居住地的空间扩展出现结构性的障碍等。

③ 城市用地布局对生态环境的影响主要体现在城市工业排放物所造成的环境污染与城市布局的矛盾。这一矛盾往往影响到城市用地价值，同时为改变污染状态而需要更多的资金投入。

④ 城市内外交通系统的协调性、矛盾与潜力，城市对外铁路、公路、水道、港口及空港等站场、线路的分布，将对城市用地结构产生深刻的影响，还对城市进一步扩展的方向和用地选择造成制约。

⑤ 城市用地结构是否体现出城市性质的要求，或者反映出城市特定自然地理环境和历史文化积淀的特色等。

（2）城市市政设施和公共服务设施方面。城市公共服务设施和市政设施的建设现状，包括质量、数量、容量及改造利用的潜力等，都将影响到土地的利用及旧区再开发的可能性和经济性。

在公共服务设施方面，包括商业服务、文化教育、医疗卫生等设施，它们的分布、配套及质量等，无论是在用地本身还是作为邻近用地开发的环境，都是土地使用的重要衡量条件。尤其是在旧区改建方面，土地使用的价值往往要视现有住宅和各种公共服务设施以及改建后所能得益的多少来决定。

在市政设施方面，包括现有的道路、桥梁、给水、排水、供电、电信、燃气等的管网、厂站的分布及其容量等，它们是土地开发的重要基础条件，影响着城市发展的格局。

（3）社会、经济构成方面。影响土地使用的社会构成状况主要表现在人口结构及其分布的密度，以及城市各项物质设施的分布及其容量与居民需求之间的适应性。在城市人口高密度地区，为了合理使用土地，常常不得不进行人口疏解。人口分布的疏或密，将反映出土地使用的强度与效益。当旧区改建时，高密度人口地区常会带来安置动迁居民的困难。

城市经济的发展水平、城市的产业结构和相应的就业结构都将影响城市用地功能组织和各种用地的数量结构。

3）城市用地经济性评价

城市用地的经济性评价是指根据城市土地的经济和自然两方面的属性及其在城市社会经济活动中所产生的作用，综合评价土地质量优劣差异，为土地使用提供依据。在城市中，由于不同地段所处区位的自然经济条件和人为投入物化劳动的不同，土地质量和土地收益也不同。因此通过分析土地的区位、投资于土地上的资本状况、经济活动状况等条件，可以揭示土地质量和土地收益的差异。在规划中做到好地优用、劣地巧用，合理确定不同地段的使用性质和使用强度，为用经济手段调节土地使用，提高土地的使用效益打下重要基础。

影响城市用地经济性评价的因素一般可以分为三个层次：

（1）基本因素层，包括土地区位、城市设施、环境优劣度及其他因素等。

（2）派生因素层，即由基本因素派生出来的子因素，包括繁华度、交通通达度、城市基础设施、社会服务设施、环境质量、自然条件和城市规划等子因素，它们从不同方面反映了基本因素的作用。

（3）因子层，它们属于派生因素层，从更小的侧面具体地对土地使用产生影响。包括商业服务中心等级、高级商务金融集聚区、集贸市场，道路功能与宽度、道路网密度、公交便捷度，供水、排水、供暖、供气、供电设施，文化教育、医疗卫生、文娱体育、邮电设施、公园绿地，大气污染、水污染、噪声污染，地形坡度、地基承载力、洪水淹没与积水、绿化覆盖率，人口密度、建筑容积率、用地潜力等因子。

4）城市用地工程适宜性综合评定

城市用地工程适宜性评定是综合各项用地的自然条件，对用地质量进行评价的结果。

城市用地工程适宜性的评定要因地制宜，特别是要抓住对用地影响最突出的主导环境要素进行重点的分析与评价。例如，平原河网地区的城市必须重点分析水文和地基承载力的情况；山区和丘陵地区的城市，则地形、地貌条件往往成为评价的主要因素。又如，在地震区的城市，地质构造的情况就显得十分重要；而矿区附近的城市发展必须弄清地下矿藏的分布情况等。

城市用地的工程适宜性评定一般可分为三类。

（1）一类用地。一类用地即适宜修建的用地。这类用地一般具有地形平坦、规整、坡度适宜，地质条件良好，没有被洪水淹没的危险，自然环境条件较为优越等特点，是能适应城市各项设施建设要求的用地。这类用地一般不需或只需稍加简单的工程准备措施就可以进行修建。其具体要求是：①地形坡度在10%以下，符合各项建设用地的要求；②土质能满足建筑物地基承载力的要求；③地下水位低于建筑物、构筑物的基础埋藏深度；④没有被百年一遇洪水淹没的危险；⑤没有沼泽现象或采取简单的工程措施即可排除地面积水的地段；⑥没有冲沟、滑坡、崩塌、岩溶等不良地质现象的地段。

（2）二类用地。二类用地即基本上适宜修建的用地。这类用地由于受某种或某几种不利条件的影响，需要采取一定的工程措施改善其条件后，才适于修建。这类用地对城市设施或工程项目的布置有一定的限制。其具体情况是：①土质较差，在修建建筑物时，地基需要采取人工加固措施；②地下水位距地表面的深度较浅，修建建筑物时需降低地下水位或采取排水措施；③属洪水轻度淹没区，淹没深度不超过1.5m，需采取防洪措施；④地形坡度较大，修建建筑物时，除需要采取一定的工程措施外，还需动用较大土石方工程；⑤地表面有较严重的积水现象，需要采取专门的工程准备措施加以改善；⑥有轻微的活动性冲沟、滑坡等不良地质现象，需要采取一定工程准备措施等。

（3）三类用地。三类用地即不适宜修建的用地。这类用地一般说来用地条件很差，其具体情况是：①地基承载力极低和厚度在2m以上的泥炭或流沙层的土壤，需要采取很复杂的人工地基和加固措施才能修建；②地形坡度超过20%以上，布置建筑物很困难；③经常被洪水淹没且淹没深度超过1.5m；④有严重的活动性冲沟、滑坡等不良地质现象，若采取防治措施需花费很大工程量和工程费用；⑤农业生产价值很高的丰产农田，具有开采价值的矿藏，属于给水水源卫生防护地段，存在其他永久性设施和军事设施等。

3. 城市建设用地选择

城市建设用地选择就是合理选择城市的具体位置和用地的范围。对新建城市就是城市选址，对老城市来说则是确定城市用地的发展方向。城市建设用地选择的基本要求如下：

1）选择有利的自然条件

有利的自然条件，一般是指地势较为平坦，地基承载力良好，不受洪水威胁，工程建设投资省，而且能够保证城市日常功能的正常运转等。由于城市建设条件影响因素多且比较复杂，各种矛盾相互制约，如地形平坦的地段往往容易被水淹没且地基较差，地形起伏较大的丘陵虽然不平坦，但地基承载力较好。因此，要全面分析比较，合理估算工程造价，得出合理的选择。对于一些不利的自然条件，利用现代技术，通过一定的工程措施加以改造，但都必须经济合理和工程可行，要从现实的经济水平和技术能力出发，按近期和远期的规模要求来合理地选择用地。

2）尽量少占农田

保护耕地是我国的基本国策，因此，也是城市用地选址必须遵循的原则。在选择城市建设用地时，应尽量利用劣地、荒地、坡地、少占农田。

3）保护古迹与矿藏

城市用地选择应避开有价值的历史文物古迹和已探明有开采价值的矿藏的分布地段。

4）满足主要建设项目的要求

城市建设项目和内容，有主次之分。对城市发展关系重大的建设项目应优先满足其建设需要，解决城市用地选择的主要矛盾，此外还要研究它们的配套设施，如水、电、运输等用地的要求。

5）要为城市合理布局创造良好条件

城市布局的合理与否与用地选择关系很大，在用地选择时，要结合城市总体规划的初步设想反复分析比较。优越的自然条件是城市合理布局的良好基础。

5.6.2　城市总体布局

城市总体布局是城市社会、经济、自然条件以及工程技术与建筑艺术的综合反映，在城市性质和规模基本确定之后，在城市用地适宜性评定的基础上，根据城市自身的特点与要求，对城市各组成用地进行统一安排，合理布局，使其各得其所，并为今后的发展留有余地。城市总体布局的合理性，关系到城市经营的整体经济性，关系到城市长远的社会效益与环境效益。

1. 城市总体布局的基本原则

1）城乡结合，统筹安排

城市总体布局的综合性很强，要立足于城市全局，符合国家、区域和城市自身的根本利益和长远发展的要求。城市与周围地区有密切联系，总体布局时应作为一个整体统筹安排，同时还应与区域的土地利用、交通网络、山水生态相互协调。

2）功能协调，结构清晰

城市是一个庞大的系统，各类物质要素及其功能既有相互关联、互补的一面，又有相互矛盾、排斥的一面。城市规划用地结构清晰，是城市用地功能组织合理性的一个标志。它要求城市各主要用地功能明确，各用地之间相互协调，同时有安全便捷的联系，保障城市功能的整体协调、安全和运转高效。

3）依托旧区，紧凑发展

城市总体布局在充分发挥城市正常功能的前提下，应力争布局的集中紧凑，节约用地，节约城市基础设施建设投资，有利于城市运营，方便城市管理，减轻交通压力，有利于城市生产和方便居民生活。依托旧区和现有对外交通干线，就近开辟新区，循序滚动发展。

4）分期建设，留有余地

城市总体布局是城市发展与建设的战略部署，必须有长远观点和具有科学预见性，力求科学合理、方向明确、留有余地。对于城市远期规划要坚持从现实出发，对于城市近期建设规划必须以城市远期为指导，重点安排好近期建设和发展用地，滚动发展，形成城市建设的良性循环。

2. 自然条件对城市总体布局的影响

1）地貌类型

地貌类型一般包括山地、高原、丘陵、盆地、平原、河流、谷地等，它对城市的影响体现在选址、地域结构和空间形态等方面。

平原地区因地势平坦，用地充裕，自然障碍较少，城市可以自由地扩展，因而其布局多采用集中式，如北京、沈阳、长春、石家庄、郑州等城市。

河谷地带和海岸线上的城市，由于海洋及山地和丘陵的限制，城市布局多呈狭长带状分布，如兰州、青岛、抚顺、深圳等城市。

江南河网密布，用地分散，城市多呈分散式布局，如武汉、广州、福州、汕头等城市。

2）地表形态

地表形态包括地面起伏度、地面坡度、地面切割度等。其中，地面起伏度为城市提供了各具特色的景观要素；地面坡度对城市建设的影响最为普遍和直接；地面切割度则有助于城市特色的创造。

地表形态对城市布局的影响主要体现在：首先，山地丘陵城市的市中心一般都选择在山体的四周进行建设，这里既可以拥有优美的城市绿化景观，同时又可以俯瞰、眺望整个城市的全貌，如围绕南山建设的韩国首尔城市中心；其次，居住区一般布置在用地充裕、地表水源丰富的谷地中；再次，工业特别是有污染的工业，布置在地形较高的城市下风向，以利于污染空气的扩散。

3）地表水系

流域的水系分布、走向对污染较重的工业用地和居住用地的规划布局有直接影响，规划中居住用地、水源地，特别是取水口应安排在城市的上游地带。

沿河水位变化、岸滩稳定性及泥沙淤积情况还是港口选址必须考虑的基本因素。

河流的凹岸多为侵蚀地段，沙岸很不稳定；相反凸岸则易产生泥沙淤积，影响水深，堵塞航道。因此，河流的平直河段最适宜建设内河港口。水位深、岸滩稳定、泥沙淤积量小、背后有山体屏障的海湾是海港的最佳位置。

4）地下水

地下水的矿化度、水温等条件决定着一些特殊行业的选址与布局，决定其产品的品质。如饮料业、酿酒业、风味食品业等对水质的要求较高；又如现代都市居民休闲、度假普遍喜欢选择的项目——温泉旅游休闲、疗养项目，对地下水的水温、水质也有着特殊的要求，这些项目的选址与布局，必然是在拥有特种地下水源的地方。

在城市总体规划中，地下水的流向应与地面建设用地的分布以及其他自然条件（如风向等）一并考虑。防止因地下水受到工业排放物的污染，影响到居住区生活用水的质量。城市生活居住用地及自来水厂应布置在城市地下水的上水位方向；城市工业区特别是污水量排放较大的工业企业应布置在城市地下水的下水位方向。

5）风向

在进行城市用地规划布局时，为了减轻工业排放的有害气体对生活居住区的危害，通常把工业区布置于生活居住区的下风向，但应同时考虑最小风频风向、静风频率、各盛行风向的季节变换及风速关系。例如，全年只有一个盛行风向且与此相对的方向风频最小，或最小风频风向与盛行风向转换夹角大于90°，则工业用地应放在最小风频之上风向，居住区位于其下风向；当全年拥有两个方向的盛行风时，应避免使有污染的工业处于任何一个盛行风向的上风方向，工业区及居住区一般可分别布置在盛行风向的两侧。

6）风速

风速对城市工业布局影响很大。一般来说风速越大，城市空气污染物越容易扩散，空气污染程度就越低；相反风速越小，城市空气污染物越不易扩散，空气污染程度就越高。在城市总体布局中，除了考虑城市盛行风向的影响外，还应特别注意当地静风频率的高低，尤其在一些位于盆地或峡谷的城市静风频率往往很高。如果只按频率不高的盛行风向作为用地布局的依据，而忽视静风的影响，那么在静风时日，烟气滞留在城市上空无法吹散，只能沿水平方向慢慢扩散，仍然影响到邻近上风侧的生活居住区，难以解决城市大气的污染问题。因此，在静风占优势的城市，布局时除了将有污染的工业布置在盛行风向的下风地带以外，还应与居住区保持一定的距离，防止近处居住区受严重污染。

此外，城市用地布局在绿地安排和道路系统规划中也应考虑自然通风的要求，如大面积绿地安排成楔状插入城市，以导引风向；道路系统的走向可与冬季盛行风向成一定角度，以减轻寒风对城市的侵袭；为了防止台风、季节风暴的袭击，道路走向和绿地分布以垂直其盛行风向为好。对城市局部地段在温差热力作用下产生的小范围空气环流也应考虑，处理得当有利于该地段的自然通风，如在山地背风面，由于会产生机械性涡流，布置于此的建筑有利于通风，但其上风向若为污染源时，也会因此而加剧污染。

3. 城市总体布局主要模式

城市总体布局模式是对不同城市形态的概括表述，城市形态与城市的性质规模、地理环境、发展进程、产业特点等相互关联，具有空间上的整体性、特征上的传承性和时间上的连续性。

1) 集中式城市总体布局

特点是城市各项建设用地集中连片发展，就其道路网形式而言，可分为网络状、环状、环形放射状、混合状以及沿江、沿海或沿主要交通干路带状发展等模式。

集中式布局的优点：①布局紧凑，节约用地，节省建设投资；②容易低成本配套建设各项生活服务设施和基础设施；③居民工作、生活出行距离较短，城市氛围浓郁，交往需求易于满足。

集中式布局的缺点：①城市用地功能分区不十分明显，工业区与生活居住区紧邻，如果处理不当易造成环境污染；②城市用地大面积集中连片布置不利于城市道路交通的组织，因为越往市中心，人口和经济密度越高，交通流量越大；③城市进一步发展，会出现摊大饼的现象，即城市居住区与工业区层层包围城市，用地连绵不断地向四周扩展，城市总体布局可能陷入混乱。

2) 分散式城市总体布局

城市分为若干相对独立的组团，组团之间大多被河流、山川等自然地形、矿藏资源或对外交通系统分隔，组团间一般都有便捷的交通联系。

分散式布局的优点：①布局灵活，城市用地发展和城市容量具有弹性，容易处理好近期与远期的关系；②接近自然，环境优美；③各城市物质要素的布局关系井然有序，疏密有致。

分散式布局的缺点：①城市用地分散，浪费土地；②各城区不易统一配套建设基础设施，分开建设成本较高；③如果每个城区的规模达不到一个最低要求，城市氛围就不浓郁；④跨区工作和生活出行成本高，居民联系不便。

4. 城市总体布局的基本内容

城市活动概括起来主要有工作、居住、游憩、交通四个方面。为了满足各项城市活动，就必须有相应的不同功能的城市用地。各种城市用地之间，有的相互间有联系，有的相互间有依赖，有的相互间有干扰，有的相互间有矛盾，需要在城市总体布局中按照各类用地的功能要求以及相互之间的关系加以组织，使城市成为一个协调的有机整体。城市总体布局的核心是城市用地的功能组织，可通过以下几方面内容来体现：

（1）按组群方式布置工业企业，形成工业区。工业是城市发展的主要因素，发展工业是推动城市化进程的必要手段之一。合理安排工业区与其他功能区的位置，处理好工业与居住、交通运输等各项用地之间的关系是城市总体规划的重要任务。

由于现代化的工业组织形式和工业劳动组织的社会需要，无论在新城建设和旧城改造中，都力求将那些单独的、小型的、分散的工业企业按其性质、生产协作关系和管理系统组织成综合性的生产联合体，或按组群分工相对集中的布置成为工业区。工业区要协调好其与交通系统的配合，协调好工业区与居住区的方便联系，控制好工业区对居住区等功能区及对整个城市的环境污染。

（2）按居住区、居住小区等组成梯级布置，形成城市生活居住区。城市生活居住区的规划布置应能最大限度地满足城市居民多方面和不同程度的生活需要。一般情况下城市生活居住区由若干个居住区组成，根据城市居住区布局情况配置相应公共服务设施内容和规模，满足合理的服务半径，形成不同级别的城市公共活动中心（包括市级、居住区级等中心），这种梯级组织更能满足城市居民的实际需求。

（3）配合城市各功能要素，组织城市绿化系统，建立各级休憩与游乐场所。绿地系统是改善城市环境、调节小气候和构成休憩游乐场所的重要因素，应把它们均衡分布在城市各功能组成要素之中，并尽可能与郊区大片绿地（或农田）相连接，与江河湖海水系相联系，形成较为完整的城市绿化体系，充分发挥绿地在总体布局中的功能作用。

居民的休憩与游乐场所包括各种公共绿地、文化娱乐和体育设施等，应把它们合理地分散组织在城市中，最大限度地方便居民利用。

（4）按居民工作、居住、游憩等活动的特点形成城市的公共活动中心体系。城市公共活动中心通常是指城市主要公共建筑物分布最为集中的地段，是城市居民进行政治、经济、社会文化等公共生活的中心，是城市居民活动十分频繁的地方。选择城市各类公共活动中心的位置以及安排什么内容是城市总体布局的重要任务之一。这些公共活动中心包括社会政治公共活动中心、科技教育公共活动中心、商业服务公共活动中心、文化娱乐公共活动中心、体育公共活动中心等。

（5）按交通性质和交通速度，划分城市道路的类别，形成城市道路交通体系。在城市总体布局中，城市道路与交通体系的规划占有特别重要的地位。它的规划又必须与城市工业区和居住区等功能区的分布相关联，按各种道路交通性质和交通速度的不同，对城市道路按其从属关系分为若干类别。交通性道路中比如联系工业区、仓库区与对外交通设施的道路，以货运为主，要求高速；联系居住区与工业区或对外交通设施的道路，用于职工上、下班，要求快速、安全。而城市生活性道路则是联系居住区与公共活动中心、休憩游乐场所的道路，以及它们各自内部的道路。此外，还有在城市外围穿越的过境道路等。在城市道路交通体系的规划布局中，还要考虑道路交叉口形式、交通广场和停车场位置等。

以上五个方面构成了城市总体布局的主要内容。城市总体布局就是要使城市用地功能组织建立在各个功能区合理分布的基础之上。按此原理组织城市布局，就可使城市各部分之间有简便的交通联系；可使城市建设有序合理，使城市各项功能得以充分发挥。

5. 城市总体布局的艺术性

城市总体布局应当在满足城市功能要求的前提下，利用自然和人文条件对城市进行整体设计，创造优美的城市环境和形象。

（1）城市用地布局艺术。城市用地布局艺术指用地布局上的艺术构思及其在空间的体现，把山川河湖、名胜古迹、园林绿地、有保留价值的建筑等有机组织起来，形成城市景观的整体框架。

（2）城市空间布局体现城市审美要求。城市之美是自然美与人工美的结合，不同规模的城市要有适当的比例尺度。城市美在一定程度上反映在城市尺度的均衡、功能与形式的统一。

（3）城市空间景观的组织。城市中心和干路的空间布局都是形成城市景观的重点，是反映城市面貌和个性的重要因素。城市总体布局应通过对节点、路径、界面、标志的有效组织，创造出具有特色的城市中心和城市干路的艺术风貌。

城市轴线是组织城市空间的重要手段。通过轴线，可以把城市空间组成一个有秩序、有韵律的整体，以突出城市空间的序列和秩序感。

（4）继承历史传统，突出地方特色。在城市总体布局中，要充分考虑每个城市的历史传统和地方特色，保护好有历史文化价值的建筑、建筑群、历史街区，使其融入城市空间环境之中，创造独特的城市环境和形象。

5.6.3 主要城市建设用地规模的确定

目前，城市建设用地规模确定的核心就是"人地对应"，即通过预测人口规模，按照《城乡用地分类与规划建设用地标准》GB 50137—2017 中的规划人均建设用地面积指标确定主要建设用地的规模。从以人为本和促进城市健康发展的角度出发，突出与人民生活密切相关的指标，为了使得每个居民获得所必需的基本居住、公共服务、交通、绿化权利、城市安全的保障，重点关注和保障五大类基础保障性用地指标，对居住用地、公共管理与公共服务用地、道路与交通设施用地、绿地与广场用地和公用设施的单项人均城市建设用地指标提出低限标准的规定。

1. 居住用地规模的确定

影响居住用地规模的因素相对单纯，并且易于把握。在国家大的土地政策、经济水平以及居住模式一定的前提下，采用通过统计得出的数据（如居住区的人口密度或人均居住用地面积等），结合人口规模的预测很容易计算出城市在未来某一时点所需居住用地的总体规模。

按照Ⅰ、Ⅱ、Ⅵ、Ⅶ气候以及Ⅲ、Ⅳ、Ⅴ气候区的两类控制方式，参照住房和城乡建设部政策研究中心《全面建设小康社会居住目标研究》中 2020 年城镇人均住房建筑面积 35.0 平方米/人的标准，根据《城市居住区规划设计规范（2002 年版）》GB 50180—1993 关于住宅建筑密度、住宅用地比例的相关规定，以及《城乡用地分类与规划建设用地标准》GB 50137—2017 关于城镇建设用地分类的具体规定，结合不同气候分区的 18 个样本城市数据分析，计算并推导归纳人均居住区用地面积。同时，根据《城市居住区规划设计标准》GB 50180—2018，保障人的基本生活需求和人居环境质量，构建生活圈居住区，扣除公共绿地和城市道路用地等非居住用地，推算出人均居住用地面积。确定Ⅰ、Ⅱ、Ⅵ、Ⅶ气候区的人均居住用地面积指标为（22.0～32.0）平方米/人，Ⅲ、Ⅳ、Ⅴ气候区的人均居住用地面积指标为（20.0～30.0）平方米/人。

2. 公共管理与公共服务用地规模的确定

加强落实《国务院关于印发"十三五"推进基本公共服务均等化规划的通知》（国发〔2017〕9 号）关于"完善基本公共服务体系，加强公共服务设施规划布局和用地保障"的要求，根据《城市公共设施规划规范》GB 50442—2018 关于"公共文化设施""教育设施""公共体育设施""医疗卫生设施""社会福利设施"人均用地指标的相关规定，延续《城市用地分类与规划建设用地标准》GB 50137—2011 关于"行政办公用地"的规定，结合全国市、县人均公共管理与公共服务用地面积现状指标情况，综合确定人均行政办公用地、文化设施用地、教育用地、体育用地、医疗卫生用地、社会福利用地之和的面积不应小于 5 平方米/人。

3. 道路与交通设施用地规模的确定

参考城市综合交通体系规划规范关于人均道路与交通设施用地面积最低不应小于 12.0 平方米/人的相关规定，结合近年来国务院批复的 58 个城市总体规划用地资料的分析，和全国市、县人均道路与交通设施用地面积现状指标情况，延续《城市用地分类与规划建设用地标准》GB 50137—2011 的规定，确定保持人均道路与交通设施用地面积不低于 12 平方米/人的要求不变。

对于人口规模较大的城市（镇），由于公共交通比例较高，高等级道路比例相对较高，人均道路与交通设施用地面积指标低限应在此基础上酌情提高。

4. 绿地与广场用地规模的确定

依据《国家园林城市系列标准》（建城〔2016〕235 号），其中，《国家园林城市标准》提出人均建设用地小于 105 平方米/人的城市人均公园绿地面积不小于 8 平方米/人，人均建设用地大于 105 平方米/人的城市人均公园绿地面积不小于 9 平方米/人；《国家生态园林城市标准》提出人均建设用地小于 105 平方米/人的城市人均公园绿地面积不小于 10 平方米/人，人均建设用地大于 105 平方米/人的城市人均公园绿地面积不小于 12 平方米/人；《国家园林县城标准》提出人均公园绿地面积不小于 9 平方米/人；《国家园林城镇标准》提出人均公园绿地面积不小于 9 平方米/人。《全国生态城市保护与建设规划（2015—2020 年）》提出人均公园绿地面积达到 14.6 平方米/人。作为指导规划城乡建设用地远期控制指标，应满足和实现以上要求，综合确定人均绿地与广场用地面积不小于 12 平方米/人，同时，为了维护好城市（镇）良好的生态环境，人均公园绿地面积不小于 10 平方米/人。

5. 公用设施用地规模的确定

通过分析全国市、县现状人均公用设施用地面积，已经分别达到 4.1 平方米/人和 6.2 平方米/人，同时结合近年来国务院批复的 58 个城市总体规划用地资料的分析，为进一步提升城市运行能力，保障城市安全，本标准确定人均公用设施用地面积不小于 5 平方米/人。

此外，城市中还有一些其他用途的用地，其规模只能按照实际需要逐项估算。例如，商业服务业设施用地规模的准确预测最为困难，不仅是因为该类用地对市场的需求最为敏感，变化周期较短，而且其总规模与城市性质、服务对象的范围、当地的消费习惯等因素有关，难以以城市人口规模作为预测的依据。同时，商业服务功能还大量存在于商业—居住、商业—工业等复合型土地使用形态中。商业服务活动的量有时并不直接反映在商务商业用地的面积上。规划中通常可以采用将商务、批发商业、零售业、娱乐服务业用地等分别计算的方法。

城市用地规模是一个随时间变化的动态指标。通过预测所获得的用地规模只是对未来某个时点所作出的大致估计。在城市实际发展过程中不但各种用地之间的比例随时变化，而且达到预测规模的时点也会提前或延迟。

5.6.4 主要城市建设用地位置及相互关系确定

在各种主要城市用地的规模大致确定后，需要将其落实到具体的空间中去。城市总体规划需要按照各类城市用地的分布规律确定城市建设用地的规划布局。通常影响各种城市建设用地的位置及其相互之间关系的主要因素可以归纳为以下几种：

1）各种用地的功能对用地的要求

居住用地要求具有良好的环境，商业用地要求交通设施完备等。

2）各种用地的经济承受能力

在市场经济环境下，各种用地所处位置及其相互之间的关系主要受经济因素影响。对地租（地价）承受能力强的用地种类，例如商业用地，在区位竞争中通常处于有利地位。当商业用地规模需要扩大时，往往会侵入其临近的其他种类的用地并取而代之。

3）各种用地相互之间的关系

由于各类城市用地所承载的功能之间存在相互吸引、排斥、关联等不同的关系，城市用地之间也会相应地反映出这种关系。例如，大片集中的居住用地会吸引为居民日常生活服务的商业用地，而排斥有污染的工业用地或其他对环境有影响的用地。

4）规划因素

虽然城市规划需要研究和掌握在市场作用下各类城市用地的分布规律，但这并不意味着对不同性质用地之间自由竞争的放任。城市规划所体现的基本精神恰恰是政府对市场经济的有限干预，以保证城市整体的公平、健康和有序。因此，城市规划的既定政策也是左右各种城市用地位置及相互关系的重要因素。对旧城以传统建筑形态为主的居住用地的保护就是最为典型的实例。

5.6.5 居住用地规划布局

居住用地规划布局就是要为居住功能选择适宜、恰当的用地，并处理好与其他类别用地的关系，同时确定居住功能的组织结构，配置相应的公共服务设施系统，创造良好的居住环境。

1. 居住用地的组成

在居住用地中，除了直接建设各类住宅的用地外，还有为住宅服务的各种配套设施用地。例如，居住区内的道路，为社区服务的公园、幼儿园以及商业服务设施用地等。因此，城市总体规划中的居住用地是指包括这些为住宅服务的设施用地在内的总称。

为便于城市用地的统计，并且与总体规划图上的表示取得一致，国标《城乡用地分类与规划建设用地标准》GB 50137—2017（修订）规定，居住用地是指住宅用地和居住小区及小区级以下的幼托、文化、体育、商业、卫生服务、养老助残设施等用地，不包括中小学用地。

2. 居住用地指标

居住用地水平关系到城市生活质量、土地资源的利用以及居住空间与环境的营造等多个方面。

居住用地指标主要由两方面来表达，一是居住用地占整个城市用地的比重；二是居住用地的分级以及各组成内容的用地分配与标准。

1）影响因素

居住用地指标的拟定主要受到下列因素的影响：

（1）城市规模：在居住用地占城市总用地的比重方面，一般是大城市因工业、交通、公共设施等用地较之小城市的比重要高，相对地居住用地比重会低些。同时也由于大城市可能建造较多高层住宅，人均居住用地指标会比小城市低。

（2）城市性质：一般老城市建筑层数较低，居住用地所占城市用地的比重会高些；而新兴工业城市因产业占地较大，居住用地比重就较低。

（3）自然条件：如在丘陵或水网地区，会因土地可利用率较低，增加居住用地的数量，加大该项用地的比重。此外，不同纬度的地区为保证住宅必要的日照间距，从而会影响到居住用地的标准。

（4）城市用地标准：因城市社会经济发展水平不同，加上房地产市场的需求状况不一，也会影响到住宅建设标准和居住用地的指标。

2）用地指标

按照国标《城乡用地分类与规划建设用地标准》GB 50137—2017（修订）规定，居住用地指标为 I、II、VI、VII 气候区 22.0～32.0 平方米/人，III、IV 、V 气候区为 20.0～30.0 平方米/人。

在城市总体用地平衡的条件下，对城市居住区、居住小区等居住地域结构单位的用地指标，在《城市居住区规划设计规范》GB 50180—1993（2016 年修订）中有规定（表 5-16）。

表 5-16　人均居住区用地控制指标（平方米/人）

居住规模	层数	建筑气候区划		
		I 、II 、VI 、VII	III 、V	IV
居住区	低 层	33～47	30～43	28～40
	多 层	20～28	19～27	18～25
	多层、高层	17～26	17～26	17～26
小区	低 层	30～43	28～40	26～37
	多 层	20～28	19～26	18～25
	中高层	17～24	15～22	14～20
	高 层	10～15	10～15	10～15
组团	低 层	25～35	23～32	21～30
	多 层	16～23	15～22	14～20
	中高层	14～20	13～18	12～16
	高 层	8～11	8～11	8～11

3. 居住用地的规划布局

1）居住用地的选择

居住用地的选择关系到城市的功能布局，居民的生活质量与环境质量、建设经济与开发效益等多个方面。一般应考虑以下几方面要求：

（1）选择自然环境优良的地区，有适于建筑的地形与工程地质条件，避免易受洪水、地震灾害和滑坡、沼泽、风口等不良条件的地区。在丘陵地区，宜选择向阳、通风的坡面。在可能情况下，尽量接近水面和风景优美的环境。

（2）居住用地的选择应协调与城市就业区和商业中心等功能地域的相互关系，以减少居住—工作、居住—消费的出行距离与时间。

（3）居住用地选择要十分注重用地自身及用地周边的环境污染影响。在接近工业区时，要选择在常年主导风向的上风向，并按环境保护等法规规定间隔有必要的防护距离，为营造卫生、安宁的居住生活空间提供环境保证。

（4）居住用地选择应有适宜的规模与用地形状，从而合理地组织居住生活、经济有效地配置公共服务设施等。合适的用地形状将有利于居住区的空间组织和建设工程经济。

（5）在城市外围选择居住用地，要考虑与现有城区的功能结构关系，利用旧城区公共设施、就业设施，有利于密切新区与旧区的关系，节省居住区建设的初期投资。

（6）居住区用地选择要结合房产市场的需求趋向，考虑建设的可行性与效益。

（7）居住用地选择要注意留有余地。在居住用地与产业用地相配合一体安排时，要考虑相互发展的趋势与需要，如产业有一定发展潜力与可能时，居住用地应有相应的发展安排与空间准备。

2）居住用地的规划布局

城市居住用地在城市总体布局中的分布主要有以下方式：

（1）集中布置：当城市规模不大，有足够的用地且在用地范围内无自然或人为的障碍，而可以成片紧凑地组织用地时，常采用这种布置方式。用地的集中布置可以节约城市市政建设投资，密切城市各部分在空间上的联系，在便利交通，减少能耗、时耗等方面可获得较好的效果。

但在城市规模较大、居住用地过于大片密集布置，可能会造成上下班出行距离增加，疏远居住与自然的联系，影响居住生态质量等诸多问题。

（2）分散布置：当城市用地受到地形等自然条件的限制，或因城市的产业分布和道路交通设施的走向与网络的影响时，居住用地可采取分散布置。前者如在丘陵地区城市用地沿多条谷地展开；后者如在矿区城市，居住用地与采矿点相伴而分散布置。

（3）轴向布置：当城市用地以中心地区为核心，沿着多条由中心向外围放射的交通干线发展时，居住用地依托交通干线（如快速路、轨道交通线等），在适宜的出行距离范围内，赋以一定的组合形态，并逐步延展。如有的城市因轨道交通的建设带动了沿线房地产业的发展，居住区在沿线集结，呈轴线发展态势。

5.6.6　公共设施用地规划布局

城市作为人类的聚居地，其社会生活、经济生活和文化生活需要丰富而多样的公共性设施予以支持。城市公共设施的内容与规模在一定程度上反映出城市的性质、城市的物质生活与文化生活水平和城市的文明程度。

城市公共设施的内容设置及其规模大小与城市的职能和规模相关联。某些公共设施（如公益性设施）的配置与人口规模密切相关而具有地方性；有些公共设施则与城市的职能相关，并不全然涉及城市人口规模的大小，如一些旅游城市的交通、商业等营利性设施，多为外来游客服务而具有泛地方性；另外，也有些公共设施是兼而有之，如一些学校等。

城市公共设施是以公共利益及设施的可公共使用为基本特性的。公共设施的设置，在一定的标准与要求控制下，可以由政府、社团或是企业与个人来设立与经营，并不因其所有权属的性质而影响其公共性；城市公共设施按照它的用途与性质，决定其服务的对象与范围，同样不因所服务对象与范围的大小而失其公共性。

1. 公共设施分类

城市公共设施种类繁多，且性质、归属不一。在城市总体规划中为了便于总体布局和系统配置，一般是按照用地的性质和分级配置的需要加以分类。

1）按使用性质分类

新修订的《城乡用地分类与规划建设用地标准》GB 50137—2017（修订）延续《城市用地分类与规划建设用地标准》GB 50137—2011，将 GBJ 137—90 中的"公共设施用地"分为"公共管理与公共服务设施用地"和"商业服务业设施用地"。

"公共管理与公共服务设施用地"（A）是指为保障民生基本需求，维持城市正常运行、保持社会经济发展，需要统筹规划布局、优先建设的基本服务设施，一般为公益性设施用地。包括："行政办公用地"（A1）、"文化设施用地"（A2）、"教育用地"（A3）、"体育用地"（A4）、"医疗卫生用地"（A5）、"社会福利设施用地"（A6）、"文物古迹用地"（A7）、"科研用地"（A8）、"其他公共管理与公共服务设施用地"（A9）。

为了保证"公共管理与公共服务设施用地"（A）的土地供给，"行政办公用地"（A1）、"文化设施用地"（A2）、"教育用地"（A3）、"体育用地"（A4）、"医疗卫生用地"（A5）、"社会福利用地"（A6）等中类应在用地结构表中列出。

"商业服务业设施用地"（B）是指主要通过市场配置的，旨在为改善和提升城市生产生活服务功能而规划建设的服务设施，包括政府单独投资、社会资本投资等各种方式投资建设的设施用地。可分为："商业用地"B1、"商务用地"B2、"娱乐康体用地"B3、"公用设施营业网点用地"B4、"其他服务设施用地"B9。

2）按公共设施的服务范围分类

按照城市用地结构的等级序列，公共设施相应地分级配置，一般分成三级：

（1）市级如市政府、博物馆、大剧院、电视台等。

（2）居住区级如街道办事处、派出所、街道医院等。

（3）小区级如小学、菜市场等。

在一些大城市，公共设施的分级配置还可能增加行政区级或城市总体规划的分区级等级别而配设相应内容。前者如区少年宫等，后者如电影院等。

需要说明的是，并非所有各类公共设施都须分级设置，这要根据公共设施的性质和居民使用情况来定。例如，银行从市级机构到居住小区或街坊的储蓄所，构成银行自身的系统。而如博物馆等设施一般只在市一级设置。

3）其他分类

如按照公共设施所属机构的性质及其服务范围，可以分为非地方性公共设施与地方性公共设施。前者如全国性或区域性行政或经济管理机构、大专院校等；后者则基本上为当地居民使用的设施。另外，在市场经济不断发展的条件下，某些公共设施的设置，将受到市场强烈的调节作用。同时为实施城市发展目标，对另一些设施须带有强制设置的要求。此外，城市公共设施还可以分为公益性设施与营利性设施的类别等。

2. 公共设施用地规模

1）公共设施用地规模的影响因素

影响城市公共设施用地规模的因素较为复杂，而且城市之间存在着较大的差异，无法一概而论。在城市总体规划阶段，公共设施用地的规模通常不包括与市民日常生活关系密切的设施的用地规模，而将其计入居住用地的规模，例如居住区内的小型超市、洗衣店、美容院等商业服务设施用地。

影响城市公共设施用地规模的因素主要有以下几个方面：

（1）城市性质。城市性质对公共设施用地规模具有较大的影响，有时这种影响是决定性的。例如：在一些国家或地区经济中心城市中，大量的金融、保险、贸易、咨询、设计、总部管理等经济活动需要大量的商务办公空间，并形成中央商务区（CBD）。在这种城市中，商务办公用地的规模就会大幅度增加。而在不具备这种活动的城市中，商务办公用地的规模就会小很多。再如：交通枢纽城市、旅游城市中，需要为大量外来人口提供商业服务以及开展文化娱乐活动的设施，相应用地的规模也会远远高于其他性质的城市。

（2）城市规模。按照一般规律，城市规模越大其公共服务设施的门类越齐全，专业化水平越高，规模也就越大。这是因为在满足一般性消费与公共活动方面，大城市与中小城市并没有太大的区别。但是专业化商业服务设施以及部分公共设施的设置，需要一个最低限度的人群作为支撑，例如可能每个城市都有电影院，但音乐厅则只能存在于大城市甚至是特大城市中。

（3）城市经济发展水平。就城市整体而言，经济较发达的城市中，第三产业占有较高的比重，对公共设施用地有大量的需求，同时，城市政府提供各种文化体育活动设施的能力较强；而在经济相对欠发达的城市中，公共设施更多地限于商业服务领域，对公共设施用地的需求相对较少。对于个人或家庭消费而言，可支配的收入越多就意味着购买力越强，也就要求更多的商业服务、文化娱乐设施。

（4）居民生活习惯。虽然居民的生活和消费习惯与经济发展水平有一定的联系，但不完全成正比。例如，在我国南方地区，由于气候等原因，居民更倾向于在外就餐，因而带动餐饮业以及零售业的蓬勃发展，产生出相应的用地需求。

（5）城市布局。在布局较为紧凑的城市中，商业服务中心的数量相对较少，但中心的用地规模较大，且其中的门类较齐全，等级较高。而在因地形等原因呈较为分散布局的城市中，为了照顾到城市中各个片区的需求，商业服务中心的数量增加，同时整体用地规模也相应增加。

2）公共设施用地规模的确定

确定城市公共设施用地规模，要从城市对公共设施设置的目的、功能要求、分布特点、城市经济条件和现状基础等多方面进行分析研究，综合加以考虑。

（1）根据人口规模推算。通过对不同类型城市现状公共设施用地规模与城市人口规模的统计比较，可以得出该类用地与人口规模之间关系的函数，或者是人均用地规模指标。规划中可以参照指标推算公共设施用地规模。

（2）根据各专业系统和有关部门的规定来确定。有一些公共设施，如银行、邮局、医疗、商业、公安部门等，由于它们业务与管理的需要自成系统，并各自规定了一套具体的建筑与用地指标。这些指标是从其经营管理的经济与合理性来考虑的。这类公共设施的规模可以参考专业部门的规定，结合具体情况确定。

（3）根据地方的特殊需要，通过调研，按需确定。在一些自然条件特殊、少数民族地区或是特有的民风民俗地区的城市，某些公共设施需通过调查研究予以专门设置，并拟定适当指标。对于一些非地方性的公共设施如科研、高校管理等机构，或是地方特殊需要设置的如纪念性展示馆、博览会场、区域性竞技场馆等设施都应以项目确定其用地。

3. 公共设施的布局规划

城市公共设施的种类繁多，其布局因各自的功能、性质、服务对象与范围的不同而各有其要求。公共设施的用地布局不是孤立的，它们与城市的其他功能地域有着配置的相宜关系，需要通过规划过程，加以有机组织，形成功能合理、有序有效的布局。

城市公共设施的布局在不同规划阶段，有着不同的布局方式和深度要求。总体规划阶段，在研究确定城市公共设施总量指标和分类分项指标的基础上，进行公共设施用地的总体布局，包括分类的系统分布，公共设施分级集聚和组织城市分级的公共中心。按照各项公共设施与城市其他用地的配置关系，使之各得其所。

1）合理配置公共设施项目

合理配置有着多重涵义：一是指整个城市各类公共设施应按城市的需要配套齐全，以保证城市的生活质量和城市机能的运转；二是按城市的布局结构进行分级或系统的配置，与城市的功能、人口、用地的分布格局具有对应的整合关系；三是在局部地域的设施按服务功能和对象予以成套的设置，如地区中心、车站码头地区、大型游乐场所等地域；四是指某些专业设施的集聚配置，以发挥联动效应，如专业市场群、专业商业街区等。

2）公共设施要按照与居民生活的密切程度确定合理的服务半径

根据服务半径确定其服务范围大小及服务人数的多少，以此推算公共设施的规模。服务半径的确定首先是从居民对设施方便使用的要求出发，同时也要考虑到公共设施经营管理的经济性与合理性。不同的设施有不同的服务半径。某项公共设施服务半径的大小又将随它的使用频率、服务对象、地形条件、交通便利程度以及人口密度的高低等有所不同。服务半径是检验公共设施分布合理与否的指标之一，它的确定是科学的而不是随意的或是机械的。

3）公共设施的布局要结合城市道路与交通规划考虑

公共设施是人、车集散的地点，尤其是一些吸引大量人流、车流的大型公共设施。公共设施要按照它们的使用性质和对交通集聚的要求，结合城市道路系统规划与交通组织一并安排。如一些商业设施可结合步行道路或是自行车专用道、公交站点，形成以步行为主的商业街区。而对于大型体育场馆、展览中心等公共设施，由于对城市道路交通系统的依存关系，则应与城市干路相联结。

4）根据公共设施本身的特点及其对环境的要求进行布置

公共设施本身既作为一个环境形成因素，同时其分布对周围环境也有所要求。例如，医院一般要求有一个清洁安静的环境；露天剧场或球场的布置既要考虑自身发生的声响对周围的影响，同时也要防止外界噪声对表演和竞技的妨碍；学校、图书馆等单位一般就不宜与剧场、市场、游乐场等紧邻，以免相互之间干扰。

5）公共设施布置要考虑城市景观组织的要求

公共设施种类多而且建筑的形体和立面也比较多样而丰富，因此，可通过不同的公共设施和其他建筑的和谐处理与布置，利用地形等其他条件，组织街景与景点，以创造具有地方风貌的城市景观。

6）公共设施的布局要考虑合理的建设顺序并留有余地

在按照规划进行分期建设的城市，公共设施的分布及其内容与规模的配置，应该与不同建设阶段城市的规模、建设的发展和居民生活条件的改善过程相适应。安排好公共设施项目的建设顺序，使得在不同建设时期既保证必要的公共设施配置，又不致过早或过量的建设造成投资的浪费。同时，为适应城市发展和城市生活的需求变化，对一些公共设施应留有扩展或应变的余地，尤其对一些营利性的公共设施更要按市场规律保持布点与规模设置的弹性。

7）公共设施的布置要充分利用城市原有基础

老城市公共设施的内容、规模与分布一般不能适应城市的发展和现代城市生活的需要。它的特点是：布点不均匀；门类余缺不一，用地与建筑缺乏；同时建筑质量也较差。具体可以结合城市的改建、扩建规划，通过留、并、迁、转、补等措施进行调整与充实。

4. 城市公共中心的组织与布置

城市公共中心包括市中心、区中心及专业中心系列。城市公共中心是居民进行政治、经济、文化等社会活动比较集中的地方。为了发挥城市中心的职能和满足市民公共活动的需要，在中心往往还配置有广场、绿地以及交通设施等，形成一个公共设施相对集中而组合有序的地区或地段。

1）城市公共中心系列

在规模较大的城市，因公共设施的性能与服务地域和对象的不同，往往有市级、地区级以及居住区级、小区级等相应设施种类与规模的集聚设置，形成城市公共中心的等级系列。市级公共中心主要是为整个城市范围服务的公共活动中心；地区级公共中心主要为行政区或地区范围服务的公共活动中心；居住区级公共中心主要为居住区范围服务的公共活动中心；小区级公共活动中心主要为小区范围服务的公共活动中心。

同时，由于城市功能的多样性，还有一些专业设施相聚配套而形成的专业性公共中心，如体育中心、科技中心、展览中心、会议中心等。尤其在一些大城市，或是以某项专业职能为主的城市，会有此类专业中心，或位于城市公共中心地区，或是在单独地域设置。

2）全市性公共中心的组织与布置

全市性公共中心是显示城市历史与发展状态、城市文明水准以及城市建设成就的标志性地域。这里汇集有全市性的行政、商业、文化等设施，是信息、交通、物资汇流的枢纽，也是第三产业密集的区域。

全市性公共中心的组织与布置应考虑以下方面：

（1）按照城市的性质与规模，组合功能与空间环境。城市公共中心因城市的职能与规模不同，有相应的设施内容与布置方式。在一些大城市，都有地域广阔且配置齐全的城市商业中心，并且还伴有市级行政与经济管理等功能地域，它们可以相类而聚，也可分别设立。在一些都会城市还有中央商务区（CBD）的设置，这里集聚众多公司、商行、银行、保险、咨询、信息机构以及为之服务的设施，是商务信息高度集中的地区，往往也是土地高度集约利用、房地产价格昂贵的地区。

在一些大城市或都会地区，通过建立城市副中心可以分解市级中心的部分职能，主副中心相辅相成，共同完善市中心的整体功能。

不同规模、性质的城市，对公共活动中心有不同的需求。按照城市规模，小城市一般有一个综合性公共活动中心，就可以满足各方面的要求。大、中城市，除全市中心外，还会有副中心、地区中心等，它们之间既相对独立，又相互联系，形成公共活动中心体系。

随着信息、网络技术与产业的快速发展，原本凭借地缘性关系而紧凑集结的一些城市中心设施与功能，将可跨越地理空间的约束，分散到环境更为适宜的地点择址，而出现所谓逆中心化的倾向，这将会给城市公共中心的功能成分及其地域组构形态带来影响。

在以商业设施为主体的公共中心，为避免商业活动受汽车交通的干扰，以提供适宜而安全的购物休闲环境，而辟建商业步行街或步行街区，已被许多城市所采用，形成各具特色的商业中心环境。如北京的王府井、上海的南京路等商业步行街等。

（2）组织中心地区的交通。城市中心区人、车汇集，交通集散量大，须有良好的交通组织，以增强中心区的效能。公共设施应按交通集散量的大小，以及其与道路的组合关系进行合理分布。如通过在中心区外围设置疏解环路及停车设施，以拦阻车辆超量进入中心地区。

（3）城市公共中心的内容与建设标准要与城市的发展目标相适应。同时在选址与用地规模上要顺应城市发展方向和布局形态，并为进一步发展留有余地。公共中心的功能地域要发挥组合效应，提高运营效能。同时在中心地区规模较大时，应结合区位条件安排部分居住用地，以免在夜晚出现中心"空城"现象。

（4）慎重对待城市传统商业中心。旧城的传统商业中心一般都有较完善的建设基础和历史文化价值，而且在长期形成过程和作用过程中，已造成市民向往的心理定势，一般不应轻率地废弃与改造，要采取慎重态度。尤其在一些历史文化名城，或是有保护价值的历史文化地段，更要制定保护策略，通过保存、充实与更新等措施以适应时代的需要，重新焕发历史文化的光彩。我国北京的大栅栏、琉璃厂、南京的夫子庙、上海的城隍庙和哈尔滨的中央大街等传统商业中心的保护与改造，都取得了良好的成效。

5.6.7 工业用地规划布局

工业是近现代城市产生与发展的根本原因。对于正处在工业化时期的我国大部分城市而言，工业不但是城市经济发展的支柱与动力，同时也是提供大量就业岗位、接纳劳动力的主体。工业生产活动通常占用城市中大面积的土地，伴随包括原材料与产品运输在内的货运交通，以及以职工通勤为主的人流交通，同时还在不同程度上产生影响城市环境的废气、废水、废渣和噪声。因此，工业用地承载着城市的主要活动，构成了城市土地使用的主要组成部分。

1. 城市中工业布置的基本要求

1）工业用地的自身要求

工业用地的具体要求有如下几个方面：

（1）用地的形状和规模：工业用地要求的形状与规模不仅因生产类别不同而不同，且与机械化、自动化程度、采用的运输方式、工艺流程和建筑层数有关。当把技术、经济上有直接依赖关系的工厂组成联合企业时（如钢铁、石油化工、纺织、木材加工等联合企业）则需要很大用地。规划中必须根据城市发展战略对不同类型的工业用地进行充分的调查分析，为未来的城市支柱产业留有足够的空间和弹性。

（2）地形要求：工业用地的自然坡度要和工业生产工艺、运输方式与排水坡度相适应。利用重力运输的水泥厂、选矿厂应设于山坡地，对安全距离要求很高的工厂宜布置在山坞或丘陵地带，有铁路运输时则应满足线路铺设要求。

（3）水源要求：安排工业项目时，注意工业与农业用水的协调平衡。由于冷却、工艺、原料、锅炉、冲洗以及空调的需要，用水量很大的工业类型用地（如火力发电、造纸、纺织、化纤等），应布置在供水量充沛可靠的地方，并注意与水源高差的问题。水源条件对工业用地的选址往往起决定作用，有些工业对水质有特殊的要求，如食品工业对水的味道和气味、造纸厂对水的透明度和颜色、纺织工业对水温、丝织工业对水的铁质等的要求，规划布局时必须予以充分考虑。

（4）能源要求：安排工业区必须有可靠的能源供应，大量用电的炼铝、铁合金、电炉炼钢、有机合成与电解企业用地要尽可能靠近电源布置，争取采用发电厂直接输电，以减少架设高压线、升降电压带来的电能损失。染料厂、胶合板厂、氨厂、碱厂、印染厂、人造纤维厂、糖厂、造纸厂以及某些机械厂在生产过程中，由于加热、干燥、动力等需大量蒸汽及热水，对这类工业的用地应尽可能靠近热电站布置。

（5）工程地质、水文地质与水文要求：工业用地不应选在7级和7级以上的地震区，土壤的耐压强度一般不应小于 $15t/m^2$；山地城市的工业用地应特别注意不要选址于滑坡、断层、岩溶或泥石流等不良地质地段；在黄土地区工业用地选址应尽量选在湿陷量小的地段，以减少基建工程费用。工业用地的地下水位最好是低于厂房的基础，并能满足地下工程的要求、地下水的水质要求不致对混凝土产生腐蚀作用。工业用地应避开洪水淹没地段，一般应高出当地最高洪水位 0.5m 以上。最高洪水频率，大、中型企业为百年一遇，小型企业为 50 年一遇。厂区不应布置在水库坝址下游，如必须布置在下游时，应考虑安置在水坝发生意外事故时，建筑不致被水冲毁的地段。

（6）工业的特殊要求：某些工业对气压、湿度、空气含尘量、防磁、防电磁波等有特殊要求，应在布置时予以满足，某些工业对地基、土壤以及防爆、防火等有特殊要求，也应在布置时予以满足。如有锻压车间的工业企业，在生产过程中对地面发生很大的静压力和动压力，对地基的要求较高。又如有的化工厂有很多的地下设备，需要有干燥不渗水的土壤。再如有易燃、易爆危险性的企业，要求远离居住区、铁路、公路、高压输电线等，厂区应分散布置，同时还须在其周围设置特种防护地带。

（7）其他要求。工业用地应避开以下地区：军事用地、水力枢纽、大桥等战略目标；矿物蕴藏地区和采空区；文物古迹埋藏地区以及生态保护与风景旅游区；埋有地下设备的地区。

2）交通运输的要求

工业用地的交通运输条件关系到工业企业的生产运行效益，直接影响到吸引投资的成败。在有便捷运输条件的地段布置工业可有效节省建厂投资，加快工程进度，并保证生产的顺利进行。因此，城市的工业多沿公路、铁路、通航河流进行布置。

各种运输方式的建设与经营管理费用均不相同，在考虑工业布局时，要根据货运量的大小、货物单件尺寸与特点、运输距离，经分析比较后确定运输方式，将其布置在有相应运输条件的地段。在工业中可采用铁路、水路、公路或连续运输。

铁路运输的特点是运量大、效率高、运输费用低，但建设投资高，用地面积大，并要求用地平坦。因此，只有需大量燃料、原料和生产大量产品的冶金、化工、重型机器制造业，或大量提供原料、燃料的煤铁、有色金属开采业，有大量向外运输，或只有一个固定原料基地的工业，才有条件设铁路专用线，采用铁路运输的工业企业，用地要布置在便于接轨的地段。把有关工业组成工业区，统一建设铁路运输设施，可以提高专用线的利用率，节约建设投资。

水路运输费用最为低廉，在有通航河流的城市安排工业，特别是木材、造纸原料、砖瓦、矿石、煤炭等大宗货物的运输，应尽量采用水运，采用水路运输的工厂要尽量靠近码头。

公路运输机动灵活、建设快、基建投资少，是城市的主要运输方式。为此，在规划中要注意工业区与码头、车站、仓库等有便捷的交通联系。

连续运输包括传送带、传送管道、液压、空气压缩输送管道、悬索及单轨运输等方式。连续运输效率高，节约用地，并可节约运输费用和时间，但建设投资高，灵活性小。

城市中布置工业用地时，对运输条件的考虑随工业规模大小不同而不同。中小型工业货运量小，投资少，为了迅速上马，尽可能利用原有运输设施；这些工业要靠近铁路接轨站、码头、公路进行布置。大型联合企业货运量大，往往超过原有运输设施的运输能力，建厂时必须开辟新的线路，增建新的运输设施。这些工业的安排要注意满足修建运输设施的基本条件，特别是大型港口的自然条件。工业区的运输方案应考虑各种运输方式互相联系，互相补充，形成系统，并避免货运线路和主要客运线路交叉。

3）防止工业对城市环境的污染

工业生产中可能排出大量废水、废气、废渣，并产生强大噪声，使空气、水、土壤受到污染，造成环境质量的恶化。在工业建设的同时控制污染是十分必要的，在规划中注意合理布局也有利于改善环境卫生。各类工业排放的三废有害成分和数量不同，对城市环境影响也不同。废气污染以化工和金属制品工业最为严重；废水污染以化工、纤维与钢铁工业影响最大，废渣则以高炉为最多。为减少和避免工业对城市的污染，在城市中布置工业用地时应注意以下几个方面：

（1）减少有害气体对城市的污染。散发有害气体的工业不宜过分集中在一个地段。在城市中布置工业时，应了解各种工业排出废气的成分与数量，对集中与分散布置给环境带来的污染状况进行分析和研究，应特别注意不要把废气能相互作用产生新的污染的工厂布置在一起，如氮肥厂和炼油厂相邻布置时，两个厂排放的废气会在阳光下发生复杂的化学反应，形成极为有害的光化学污染。

工业在城市中的布置要综合考虑风向、风速、地形等多方面的影响因素。空气流通不良会使污物无法扩散而加重污染，在群山环绕的盆地、谷地，四周被高大建筑包围的空间及静风频率高的地区，不宜布置排放有害废气的工业。

工业区与居住区之间按要求隔开一定距离，称为卫生防护带，这段距离的大小随工业排放污物的性质与数量的不同而变化。在卫生防护带中一般可以布置一些少数人使用的、停留时间不长的建筑如消防车库、仓库、停车场、市政工程构筑物等，不得将体育设施、学校、儿童机构和医院等布置在防护带内。卫生防护带内必须种植树木，形成绿带以有效减少工业对居住区的危害。绿带应选用对有害废气有抵抗能力、最好能吸收有害气体的树种。

（2）防止废水污染。水在流动中有自净作用，当排入水体的污物数量过大，超过自净能力则引起水质恶化。工业生产过程中产生大量含有各种有害物质的废水，这些废水若不加控制，任意排放，就会污染水体和土壤。在城市现有及规划水源的上游不得设置排放有害废水的工业，也不得在排放有害废水的工业下游开辟新的水源。集中布置废水性质相同的厂以便统一处理废水，节约废水的处理费用。如纺织、制革、造纸等企业都排出含有机物废水，布置在一起可统一用微生物处理。

（3）防止工业废渣污染。工业废渣主要来源于燃料和冶金工业，其次来源于化学和石油化工工业，它们的数量大，化学成分复杂，有的具有毒性。工业废渣回收利用途径较多，应尽量回收利用，否则不仅需占用大片土地，而且会对土壤、水质及大气产生污染。在城市中布置工业可根据其废渣的成分、综合利用的可能，适当安排一些配套项目以求物尽其用。德国鲁尔区的煤、钢、化工联合企业，利用冶金矿渣和电厂粉煤灰建成水泥厂和硅酸盐制品厂。化工废渣种类繁多，综合利用十分广泛，在工业布置时要尽量统一安排。不能立即综合利用的废渣要对其堆弃场地早做安排，尽量利用荒地堆弃废渣并注意防止其对土壤、水源的污染。

（4）防止噪声干扰。工业生产噪声很大，形成城市局部地区噪声干扰，特别是散布在居住区内的工厂，干扰更为严重。从工厂的性质看，噪声最大的是金属制品厂，其次为机械厂和化工厂。在规划中要注意将噪声大的工业布置在离居住区较远的地方，也可设置一定宽度的绿带减弱噪声干扰。

2. 工业用地在城市中的布置

工业用地的布置直接影响到城市功能结构和城市形态。在城市总体规划中，重点安排好工业用地，综合考虑工业用地和居住、交通运输等各项用地之间的关系，使其各得其所是十分重要的。

1) 工业的分类

按工业性质可分为冶金工业、电力工业、燃料工业、机械工业、化学工业、建材工业等，在工业布置中可按工业性质分成机械工业用地、化工工业用地等。

按环境污染可分为隔离工业、严重干扰和污染的工业、有一定干扰和污染的工业、一般工业等。隔离工业指放射性、剧毒性、有爆炸危险性的工业，这类工业污染极其严重，一般布置在远离城市的独立地段；严重干扰和污染的工业指化学工业、冶金工业等，这类工业的废水、废气或废渣污染严重，对居住和公共设施等环境有严重干扰，一般应与城市保持一定的距离，需设置较宽的绿化防护带；有一定干扰和污染的工业指某些机械工业、纺织工业等，这类工业有废水、废气等污染，对居住和公共设施等环境有一定干扰，可布置在城市边缘的独立地段上；一般工业指电子工业、缝纫厂、手工业等，这类工业对居住和公共设施等环境基本无干扰，可分散布置在生活居住用地的独立地段上。

2) 工业在城市中布局的一般原则

城市中工业用地布局的基本要求应满足为每一个工业企业创造良好的生产和建设条件，并处理好工业用地与城市其他功能的关系，特别是工业区与居住区的关系。其布局一般原则如下：

（1）有足够的用地面积，用地基本符合工业的具体特点和要求，有方便的交通运输条件能解决给排水问题。

（2）职工的居住用地应分布在卫生条件较好的地段上，尽量靠近工业区，并有方便的交通联系。

（3）工业区和城市各部分在各个发展阶段中应保持紧凑集中、互不妨碍，并充分注意节约用地。

（4）相关企业之间应取得较好的联系，开展必要的协作，考虑资源的综合利用，减少市内运输。

3) 工业用地在城市中的布局

本着满足生产需求、考虑相关企业间协作关系、利于生产、方便生活、为自身发展留出余地、为城市发展减少障碍的原则，城市总体规划应从各个城市的实际出发，按照恰当的规模、选择适宜的形式来进行工业用地的布局。除与其他种类的城市用地交错布局形成的混合用途区域中的工业用地外，常见的相对集中的工业用地布局形式有以下几种：

（1）工业用地位于城市特定地区。工业用地相对集中地位于城市中某一方位上，形成工业区，或者分布于城市周边。通常中小城市中的工业用地多呈此种形态布局，其特点是总体规模较小，与生活居住用地之间具有较密切的联系，但容易造成污染，并且当城市进一步发展时，有可能形成工业用地与生活居住用地相间的情况。

（2）工业用地与其他用地形成组团。无论是由于地形条件所致，还是随城市不同发展时期逐渐形成，工业用地与生活居住等其他种类的用地一起形成相对明确的组团。这种情况常见于大城市或丘陵地区的城市，其优点是在一定程度上平衡组团内的就业和居住，但由于不同程度地存在工业用地与其他用地交叉布局的情况，不利于局部污染的防范。城市整体的污染防范可以通过调整各组团中的工业门类来实现。

（3）工业园或独立的工业卫星城。与组团式的工业用地布局相似，在工业园或独立的工业卫星城中，通常也带有相关的配套生活居住用地。尤其是独立的工业卫星城中，各项配套设施更加完备，有时可做到基本上不依赖主城区，但与主城区有快速便捷的交通相连。北京的亦庄经济技术开发区、上海的宝山、金山、松江等卫星城镇就是该类型的实例。

（4）工业地带。当某一区域内的工业城市数量、密度与规模发展到一定程度时，就形成了工业地带。这些工业城市之间分工合作，联系密切，但各自独立，德国著名的鲁尔地区在20世纪80年代之前就是一种典型的工业地带。事实上，对工业地带中工业及相关用地的规划布局，已不属于城市总体规划的范畴，而更倾向于区域规划所应解决的问题。

3. 旧城工业布局调整

城市总体规划的重要任务除了对新建工业进行安排以外，还须对城市现有工业布局上的问题进行研究，并作出必要的建议进行调整改造，以改善现有交通、卫生、生产、生活等状况。旧城中的工业由于种种原因往往布局不尽合理，其厂房建筑、工艺流程、设备、管道、运输等对城市的生产发展和居民生活都有妨碍。旧城工业区的改建远较新建工业区复杂。

1）旧城工业布局存在的问题

工厂用地面积小，不能满足生产需要。有些工厂由于历史原因无集中用地，一厂分散几处，使生产过程不连续，生产管理不便。

缺乏必要的交通运输条件。有的厂位于小巷深处，道路不通畅，运输不便，往往造成交通堵塞和事故。

居住区与工厂混杂。在我国现有城市中除新建大厂形成工业区外，市区大量的旧有工厂混杂在居住区中。噪声、烟尘、废气、废水污染严重，影响附近居民健康。

工厂的仓库、堆场不足。有的工厂侵占道路面积，造成马路仓库，影响交通和市容整洁。

工厂布局混乱，缺乏生产上的统一安排，形成"小而全""大而全"的局面。

有些工厂的厂房利用一般民房或临时建筑，不合生产要求，影响生产和安全。

2）旧城工业布局调整的一般措施

旧城工业布局调整所采取的措施，必须在深入调查研究的基础上，根据城市不同性质和特点、现有工业存在的各种问题采取不同办法，制订工业调整改造方案，达到布局合理的要求，根据旧城内工厂各种不同情况可采取以下方法：

（1）留：原有的工厂厂房设备好，位于交通方便、市政设施齐全的地段，而且对周围环境没有影响，可以保留，允许就地扩建。

（2）改：包括改变生产性质、改革工艺和生产技术两方面。原有工厂的厂房设备好，且位于交通方便、市政设施齐全、有发展余地的地段，但对周围环境有影响，应采取改变生产性质、改革工艺等措施，以减轻或消除对环境的污染，有的还可以改作他用。

（3）并：规模小、车间分散的工厂可适当合并，以改善技术设备，提高生产率。生产性质相同并分散设置的小厂，可按专业要求组成大厂，各个相同的生产车间也可合并成专业厂，如铸造厂、机修厂、铆焊厂等。

（4）迁：凡在生产过程中对周围环境有严重污染，又不易治理，或有易燃、易爆的工厂，应尽可能迁往远郊厂区；用地狭小、设备差、生产无发展余地或厂房位置妨碍城市重要工程建设的工厂，应迁建；运输量很大，在城区内无法修建必要的运输设施（专用线、车库、工业港等）的工厂，也可根据情况迁建。由于工厂搬迁费用较多，很多城市利用土地的级差地租来实现其搬迁。

在实际工作中，必须根据具体情况分别处理，不宜简单从事。如有的厂需要外迁，近期难以实现，可在近期限制发展，进行技术改造，远期再迁出。

5.6.8　物流仓储用地规划布局

随着经济全球化和现代高新技术的迅猛发展，现代物流在世界范围内获得迅速发展，成为极具增长前景的新兴产业。由于物流、仓储与货运存在关联性与兼容性，国标《城乡用地分类与规划建设用地标准》GB 50137—2017（修订）续用原标准，设立物流仓储用地，物流仓储用地指物资的中转仓库、专业收购和储存建筑、堆场及其附属设施、道路、场地、绿化等用地。

1. 物流仓储用地的分类

物流仓储用地是城市用地组成部分之一，与城市其他用地如工业用地、生活居住用地、交通用地有着十分密切的关系，物流仓储用地内部也存在着必要的功能分区。除了用于短期或长期存放物资的用地外，还应包括行政管理用地、后勤设施用地和库内道路用地，有的还包括自身的运输队用地和附属的物资包装、分装和加工用地等。按照我国现行的城市用地标准，并按其对居住和公共环境影响的干扰污染程度分为 3 类：①一类物流仓储用地，即对居住和公共环境基本无干扰、污染和安全隐患的物流仓储用地。②二类物流仓储用地，即对居住和公共环境有一定干扰、污染和安全隐患的物流仓储用地。③危险品物流仓储用地，即存放易燃、易爆和剧毒等危险品的专用物流仓储用地。

2. 确定物流仓储用地的规模

物流仓储用地规模一般是指城市中物流仓储用地的总面积和某一独立物流仓储用地的合理面积两个方面。由于影响因素很多，很难直接确定城市物流仓储用地的总体规模。在规划中，要根据各城市的具体情况进行分析估算和确定。

1）估算物流仓储用地规模时应考虑的因素

（1）城市规模。城市规模大，城市日常生产和生活所需物资和消费水平比小城市高，物资储备量大，因此物流仓储用地规模应该大一些。同理，小城市的物流仓储用地规模就要小一些。

（2）城市性质。铁路、港口枢纽城市，除了城市的生产资料和生活资料物流仓储用地外，还需要设置不直接为本市服务的转运仓库。转运仓库规模应根据对外交通枢纽的货物吞吐量和经营管理水平来酌情确定。工业城市要求生产资料供应物流仓储用地的规模要大一些；风景旅游城市对小型生产资料供应物流仓储用地的需求要大一些。

（3）城市经济和居民生活水平。

同等规模的城市，若城市经济和居民生活水平不同，则所需的物流仓储用地规模也不相同。一般来说，随着城市经济的发展和居民生活水平的提高，城市生活和居民生活所消耗的物资的品种和数量也会增多，相应的物资储备量也会增加，物流仓储用地的需求就相应增大。

（4）物流仓储物品的性质与特点。

物流仓储物品的性质与特点影响每处独立设置物流仓储用地的用地规模。如粮食仓库需要大面积的露天堆晒场，且储量大，因而所需用地规模也大；国家和地区储备仓库、中转仓库均以储存大宗货物为主，仓库用地规模也很大；而为居民日常生活服务的日用商品仓库，规模就可小一些。

（5）物流仓储设施和储存方式。

不同的物流仓储设施和储存方式，如露天堆场、低层仓库和多层仓库对物流仓储用地的规模都有直接影响。

2）物流仓储用地规模的估算

当物流仓储设施确定后，可参考下述步骤确定每处物流仓储用地规模：

（1）确定参数和指标，包括物流仓储货物的规划年吞吐量、货物的年周转次数、库房和堆场利用率、单位面积容量、货物进仓系数、库房建筑层数和建筑密度等。

（2）计算物流仓储用地规模

$$库房用地面积 = \frac{年吞吐量 \times 货物进仓系数}{单位面积容量 \times 仓库面积利用率 \times 层数 \times 年周转次数 \times 建筑密度}$$

$$堆场用地面积 = \frac{年吞吐量 \times （1 - 货物进仓系数）}{单位面积容量 \times 堆场面积利用率 \times 年周转次数}$$

$$物流仓储用地规模 = 库房用地面积 + 堆场用地面积$$

3. 物流仓储用地规划布局

物流仓储用地的布置应根据物流仓储用地的类别和用途，结合城市的性质、规模、用地和交通运输条件、工业用地和生活居住用地的布置等综合考虑。

1）物流仓储用地规划布置的基本要求

（1）方便生产、运输便捷。

在布置物流仓储用地之前，应首先在规划区内进行货源点分布调查，使物流仓储用地尽量接近吞吐量较大的那些货源点，尽可能降低综合货运周转里程，方便生产。同时，物流仓储用地要与城市综合交通系统有便捷可靠的衔接，大规模物流仓储用地要有铁路专用线直接进入库区，有条件的城市还要设置货运专用干道或铁路、水运和汽车联运系统。

（2）方便生活，注意环境保护。

物流仓储用地一般不宜布置在城市生活居住用地内。不为居民日常生活所需的生产资料仓库，应与生活居住用地保持一定的安全卫生间距；为居民日常生活服务的生活资料仓库，可相对于生活居住用地均匀分布，以接近商业服务设施，方便居民生活，但也应满足卫生、安全等国家和地方有关规范、规定的要求，以防止污染，保护城市环境，保证城市安全。

（3）方便经营，有利发展。

城市的物流仓储用地的布置应采取集中与分散相结合的方法，按照物流仓储用地的类别与性质布设，并设置公用或专用的设备与设施，方便经营与管理。物流仓储用地布置中既要注意节约用地，又要注意留足未来发展用地。

（4）方便建设，保证安全。

物流仓储用地的布置应方便建设，选择坡度适宜的用地，坡度一般控制在 0.3%～3%范围内，以保证良好的自然排水条件。选择土壤承载力高的用地，在回填土形成的台地上或沿河岸布置物流仓储用地时，应保证用地边缘的土壤稳定和整个用地内土壤压力符合要求。不应在低洼潮湿地段或溢洪区内布置物流仓储用地，以防储存物资受淹、受潮，造成霉变损坏。物流仓储用地应靠近城市供水系统，无法与城市供水系统可靠连接的用地，应有足够水量的自备水源和储水设备，其水源或储水设备容量应符合消防规范的规定。

2）物流仓储用地规划布置

（1）物流仓储用地布置与城市规模、性质的关系。

小城市特别是县城，用地范围小，城市性质单纯，辖区内产业结构中第一产业的比重较大，乡镇工业地域分布较广。因此，此类规模城市的物流仓储用地宜在城市用地边缘靠近水路、铁路、公路、港站附近集中布置，以方便城乡物资交流。实际规划中还应注意此类城市的发展方向和规模，尽量保证现在的物流仓储用地与城市未来发展用地之间仍能维持比较合理的关系。

大、中城市用地规模大，城市性质复杂，产业结构中第二、三产业比重较高。因此，物流仓储用地不宜集中布置在一处。应按照物流仓储用地的类别和服务对象在城市的适当位置上相对分散布置。一般来说，大、中城市中用于相对集中布置物流仓储用地不宜少于 3 处。

直接为居民日常生活服务的物流仓储用地可均匀布置在生活居住用地的附近，并与商业用地统筹考虑。

港口城市和铁路枢纽城市的物流仓储用地的布置，应结合对外交通枢纽在城市中的分布特点，恰当地安排转运仓库和城市供应仓库的位置，处理好与交通枢纽设施和城市其他用地的关系。

（2）不同类别的物流仓储用地在城市中的位置安排。

① 国家和地区物资储备仓库一般不直接为所在地的城市服务，因此可设在城市的郊区便于独立管理的地段。这类仓库的规模一般都比较大，需要设铁路专用线和其他的专用交通设施。

② 转运仓库视其与对外交通枢纽的位置关系，可以有两种布置方式：一种是仓库与铁路、港口等设施紧密结合，集中布置；另一种是分散布置，即将转运仓库布置在城市郊区。前一种布置方式应对城市对外交通枢纽的最终发展规模进行科学的预测，以便留足转运仓库的发展用地；后一种布置方式应充分考虑在仓库区与对外交通枢纽之间设立专门的货运道路，以免与城市内部交通相冲突，并避免其交通运输线路穿越

城市。

③ 危险品仓库应远离城区布置。其用地应便于封闭管理，与周围民用建筑的防护间距应符合国家有关的专项规范要求。

④ 生产资料仓库一般应与工业用地一起综合考虑，安排在工业区附近或城市外围地区。其中的散装水泥仓库、煤炭仓库、木材仓库、石油等易燃易爆仓库应在郊区独立地段布置，且应在城市主导风向的下风或侧风侧，沿水系布置则应在城市的下游地区，其防火和卫生间距应符合有关规范的要求。

⑤ 生活资料仓库的布置应视储存物品的性质区别对待。粮食仓库用地较大，且加工储存过程中对城市有一定污染，不宜在城市生活居住用地内布置，也不应与有污染的工业用地相邻布置。蔬菜、水果仓库应分散布置在郊区和城乡结合部位，不宜过分集中；鱼、肉等鲜活食品冷藏仓库常附设屠宰加工厂，对城市有一定的污染，有时需要铁路运输。因此，要设在郊区和对外交通设施附近。

⑥ 在大、中城市，除了全市性的生活资料物流仓储用地外，还常在商业中心区或其附近的合适位置上分散设置二级仓库，以便为各级零售商店服务。

第6章
城市综合交通规划

主要内容：

（1）城市交通与城市发展的关系。

（2）城市交通构成与现代城市交通特征。

（3）以公共交通为导向的城市开发模式（TOD模式）。

（4）城市道路系统规划。

（5）城市对外交通规划。

学习要求：

（1）了解城市、城市交通、城市总体布局之间的关系。

（2）掌握城市内部交通系统和对外交通系统的规划布置。

（3）了解以公共交通为导向的城市开发模式（TOD模式）。

（4）学会分析具体城市的交通与道路规划。

6.1 城市交通与城市发展的关系

6.1.1 交通方式与城市发展

1. 不同交通方式支撑下的城市形态及其发展

城市是人类为便于进行商业、行政、文化、政治及宗教等活动而形成的聚居地。城市的规模、空间结构、居住分布形态等取决于人们在较短时间（通常为当日）内的出行距离和活动范围，而出行距离又取决于当时的交通方式。因此，交通方式的发展是改变城市规模、城市空间结构和土地利用形态的重要因素，按照交通方式的演变过程，城市的发展大致可以分为步行时代、马车时代、有轨电车时代、汽车时代和综合交通时代等不同的发展时期。随着交通方式的不同，人们的活动方式和可到达的范围有很大差别，导致了城市规模结构和土地利用形态的不同（图6-1）。

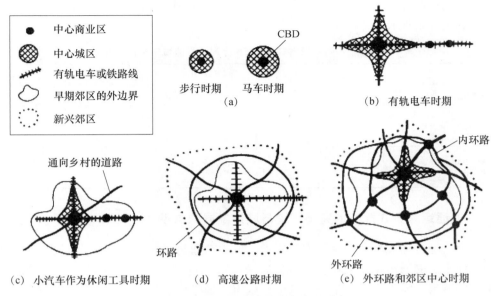

图 6-1 不同交通方式的城市布局形态

2. 不同交通方式决定的市区范围

城市规模的扩展在很大程度上应归功于交通运输手段的发展。一个城市无论是集中型布局还是分散型布局，客观上都有一个市中心，在人们可以容忍的出行时间范围内，由市中心出发的径向交通距离，通常决定了城市建成区的用地半径。吉普生在《新城设计》中给出了不同出行目的可容忍的出行时间，如表 6-1 所示。

表 6-1 可容忍的出行时间（min）

出行目的	理想的出行时间	可接受的出行时间	能容忍的最长时间
工作	10	25	45
购物	10	25	35
游憩	10	25	85

我国对大城市居民的旅行时耗无明确目标值，但根据我国的城市规模、居民出行调查统计以及居民在市内的平均出行时耗，有些学者建议我国不同规模的城市居民出行时耗的最大限度如表 6-2 所示。

表 6-2 出行时耗最大限度表

城市人口（万人）	>100	100～50	50～20	20～5	<5
出行时间（min）	50	50～40	40～30	30～20	20

若规定大城市最大出行时耗为 45min，那么根据运行车速便可算得各种交通工具所能到达的距离。目前，我国最常见的出行方式有步行、自行车和公共交通。由于步行、骑自行车消耗体力，可接受的出行时耗一般在 0.5h 以内，因此步行的出行范围是 0～3 km，骑自行车的出行范围是 0～7 km，公共交通的出行范围多在 3 km 以外。若假定市区为同心圆构造，建成区扩展不受地理条件限制，市区去各方向的通达性情况相同，

其距离范围即为建成区面积的当量半径，则可算得各种交通方式所决定的最大建成区面积，如表 6-3 所示。

表 6-3　不同交通方式按 0.5h 行程计算的城市市区面积

交通方式	步行	自行车	公交车	地铁	快速轨道	小汽车
速度范围（km/h）	4～5	8～15	10～25	20～35	30～40	35～45
速度取值（km/h）	5	10	20	30	35	40
0.5h 行程距离（km）	2.5	5	10	15	17	20
0.5h 行程为半径求得建成区面积（km²）	20	80	320	710	910	1 300

3. 交通运输方式配备的完善程度与城市发展的关系

城市交通是构成城市的主要物质要素。城市交通是国民经济四大生产部门（农业、采掘、加工、交通运输）之一；城市交通是城市化过程中的必备条件，在以工业生产为中心的城市，城市交通是生产的延续；城市交通是城乡物资、国际物资交流的纽带；城市交通还承担了城市人民生活供应，政治、科技、文化交流，国内外旅游等重要职能。

城市大多位于水陆交通枢纽。交通运输方式配备的完善程度与城市规模、经济、政治地位有着正相关关系。绝大多数城市都具有水陆交通条件，只靠公路运输的仅占极少数，大部分特大城市是水陆空交通枢纽。

西方国家的现代交通发展大体经历了以下 4 个阶段：①利用天然河湖水系，开凿一定数量的运河。产业革命初期，由于工业发展要解决用水及水运，工厂大多沿河布置，这对英国、美国、西欧等国家和地区的工业布局起了决定性作用。②建设铁路，以铁路为主要交通运输方式。19 世纪 40 年代出现了狂热的建设铁路的高潮，如美国、日本、俄国等国家的工业化都与铁路分不开。③汽车、航空及管道运输的发展。20 世纪 50 年代，第二次世界大战以后，由于大量汽车、航空工业由战备转向民用，大城市周围大量发展轻工、电子工业，高速公路由于其投资少、利润大、收效快等原因，汽车运输飞速发展。由于汽车交通盲目发展，在一些城市造成了交通阻塞，车祸陡增，环境恶化及能源紧张等严重后果。④发展综合运输。由于不同运输方式之间的盲目竞争和片面发展，带来了不良后果，证明了要经济、合理、高效地解决交通问题，必须发展综合运输。历史也证明从来没有利用单一运输方式的先例，尽管有不同的阶段，也都是不同程度上综合利用了各种运输方式。

6.1.2　交通和土地利用的关系

1. 交通与土地利用的相互作用机理

交通与土地利用相互联系、相互影响、相互促进。从交通规划的角度来说，不同的土地利用形态决定了交通发生量、交通吸引量和交通分布形态，在一定程度上决定了交通结构。土地利用形态不合理或者土地开发强度过高将使交通容量无法满足交通需求。从土地利用的角度来说，发达的交通改变了城市结构和土地利用形态，使城市中心区的过密人口向城市周围疏散，城市商业中心更加集中，规模加大，土地利用的功能划分更加清楚。同时，交通的规划和建设对土地利用和城市发展具有导向作用，交通设施沿线的土地开发利用异常活跃，各种社会基础设施大多集中在地铁和干道周围。所以各项经济指标、人口和土地利用是交通需求预测的起始点，也就是说，上述指标是最基本的输入数据，城市综合交通规划是以这些数据为基础构造模型，进行交通需求预测，制订综合规划方案的。

鉴于交通与土地利用的上述关系，交通规划领域的专家们越来越重视在交通规划过程中导入交通与土地利用的相互反馈作用，注意协调交通与土地利用的关系，注重土地利用规划和交通规划的综合化。

2. 交通和区位理论

1）区位理论的产生和发展

区位理论是关于人类活动，特别是经济活动空间组织优化的理论。它是从空间或地域方面定量研究的自然现象和社会现象，尤其是社会现象中的经济现象的理论。

区位论作为一种学说，产生于 1920～1930 年，其标志是 1926 年德国经济学家杜能发表的《孤立国同农业和农民经济的关系》。杜能在这部著作里提出了农业区位论。20 世纪初，韦伯发表了《论工业的区位》，这标志着工业区位论的问世。后来德国地理学家克里斯泰勒提出了中心地理论，即城市区位论。几年后，德国经济学家廖什从市场区位的角度分析和研究城市问题，提出了与克里斯泰勒的城市区位论相似的理论，为与前者相区别，后人将其概括为市场区位论。

2）区位的组成及交通因素在其中的体现

区位不仅包括地球上某一事物在空间方位和距离上的关系，还强调自然界的各种地理要素与人类社会经济活动之间的相互联系和相互作用在空间位置上的反映。

区位是自然地理位置、经济地理位置和交通地理位置在空间地域上有机结合的具体表现。自然地理位置是指地球上某一事物与其周围的陆地、山脉、江河海洋等自然地理事物之间的空间关系。经济地理位置是指地球上某一事物在人类历史过程中，经过人们的经济活动所创造出的地理关系。自然地理位置往往通过经济地理位置发生作用。交通设施是城市与其周围地区及城市内部各功能区之间相互联系的桥梁和纽带，是城市赖以形成和发展的先决条件。交通地理位置一般是自然地理位置与经济地理位置的综合反映和集中体现。三种地理位置有机联系、相辅相成，共同作用于地域空间，形成一定的土地区位。由于城市是人类的生产和生活活动所创造的，因此城市中的土地区位受经济地理位置和交通地理位置的影响更大。

城市基础设施是形成城市土地区位的一般物质基础，其结构、密度和布局状况在某种程度上决定着土地区位的优劣。它具体体现在土地的生产力方面，直接影响级差地租，从而影响土地的价格。

3. 交通与商业区位理论

1）商业区位的特征

商业是满足人们物质文化生活需要，直接将工业和其他各业产品输送给消费者的服务行业。在商业活动中，商业设施及其服务对象是两个最基本的要素。商业设施聚集形成商业中心，其服务对象散布在周边的一定范围内，两者通过交通设施联系起来。从方便和效率两方面考虑，商业区位的主要特征之一就是通达性高，即具有良好的交通条件以保证购物者能顺利通畅地到达商业中心，因此商业与交通不可避免地交织在一起。

2）交通对商业区位的影响

在不同的商业区位中，交通条件越好，则其服务对象在数量上越多，在空间上分布越广，该商业区位的规模也就可能越大。对同一个商业区来说，交通条件的改善意味着通达性的提高，其作为商业中心的外部环境也就得以改善，商业活动随之扩张，土地区位更加优越。同时，商业设施吸引的购物人流增多，也会对交通设施提出更高的要求。

周围交通设施对商业区的促进是许多商业中心迅速崛起的重要原因之一。例如，北京西单商业区的迅速发展就得益于该地区交通条件的改善。西单商业街的繁华程度在中华人民共和国成立前不如前门和王府井大街。北京在中华人民共和国成立后，由于首都城市建设的需要，扩展西长安街，开辟了通向复兴门的大街，这样一条横贯北京东西的交通干线经过西单，再加上西单原来就位于西城区的南北干线上，其商业区位条件显著改善，现已发展成为与王府井、前门并列的三大商业中心之一。

在一定的交通条件下，商业区的发展规模是有上限的，存在均衡的商业规模。这是因为随着商业功能的加强，商业中心吸引的人流规模不断增加，人流对交通设施的压力也不断增大，到一定程度后，交通将变得拥挤不堪，开始抑制人流的增加，人流规模达到一定限度，也就限制了商业规模的进一步扩大，最后两者处于均衡状态。均衡商业规模如图 6-2 所示。

不同的交通条件所能承受的人流规模不同，相应的其商业规模也不同。在图 6-3 中，曲线 *OA*、*OB*、*OC* 和 *OD* 分别表示在 4 种交通条件下人流规模与商业规模的关系。曲线 *OA* 反映最优交通条件下的对应关系，其均衡商业规模最大；曲线 *OD* 反映最差交通条件下两者的对应关系，其均衡商业规模最小。

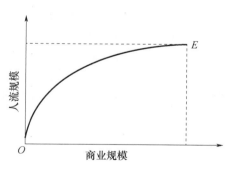

图 6-2　一定交通条件下的均衡商业规模

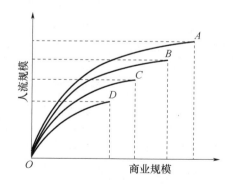

图 6-3　不同交通条件下的均衡商业规模

通达性越好的区域，均衡点越靠近右上方。一般当交通条件限制了人流的增加，阻碍了商业的进一步发展时，人们就会进行交通工程建设，改善交通条件，使之能容纳更多的人流和物流，从而使商业规模继续扩大，这样均衡商业规模不断扩大，如

图 6-4 所示。

从图 6-4 可以看出，交通建设优化了商业的区位条件，促进了商业区的发展。交通条件的不断改善，为商业的不断繁荣提供了物质基础。当然，如前所述，交通条件的改善是有上限的。

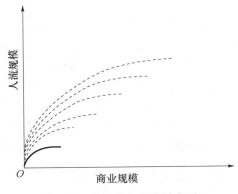

图 6-4 均衡商业规模随交通
条件的改善而提高

4. 交通和工业区位理论

1）工业用地的区位特点

一是工业用地寻求交通方便的地区。交通方便的地区便于设备安装、原材料的运进和制成品的运出，生产成本低，利润高。

二是工业用地具有自动集结成团的倾向。工业企业之间一般都有一定的技术经济联系，为了取得集聚经济效益，技术、经济联系较密切的企业自然集结成团。而且，同类企业也有自觉集结成团的倾向，这不仅有利于建立统一的服务体系，更有助于相互之间的学习和竞争，从而推动技术创新和进步。

三是工业用地不断向市区边缘迁移。随着经济发展，各类用地逐渐分化。一般的工业企业往往有某种程度的环境污染，因而工业用地与其他行业用地有一定的互斥性。所以随着城市的发展，交通条件不断改善，基础设施日益完备，工业企业逐渐迁移到城市郊区。

2）交通运输对工业区位选择的影响

每个企业都希望能降低生产成本，获得更高的利润，而其所在区位的好坏直接影响企业的生产成本。企业常常通过比较不同地点交通运输费用的大小来确定工业区位。韦伯概括出工业区位选择的一般原则是：任何一个生产部门都应该在原料地和消费地之间寻找一个均衡点，使得工厂位于该点时，生产和销售全过程中的交通运输成本最低。决定交通运输费用大小的因素很多，如交通运输的距离、运载货物的性质、交通工具、交通的种类（水运、陆运、空运等）等。

从原料分类方面考虑，不同性质原料的运输成本是不同的，对工厂区位选择的影响也是不一样的。生产过程中所需运输的物质可分为三类：生产原料、产生动力的燃料、制造的正副产品。前两类统称为原料，后一类简称为产品。原料可根据生产过程中耗用原料的重量与制成品重量之比分为以下两种：

一种是无重量损失的纯原料，指在生产过程中全部重量几乎都能转移到产品中的原料。从运费角度考虑，若生产单位主要使用不失重的纯原料生产产品，而且原料与产品的单位重量运输成本大致相同时，则该生产单位既可设在原料产地，也可设在产品消费地。

二是有重量损失的原料，指在生产过程中只有部分重量转移到产品中的原料。若生产单位主要使用有重量损失的原料，而原料与产品的单位重量运输成本大致相同时，生产地点的选择应偏向于原料产地。

如果按交通运输成本最低的原则选择工业区位，一个工厂往往有多个原料产地和多个销售市场，在这种情况下可通过优化以下公式来确定工厂的最佳区位：

$$\min T = \min \sum_{i=t}^{n} W_i Q_i D_i$$

式中　T——总的运输成本；

　　i——原料及产品的种类，i＝1，2，3…；

　　W_i——第 i 种原料或产品的重量；

　　Q_i——单位质量的第 i 种原料或产品的单位距离运输成本；

　　D_i——原料产地或产品销售地到工厂的距离。

可采用数学方法或几何方法求解来确定工厂的最佳区位。

5. 交通和住宅用地区位

住宅用地区位要求交通便利，通达性好，使居民能够便捷地进行工作、娱乐等出行，而且随着人们生活水平的提高，对住宅区的自然环境提出了更高的要求。因此，在城市的形成和发展过程中，住宅区首先从工商混合区中独立出来，建立在交通方便、环境条件相对较为优越的城市外围地带。

6.1.3　城市交通对城市发展的影响

1. 对城市形成和发展的影响

城市交通是城市形成发展的重要条件，并随着城市的形成与发展不断完善。城市交通是与城市同步形成的，城市的形成必包含城市交通的因素，一般先有过境交通，再沿交通线形成城市。因此，也可以说城市对外交通（由外部对城市的交通）是城市交通的最初形态。随着城市功能的完善和城市规模的扩大，城市内部交通也随之形成与发展。同时由于城市对外交通系统与城市内部交通系统的发展与完善，促进城市进步发展与完善。这就是城市交通与城市相辅相成、相互促进的发展过程。在城市逐步现代化的同时，拥有现代交通也成为现代化城市必不可少的条件之一。

2. 对城市规模的影响

交通对城市规模影响很大，它既是发展的因素，也是制约的因素。交通对工业的性质与规模有很大影响，某种工业的建立必须有一定的对外交通运输（如铁路专用线、码头等）条件，工业生产规模受到运输设备能力的制约。城市贸易、旅游活动必须有交通条件保证，大量流动人口及服务人口是形成城市规模的主要因素之一。交通枢纽（如站场、港区）作为城市主要组成部分，直接影响到所在城市的人口与用地规模。

3. 对城市布局的影响

城市交通对于一个城市的总体规划布局有着举足轻重的作用。运输设备的位置影响到城市其他组成部分（如工业、仓库等用地）的布局；车站、码头等交通设施的位置影响到城市干道的走向；对外交通用地布置，如铁路选线的走向、港口选址、岸线位置等均关系到城市的发展方向与布局；城市交通是城市面貌的反映，对外交通是城市的门户。因此，在沿线（如铁路进入市区沿线、机场入城干道沿线、滨海滨河岸线等）以及车站码头附近，均代表了城市的主要景观；城市道路系统则是城市的骨架，更影响到城市的用地布置。

6.2　城市交通构成与现代交通特征

6.2.1　城市交通构成

一个城市、一个地区、一个国家的交通运输系统，是由各种相对独立而又互相配合、互为补充的交通类型组合而成的。城市交通就是一种独具特色并同样由多种类型交通组合而成的交通系统。所以对于城市的规划与建设而言，常有一个城市综合交通的概念。

所谓"城市综合交通"即是涵盖了存在于城市中及与城市有关的各种交通形式。

从地域关系上，城市综合交通大致可分为城市对外交通和城市交通两大部分。城市对外交通与城市交通具有相互联系、相互转换的关系。

从形式上，城市综合交通可分为地上交通、地下交通、路面交通、轨道交通、水上交通等。

从运输性质上，城市综合交通又可分为客运交通和货运交通两大类型。客运交通是人的运送行为，是城市交通的主体，分布在城市的每个地方；货运交通是货物的流动，其主要分布在城市外围的工业区和仓储区。

从交通的位置上，城市综合交通又可分为道路上的交通和道路外的交通。

城市综合交通又可以按交通性质与交通方式进行分类。各类城市对外交通的规划决定于相关的行业规划和城镇体系规划，各类城市交通又与城市的运输系统、道路系统和城市交通管理系统密切相关。

1. 城市对外交通

城市对外交通泛指城市与其他城市间的交通，以及城市地域范围内的城区与周围城镇、乡村间的交通。其主要交通形式包括航空、铁路、公路、水运等。城市中常设有相应的设施如机场、铁路线路和站场、长途汽车站场、港口码头及其引入城市的线路。市域的对外交通总体布局应主要尊重各专业部门的规划，符合城镇体系发展和相互联系的要求；而在中心城区规划中则主要关注对外交通与城市交通的衔接关系，以及对外交通设施在城市中的布置。

2. 城市交通

广义的城市交通，是指城市（区）范围以内的交通，或称为城市各种用地之间人和物的流动。这些流动都以一定的城市用地为出发点和终点，经过一定的城市用地而进行的。

通常含义的城市交通是指城市道路上的交通，主要分为货运交通和客运交通两大部分，城市道路上的交通是城市交通的主体，城市客运交通是城市交通研究的重点。

现代大城市的发展表明，大城市、特大城市中轨道交通（地铁、轻轨等）将具有重要的地位和作用。此外，在一些城市还会有水运交通（轮渡、船运）和其他方式的交通。

3. 城市公共交通

城市公共交通是城市交通中与城市居民密切相关的一种交通，是使用公共交通工具的城市客运交通。它包括公共汽车、有轨电车、无轨电车、地铁、轻轨、轮渡、市内航运、出租汽车等（将来还可能出现空中公共运输）。

4. 城市交通系统

我们通常把以城市道路交通为主体的城市交通作为一个系统来研究。城市交通系统是城市大系统中的一个重要子系统，体现了城市生产、生活的动态的功能关系。

城市交通系统是由城市运输系统（交通行为的运作）、城市道路系统（交通行为的通道）和城市交通管理系统（交通行为的控制）组成的。城市道路系统是为城市运输系统完成交通行为而服务的，城市交通管理系统则是整个城市交通系统正常、高效运转的保障。

城市交通系统是城市的社会、经济和物质结构的基本组成部分。城市交通系统把分散在城市各处的城市生产、生活活动连接起来，在组织生产、安排生活、提高城市客货流的有效运转及促进城市经济发展方面起着十分重要的作用。城市的用地布局结构、规模大小，甚至城市的生活方式都需要一个城市的交通系统的支撑。洛杉矶的分散布局离不开它密集的高速公路网；伦敦的生活方式决定于它 19 世纪形成的地铁网；纽约曼哈顿的繁华有赖于发达的地铁和公交系统；巴黎历史文化环境没有受到现代机动交通的过大冲击是与发达的地铁网和公交网分不开的。而我国城市形态呈同心圆式的发展模式则与普遍采用自行车和地面公共汽车作为客运工具有关。

5. 城市道路交通系统

城市道路是城市交通的主要通道，城市中还有一些路外的客运通道系统，如地铁、架空或地面独立设置的轻轨等专用通道，需要通过站点设施与城市道路系统相联系，所以我们又把城市道路系统和城市运输系统合称为城市道路交通系统。

6.2.2 现代城市交通特征

随着比较成熟的运输市场的建立，出现了各种运输方式之间的竞争局面。同时对需求方也有了选择的机会。对于城市来说，如何充分利用各种交通条件并有机地纳入城市的大系统之中，成为城市规划的重要工作。

现代城市的特征是高效益和高效率。效益包括经济效益、社会效益、环境效益。效率则主要是指城市的运转，其重要组成之一就是城市交通。

现代城市交通的灵魂是速度。速度给人们带来了时间，而时间的实质就是"金钱与土地（空间）"。所以，现代城市交通对于现代城市的意义就不言而喻了。正因如此，现代城市交通的发展也是围绕着达到现代城市特征这一目标而努力的。

现代交通发展趋向的特点如下：

1. 交通工具的高速、大型、远程化

目前，高速铁路车速已达 300km/h 以上，上海磁悬浮列车运行车速达到 430km/h。汽车运输也向高速（80～120km/h）、重型（8t 以上）、专用化发展，同时平均运距不断增长（200～400 km）。海运正朝向海轮大型化、装卸机械化、码头专业化方向发展。河运推行顶推运输船队，运量也达万吨以上。空运飞机已达超音速，商务载重达数十吨、客座 500 人，可远程不着陆飞行 10 000 km 以上。

2. 不同交通运输方式的结合

为了弥补本身的不足，吸取其他运输方式的长处，提高运输效率，出现一些新的运输方式与交通工具。如驮背运输、公铁两用车、人车双载列车（Carsleeper）等便是公、铁两种运输方式结合的产物；滚装船则集汽车与水运的优点于一身；还有一种叫"空中休息室"的交通工具，既是公共汽车厢，又能悬挂于直升机下，直达机场民航客机前。此外，在现代城市中还修建了河—海、水—铁联运设施。

3. 城市内外交通的延续与相互渗透

为了加强交通运输的连贯性，减少内外交通的中转，提高门—门运输的程度，城市内外交通的界限将逐步消除。如铁路运输，有些城市已将城市间铁道、市郊铁路与市区轻轨电车、地下铁道等线路连通；高速公路在不少城市已与市区的高速路网（高架路）相衔接；水运方面，运河也已引进城市港区，成为港区的组成部分。

4. 高速干道系统、城市街道系统及步行系统的分离

要提高城市交通的效率，减少交通对城市生活的干扰，创造更宜人的城市环境。现代城市趋向于按不同功能要求组织城市的各类（交通性与生活性等）交通，并使他们互不干扰，成为各自独立的系统。

5. 城市交通组织的立体化

要达到各类交通分离，光靠地面的道路交通组织是不可能的。因此，不少现代城市采用了分层的交通组织，通过地面的、高架的、地下的及水上的各个不同空间层次，在不同的高度分别组织不同性质的交通。

6. 城市综合交通枢纽的组织

为了加强运输效能，采取相关功能的联合。即按货流的方向在城市外围的出入口附近分别组织"货物流通中心"，将有关的交通运输（站场、保养维修）、生活服务、仓储、加工包装、批发销售等设施集中布置在一起，既提高了运转的效能，又减少了不必要进入市区的交通，是一种较先进的交通运输组织形式。在客运方面，充分发挥各类运输方式的长处，以车站为结点，将轨道交通与道路交通、公共交通与个体交通、机动交通与非机动交通紧密衔接，组织方便的客运转乘，也是现代交通运输的重要方法。

6.3 以公共交通为导向的城市发展

不同的交通系统决定了不同的城市空间拓展模式和土地利用形式。美国发展小汽车的经验表明，以小汽车为主体的交通系统会导致城市郊区化和无序蔓延，土地利用趋于只具备单一使用功能，如大规模低密度居住区等。于是，在对不可持续的城市发展模式进行反思后，精明发展（Smart Growth）、精明管理（Smart Management）、新城市主义（New-urbanism）等理论和思想就开始涌现。这些理论主张土地利用与公共交通结合，促使城市形态从低密度向更高密度、功能复合、人性化的"簇群状"形态演变。以公共交通为导向的开发（Transit-Oriented Development，TOD）正是基于以上理念而发展起来的土地利用模式，依托公共交通改变土地利用形态和居民的生活方式，进而引导城市空间结构的合理演变，实现城市的可持续发展。

世界城市发展的历程证明，在城镇化水平处于加速发展阶段时，建设公共交通（含轨道交通）系统对引导促进城市空间形态的发展可以起到关键性作用。在城镇化水平处于后期发展阶段（成熟期）时，城市空间形态已经稳定，建设公共交通系统将难以影响城市空间形态的改变。

中国城镇化进程正处于加速发展阶段，城市建设面貌日新月异。早期，一些城市政府建设的新区组团和母城之间是用一流的市政道路联系的，一些新区发展速度很快，日趋繁荣；另一些新区发展速度缓慢，或经历了建设、虚假繁荣、萧条的过程。繁荣的新区距离母城一般较近，自行车交通、公共交通联系方便，但城市摆脱不了"饼"状发展的格局；发展缓慢的新区一般距离母城较远，与主城联系的道路交通经常拥堵，常规公交服务水平低下，居民出行时间较长，城市难以形成分散组团式布局结构。从20世纪90年代以来，建设公共交通系统可有效引导城市空间发展的观念逐渐得到社会的共识，一批建成的轨道交通项目，如北京八通线、北京城铁13号线、上海莘闵线、大连3号线、天津津滨快轨线等，其建设目的均是为了引导发展外围组团和卫星城，引导城市向分散组团式布局形态发展。

6.3.1 TOD来源

国外研究TOD最早、最深入的当属美国。在经历了并正经历着小汽车出行方式占主导地位的美国，其城市或地区经历了以郊区蔓延为主要模式的大规模空间扩展过程，此举导致城市人口向郊区迁移，土地利用的密度降低，城市密度趋向分散化。因此，带来城市中心地区衰落，社区纽带断裂，以及能源和环境等方面的一系列问题，这些问题日益受到社会的关注。

20世纪90年代初，基于对郊区蔓延的深刻反思，美国逐渐兴起了一个新的城市设计运动——新传统主义规划（New-Traditional Planning），即后来演变为更为人知的新城市主义（New Urbanism）。作为新城市主义倡导者之一的彼得·卡尔索尔普（Peter Calthorpe）所倡导的公共交通导向的土地使用开发策略逐渐被学术界认同，并在美国的一些城市得到推广应用。1993年，彼得·卡尔索尔普在其所著的《下一代美国大都市地区：生态、社区和美国之梦》（*The Next American Metropolise：Ecology, Com-*

munity, and the American Dream）一书中旗帜鲜明地提出了以 TOD 替代郊区蔓延的发展模式，并为基于 TOD 策略的各种城市土地利用制定了一套详尽而具体的准则。目前，TOD 的规划概念在美国已有相当广泛的应用，TOD 已成为国际上极具代表性的城市开发模式，亦是新城市主义最具代表性的模式之一。

6.3.2　TOD 定义及内涵

彼得·卡尔索尔普在 1993 年出版的《下一代美国大都市地区：生态、社区和美国之梦》一书中提出了"公共交通引导开发"（TOD），并对 TOD 制定了一整套详尽而又具体的准则。"公共交通引导开发"与"交通引导开发"虽然只有两字之差，但本意则差别很大。首先，"公共交通引导开发"体现了公交优先的政策，而"交通引导开发"则根本没有反映这关键的内涵。公共交通有固定的线路和保持一定间距（通常公共汽车站距为 500m 左右，轨道交通站距为 1000m 左右）。这就为土地利用与开发提供了重要的依据，即在公交线路的沿线，尤其在站点周边土地高强度开发，公共使用优先。

一个时期以来，人们对"公共交通引导开发"一词的准确含义并未作认真的思考，只是从字面上作简单的理解：一种城市开发的模式，城市要开发哪里，首先把路开通到哪里，道路先行，这就是交通引导开发。这与国内近年也十分流行的"服务引导开发"（Service Orient Development，SOD）相似，似乎两者是配对的开发模式。最为突出的现象，就是城市要向什么方向发展，就把新的市政府、新的行政中心率先迁到那里。两者都基于"交通/服务设施—土地利用"相互关系的土地开发模式，其实是对 TOD 的片面理解。"公共交通引导开发"与"交通引导开发"的含义不尽相同。"公共交通引导开发"体现了公交优先的政策，而"交通引导开发"则根本没有反映这一关键的内涵。

TOD 即是"以公共交通为导向"的发展模式，其中的公共交通主要是指火车站、机场、地铁、轻轨等轨道交通及巴士干线，然后以公交站点为中心、以 400~800m（5~10min 步行路程）为半径建立中心广场或城市中心，其特点在于集工作、商业、文化、教育、居住等为一身的"混合用途"，使居民和雇员在不排斥小汽车的同时能方便地选用公交、自行车、步行等多种出行方式。城市重建地块、填充地块和新开发土地均可以 TOD 的理念来建造，TOD 的主要方式是通过土地使用和交通政策来协调城市发展过程中产生的交通拥堵和用地不足的矛盾。

6.3.3　TOD 设计原则

TOD 规划理念最早由美国建筑设计师哈里森·弗雷克（现任美国加州大学伯克利分校建筑学院院长）提出，由彼得·卡尔索尔普加以倡导，是为了解决第二次世界大战后美国城市的无序蔓延问题而采取的一种以公共交通为中枢、综合发展步行化城区的措施。

TOD 设计原则如下：

（1）TOD 必须位于现有的或规划的干线公交线路或辅助公交线路上，在公交线路未形成的过渡期，TOD 内的土地利用模式和街道系统必须能够完成预期功能。

（2）所有的 TOD 必须是土地利用混合模式，公共空间、核心商业区及居住区必须达到所需的最小规模。作为土地混合利用的补充，倡导建筑物的竖向混合功能设计。

（3）TOD 内应当具有不同类型、价格、产权、密度的住宅，TOD 内住宅的平均最小密度由其区位确定，每英亩居住用地至少应建有 10～25 所住宅。

（4）TOD 内的街道系统应当形式简单、指示明确、自成系统，并与公交站点、核心商业区、办公区具有便捷联系。居住区、核心商业区及办公区之间必须有多条分流道路相连。街道必须是利于步行，人行道、行道树及建筑出入口布置必须增强步行氛围。

（5）为创造安全宜人的步行环境，建筑物出入口、门廊、阳台应当面向街道。建筑的容积率、朝向和体量应当提高商业中心活力、支持公共交通、补充公共空间。鼓励建筑细部的多样性及宜人尺度设计，并且停车库应布置在建筑物的背面。

（6）TOD 的大小依其可能布设的内部道路系统而定。距公交站点 10min 步行距离内、位于干道一侧的用地均应属于 TOD。考虑基本的土地使用配置，TOD 的最小面积，在旧城改造区和填充区应为 10 英亩，在城市新增长区应为 40 英亩。

（7）不管 TOD 内的财产所有者数量是多少，在 TOD 开发前，必须完成开发区的综合规划。该规划必须符合 TOD 的基本设计原则。必须协调政府、开发商、市民团体等各方机构和群体利益，必须提供公共设施建设的融资策略。

（8）TOD 在公交线路上的分布必须保障每个 TOD 核心商业区的可达性，必须保障周围区域通过地方道路方便地到达核心商业区。具有竞争性零售中心的 TOD 间距至少应为 1.6km，每个 TOD 应服务于不同的邻里街区，位于轨通交通线路上的 TOD 应当满足站距要求。

（9）在城市改造区和填充区，应当把尚未开发的地区建成利于步行的混合使用区。现有的面向小汽车的低密度土地使用应当进行改造，以使其符合 TOD 的布局紧凑、面向步行的基本特征。

6.3.4　TOD 成功案例——哥本哈根

以公共交道为导向的 TOD 城市开发是城市可持续发展的一种理想模式，丹麦首都哥本哈根通过利用城市轨道交通建设来引导城市发展，并且取得良好的效果，成为全球范围内著名的 TOD 成功案例。

哥本哈根拥有全国 560 万人中的 180 万人口，面积约为 2 800km²，其中城区人口为 50 万。早在 1947 年，该市就提出了著名的"手指形态规划"，该规划规定城市开发要沿着几条狭窄的放射形走廊集中进行，走廊间被森林、农田和开放绿地组成的绿楔所分隔，在以后的几十年里，该规划得到了很好的执行。发达的轨道交通系统沿着这些走廊从中心城区向外辐射，沿线的土地开发与轨道交通的建设整合在一起，大多数公共建筑和高密度的住宅区集中在轨道交通车站周围，使得新城的居民能够方便地利用轨通交通出行。同时，在中心城区，公交系统与完善的行人和自行车设施相结合，共同维持并加强了中世纪风貌的中心城区的交通功能。作为欧洲人均收入最高的城市之一的哥本哈根的人均汽车拥有率却很低，人们更多的是依靠公共交通、步行和自行车来完成出行。

哥本哈根城市 TOD 模式的成功有以下几方面原因和经验启发：

1. 长期规划引导城市发展

城市的可持续发展需要一个适合自身特点的长期的发展规划，并且要有一系列配套措施去保障这个规划顺利实施。如果不对城市发展予以合理限制和引导，那么城市可能会走向无序发展，并引发人口、环境、交通等方面的一系列问题。

哥本哈根根据城市自身的结构特点，提出了城市发展的长远规划形式——"手指形态规划"，如图 6-5 所示。该规划明确要求城市要沿着几条狭窄走廊发展，走廊间由限制开发的绿楔隔开，同时维持原有中心城区的功能。由于哥本哈根"手指形态规划"已经成为一个被普遍接受的关于区域发展的标准，多届政府一直保持了贯彻"手指形态规划"的思想。所以，它的存在使得该区域的发展规划能够处于一种稳定的状态，保证了哥本哈根长远期规划最终能够得到落实。毋庸置疑，如果当初没有"手指形态规划"的远景，哥本哈根区域内公共交通与城市的整合发展情景会远不如现在这样成功。

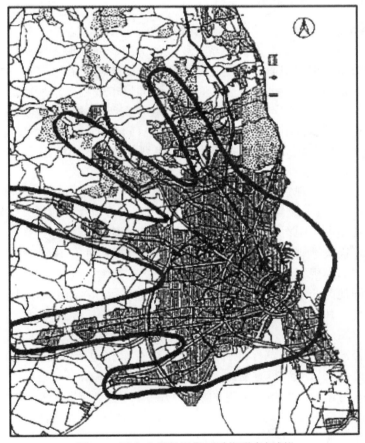

图 6-5 哥本哈根长远期"手指形态规划"

2. 城市轨道交通系统引导城市形态构建

哥本哈根选择通过建设城市轨道交通网络来支撑区域长远期的"手指形态规划"，

轨道交通系统支撑沿线及各个站点，形成城市发展的交通走廊，从中心城区向外放射出去。

哥本哈根的以轨道交通为依托的 TOD 发展模式是建立在整个区域层面上实施的，而不仅仅限于某个小区或者轨道交通站点，这样的整体区域内实施 TOD 模式，可以使得 TOD 规划取得非常明显的效果，充分发挥规模效应，形成整合的优势，从而改变整个区域的用地形态和居民出行特征，从而促进区域的可持续发展。

哥本哈根轨道交通系统的发展具有以下特点：

（1）城市的交通走廊都通过"手指形态规划"通向中心城区，有利于维持一个强大的中心城区。

（2）城市新开发区域与市中心之间通过城市轨道交通系统相连接，实现了新区到中心城区的出行便捷。

（3）这种集中发展模式提高了土地的利用效率，节省了大量公共基础设施的投资建设，作为分隔走廊之间的绿楔的保护有效地维持了良好的城市生态环境。

3. 土地开发与轨道交通系统相配合

TOD 模式的规划实践成功与否，一个非常重要的因素就是有效地将公共交通系统的开发与土地利用开发相结合，公交系统要能够方便有效地服务于沿线地区，而沿线土地开发的同时也为公共交通创造了足够的客源。哥本哈根在进行轨道交通系统规划时候，一直紧密地结合沿线土地开发。哥本哈根的城市规划要求所有的开发必须集中于轨道交通车站附近，1987 年区域规划的修订版规定所有的区域重要功能单位都要设在距离轨道交通车站步行距离 1km 的范围内。随后的 1993 年规划修订版，在国家环境部指定的"限制引导"政策下，要在当地直接规划区域到距离轨道交通车站 1km 的范围内集中进行城市建设。

目前，在哥本哈根现有车站周围已经有足够的可利用土地，以满足哥本哈根区域未来 30 年内各类城市土地便用的需要。按照每年新建 3 000 栋建筑，最新修订的规划要求这些建筑要全部集中在公交车站附近。同时政府还通过对公共交通站点用地开发实行补贴政策，极大地刺激了站点周边的商业发展。为了便于 TOD 站点区域居民的出行，公共站点周边还规划建设了完善的步行和自行车设施，以及常规公交的接驳服务，人们可以从不同地区非常方便地到达城市轨道交通车站。在新城的用地开发上重视就业与居住的平衡，并主要环绕轨道交通车站进行。

开发轴从车站向外发散，连接居住小区，轴线两侧集中了大量的公共设施和商业设施，新城中心区不允许小汽车通行，步行、自行车和地面常规公交在该区域共存，新城的出行可以不依靠小汽车方便地完成。这样，在哥本哈根的这些放射形走廊内就形成了轨道交通与用地开发相互促进的状况，使用轨道交通出行非常方便，这就使人们愿意选择在车站周围工作或居住，从而为轨道交通提供了大量的通勤客流，而这些通勤客流的存在又促进了沿线的商业开发，工作、居住和商业的这种混合开发进一步方便了轨道交通乘客，并会继续推动沿线的土地开发。

4. 不同交通方式间的高度整合

在实施 TOD 模式时，不仅要重视大运量公共交通的建设和发展，还要将不同交通方式进行面向公共交通的有机整合。各种交通方式都不是孤立的，它们都属于整个城市交通系统的一个部分，要想有力地保证 TOD 的成功实施，就要通过对不同交通方式进行整合，以此来提高公共交通的服务水平和竞争力。

由于轨道交通本身并不能直接提供"点对点"的服务，有效地提高轨道交通车站的可达性就显得非常重要。集中在车站周围的土地开发使得轨道交通覆盖了城市大量的活动区域，而完善的步行系统和自行车路网方便了非机动化交通出行，也提高了轨道交通的可达性，支线公交车站设在轨道交通车站附近，将更大范围内的出行者汇集到轨道交通系统。

哥本哈根的中心城区独特的中世纪的街道布局和许多老式的建筑不仅是为步行提供场所，同时也要容纳很多日常的活动。自 20 世纪 80 年代中期以来，哥本哈根市就开始将原有的机动车道和路侧的停车区改造为自行车专用道。1970—1995 年，该市自行车专用道的长度从 210km 增加到 300km 左右，自行车出行量增长了 65％。在哥本哈根到达轨道交通车站的出行中，非机动化的方式占据了相当大的比例，这也体现出了创造一个行人和自行车城市的价值。

对小汽车交通的控制是哥本哈根交通政策的重要组成部分，一方面，通过控制城区机动车设施容量，将稀缺的城市道路资源向效率更高的非机动化交通和公共交通转移；另一方面，通过各种经济手段将小汽车交通的外部成本（交通拥堵、噪声、空气污染、城市景观的破坏和社区的割裂等）内部化，从而真正体现交通的公平性。

自 1970 年以来，城市交通工程师一直在努力通过"拥堵管理"政策来控制中心城区路网总容量，以调节小汽车的使用。城区交通量（按年驾驶里程计算）已经比 1970 年下降了 10％。停车设施供应和停车收费管理也是控制中心城市小汽车交通的关键措施，在过去的几十年间，哥本哈根市每年减少 2％～3％的停车设施供应量。目前，哥本哈根市中心区停车位只有斯德哥尔摩市中心区停车位数量的 1/3。此外，哥本哈根的停车费是不断变化的，其价格一直处于较高的水平，以确保停车设施能够迅速周转。中心城区路边停车的费用高达每小时 4 美元，在被大运量公交有效服务的区域停车设施周转率最高。丹麦的税收体系也被用于限制小汽车拥有和使用。拥有私人小汽车所需要缴纳的税款大致是购车费用的 3 倍。同时，为了限制购买大型、高油耗的车辆，购车缴纳的税款随着车重和发动机排量的增加而增长。以上这些措施有效地抑制了哥本哈根的小汽车发展，使其成为发达国家中小汽车拥有率最低的城市之一。

6.4 城市道路系统规划

城市道路是整个城市的骨架，是保证城市功能发挥的基础设施。过去为适应汽车交通量日益增长的需求，一般把满足市区的交通需求只看作是提供必要的道路通行能力。20 世纪 60 年代末，欧美的交通规划人员意识到他们面临的挑战不再是仅制订适应汽车交通量的规划，而是设计道路和交通设施，以便用一种同周围用地相互补充的方式提供所期望的交通流量。

根据《城市道路工程设计规范》CJJ 37—2012，城市道路应按道路在道路网中的地位、交通功能以及对沿线的服务功能等，分为快速路、主干路、次干路和支路四个等级。快速路应中央分隔、全部控制出入、控制出入口间距及形式，应实现交通连续通行，单向设置不应少于两条车道，并应设有配套的交通安全与管理设施。快速路两侧不应设置吸引大量车流、人流的公共建筑物的出入口。主干路应连接城市各主要分区，应以交通功能为主。主干路两侧不宜设置吸引大量车流、人流的公共建筑物的出入口。次干路应与主干路结合组成干路网，应以集散交通的功能为主，兼有服务功能。支路与次干路和居住区、工业区、交通设施等内部道路相连接，应以解决局部地区的交通，以服务功能为主。

城市道路系统即城市道路网，包括各种道路、停车场和交通广场，作为城市的组成部分，在城市大系统中起着重要作用。

6.4.1 城市道路网规划的要求

城市道路网是城市的骨架，在很大程度上左右着城市的发展方向和规模。城市道路网对本地区的城市活动和生活、工作环境影响很大，如果道路网布局不合理，往往会引发商业区、住宅区等的交通问题。此外，城市电力、通信、燃气、给排水等基础设施和地铁、轻轨等的设置都要紧密结合城市道路网的规划布局。城市道路网规划主要应满足以下几点要求：

1. 与城市总体布局和区域规划相配合

城市道路网要服务于城市活动，这个关系不能倒置，因此，交通的最优并不是城市规划的最终目标。城市道路网规划要在原有道路网的基础上，根据现状和未来需求进行，特别要根据未来交通体系及城市结构促进城市总体功能的发挥。

城市生产、生活中的许多活动是超出市界的，城市对外交通的畅通与否直接影响着城市的经济发展，因此，道路网规划中必须处理好城市对外交通与市内交通的衔接问题，达到包括市际交通干道、市内快速路、城市主干道在内的区域道路网的协调配合。

2. 与城市的历史风貌和自然环境相协调

中国是文明古国，有丰富的文化遗产，许多城市已有上千年的历史。另外，我国是多民族国家，地大物博，不同地域和民族之间的文化胶乳相融，相映呈辉，同时又保持着鲜明的地方和民族特色，研究和保留价值很高。城市道路网规划作为城市规划的重要内容，一定要注意与历史遗迹和自然条件相协调，从而创造出和谐、自然的城市气氛，增强欣赏价值，保护城市特有的文化资源。

3. 与城市地形特点和土地开发利用相结合

城市道路布局与城市形态的形成和发展一样，都受地形约束。从工程角度看，城市道路网的建设应充分利用有利的地形条件。城市中的各个组成部分，无论是住宅区、商业区或者工业区都要有较好的交通可达性，所以城市道路网规划一定要与城市用地布局紧密结合。城市道路网规划还应对未来城市土地开发的方向和规模作认真预测，因为道路网建设成型后将服务相当长时间，其主要结构的改变十分困难，即便勉为其难，也会造成难以估量的损失。

4. 与城市的规模和性质相适应

不同规模、性质的城市对其道路网的结构和建设水平的要求是不同的，原则上讲，大城市要求有城市快速道路网体系及主干道形成的道路网骨架；中等城市一般没有快速路网体系，但要有主干路骨架，配以次干道和支路形成整个道路网；小城市道路网主要由次干道及支路组成。

城市性质对道路网的要求难以像城市规模那样具体。工业城市要求道路网提供快速、便捷的交通服务；旅游城市的道路网要求赏心悦目，环境优美；一般性城市要求安静、舒适；商业城市最好规划一些步行街以方便购物，商业网点之间的交通联系则要便捷、通畅。

6.4.2 城市道路网规划的步骤

1. 现状调查、资料准备

（1）城市地形图：地形图范围包括城市市界以内地区，地形图比例尺 1：20 000～1：5 000，最好能有 1：1 000 的地形图以供定线复核使用。

（2）城市区域地形图：地形图范围包括与本城相邻的其他城镇，能看出区域范围内城市之间的关系、河湖水系，公路、铁路与城市的联系等。地形图比例尺 1：50 000～1：10 000。

（3）城市发展经济资料：内容包括城市性质、发展期限、工业及其他生产发展规模、人口规模、用地指标等。

（4）城市交通调查资料：包括城市客流、货流 OD 调查资料；城市机动车和非机动车历年统计车辆数；道路交通量增长情况及存在问题；机动车、非机动车交通流量分布图、城市道路交叉口的机动车、非机动车、行人分布图等。

（5）城市道路现状资料：1：500 ～1：1 000 的城市地形图，能准确地反映道路平面线形，交叉口形状；道路横断面图以及有关道路现状的其他资料如路面结构形式、桥涵的结构形式和设计荷载等。

2. 交通吸引点分布及其联系线路的确定

城市各主要组成部分，如工业、居住、市中心、大型体育、文化设施以及对外交通枢纽如车站、港口都是大量人流、车流的出发点和吸引点，其相互之间均需要有便捷、合适的道路联系。这些用地之间，交通最大的主要连接线，将成为主干道，交通量稍次且不贯通全市主要地区的将为次干道；若以客运为主，为生活服务为主的，则将成为生活性道路。因此，掌握各主要交通吸引点的交通特征、流向与流量概略资料，以及地形、现状初步勘测是拟定城镇干道网略图的重要前提。

3. 干道网的交通量发展与估计

对城市扩建新区及新建城镇，其各交通吸引点之间联结道路上的货运车流量，原则上可根据工业、仓库布置、生产规模、对外交通流向及其近、远期建设、投产计划来确定；对客运交通，则应根据现状流量类似企业、居住区的资料，根据各类交通方式宜采用合适比例来估计近、远期的客运交通量。若条件不具备时，也可参照已建同类性质工业区及人口规模近似的新城镇交通实际发展资料，经过论证分析进行粗略估算。

对已建城市，在进行道路网调整、改造、扩充时，一般采取观测调查现有重点路段和交叉口的交通量、车速、路况，经实测资料分析整理，找出关键问题和矛盾。再根据远景规划与交通方式、车辆发展估计比例，特别是扩建区与旧城之间交通量的增长，以及某些干道建成后可能引起的旧路交通量分流、转向变化等，来拟定道路网的远期可能交通量分布，从而使估算结果较为切合实际。

4. 干道网的流量分布与调整

通过干道网现状流量分布与远期预测估算的流量增长变动数，既可进一步明确哪些道路与干道现有车道数及断面组合形式已经接近饱和流量（或拥塞）或需拓宽车行道与调整组合；哪些地方应规划、增设平行通道或开辟新的干道以分流交通将拥塞的现有主干道压力；哪些地方应规划布设停车场地、增添调整公路枢纽（始末站）以及哪些平交路口应予拓宽治理或改造为立体交叉等。因此，只有通过对城镇总平面图上的交通流量、流向的深入分析研究，方能对原有道路网提出经济、合理、可行的调整、扩充方案，并相应拟定得当的红线宽度、断面组合及交叉路口几何形式、用地范围等。

5. 道路网规划图的绘制与文字说明

道路网规划，一般应在 $1:1\,000\sim1:2\,000$ 的现状地形图上进行。其成果采用的比例尺大小视城镇用地规模大小不同，可采用 $1:2\,000$ 或缩小到 $1:5\,000\sim1:10\,000$ 的比例尺。通常小城镇可直接用 $1:1\,000\sim1:2\,000$ 的比例尺，一般县镇及小城市用 $1:5\,000$ 的比例尺，带形小城市可用到 $1:10\,000$ 的比例尺，至于中等城市，视其规模也可采用 $1:10\,000\sim1:25\,000$ 的比例尺。

道路网规划图中应分别标明主、次干道，全市性商业大街（或步行街），林荫路以及划分街道和小区的一般道路，连通路等的走向和平面线形。对重要主、次干道相交的平交路口应标出方位坐标及中心点控制标高；对设置立交桥、桥梁的位置不仅在图上绘出范围、控制标高、匝道、引道，而且应在说明书中阐明其形式、用地范围控制高程及依据。有关广场、停车场、公交保养场的位置及用地几何尺寸规模也应分别在图纸及说明书中注明。对于道路纵坡、坡长及控制点标高宜结合方位坐标图另绘。

各类道路的性质、分类、路幅宽度及横断面组合，最好在图纸上的一角加以描绘，并注上主要尺寸，也允许在说明书中列出，并注明拟改建、新建的长度。

成果图由于采用比例尺较小，一般仅标注主、次干道以及其他支路，以及广场、社会停车场、对外交通枢纽、立交桥、桥梁的位置和主、次干道的红线及断面组合图。

6.4.3　城市道路网规划的内容

1. 城市道路网的主要结构形式

交通的发展是应城市的形成和发展而生的，道路网络是联系城市和交通的脉络。

城市道路网络布局是一个城市的骨架，是影响城市发展、城市交通的一个重要因素。我国现有道路网（简称"路网"）的形成都是在一定的社会历史条件下，结合当地的自然地理环境，适应当时的政治、经济、文化发展与交通运输需求逐步演变过来的。现在已形成的城市道路系统有多种形式，一般将其归纳为四种典型的路网形式：方格网式、环形放射式、自由式和混合式。

1）方格网式

方格网式道路网是最常见的一种道路网布局，几何图形为规则的长方形，即每隔一定的距离设置接近平行的干道，在干道之间布置次要道路，将用地分为大小适合的街坊。具有典型方格网路网布局的城市，如西安（图6-6）、北京旧城，还有其他一些历史悠久的古城，如洛阳、山西平遥、南京旧城等。

这种结构的优点是：①布局整齐，有利于建筑布置和方向识别；②交叉口形式简单，便于交通组织和控制。

结构的缺点是：道路非直线系数较大，交叉口过多，影响行驶速度。

2）环形放射式

环形放射式道路网一般都是由旧城中心区逐渐向外发展，由旧城中心向外引出的放射干道演变而来的，再加环路形成。目前，这种路网结构的原始形式已经越来越不适应城市的发展，随着城市及其发展速度的不同，路网的形式也在不断的发展中。但是环形放射式路网作为一种路网的基本形式，对我们进行城市规划、路网评价等的研究都具有重要的意义。具有环形放射道路网形式的典型城市在国内有天津、成都（图6-7）等；国外的莫斯科、巴黎也是这种典型路网城市的代表。

这种结构的优点是：①有利于城市中心与其他分区、郊区的交通联系；②网络非直线系数较小。

结构的缺点是：街道形状不够规则，存在一些复杂的交叉口，交通组织存在一定困难。

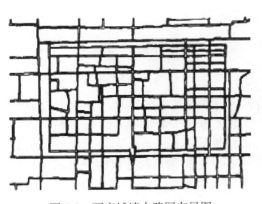

图6-6 西安城墙内路网布局图

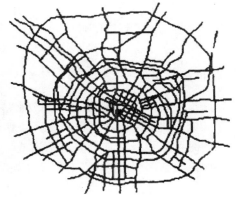

图6-7 成都市中心城区综合路网规划图

3）自由式

自由式路网以结合地形为主，道路弯曲无一定的几何图形。我国许多山区城市地形起伏大，道路选线时，为减少纵坡，常常沿山麓或河岸布置，形成自由式道路网。如我国的重庆市就是典型的山城，由于所处山岭地区，为顺应地势的需要就采用了典型的自由式路网（图 6-8）。青岛、珠海、九江等城市均属于临海（江、河）城市，顺着岸线建城使得道路的选线受到很大的限制，同样也形成了自由式路网。自由式路网一般适于一些依山傍水的城市，由于地理条件受限而形成的。

这种结构的优点是：①能充分结合自然地形；②节省道路工程费用。

结构的缺点是：道路线路不规则，造成建筑用地分散，交通组织困难。

4）混合式

混合式也称综合式，是上述三种路网形式的结合，既发扬了各路网形式的优点，又避免了它们的缺点，是一种扬长避短较合理的形式。随着现代城市经济的发展，城市规模不断扩大，越来越多的城市已经朝着这个方向发展。如北京（图 6-9）、成都、南京等城市就是在保留原有路网的方格网基础上，为减少城市中心的交通压力而设置了环路及放射路。而无锡、温州等城市也是结合地势综合运用了方格网、自由式和放射式等多种路网形式而形成"指状""团状"等综合的路网形式。混合式路网布局一般适于城市规模较大的大城市或特大城市，混合式路网的合理规划和布局是解决大城市交通问题的有效途径，但是如果交通规划不合理、交通管理不科学都会引起新的交通问题。

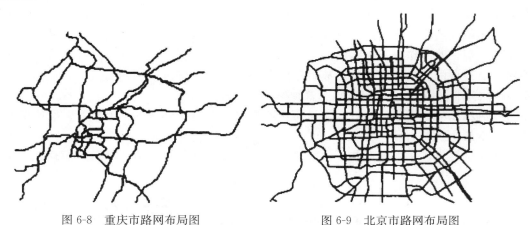

图 6-8　重庆市路网布局图　　　图 6-9　北京市路网布局图

2. 城市快速路

快速路指在城市内修建的由主路、辅路、匝道等组成的供机动车快速通行的道路系统。在《城市快速路设计规程》中，快速路阐述为设中央分隔、全部控制出入、控制出入口间距及形式，具有单向双车道或以上的多车道，并设有配套的交通安全与管理设施的城市道路。《城市道路工程设计规范》中快速路为最高等级的城市道路，服务联系城市组团、高速公路、重要枢纽等中长距离机动车交通，全线要求设中央分隔、立交控制出入，保障车辆快速、连续通行。

1）快速路的交通特性

汽车专用，路权专业化：禁止自行车、拖拉机、摩托车、行人进入；部分靠近核心区限制或分时段禁止货车进入。

通行能力高，路网容量较大：主线为 6～8 车道，辅道为 2～4 车道，车流连续，控制出入。

设计速度较高，车辆连续快速行驶：设计速度为 60km/h、80km/h、100km/h，匝道速度为 30～40km/h。

相交道路等级较高，出入口间距较主干道大：与主干路通过立交相接，相邻立交出入口间距 1km 以上。

主要服务长距离的机动车出行：快速疏解城市片区或组团间长距离、大流量机动车流或穿越大中城市的过境车流。

配套辅路系统：设置在快速路两侧或一侧，也可利用道路网中的次干道作为辅路。

交通安全性较高：机非完全隔离，分离了快慢交通之间的相互干扰，消除了冲突点。

环境要求高：充分考虑与周围环境的融合，减小噪声、尾气、视觉景观影响。

2）城市快速路网的产生背景

从国内外城市快速路的发展经验来看，快速路在引导城市扩张、缓解城市拥堵、保护中心区环境等方面，效果显著。例如，巴黎市快速路"环路＋放射"，快速路与轨道服务卫星城与中心联系，有效推动了外围卫星城建设。南京都市区快速路网"井字三环、轴向放射、组团快联"快速路结合轨道交通，有效推进"一带五轴"都市区的建设。

城市道路结构不合理，导致长短距离、快慢速度交通混行，长距离出行机动车交通难以发挥快速优势；过境交通的混入，造成中心城区交通压力增大，交通混乱；城市居住、商业、工业、对外交通枢纽等地域分隔更加明显、空间距离更大，急需快速路系统便捷联系。

对人口在 50 万以下的城市，其用地一般在 7km×8km 以下，市民活动基本是在骑三十分钟自行车范围内，没有必要设置快速路；对人口在 200 万以上的大城市，用地的边长常在 20km 以上，尤其在用地向外延伸的交通发展轴上，十分需要有快速路呈"井"字形或"廿"字形切入城市，将城市各主要组团，与郊区的卫星城镇、机场、工业区、仓储库区和货物流通中心快速联系起来，缩短其间的时空。在大城市里，市区土地利用率高，人口密度大，经济活动和生活出行强度都很高，原有道路体系受到不断增长的交通需求的冲击，加之市区面积越大，跨市中心区的交通受到市中心道路通行能力的束缚越严重；使市区内和市区对外交通的联系受到削弱，限制了城市的发展。因此，需要有一种新的道路体系，用以保证城市中交通出行量和各种需求最大的分区之间有快速的交通走廊，保证城市生活能适应现代化的节奏。城市快速路网正是在这种条件下产生的。

快速路系统的建立完善了市内交通与市际交通的有序衔接，扩大了城市的辐射吸引能力，提升城市区位优势。快速路的规划建设将有力地推进城市布局结构的合理调整，拓展城市发展空间，改善城市生活环境和生态环境；提高城市合理建设发展的可操作性，改善城市区域发展条件。

3）快速路的主要功能

快速路联络城市分区和组团，满足较长距离交通需求，使各组团空间距离在时间上缩短，城市概念时空统一。分离快慢交通和长短出行，满足了交通需求多元化、出行方式多样化的要求。屏蔽过境交通，提高交通安全。过境交通通过快速路系统从城市外围通过，提高城市交通的运输效益和运行质量。调节城市路网交通量，高效率和高服务水平必然吸引大量交通，产生"磁性吸引"。

快速路可以缩短城市组团间的出行时距，加强中心区对外辐射能力，加强城市组团间的联络，对于促进区域经济发展有积极的作用，但是快速路很大程度牺牲了组团之间地区的交通集散服务，从而不会诱导城市土地沿线路带状发展。为提高车辆行驶速度，保证最大通过能力，城市快速路要具备一定的封闭性，要求出入口间距大，减少车辆出入造成的影响，这样一来不可避免地对两侧用地有隔断作用，对土地的使用造成负面影响，尤其对沿线的商业有退化的作用。

4）城市快速路主要形式

地面式：优点是主辅路之间的交通转换比较方便、工程造价较低，易与周边景观结合，对环境和城市景观影响较小。缺点是占地较多、道路红线在 70m 左右。道路两侧横向沟通不方便。此形式适于设置在横向交叉道路间距较大的城市外围与等级公路相连接的地区，新建城区用地比较富裕或结合城市改造拆迁较少的路段。不宜设置在城市中心区域，否则会影响城市人气积聚，造成地块分隔现象严重。典型案例如深圳的滨海大道、滨河大道、北环大道等。

高架式：优点是占地少、一般道路红线在 50m 左右（有匝道段会略宽）。通行能力大、道路两侧横向沟通较方便，交通功能不仅仅服务于"线"，而且还可以服务于"面"。缺点是造价高，对高架桥沿线建筑的噪声污染较大，对城市景观有一定的影响。此形式适用于红线较窄，用地紧张、横向沟通较密集或路线跨越河道、铁路时采用。典型案例如上海的延安路高架、南北高架、内环、中环等。

隧道式：优点是占地小、一般道路红线在 46m 左右（有匝道段会略宽）。噪声和废气等对道路两侧基本没有影响，与周边景观融和度较好，对城市功能的影响较小。通道通行能力大、道路两侧横向沟通较方便（隧道敞开段除外）。缺点是造价最高，只能依靠平行式匝道与横向道路进行沟通，仅可服务于道路沿线。地道施工时，对原有管线、轨道交通影响大，紧急情况（火灾、车辆抛锚等）下，地道救援困难，安全性不理想，运行风险大，维护成本高。此形式适用于在大城市主城区内，车流量很大，但道路红线较窄、拆迁困难且对景观要求较高地段，可考虑建设隧道式快速路。典型案例如南京的城西干道、城东干道、模范马路等。

5）市域快速通道

市域快速通道包括联系周边相邻城市的重要快速城际通道，中心城区与周边城镇、重要旅游景点通道，以及联系城区外围交通枢纽、港口、高速公路出入口的集散通道。市域快速路道路周边多为待开发或未开发地块，沿线出行较少。在此区域辅道可酌情设置，辅道等级也可取用较低等级。其主要形式为公路型和城镇型。

公路型快速路主线两侧不设置辅道。该形式断面适用于非集镇段以及集镇段中两侧地块服务功能较弱的地段。

城镇型快速路主线两侧设置辅道。该形式断面适用于集镇段以及非集镇段中两侧地块服务功能较强的地段。

6）城市快速路网的规划要求

城市快速路网必须同城市的用地功能布局、自然条件及城市其他规划和对外交通相配合。从某种程度上讲，城市快速路网要向城市交通提供较高的可靠度。因此，在这个意义上，快速路网不同于干道网，它不仅要连接主要的分区，还要使交通不间断地运行，其规划标准要高于干道网。具体表现如下：

（1）城市快速路的计算行车速度为 $60\sim80$ km/h，道路平面线形要满足高速行驶的要求，因此在选线时，要避免过多的曲折。

（2）快速路要严格限制横向交通的干扰（包括机动车、非机动车和行人），与其他快速路及主干道相交时，必须采用立交，只允许有少量的合流和分流车辆存在。

（3）道路横断面布置要接近高速公路标准，对不同方向的交通流和不同的交通方式必须进行隔离。

（4）规划足够的车行道宽度，以利发展需要。

（5）选择恰当的立交形式，避免由于立交通行能力的限制而影响汽车的运行，降低快速路网的标准。

（6）纵断线形要保证在高速行车允许范围内，在凹型曲线底部要有充分的排水设备从而保证道路不积水。

（7）与城市整体路网配合，使车辆能通顺地进出快速路网。

以上是对城市快速路网的基本要求，在规划建设过程中，还要注意与之配套的服务设施及道路标志的完善，使城市快速路网的服务质量真正达到高水平。

3. 城市主干道

1）城市主干道的作用

城市主干道以交通功能为主，即为城市交通源如车站、码头、机场、商业区、厂区等之间提供通畅的交通联系。城市主干道的规划和布局决定着城市道路网的形式和功能发挥。除交通功能外，城市主干道还有以下一些功能：

构成布设地上、地下管线的公共空间。城市主干道也是城市的主要开阔地，其沿线还布设电力、燃气、暖气、上下水管道干线等设施。因此，城市主干道的规划应同以上各种管线的规划及大城市的地铁线路规划综合进行。

防灾功能。灾害发生时，城市主干道可起到疏散人群和财产、运送救援物资及提供避难空间的作用，还可以阻止火灾的蔓延。

构成城市各种功能区。由主干道围成的地区，形成相对完整的功能区，城市主干道的修建，使周围土地的可达性增强，有利于各种功能区的开发利用。

2）主干道的规划布置

不同的城市，应根据本身的特点和问题，制订出适合本市的主干道规划。城市主干道应与城市的自然环境、历史环境、社会经济环境、交通特征和城市总体规划相适应，为做到这一点，应经过全面深入地调查和布设工作。

前期综合调查。前期综合调查包括人口、产业调查，交通现状调查，用地现状调查及城市规划调查，依此确定规划的基本方针，提出若干比选线路。

线路调查。根据前期综合调查的分析结果，对不同比选线路进行深入调查，掌握拆迁的难度和拆迁量，土地征购面积等，同时还要掌握建设费用、投资效益和道路周围用地环境。再根据线路调查结果，对不同线路进行比较，制订出规划方案。

定性分析。城市主干道是城市交通的动脉，在规划定线时一定要突出其交通功能，应拟订较高的建设标准。由于城市主干道一般较宽，道路上车速快，主干道之间多采用立体交叉，因此对城市用地有较强的分割作用。主干道的布置应避免穿过完整的功能区，以减少城市生活中的不便、横过主干道人流、车流对主干道交通的干扰。如主干道不应从居住区和小学学校间通过，更应避免穿过学校、医院、公园和古迹建筑群等。

城市主干道还应与自然地形相协调，在路线工程上与周围用地相配合，减少道路填、挖方量。否则，不但会因土方工程量的增加而耗资，也不利于道路两侧用地开发，视觉上也不美观。在城市主干道的规划设计中，要使线路尽量避开难以迁移的结构物，充分利用原有道路系统，减少工程造价。

3）城市主干道的交通环境

城市人口密集，出行强度高，道路两侧土地使用率较高，车辆的进出和横过道路的行人比较多，如果主干道两侧有交通集散量很大的公共设施和商业设施，过多的行人和进出车辆就会干扰主干道的交通，削弱其交通功能。因此，主干道两侧不要直接面对大的交通源。另外，由于主干道沿线所连接的交通源的性质不一样，对主干道的交通环境也提出了不同的要求。例如，与旅游点相连，则道路周围的环境应更加注意美观，沿线建筑物和绿化应经过认真的规划设计。

4. 城市次干道和支路

城市次干道用于联系主干道，与主干道结合组成道路网并作为主干道的辅助道路（起集散交通的作用），设计标准低于主干道。支路则为各街坊之间的联系道路，并与次干道连接，设计标准低于次干道。虽然次干道和支路不是城市交通的主动脉，但它们起着类似人体的支脉和毛细血管的作用，只有通过它们，主干道上的客、货流才能真正到达城市不同区域的每一个角落。主干道上的交通流也靠它们汇集、疏散。因此，在城市道路网规划中，决不能因为重视主干道的规划建设而忽视了次干道和支路。

与城市主干道相比，次干道和支路上的交通量要小一些，车速也较低。次干道和支路主要解决分区内部的生产和生活活动需要，交通功能没有主干道那样突出，在它们两侧可布置为城市生活服务的大型公共设施，如商店、剧院、体育场等。城市次干道和支路与主干道一样为城市提供公共空间，起着各种管线的公共走廊和防灾、通风等作用。

5. 城市道路总宽度与横断面布置形式

城市道路总宽度也称道路红线宽度，它包括车行道（机动车道和非机动车道）、人行道、分隔带和道路绿化带（图6-10）。具体道路总宽度的确定，要根据道路等交通组成而定。

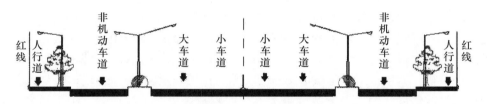

图6-10 城市道路红线宽度示意图

城市道路的横断面形式，基本上可以概括为一幅路、双幅路、三幅路和四幅路几种，如图 6-11 所示。

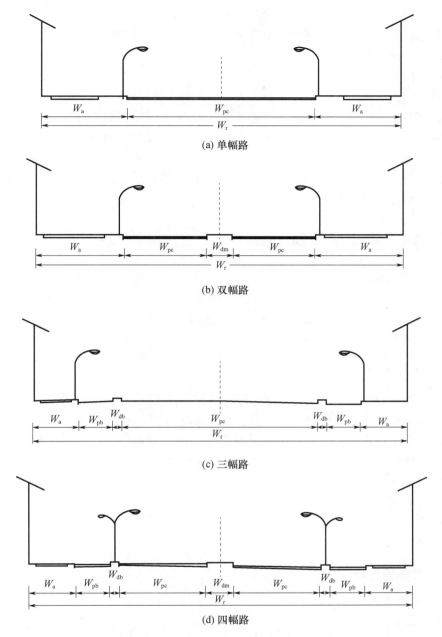

(a) 单幅路

(b) 双幅路

(c) 三幅路

(d) 四幅路

图 6-11　城市道路的横断面形式

单幅路俗称"一块板"断面。各种车辆在车道上混合行驶。在交通组织上可划出快、慢车行驶分车线，快车和机动车辆在中间行驶，慢车和非机动车靠两侧行驶。或者不划分车线，车道的使用可以在不影响安全的条件下予以调整。如只允许机动车辆沿同一方向行驶的"单行道"；限制载重汽车和非机动车行驶，只允许小客车和公共汽车通行的街道；限制各种机动车辆、只允许行人通行的"步行道"等。上述措施，可以是相对不变的，也可以按规定的周期变换。

双幅路俗称"两块板"断面。在车道中心用分隔带或分隔墩将车行道分为两半，上、下行车辆分向行驶。各自再根据需要决定是否划分快、慢车道。

三幅路俗称"三块板"断面。中间为双向行驶的机动车车道，两侧为靠右侧行驶的非机动车车道。

四幅路俗称"四块板"断面，在三幅路的基础上，再将中间机动车车道分隔为二，分向行驶。

相比之下，三幅路和四幅路对交通流的渠化比一幅路和双幅路要好；行进中车辆之间干扰小，适用于高速行驶。因此，城市主干道建议采用四幅路或三幅路加中间分隔物（栏、墩等）这样的高标准横断面。道路分幅多，道路红线一般较宽，在交通量不大的次干路，尤其是支路上，没有必要采取此种断面形式。考虑用地的经济和方便生活两个因素，支路的形式以一幅路为佳。

6.4.4 城市停车场规划

停车设施是城市道路交通建设的一个重要内容，停车问题得不到解决，则会有过多的路边停车而造成交通拥挤甚至阻塞；由于找不到停车泊位造成生活不便和用地功能难以发挥。因此，每一个城市都应根据交通政策和规划、土地开发利用规划等制订出适合本市停车需求的停车场规划。

1. 停车场分类

按停车种类分类，分为机动车停车场、自行车停车场。

按停车形式分类，分为路边停车场、路外停车场。

路边停车场指在道路红线范围内，道路的一侧或两侧，按指定的区间内设置的停车道。这种停车设施简单、方便，但占用一定的道路空间，对行车有干扰，不恰当的设置可导致交通阻塞。

路外停车场指在道路红线范围以外的停车设施，包括建筑物周围的停车场及地下车库、楼式停车场等。这类停车设施规模一般较大，要求有配套设施，如排水、防水设备、修理、安全、休息、服务等设施。

2. 机动车停车场规划

1）停车需求量调查与预测

停车场的规模一定要符合实际，过大则浪费，过小则不解决问题。为确定停车场的合理规模，必须要做一系列调查工作，确定停车的总量、停车时间长短，进而推算出车位利用率等，具体涉及以下几个方面：

（1）停车现状调查，包括现状的路边停车和路外停车的停车地点、停车数量、车种、到达时间和离去时间等。

（2）停车场使用者调查，包括停车目的、停车后步行时间、车种、到达和离去时间、使用频率等。

（3）停车场附近道路的交通现状调查，主要为干道的各方向交通量等。

（4）停车场周围的环境调查，主要为建筑种类、规模等。

（5）停车需求预测。

一般而言，停车需求分为两大类，一类为车辆拥有的停车需求；另一类是车辆使用过程的停车需求。前者所谓夜间停车需求，主要是为居民或单位车辆夜间停放服务，较易从各区域车辆注册数的多少估计出来；后者所谓日间停车需求，主要是由于社会、经济活动所产生的各种出行所形成的，它受土地利用、车辆增长、车辆出行水平及交通政策等多方面的影响。纵观国内外城市研究成果，停车需求预测一般有三种模型：基于类型分析法的产生率模型、基于相关分析法的多元回归模型、基于停车与车辆出行关系的出行吸引模型。

车辆驾驶者因活动需要产生出行而有空间上的移动，并在出行终点需要空间和时间停放交通工具，此所需的时间与空间即成为停车需求。停车需求预测的目的是为了确定合理的停车泊位供给规模，停车需求量预测准确与否，对停车规划的影响很大。停车需求预测既有以区域或基地为研究对象来考虑的停车需求研究，又有将停车需求行为假设为一选择行为来进行研究的停车需求研究。表6-4列出了常用的8种停车需求预测模型的优缺点。

表 6-4 停车需求预测模型比较

模型	输入资料	优点	缺点
小汽车增长模型	各分区未来小汽车数量 各分区基年小汽车数量 各分区基年停车需求数	模型建立容易，所需资料不难收集	考虑的变量太少，模型的精确度不高
出行吸引模型	各分区未来小汽车吸引量 各分区小汽车承载率 各分区停车高峰系数	模型的理论性强，精确度高	各分区的出行吸引量、交通方式分担率、小汽承载率等资料获取不易
产生率模型	各地区各类土地使用的停车需求产生率 各地区未来各类土地使用的发展状况 停车需求产生率与土地使用、建筑物形态等变量彼此独立	由停车需求产生率推算停车需求较为精确、直接	各地区未来的土地使用资料获取不易，需从事大量调查
多元回归模型	各地区未来的社会经济发展情况 各地区未来的土地使用情况	模型使用简便，有统计分析，可了解模型的精确性	模型的精确性较差
交通量-停车需求模型	各地区未来的交通流量	当应用于小区域时，模型简便实用	当预测区域扩大时，交通流量与停车需求关系将随之改变，其准确性也相应降低
土地使用-停车需求模型	各分区就业机会人数 中心商业区就业总人数 各区的商业及零售业楼地板面积	模型的建立简单且具有合理性	各区的就业机会人数不易获取 长短时间不易划分 模型中的分配数值在长时间内不一致

续表

模型	输入资料	优点	缺点
多元增长率几何平均数模型	各区的人口增长率、车辆增长率、楼地板面积增长率各区的区域特性加权值	模型综合考虑多个合理因素，又不失简便	各区各个成长关系间并非独立反映各区的加权值不易确定
分配模型	各区的社会经济资料，如人口数、就业人口数、零售及服务业楼地板面积	理论基础完备，精确度高	建立模型所需资料多资料收集困难

2）停车设施规划

在得到停车需求分析和预测的数值后，可以进行停车设施的规划。停车设施规划所要解决的问题有：在城市的各个区域，在未来的不同时期，需要供应多少停车泊位；在这些泊位中，社会停车泊位、配建停车泊位和路内停车泊位各占多少比例比较合适；在未来各时期，应该兴建多少社会停车场来满足社会停车需求。

（1）停车设施布置原则如下：

① 无论是路外公共停车场或路边停车场地布局，都要尽可能与这些设施的停车需求相适应。在商业、文化娱乐、交通集散中心地段，停车需求大，必须配置足够的停车设施，否则对交通将产生十分不利的影响。

② 停车步行距离要适当。一般机动车停放点至目的地步行距离以 200～400m 为限；自行车则以 50～100m 为限。

③ 大城市的停车场分散布置比集中布置要好。对于过境交通车辆，则应在市外环路附近（易于换乘地段）设置停车场。各种专用停车场，应根据建筑类型按国家或地区规定的停车车位标准，采用停车楼或地下停车库等形式解决。

④ 路外停车设施容量所占比重，应满足车辆拥有和车辆使用过程大部分停车需求。

（2）停车设施容量的估算。

① 停车泊位。

它是一种典型的时空资源，其使用与服务能力大小可以用"泊位·h"单位来度量。车辆在停放时要占用一定的泊位面积，每次有目的的出行停放过程要占用一定的时间，每个泊位在规定时间内又可以连续提供其他车辆周转使用。显然，一定区域一定时间内的泊位容量与停放周转特征（平均停放时间）有密切联系。

② 理论停车设施容量（Cap）。

$$\text{Cap} = TP_T/TP_C$$
$$TP_T = S \cdot T$$
$$TP_C = A \cdot t = A/C$$

式中　Cap——停车设施容量，PCU/h 或 PCU/d；

TP_T ——停车设施时空资源，泊位·小时或泊位·天或 m² · h；

TP_C ——停放标准车时空消耗，m² · h/PCU；

S ——各类停车设施总泊位数（标准车）或总面积，m²；

T ——单位服务时间，h 或 d；

A ——标准车停放面积，m²；

  t ——平均停放时间，h；

  C ——周转率，单位时间（h 或 d）每车位停放周转次数。

③ 停车设施高峰实际容量（Cap_T）。

影响停车设施容量的因素很多，主要有设施区位分布的影响、各类停车设施使用周转率、收费及政策性管理因素等。可以概括为以下三个基本影响系数：

有效泊位（面积）系数 η_1：一般情况下，路外停车设施的泊位量比较可靠有效，而路边停车由于通道出入口辅助面积较难保证，特别我国大城市道边停车比重较高的情况下，有效泊位面积应按实际调查进行折减，η_1 一般取值为 0.7～0.9。

周转利用系数 η_2：周转率与不同区位的停车设施、停车目的有密切联系，相差变化较大，取平均值有一定误差，η_2 一般为 0.8～0.9。

政策性系数 η_3：收费与管理措施不仅会影响停车需求，还会随动态交通的变化直接影响到停车设施的使用功能，η_3 宜取 0.9 左右。

从社会经济学观点看，可以将停车设施视为一种"准公共物品"，因为其具有不可存储性和不可运输性特征：在停车非高峰期间，停车设施容量相对过剩，而且这部分过剩的容量（泊位）并不能储存起来供高峰期用。如按高峰需求确定停车设施容量，势必造成巨大浪费；如按非高峰需求定停车设施容量，势必产生高峰期间排队等候。另外，在都市不同地区，例如边缘地区的停车场容量相对过剩，但不能将剩余容量输送到市中心区使用。从这两方面看，如何适当地控制停车供需关系，使车辆运行与停放拥挤保持在一个比较合理的水平上，是确定停车设施高峰实际容量的基本出发点。停车设施高峰实际容量的计算方法为：

$$Cap_T = Cap\,\eta_1\,\eta_2\,\eta_3 \qquad (PCU/h\ 或\ PCU/d)$$

（3）停车设施供需平衡

停车设施的规划是在一定的供应政策指导下制订的。传统的供应理念是供应必须满足需求，即所谓的供需平衡。然而，国内外众多城市的发展经验表明，一味地增加供应满足需求，最终仍是供不应求，而在停车需求管理的基础上，针对不同区域应采取供应限制和供需平衡的策略，才有可能解决停车问题。因此，停车设施规划不能简单地以满足停车需求为目的，还要考虑到供应对需求的调节作用。采取何种供应政策，要根据区域的性质、交通状况和未来的发展前景决定。

停车泊位供应不仅在区域空间上采取不同策略，在规划期限上也应该采取不同的供需协调策略，以实现控制需求增长和需求管理的目标。

中心区的外围区域近期应该增加停车泊位的供给，以满足区域停车需求。在远期，随着中心区控制供给政策的开展，以及换乘系统的完善，中心区外围区域除了要满足自身的需求外，还要满足停车换乘带来的停车需求。

对于城市的新开发地区，随着开发力度的加大，对停车的需求也会迅速增长，所以这些区域除满足当前需求外，还要考虑到未来的发展趋势。

城市出入口地区的停车泊位主要是满足过境车辆的停放，停车泊位的控制不太可能对需求产生影响，所以该地区停车泊位的供应应该采取供需平衡的政策。

由于建筑物的性质和规模不同，对停车车位的需求也不一样，这反映在停车总量和车位利用率上，如银行、邮局这类设施处的停车时间比购物停车时间要短一些，饭店、办公设施处的停车时间要更长一些。

3. 自行车停车场规划

1）自行车停车现状调查分析

自行车停车现状调查主要包括高峰小时停车比例系数、停车周转率、自行车停车时空分布等，弄清问题的性质、大小、地点、严重程度等，通常是对已有停车场或需设停车场所进行观测、调查。

2）自行车停车需求预测

自行车停车需求预测是自行车停车场规划的重要依据。城市自行车停车设施需求量与城市规模、性质、研究区域的土地开发利用、人口、经济活动、交通特征等因素有关。然后按照预测需求进行规划设计，提出停车设施的建设方案。

自行车停车需求分为两大类：一类是车辆拥有的停车需求，即所谓夜间停车需求，主要为居民夜间停放服务，较易从各区域车辆注册数或居民户数的多少估计出来，大多由单位或小区配建停车场；另一类是车辆使用过程的停车需求，主要是由于社会、经济活动所产生的各种出行所形成的，这是我们研究的主体。

自行车停车需求预测的模型很多，常用的预测方法是根据自行车出行 OD 分布数据，得到每日各交通小区自行车停车数，同时参考《城市道路交通规划设计规范》中自行车停车场按城市规划人口每人 $0.1 \sim 0.2 \text{m}^2$ 的原则，以及考虑日高峰系数在 $1.1 \sim 1.3$ 之间，求得规划年自行车停车需求总量和各区域需求量。

$$P_i = \max\left\{\frac{U_i}{\varphi}, \frac{N_i \cdot \alpha}{\beta} \cdot \gamma\right\}$$

式中　P_i——自行车停车泊位需求量；

　　　U_i——交通区 i 的交通吸引量；

　　　φ——自行车停车泊位周转率，取 6 次/个；

　　　N_i——交通区 i 的人口数；

　　　α——人均自行车停车场面积，取 0.18m^2；

　　　β——每个停车位面积，取 1.5m^2；

　　　γ——高峰小时系数，取 1.2。

在具体规划时，如果要完全满足预测得到的自行车停车需求，可能会遇到用地面积不足、建设费用过大等问题。这就需要强化禁停措施、收费停车、限制服务半径内的人使用自行车等措施，设定自行车停车场供给标准，而不是简单地满足停车需求。

3）专用自行车停车设施规划

市区尤其是中心区内的商业、集贸、餐饮、公共娱乐中心等公共建筑，往往吸引了大量的自行车停车。然而，由于这些公共建筑往往没有预留足够的自行车专用停车场，大多数停车需求只好以占用门前场地、附近人行道等方式解决，容易导致人行道、自行车道交通混杂，加剧了当地交通的混乱状况。

配建停车场是最直接、最方便的解决手段。为了避免占用道路用地，要求城区内部的公共中心、商业中心、集贸市场等人流较多的公共建筑，必须严格执行相应的配建指标，配建相应的自行车专门停车场。

4）公共自行车停车设施布局规划

（1）公共自行车停车场的规划原则。

自行车停车应该首先考虑到其便利性，并且在不影响城市交通和市容的前提下对其进行规划，应遵循以下原则：

自行车停车场地应尽可能分散、多处设置，采用中小型为主，以方便停车。同时，切合实际，充分利用车辆、人流稀少的支路、街巷或宅旁空地。

自行车停车场应避免其出口直接对着交通干道或繁忙的交叉口，对于规划较大的停车场地，尽可能设置两个以上的进出口，停车场内也应做好交通组织，进出路线应明确划分并尽可能组织单向交通。

停车场的规模宜视需要与实际场地大小确定，停车场地的形状也要因地制宜，不宜硬性规定或机械搬用。固定式车辆停放场地应设置车棚、车架、铺砌地面，半永久式和临时停车场地也应设明显的标志、标线，公布使用规则，以方便停车和交警执法。

对于车站、公交站场等繁忙的交通换乘地点，应按规定设置足够的自行车停车场地，以方便转乘、换乘。

（2）公共自行车停车场布局流程。

自行车停车场位置的选择非常重要。出行者肯定不愿意将自行车停放在停车场后再步行很长的时间，也就从一个方面造成了"就近停车"的乱停乱放现象。所以，自行车停车场选址最重要的就是其便利性，这就要求停车场在城市应分散多处设置，以方便停放；同时要保证停车后的步行距离，停车场的设置地点与出行目的地之间的距离以不超过 100 m 为宜，特殊情况下也不要超过 150 m。

在其便利性得到保证的同时，再对停车场具体的设置位置进行考虑。自行车停车场在方便自行车出行者的同时，不能对整个交通环境造成影响，不能干扰正常的车流和人流，所以停车场应避免设在交叉口和主要干道附近，以免进出的自行车对交通流造成阻碍；经济利益也是自行车停车场选址时应该注意的问题，由于自行车停车场设施非常简单，往往所需要投入的只是土地而已。所以，选址时应考虑到土地的开发费用，尽量充分利用空闲土地，以节约土地开发的费用。

5）共享单车设施规划

近几年，在移动互联网、云计算、大数据及物联网等科技浪潮背景下，共享经济开始大行其道，资本市场大量进入共享型公共产品供给领域。共享经济的发展为城市绿色、健康发展提供了重要的实现路径，也加快了城市发展的速度。2016 年，以"随取随用"为目的的共享单车开始活跃在一、二线大城市的大街小巷，并逐步渗透到人们的生活之中。对比有桩单车的有秩序停放，无桩共享单车呈现离散分布状况，其随处停放给城市管理带来了挑战。从城市规划的视角看，共享单车使用规范化的关键是空间资源的优化配置，涉及车道、停车设施等的规划布局。

欧洲国家从 19 世纪 70 年代中期就开始重视自行车交通建设和公共自行车的投放使用，而关于公共自行车的研究始于 21 世纪初，重点关注自行车的建设运营、基本使用特征以及人的选择和出行行为，并从建成环境影响自行车交通出行的角度开展了系列研究。在实践方面，国外也注重通过税收和行政手段，保障自行车的使用和停车设施建设。从 2007 年开始，我国对公共自行车的投放使用引发了学者对自行车的重新关注，学者们试图从道路交通环境、公共自行车供给规模和距离公交站点的距离、骑行主体具体使用情况等角度展开相关研究。但由于公共自行车站点配置不合理、用户租借困难等问题，我国学者对自行车的关注重点放在了自行车停放及租赁站点的选址布局上，大部分学者从自行车与城市轨道交通、公交系统换乘的角度出发，通过自行车交通客流预测，结合用地性质和居住人口分析，构建选址优化模型，开展了公共自行车停车设施、租赁点的规划布局方法研究。

2010 年以来，国家和地方开始重视非机动车交通问题，出台了相关的规范和设计指引文件，对非机动车停车设施的选址、规模和形式等进行了一般性规定。共享单车用户的骑行行为在工作日与休息日、中心区域内与中心区域外、地铁站点周边与常规公交站点周边、不同空间要素周边等都表现出不同的时空特征。针对私人自行车和公共自行车，缺乏考虑自行车使用者在时间和空间上使用需求的差异性，对共享单车停车设施规划的适用性不足等问题已有指引文件。共享单车的使用关乎居民的生活和出行，其停车设施的规划需要体现城市规划的人本关怀。已有研究提出了基于时空行为的人本化规划模式，强调通过数据的获取与分析，关注生活空间规划、生活时间规划和居民行为规划，通过聚焦个体空间行为，从日常生活中理解城市问题，从行为分析中了解居民需求，进而找准规划建设的重点。因此，在下一步共享单车停车设施规划中，可以重点围绕规划重点，即共享单车停放点规划、停放容量规划及停放容量管理三方面内容，优化停车设施的布局，提升共享单车的使用效率和管理效率。

共享单车管理的症结在于重点区域车辆的实时停放和流转速度，因此共享单车停车设施规划主要从停车设施空间布局及容量调配两方面进行考虑。

在共享单车停车设施空间布局方面，由于以 TOD 模式发展的区域对轨道交通的依赖程度较高，建议在以地铁站点为中心的 200m 范围内布置集中式的共享单车停放点，且考虑在距离地铁站点 600～800m 范围内布置分散的共享单车停放点。在市内的成熟发展区域，应综合考虑区域内各空间要素的衔接紧密度。其中，居住、餐饮、商业购物和交通服务 4 类空间要素聚集地块的规模相对较小，与居民日常生活出行联系紧密，建议在这类空间要素周边 100m 范围内规划分散、便捷式共享单车停车设施；办公、生活服务、医疗卫生、文教、休闲娱乐和金融保险 6 类空间要素聚集地块的规模适中，与居民日常生活出行联系较弱，具有一定的换乘距离容忍度，建议在 200～300m 范围内采用集中停放的方式布置共享单车停车设施；风景名胜、旅馆和体育 3 类空间要素聚集地块的规模往往较大，且居民到访频率较低，建议结合经常性出入口合理布局共享单车停车设施。

在共享单车停车设施容量调配方面，地铁站点周边区域空间要素聚集的差异性形成了潮汐型和单向型两类骑行行为模式，这是共享单车供给出现时段性和空间性失衡的原因。因此，需要对这些站点的共享单车用量进行再平衡，以提高共享单车系统运行的效率。潮汐型站点需要考虑共享单车早晚高峰的峰值，并对停车设施容量采取合理的调配措施；单向型站点需要根据具体情况及时补充和转移共享单车，以防止站点无车可用和车辆淤积。在多要素混合影响区域，需要根据不同空间要素的吸引度和衔接度合理布局共享单车停车设施以及进行容量调配，形成定点集中停放和散点分散停放相结合的共享单车停放供给体系，以满足城市中不同区域、不同出行目的的居民的需求。其中，对居住、商业购物、餐饮和交通服务 4 类空间要素周边的共享单车停车设施进行扩容是规划的重点，可考虑与市政设施结合的集约布局方式，如结合公交站房、流动商店和人行导流栏进行共享单车的多种形式、立体式停放；办公、生活服务、医疗卫生、文教、休闲娱乐和金融保险 6 类空间要素周边的共享单车停车设施容量调配应重点考虑峰值区域及其人流引导和步行通达性，结合用户骑行习惯优化绿道线路，并设置标识明确的指示牌，实现就近停车换乘；体育场馆、风景名胜和旅馆 3 类空间要素周边的共享单车停车设施容量调配应多考虑场地主要出入口处的骑行需求，以提高共享单车的使用率。

6.5　城市地铁和轻轨规划

6.5.1　地铁

地下铁道是城市快速轨道交通的先驱。地铁不仅具有运量大、快捷、安全、准时、节省能源、不污染环境等优点，而且还可以修建在建筑物密集且不便于发展地面交通和高架轻轨的地区。因此，地铁在城市公共交通中发挥着巨大的作用，是城市居民出行的便捷交通工具。

地下铁道是一个历史名词，如今其内涵与外延均已有相当大的扩展，并不局限于运行线在地下隧道中这一种形式，而是泛指车辆的轴重大于 15 t，高峰每小时单向运输能力在 30 000～70 000 人的大容量轨道交通系统。运行线路多样化，其形式包括地下、地面和高架三者有机的结合。美国纽约以及我国香港等地也称其为"大容量铁路交通"（Mass Transit Rail）或"捷运交通系统"（Rapid Transit System）。这种轨道交通系统的建造规律是，在市中心为地下隧道，市区以外为地面线或架空线。例如，韩国首尔在 1978～1984 年建造的地铁 2、3、4 号线总长为 105.8 km，其中地下线路为 83.5 km，高架部分长为 22.3 km，高架部分占全长的 21%。

地铁都是电力牵引，都可实现车辆连挂、编组运行。地铁运量大、速度快，有自己的专用轨道，享有绝对路权，没有其他交通干扰，是一种城市快速连续交通运输形式。地铁运输网的建立和完善，可以极大地缓解地面交通的压力，其快速、准时的优势是地面交通无法相比的。国外许多城市的地铁相当发达，如纽约、巴黎、伦敦、莫斯科、东京、大阪等。我国以北京市地铁建设规模最大，其第一条线路于 1971 年 1 月 15 日正式开通运营，使北京成为中国第一个开通地铁的城市。截至 2017 年 12 月，北京地铁运营线路共有 22 条，均采用地铁系统，覆盖北京市 11 个市辖区，运营里程 608 千米，共设车站 370 座 。到 2020 年，北京地铁将形成 30 条运营线路，总长 1177 千米的轨道交通网络。2016 年，北京地铁年乘客量达到 30.25 亿人次，日均客流为 824.7 万人次，单日客运量最高达 1 052.36 万人次。

地下铁道之所以在世界范围内得到广泛的发展，在于它具备城市道路交通不可比拟的优势：

（1）地铁是一种大容量的城市轨道交通系统，其单向每小时运送能力可以达到 30 000～70 000 人次，而公共汽电车单向每小时运送能力只在 8 000 人次左右，远远小于地铁，所以在客流密集的城市中心地带建设地铁可以明显疏散公交客流，分担绝大部分城市公共交通流量。

（2）地铁具有可信赖的准时性和速达性，地铁线路与道路交通隔绝，有自己的专用线路，不受气候、时间和其他交通工具的干扰，不会出现交通阻塞而延误时间，因而在保证准时到达目的地方面得到乘客的信赖，可以为居民带来效益，故对居民出行具有很大的吸引力。

（3）地铁大多在地下或为高架，因而与其他交通方式无相互干扰，安全性高。在当今世界汽车泛滥、交通事故居高不下的情况下，如果不发生意外或自然灾害，地铁里乘客的安全总可以得到保障，这也是地铁吸引客流的原因之一。

（4）地铁噪声小、污染少，对城市环境不造成破坏。

（5）在城市发展空间日益狭小的今天，地铁充分利用了地下空间，节约出地面宝贵的土地资源为人类所用，这在一定程度上也刺激了其自身的发展。

虽然地铁具有很多其他交通方式并不具备的优势，但其缺点也相当突出，制约着地铁的进一步发展。地铁的绝大部分线路和设备处于地下，而城市地下各种管线纵横交错，极大地增加了施工难度，而且在建设中还涉及隧道开挖、线路施工、供电、通信信号、水质、通风照明、振动噪声等一系列技术问题以及要考虑防灾、救灾系统的设置等，都需要大量的资金投入。因此，地铁的建设费用相当高。在日本，每千米地铁建设费要超过 200 亿日元，我国每千米地铁造价达 8 亿元人民币。即使对工业发达国家来说，大量建设地铁所需的费用也是难以承担的。地铁不仅建设费用比较高，而且建设周期长，见效慢。地铁还有一个致命的弱点在于，一旦发生火灾或其他自然灾害，乘客疏散比较困难，容易造成重大的人员伤亡和财产损失，对社会造成不良影响。

地铁的规划应认真考虑远景的交通需求，要有系统、全面的观点。地铁规划还应和地面道路规划相配合，特别是建设初期的地铁，只有与其他交通方式很好结合，才能发挥其作用。

6.5.2　轻轨

城市轨道交通系统主要指地铁与轻轨，两者都可以建在地下、地面或高架桥上，区分两者的主要指标为单向最大高峰小时客流量。欧洲的"轻轨"一般特指现代有轨电车。根据我国《城市公共交通分类标准》，轻轨的定义是：一种中运量的轨道交通运输系统，采用钢轮钢轨体系，标准轨距 1 435 mm，主要在城市地面或高架桥上运行，遇到繁华街区也可进入地下，具备专用轨道。其建设成本比地铁低，可以在短周期内投资建成；在能量消耗和维修方面，轻轨也具有一定优势。

目前，我国建有轻轨的城市有北京、长春、大连、上海、天津、重庆、武汉等城市。长春市是第一个修建轻轨的城市，线网规划三主两辅 5 条线路，1、2、5 号为地铁线路，3、4 号为轻轨线路。基于 2000 年开始建设时的经济实力，长春市先期建设了3、4 号轻轨线路，线路由高架线和地面线组成，后续线路均为地铁系统。

轻轨相对一般铁路和地铁而言，它的运输更灵活，但运量小一些，可以布置在城市一般街道上。与公共汽车相比，它有自己的轨道，在交叉口享有优先权，运量比公共汽车大得多，并且比公共汽车快速、准时。现在的轻轨运输已经与过去的有轨电车不同，发生了质的变化，形式上有单轨式、双轨式、骑座式和悬挂式等。其具体运营特点为：

（1）小型轻便，轨道造价低，对城市环境的适应性强。

（2）在专用轨道上利于系统的管理与控制，安全性高。

（3）运输能力介于地铁和公共汽车之间，当运量范围在每小时 5 000～15 000 人时，效率最高。

（4）运距适于 5～15 km。

（5）对大气污染小，比同样运量的道路运输噪声小。

轻轨交通作为一种中运量的城市轨道交通系统，具有综合造价低、道路适应性强、系统配置灵活、噪声低、无污染、建设周期较短等特点，适应特大城市轨道交通线网中的辅助线路、市郊线和卫星城镇的连接线，以及中小型城市的轨道交通骨干线路。

6.6 旧城道路系统改建

6.6.1 旧城道路现状和问题

旧城道路在建设时受当时条件和观念的限制，目前看来都显狭窄，道路曲折，视线不良，山城道路存在陡坡急弯，通行能力不能满足现状需求。

旧城道路两侧商业化严重，行人密度高，交通干扰大。

旧城道路系统缺乏停车设施，路边停车严重，使原本就狭窄的街道更显拥挤。

有些旧城道路过于狭窄，无法供机动车运行，因此公共汽车也无法服务这些区域，造成交通不便。

城市路网结构不适合现代交通的要求，缺乏快速干道，而作为主干道与次干道的道路等级也较低，经常起不到应有的作用。

6.6.2 旧城道路系统改善

旧城区建筑密度高，道路改建工程会有很大的拆迁量，而且工程难度大，耗资也多。因此，旧城道路系统的改善更应经过充分调查分析后，才能制订有针对性的实施规划。

1. 交通调查

主要查清旧城区内机动车、非机动车和行人的流量及其分布规律，分析现存的问题和未来需求。

2. 明确改建目的，确定改建规模

保证交通的通畅和交通安全仍是道路改建的首要目的。旧城道路系统的改善，应结合城市路网的总体规划进行，充分利用原有道路设施，使改建后的道路能成为城市路网中的有效部分。

3. 应特别注意旧城道路体系中机动车与自行车停车场的规划

不但要在新的土地开发规划中充分考虑停车场的用地，而且在旧城中凡新建大型商业、娱乐等服务和文化设施处，都应配建与之相应的机动车与自行车停车场。

4. 妥善安排道路两侧土地开发利用，创造良好的交通环境

若道路扩建规模不大，拆迁工程量尽可能安排在道路的一侧，既方便、经济，同时也保留了城市原有的建筑风貌；如果道路扩建规模很大，则道路的拓宽与土地重新利用规划往往要同时进行，只有道路周围土地使用与改建后的道路相协调时，整个规划才算是合理的；如果道路改建成城市主干道，则道路两侧就要尽量避免分布大型商业等设施。

5. 治理旧城道路系统中的交叉口

旧城街坊细碎，交叉口多，这是导致旧城区内交通拥挤和阻塞的主要原因之一。对交叉口进行适当处理，包括采取交通组织和工程措施，如封闭一些次要路口，转移公交线路，路口拓宽，增设左、右转弯车道，修建行人过街天桥、地道等，可有效缓解以上情况。

6.6.3 加强交通管理措施，改善旧城区道路交通

在通过工程手段进行旧城路网改造的同时，应及时配合交通管理手段，对城市交通进行综合治理，可能会取得更好的效果，常用的管理方法有以下几种：

（1）难以拓宽安排双向机动车行驶的街坊道路，可以考虑建立单行线系统，以此充分利用现有道路，减少路口左转车辆对交通的干扰。

（2）定时限制某些交通方式的运行，如市中心区，把货运交通安排在全天高峰时间之外，缓解交通拥挤的局面。

（3）健全道路交通信号和标志，做好交通渠化工作。

（4）对与主干道相交过多的交叉口，适当进行合并、封闭，确保干线交通的通畅。

（5）控制街道两侧的商业化规模，使行人等对车辆的干扰限制在最小范围内。

总之，旧城道路系统的改建是一个涉及面很广的问题，它必须与城市道路规划和用地规划相配合，同时工程手段和管理手段相结合，方可产生良好的效果。

6.7 城镇专用道路及广场规划

6.7.1 城镇专用道路规划

1. 步行交通

居民在城市中活动时，离不开步行。根据城市居民出行特征调查，以步行作为出行方式的比重占30%以上；在山城和小城市中，步行的比重甚至高达70%。因此，对这些步行者应予关怀，规划完善的步行系统，使步行者出行时不与车辆交通混在一起，以确保交通安全。对盲人和残疾人还应该考虑无障碍交通的特殊需要。城市居民有时还将步行本身作为一种生活需要。例如：逛街，散步或跑步锻炼身体，都需要有良好

的步行环境。城市步行道路系统应该是连续的，它是由人行道、人行横道、人行天桥和地道、步行林荫道和步行街等所组成的完整系统。保证行人可以不受车辆的干扰，安全地自由自在地进行步行活动。

城市中步行人流主要的集散地点是市中心区、对外交通车站与公交换乘枢纽和居住区内。对不同地点聚集活动的步行人流，其步行的目的是不同的。市中心区是城市的"客厅"，用以接待外来的旅游观光者；也是市民的"起居室"，供市民工余时和休息日来此逛街、购物和游憩。因此，步行者常结伴行走，步行速度慢，持续时间长，集聚的步行人流密度也较大，需要设置较宽敞的人行道，较多的步行街、步行广场和绿地，以适应步行者的活动，满足人们的需要。市中心区也是城市容积率最高的地方，聚集的工作人员最多，同时商务活动最为频繁，工作时间步行人流量很大，上下班时间步行者更多，需要设置宽敞的人行道、众多的人行天桥和地道。对外交通的车站、码头是城市的"大门"，是进出城市的人流交通换乘的枢纽点，活动的人流有脉冲性，高峰时到发量较大。因此，需要有较大的广场容纳步行人流和停放多种车辆，也需要就近设置公交站点，提供宽敞、便捷、安全的步行道路。居住区内居民的主要交通方式是步行。它包括居民日常生活购物、锻炼身体、儿童上学、游戏及成人工作、出行（去公交车站和就近社交活动）等，这些要求在居住区规划中都应加以考虑，尽量将幼儿园、中小学、运动场地、门诊所、商业生活服务设施、公交车站用步行系统和绿地系统联系在一起，与机动车道分在两个系统内。此外，在城市沿河临水的地方或城市山崖、高地也应设置林荫步道，供人们游憩和观光。

1）步行街

步行街是步行交通方式中的主要形式，其类型可有以下几种：

（1）完全步行街。完全步行街又称封闭式步行街。封闭一条旧城内原有的交通道路或在新城中规划设计一段新的街道，禁止车辆通行，专供行人步行，设置新的路面铺筑，并布置各种设施，如树木、坐椅、雕塑小品等，以改善环境，使人乐意前往。如巴尔的摩的老城步行街，我国的合肥城隍庙，南京夫子庙和上海城隍庙等。

（2）公共交通步行街。公共交通步行街是对完全步行街所作的改进，允许公共交通（汽车、电车或出租车）进入，并保持全城公共汽车网络系统的完整。它除了布置改善环境的设施外，还增加设计美观的停车站。这类步行街仍有车行道、人行道的高差之分。通常将人行道拓宽，使车行道改窄，国外甚至有将车行道建成弯曲线型，以减低车速。

（3）局部步行街。局部步行街又称半封闭式步行街。将部分路面划出作为专用步行街，仍允许客运车辆运行，但对交通量、停车数量及停车时间加以限制，或每日定时封闭车辆交通，或节日暂时封闭车辆交通。如我国上海南京路、淮海路在非高峰上班时间内禁止自行车进出，限制货车及一般小汽车进入，允许公交车、出租车和部分客车通行，将原来的非机动车道供行人步行。

（4）地下步行街。地下步行街是20世纪20年代兴起的，即在街道狭窄、人口稠密、用地紧张的市中心地区，开辟地下步行街。日本大阪是修建地下街最多的城市之一，我国的地下街未成系统，但利用人防系统建成商业街，起到地下步行街的作用，如哈尔滨地下街、苏州人民路下的地下商业街及上海人民广场下的地下街等。

（5）高架步行街。高架步行街是沿商业大楼的二层人行道，与人行天桥联成一体，成为全天候的空中走廊形式，雨、雪、寒、暑均可通行。如明尼阿波利斯的人行天桥系统在世界上享有盛名，已成为该城市的象征。

2）人行天桥或地道

人行天桥（或地道）是步行交通系统重要的联结点，它保证步行交通系统的安全性与连续性。在城市中，车速快、交通量大的快速路和主干道上，行人过街应不干扰机动车。在建立人行天桥或地道时，要充分结合地形、建筑物、地下人防工程、公交站点，并将它们组成一体。如佛山市在城门头建了与四周环境结合得很好的地下步行广场，很受市民欢迎。香港的中环和湾仔地区将简单的人行天桥与建筑物、公交车站和地形结合起来，发展成为一个有六条高架步行道组成的步行系统，也取得了较好效果。

2. 城镇自行车交通规划

城市交通规划应以安全、通畅、经济、便捷、节约、低公害为总目标，建立各自的交通系统。通过交通管理与组织，实施封闭、限制、分隔等定向分流控制，最大限度地发挥现有街道网及各类交通工具的功能优势，扬长避短。

建立自行车交通系统在于引导和吸引自行车流驶离快速的机动车流，在确保安全的前提下，发挥其最佳车速。良好的自行车交通规划应具备以下几个方面：

1）合理的自行车拥有量

根据城市现有的自行车数量预测其发展速度趋近于饱和的年份，并预测部分自行车转化为其他交通方式（摩托车、微型汽车）的可能性。随着城市交通建设的完善，快速交通系统和公共交通网的形成，可期望在大城市中骑行距离超过 6 km 的骑自行车者全部改变为乘坐公共交通系统。当骑自行车率下降到 30％左右，公交车的客运量就占主导优势。这时，自行车也就成为区域性的交通工具。

2）建立分流为主的自行车交通系统

首先对城市的自行车进行调查和分析，掌握其出行流向、流量、行程、活动范围等基本资料。在汇集后，绘出自行车流向、流量分布图，以最短的路线规划出相应的自行车支路、自行车专用路、分流式自行车专用车道（三块板断面或设隔离墩）、自行车与公交车单行线混行专用路（画线分离），并标定其在街道横断面上的位置和停车场地，组成一个完整的自行车交通系统，确保自行车流的速度、效率和安全。

3）在交叉口上应有最佳的通行效应

在交叉口上利用自行车流成群行驶的特征可按压缩流处理，即在交叉口上扩大候驶区，增设左转候驶区，前移停车线；设立左、右转弯专用车道，在时间上分离自行车绿灯信号（约占机动车绿灯信号的 1/2），在空间上设置与机动车分离的立交式自行车专用道等，实现定向分流控制，以取得在交叉口上最佳的通行效应。

6.7.2 城市交通广场规划

城市交通广场一般都起着交通换乘连接的作用，不同方向的交通线路、不同的交通方式都可能在交通广场进行连接。乘客在此要换乘火车、公共汽车、地铁或换骑自行车，因而有大量的停车。再就是广场周围有商业等服务设施，吸引着大量顾客。因此，交通广场是交通功能十分突出的公共设施。此外，有些交通广场如火车站广场、长途汽车站广场等经常作为城市的大门，起着装饰城市景观的作用。

交通广场的规划，首先要做好交通广场的交通组织，一般应遵循以下原则：

（1）排除不必要的过境交通，尽量使不参与换乘的交通线路不经过交通广场。

（2）明确行人流动路线，根据行人的目的地，规定恰当的路线，减少步行距离，排除由于行人到处乱走引起交通秩序混乱。

（3）人流与车流线路分离及客流与货流线路分离，此项措施同时起着保障交通通畅与安全的作用。

（4）各种交通方式之间衔接顺畅。不同的交通方式之间换乘方便，不仅提高了交通设施的利用率，也方便了乘客，减少了交通广场的混乱程度。

（5）要配以必要的交通指示标志及问询处，提高服务质量。

交通广场中最为典型的就是站前广场，它起着市内与市外交通相互衔接的作用，它又是城市的门户，外地乘客对某城市的第一印象也许就是站前交通广场。因此，站前广场的交通组织、景观设计、商业、邮电等服务设置都应注意对城市风貌的影响。

由于城市道路网的现状特点，可构成不同形式的交通广场，如多条道路相交形成的环形广场。这类广场一般很少有停车场地，乘客的身份也简单，但由于用地有限，交通线路多，交通组织仍是一个难题。尤其在交通量日益加大时，这种环岛已不能提供足够的通行能力，经常发生阻塞。所以，从现代交通的观点出发，城市未来路网的规划中，要尽量避免这种形式，对已形成的类似交通广场，应以方便公共交通为原则，保证交通的通畅。

城市交通广场因占地较大，其竖向布置也是影响其功能的一个因素，同时更影响其景观。

广场的竖向设计首先要保证排水通畅，二是要与周围建筑物在建筑艺术上相协调。比如，双坡面的矩形广场，其脊线走向最好正对广场主要建筑物的轴线；圆形广场的竖向设计，不要把整个广场放在一个坡面上，最好布置成凹形或凸形，产生好的整体效果，其中又以凹形为准，从广场四周可以清晰地欣赏到广场全貌。

6.8　城市对外交通规划

城市对外交通是以城市为基点，与城市外部空间联系的各类交通运输方式的总称。城市对外交通包括铁路、公路、水路、航空、管道运输。城市对外交通是城市形成与发展的重要条件，也是构成城市的重要物质要素。它把城市与外部空间联系起来，促进城市对外的政治、经济、科技和文化的交流，从而带动城市的发展与进步。

在城市的用地规划中，对外交通的用地布局对城市工业、居住、仓库等用地布置有直接的影响，对外交通枢纽的布置直接关系着城市交通的格局。因而，在做城市对外交通用地布局时，既要有利于城市的运营，又要尽量减少对外交通给城市卫生和城市内部交通等所带来的干扰，具体地说，应遵循以下原则：

① 以城市总体布局为前提，追求城市发展的整体效益。

② 兼顾各类交通运输方式的特点，合理进行城市对外交通综合运输的布局规划。

③ 注重城市对外交通与城市内部交通的衔接，保证城市内外交通的连续、协调和

共同发展。

④ 对外交通运输设施的布置，应使其对城市的干扰降为最低。

⑤ 对外交通应注意反映城市富有地方特色的面貌。

⑥ 对外交通用地布局应考虑国防上的要求。

6.8.1 铁路在城市中的布置

铁路运输具有高速、大运量、长途运输效率高等特点，因而在城市对外交通中，铁路运输占有重要地位，是目前我国客货运输的主要方式。

铁路在城市范围内的运输设备主要包括中间站、客运站、货运站、编组站等。由于铁路运输技术设备部分或全部布置在城市中，因而给城市生活和城市发展带来较大影响。如何使铁路在城市中的布置既方便城市，又能充分发挥其运输效能，减少其对城市的干扰，是城市规划中的一项重要工作。

1. 中间站在城市中的布置

中间站遍布全国铁路沿线中、小城镇和农村，为数众多，是一种客货合一的车站。其主要作业是办理列车的接发、通过和会让，一般服务于中小城镇，设在城市区的中间站又称客货运站。中间站在城市中的布置形式主要取决于货场的位置。根据客站、货站、城市三者的相对位置关系可将中间站归纳为客、货、城同侧；客、货对侧，客、城同侧；客、货对侧，货、城同侧三种情况。

客、货同侧布置的优点是铁路不切割城市，城市使用方便；缺点是客货有一定干扰，对运输量有一定的限制，因而这种布置方式只适用于一定规模的小城市及一定规模的工业区。

客、货对侧布置的优点是客货干扰小，发展余地大，但这一布置形式必然造成城市交通跨越铁路的布局，因而在采用这种布置形式时，应使城市布置以一侧为主，货场与城市主要货源、货流来向同侧，尽量减少跨越铁路的交通量，以充分发挥铁路运输的效率。

2. 客运站在城市中的布置

客运站的主要任务是组织旅客运输，安全、准确、迅速、方便、舒适地为输送旅客服务。客运站站场的组成主要有站台、到发线、机车走行线、站前广场等。

1）客运站的位置

客运站有通过式、尽端式和混合式三种布置方式（图 6-12）。

客运站的三种不同形式也就决定了其与城市的位置关系。通过式客运站的优点是作业分散在两个咽喉区进行，通过列车不必变更运行方向，因而通行能力大，但这一布置难以深入城市，旅客距离车站较远，南京站就是这一布置形式。尽端式客运站的特点与通过式客运站相反，它的优点是易深入市区，能布置到市中心边缘，从而方便旅客；其缺点是大大限制了通行能力，北京站就是一例。混合式客运站的优缺点介于通过式和尽端式客运站之间，它适宜于有大量长途、市郊列车始发、终到的车站。

因而，为方便旅客，客运站位置选择应适中。在中、小城市可以位于市区边缘，选择通过式客运站布置形式；在大城市应位于市中心边缘，采用混合式客运站或尽端式客运站布置。一般来说，客运站距市中心 2～3km 是比较便利的。

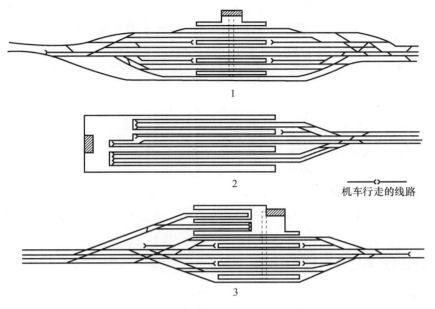

图 6-12　通过式和尽端式客运站
1—通过式；2—尽端式；3—混合式

2）客运站的数量

对中、小城市来说，一般设一个客运站即可满足铁路运输要求（城市用地过于分散的除外，如秦皇岛市），这样管理与使用都较为方便。但是大城市，特别是特大城市，由于用地范围大、旅客多，如果仅设一个客运站，势必导致旅客过于集中，加重市内交通的负担，因而应根据城市旅客的数量及流向情况分设两个甚至两个以上的客运站。

3）客运站与市内交通的关系

铁路客运站是旅客出行的一个中转站，也是对外交通与市内交通的衔接点，旅客要到达最终目的地还必须由市内交通来完成。因此，客运站必须有城市主要干道连接，直接通达市中心以及其他联运地点。

4）站前广场

铁路站前广场是铁路与城市交通联系的纽带，是人流、车流的集散地，同时也是城市的大门，对外开放的门户。因此，在站前广场布置时不能单纯依靠车站本身，还必须利用城市特有的自然环境与广场周围的公共建筑有机结合为一个建筑群体。使客运站站前广场集交通、服务于一体反映城市面貌，展示当地文化的窗口。

3. 货运站在城市中的布置

货运站是专门办理货物装卸作业、联运或换装的车站。货运站可分为综合性货运站和专业货运站。综合性货运站面对城市多头货主，办理多种不同品类货物的作业；专业货运站专门办理某一种品类货物的作业，如危险品、粮食等。规划货运站在城市中的位置时，既要考虑货物运输经济性要求，同时也要尽可能减少货运站对城市的干扰。

城市中货运站的布置一般应遵循以下原则：

（1）以发货为主的综合性货运站应伸入市区接近货源或消费区；以中转为主的货运站宜设在郊区，或接近编组站、水陆联运码头；以大宗货物为主的专业性货运站宜设于市区外围，接近其供应的工业区、仓库区；危险品货运站应设在市郊，并避免运输穿越城市。

（2）货运站应与市内交通系统紧密配合。

（3）货运站应与编组站联系便捷。

（4）不同类货运站设置应考虑城市自然条件的影响。

（5）货运站的用地尺度应适当，并留有发展余地。

货运站在大城市一般以地区综合性货场为主，按地区分布，并考虑与规划区货种特点和专业性货场结合。中等城市货站较少，一般设在城市边缘，在服务地区和性质上有所分工。

4. 城市铁路枢纽的布置

在铁路网点或网端，由客运站、编组站和其他车站，以及各种为运输服务的设施和连接线等所组成的整体称为枢纽。枢纽的作用主要是汇集并交换各衔接线路的车流。为城镇、港埠和工矿企业的客、货运输服务，是组织车流和调节列车运行的据点，为该地区铁路运输的中枢。

1）铁路枢纽布置与城市规划布局的关系

铁路枢纽设备在枢纽内的布置应符合铁路枢纽总体规划和铁路远景运量发展的要求，并为满足铁路通过能力、作业安全便利、节省工程和运营成本提供有利条件。同时，铁路枢纽在城市中的布置应符合城市总体发展规划、工业布局的要求。铁路枢纽按其车站、进站线路、联络线及其他设备的不同位置，可形成不同类型。一般分为一站枢纽、三角形枢纽、十字形枢纽、纵列式枢纽、横列式枢纽、环形枢纽、尽端式枢纽和混合式枢纽等。

（1）一站枢纽。

一站枢纽具有一个客、货共用车站，是枢纽最基本的图形。其特点是设备集中、管理方便、运营效率高，但客货运作业互有干扰，能力较小。这种图形一般适用于作业量小、引入线路方向不多、城市规模不大的枢纽，如图 6-13 所示。

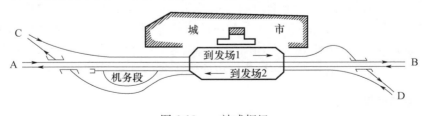

图 6-13　一站式枢纽

（2）三角形枢纽。

三角形枢纽指引入线路汇合于三处，各方向之间有较大客、货运量交流，并设有几个专业车站和必要的联络线而形成的枢纽。图 6-14 是衔接 A、B、C 三个方向的三角形枢纽布置图。它由三个（或三个以上）主要干、支线方向引入形成三角状态，一般在主车流方向上设一处客货联合站。当三个方向都有较大车流时，必须在三个方向上同时设置编组站，这时客运站应设在靠近城市的干线上；当引入方向多于三个时，布置形式如图中虚线所示。

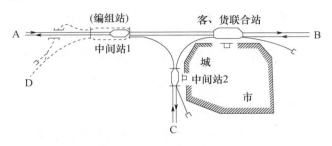

图 6-14　三角形枢纽

（3）十字形枢纽。

两条铁路线十字形交叉，各自具有大量的通过车流而相互间车流交流甚少的枢纽，如图 6-15 所示。在这种枢纽中，无需修建单独的编组站，可修建必要的车站、联络线和立交线路，使无作业列车能顺利通过本枢纽，实现缩短运程、减少干扰和节省投资的目的。城市应位于铁路枢纽的某一象限内，互相干扰小，并有发展余地；跨象限会被铁路分割，造成互相干扰严重的问题。

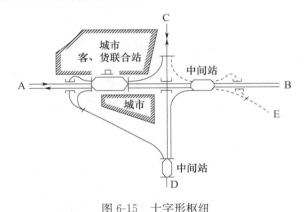

图 6-15　十字形枢纽

2）铁路与城市道路交叉

应尽量减少铁路与城市道路的交叉数量，穿越市区的铁路路线要沿工业区和居住区的分界线引入市区，处于工业区内的专用线不应设在居住区的一侧。

6.8.2　公路在城市中的布置

公路运输是城市综合运输的重要组成部分，它以自己活动的广泛性和灵活性，深入到城乡生活的各个方面——从政治、经济、军事、文化、教育到市民的衣、食、住、行、用。

如果说航空运输是点上的运输，铁路、水运、管道运输是线上的运输，则公路运输是独有的面上运输。它除了可独立完成"门对门"运输任务外，还可为其他运输方式集散客货。

公路运输以其独特的特点在各城市交通中占据重要地位，并成为城市发达程度的重要标志之一。

在城市范围内的道路有公路与城市道路之分，但两者又有一些共同的特点，难以简单分定。通常，我们将主要承担联系城市各功能区内和各功能区之间交通的道路称为城市道路，而将主要连接各城镇、乡村和工矿基地的郊外道路称为公路。公路设施主要有线路和场站。

1. 公路线路的布置

城市是国家公路网的结点和枢纽，合理布置城市范围内的公路路线对提高公路运行效益，改善城市内部交通具有十分重要的作用。

我国农村人口较多，随着商品经济的发展，近郊公路街道化较为普遍。一些城市是沿着公路两侧发展起来的。这些城市内的主干道就是城市公路，这类公路具有公路与城市道路的两种功能，这一公路线路的布置形式，由于过境交通大，行人多，且分割城市，不利于交通安全，不能适应城市现代化的要求。

公路线路在城市中的布置有五种形式，穿越式、绕行式、混合式、城市环式、组团式。对各个城市来说，采用哪种布置方式，要根据城市规模和性质、公路的等级和车流量组成决定。其典型布置形式如图 6-16 所示。

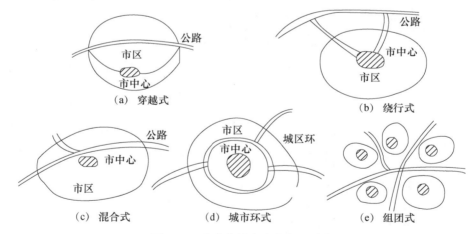

图 6-16　公路在城市中的布置形式

通常，公路等级较低、通过城市的车流入境比例较大时，可采用穿越式的布置方式，如图 6-16（a）所示，这种布置由于分割城市，故只适用于小城市；当城市规模较大或公路等级较高及入城交通量少时，则宜采用绕行式布置形式，可离开城市布置公路，用入城道路联系城市道路，如图 6-16（b）所示；当城市规模较大，公路入境交通较多时，宜采用城市部分干道与公路对外交通连接的方式，但应避免对城市交通密集地区的干扰，宜与城市交通密集地区相切而过，如图 6-16（c）所示；当城市规模再大时，城市设有环路，过境的交通可以利用环路通过城市，而不必穿越市区，如图 6-16（d）所示；组团式结构的城市，过境公路可从组团间通过，与城市道路各成系统，互不干扰如图 6-16（e）所示。

随着经济的发展，我国高速公路发展很快，高速公路与城市道路的衔接与布置遵循"近城不进城，近城不扰民"的原则，与城市的联系一般要求采用专用联络线（集散道）和互通式立体交叉。

2. 公路场站位置的选择

公路场站是公路运输办理客、货运输业务及保管、保养、修理车辆的场所，是构成城市公路运输网的重要组成部分。公路场站包括客运站、货运站、技术站（停车场、保养场、汽修场、汽车加油站等）。城市公路场站位置的选择要符合城市总体规划要求，获得城市的最佳经济效益。

1）客运站

对外交通的公路客运站即长途汽车站。长途汽车站的位置选择对城市规划布局有较大影响，在选择站场位置时，既要使用方便，又不影响城市生活，并与火车站、港口有良好的联系，便于组织联运。在中小城市宜集中设置客运站，甚至火车站与长途汽车站联合布置，如图 6-17（a）所示；在大城市，客运量大，线路方向多，车辆也多，可采用分路线方向在城市设多个客运站，如图 6-17（b）所示。

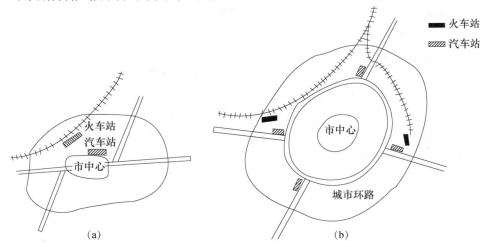

图 6-17　客运站在城市中的布置

2）货运站

货运站的位置选择与货主的位置和货物的性质有关。供应居民日常生活用品的货运站应布置在市中心区边缘，与市区仓库有直接的联系；以中转货物为主或货物的性质对居住区有影响的货运站不宜布置在市中心区或居住区内，而应布置在仓库区或工业区货物较为集中的地区，也可设在铁路货运站、货运码头附近，并与城市交通干线有较好的联系。

3）技术站

技术站一般用地要求较大，且对居住区有一定干扰，一般设在市区外围靠近公路线的附近，与客、货站联系方便，与居住区有一定距离。

在中、小城市，可将客运站、货运站合并，并可将技术站组织在一起。

6.8.3　港口在城市中的布置

港口是港口城市的门户，是水陆联运的枢纽，是所在城市的一个重要组成部分，也是对外交通的重要通道。

港口具有运输、工业和商业等多种功能，是所在城市的重要经济资源。因此，在城市规划中应合理布置港口及其各种辅助设施，妥善解决港口与城市布局的关系。

1. 港址选择

港址选择是在河流流域规划或沿海航运区规划的基础上进行的，位置的选择应从以下两方面来考虑：

1）满足港口自身的要求

（1）港址应选在地质条件好，有足够水深（或经过适当疏浚后就能达到所需水深）和水域、有良好的掩护条件的地方，以及能防淤、防浪，水流平稳，流水影响小，可供船舶安全顺利运转和锚泊的地方。

（2）港址应有足够的岸线长度和足够的陆域面积或有回填陆域的可能性，以便港口作业区和陆域上各种建筑物合理布置。

（3）港址应有远景发展需要的水域和陆域面积。

（4）港址应选在能方便布置陆上各种运输线路，与工业区和居住区交通方便的地方。

（5）建港工程量最小，工程造价最低和日常疏浚维修费用最小。

2）符合城市规划的要求

（1）港址必须符合城市总体规划的利益，如不影响城市的交通，尽量留出岸线以供城市居民需要的海（河）滨公园、海（河）滨浴场之用等，做到充分发挥港口对外交通的作用，尽量减少港口对城市生活的干扰。

（2）中转、水陆联运换装作业的港口位置应放在城市中心区范围以外，与城市对外交通有良好的联系，最大限度地减少对城市的干扰。

（3）港址应不影响城市的安全和卫生，多尘、有气味的货物作业区应远离居住区，布置在城市下风向；石油作业区应建在城市下游；危险品作业区应远离市区。

2. 港口与城市布局的关系

在港口城市规划中，港口布置与城市布局应综合考虑，做到以港促城、以城带港，使港口发展与城市发展相协调。注重以下三个方面。

1）港口布置与工业布局的关系

港口建设与工业发展有着密切的关系，世界上大多数重要工业基地都建设在港口及其附近，这是因为港口能够通过水运为工业生产提供大量廉价的运输通道。

2）岸线分配

岸线是港口城市的重要物质基础，地处整个城市的前沿，岸线的合理分配是港口城市总体规划的首要内容。岸线的分配总原则是"深水深用，浅水浅用，避免干扰，统一规划"。港口城市的岸线分配，不仅要为城市工业、客运运输服务，而且应留一定比例用作城市居民观赏、娱乐之用。工业用岸线通常要分成若干作业区，如客运作业区、快货作业区、煤和矿石作业区、建筑材料作业区、木材作业区、危险品作业区和涉外作业区等。港口各作业区的岸线分配，要以满足生产服务为前提，注意各作业区本身的要求，并避免相互干扰。

从城市布局角度分析，应将为城市居民服务的客运作业区和快货作业区布置在城市中心区附近，中转联运作业区布置在市区范围以外，危险品作业区应远离市区。同时对污染、易爆、易燃的作业区的布置要不危及航道、锚地、城市水源、游览区，海滨浴场等水、陆域的安全和卫生要求。

3）集疏港运输组织

港口通过能力与港口仓储能力和集疏港运输能力密切相关。对港口城市而言，港口货物的吞吐反映在两方面：以城市为中转点向腹地集散；以城市为起终点，由城市自身产生与消化。前者是中长距离为主的城市对外交通；后者则是以短途运输为主的城市市内交通。因而，在城市规划设计中需妥善做好集疏港运输组织，提高港口的流通能力。

6.8.4　机场在城市中的布置

机场已成为现代城市的重要组成部分，现代航空业的发展给人们带来了便利，赢得了时间，缩短了距离，扩大了交往空间，同时也给城市生活带来了较大的影响。因此，合理选择机场在城市中的位置，以及机场与城市的距离和交通联系是城市对外交通规划的重要内容之一。

1. 机场位置的选择

机场位置选择包括两层含义：一是从城市布局出发，使机场方便地服务于城市的同时，又要使机场对城市的干扰降到最低程度；二是从机场本身技术要求出发，使机场能为飞机安全起降和机场运营管理提供最安全、经济、方便的服务。因而，机场位置的选择必须考虑到地形、地貌、工程地质和水文地质、气象条件、噪声干扰、净空限制及城市布局等各方面因素的影响，以使机场的位置有较长远的适应性，最大限度地发挥机场的效益。从城市布局要求和机场自身技术要求出发，机场位置选择应考虑以下因素：

1）机场与城市的距离

从机场为城市服务，更大地发挥航空运输的高速优越性来说，要求机场接近城市；但从机场本身的使用和建设，以及对城市的干扰、安全、净空等方面考虑，机场远离城市较好，因而要妥善处理好这一矛盾。选择机场位置时应努力争取在满足合理选址的各项条件下，尽量靠近城市。根据国内外机场与城市距离的实例，以及它们之间的运营情况分析，建议机场与城市边缘的距离在10～30 km为宜。

2）尽量减少机场对城市的噪声干扰

飞机起降的噪声对机场周围产生很大影响，为避免机场飞机起降越过市区上空时产生干扰，机场的位置应设在城市沿主导风向的两侧为宜，即机场跑道轴线方向与城市市区平行且跑道中心线与城市边缘距离在5 km以上。如果受自然条件影响，无法满足上述要求，则应使机场端净空距离城市市区 10 km 以上。

3）机场用地要求

机场用地应尽量平坦，且易于排水；要有良好的工程地质和水文地质条件；机场必须要考虑到将来的发展，既给本身的发展留有余地，又不致成为城市建设发展的障碍。

4）机场净空限制要求

机场位置选择要有足够的用地面积，同时应保证在净空区内没有障碍物。机场的净空障碍物限制面尺寸要求可查询民航规范。

5）气象条件因素

影响机场位置选择的气象条件除了风向、风速、气温、气压等因素外，还有烟、气、雾、阴霾、雷雨等影响。烟、气、雾等主要是降低飞行的能见度，雷雨则能影响飞行安全。因而，雾、层云、暴雨、暴风、雷电等恶劣气象经常出现的地方不宜选作机场。

6）机场与地区位置关系

当一个城市周围设置几座机场时，邻近的机场之间应保持一定的距离，以避免相互干扰。在城市分布较密集的地区，有些机场的设置是多城共用，在这种情况下，应将机场布置在各城使用均方便的位置。

7）通信导航方面

为避免机场周围环境对机场的干扰，满足机场通信导航方面的要求，机场位置应与广播电台、高压线、电厂、电气化铁路等干扰源保持一定距离。

8）生态因素

机场选址应避开大量鸟类群生栖息的生态环境，有大量容易吸引鸟类的植被、食物或掩蔽物的地区不宜选作机场。

2. 机场与城市的交通联系

机场不是航空运输的终点，而是地、空联运的一个枢纽点，航空运输的全过程必须有地面交通的配合才能完成，因而做好机场与城市的交通联系尤为重要。

汽车交通具有方便、灵活、可达性好、速度较高等优点，所以各国城市机场与城市联系的交通一般采用高速的汽车运输，国内外有些城市也采用铁路、轻轨、直升机运输等快捷的交通联系方式。

总之，在城市总体规划中，对机场与城市间的交通应建设专用道路，线路直接，避免迂回，并最大限度地减少地面交通的时间，保证航空运输的高效性。

6.8.5 对外交通运输方式技术经济特点比较

1. 运送速度的比较

运送速度指旅客、货物在运输过程中平均每小时被运送的距离，行程长度除以交通车辆在线路首末站之间的行程时间所得的平均速度，单位为 km/h。

在各种运输方式中，航空运输速度最快，当前飞机速度已达到 800～1 000km/h，单次航程可以达到 10 000km 以上，是速度最快的一种运输方式。在旅客的出行过程中，飞机本身的速度优势是无以撼动的，但是因为机场一般距离市区一定的距离，在旅客去往机场的路途中会耽误时间，以及机场所需旅客办理的程序较为复杂繁多，也影响整体运输速度；其次为铁路运输，铁路运输的技术速度较高，一般在 80～250km/h，但是列车在运行过程中，一方面需要进行会让（单线）、越行（复线）及其他技术作业，因而营运速度比技术速度低。公路运输短距离的运送速度较高，营运时速一般80～120km/h。水路船舶运输的技术速度相对较慢，准时性差，海运海船时速一般为25～27 节，河运客船船速为 13～15km/h，河运货船船速为 8～15 节。管道运输速度受到管径、运输对象、管道工艺的影响。

从运输速度来看，航空运输速度最快，其次为铁路运输、公路运输，再是水运。

2. 运输能力的比较

运输能力是运输业为完成旅客和货物运输所拥有的运输生产力。运输能力区分为：

（1）通过能力。在一定运输线路、方向和区段上，在一定运输组织方法条件下，运输固定设备所拥有的能力。

（2）输送能力。在运输线路、方向和区段上，在配备一定职工条件下，运输活动工具所具有的能力。

通过能力和输送能力均以单位时间内所能通过的列车数、汽车数、船舶数或运输量来计量。由于技术和经济的原因，各种运输方式的运载工具都有其适当的容量范围，从而决定了运输能力的大小。

在各种运输方式中，水运的运输能力最大，海上运输小的有几千吨级的轮船，最大的有 50～60 万吨级的远洋油船。一艘万吨级轮船的装运量相当于铁路货车 200～300节车皮的运量，等于 5～6 列火车。内河航行的轮船有几十吨、几百吨到几千吨的轮船，长江上功率为 4 413kW（6 000 马力）的推轮，顶推能力达 3～4 万吨；其次为铁路运输，一般每列客车可载旅客 1 800 人左右，一列货车可装 2 000～3 500 吨货物，重载列车可装 20 000 多吨货物。单线单向年最大货物运输能力达 1 800 万吨，复线达 5 500 万吨，运行组织较好的国家，单线单向年最大货物运输能力达 4 000 万吨，复线单向年最大货物运输能力超过 1 亿吨；再次是管道运输，一条直径为 720mm 的输煤管道，一年即可输送煤炭 2 000 万吨，几乎相当于一条单线铁路的单方向的输送能力，直径为 564mm 的管道，一年的输送量为 1 000 万吨；飞机的载运量很小，即使是大型的波音 747 货机，如波音 747-8 货机的总业载能力也只达 140 公吨（154 吨），而空客 A-380 采用最高密度座位安排时只可承载 850 名乘客，在典型三舱等配置（头等-商务-经济舱）下也只能承载 555 名乘客。公路运载工具的容量最小，通常载重量是 5～10 吨。

从运输工具的承载能力看，从大到小依次是：水路、铁路、管道、航空和公路。

3. 运输成本的比较

运输成本指运输企业在一定时间内完成一定客货运输量的全部费用支出，称该期运输总成本。单位运输产品分摊的运输费用支出，称单位运输产品成本，简称运输成本。运输成本是一个综合性指标，反映了劳动生产率的高低、燃料的节约与浪费、设备利用率的高低、运输组织工作的改进。运输成本包括：（1）固定设施成本，如铁路、公路、停车场、机场、管道等的建设，管道本身就是固定设备且是唯一仅使用固定设施的运输方式。（2）移动设备拥有成本，如铁路机车车辆、卡车、公共汽车、各类客货船舶和飞机等。（3）运营成本，在运营成本中有两类应该是直接与运输量相关的变动成本：一类是直接运营人员的工资；另一类是运输工具消耗的燃料，运输工作量越大，这些直接的运营成本数量也会越大。

铁路货运成本结构具有两个最显著的特点：（1）"与运量无关"的成本费用（指线路、通信设备、大型建筑物、技术建筑物的运用、维护费用，以及管理人员工资等）占铁路货运成本的50%左右，单线铁路每千米造价为100万～300万元之间，复线造价在400万～500万元之间；铁路运输能耗较低，每千吨千米耗标准燃料为汽车运输的1/11～1/15，为民航运输的1/174，但是这两种指标都高于沿海和内河运输。（2）始发和终到作业费用占运输成本的18%左右，所以运距短时，成本高，只有运距较长时，成本才能大幅度下降。

水运业的基本成本由高的可变成本和低的固定成本构成。由于海运平均运距较长，所以海运货运成本大大低于其他运输方式。水路运输只需利用江河湖海等自然水利资源，除必须投资购买船舶，建设港口之外，沿海航道几乎不需投资，整治航道也仅仅只有铁路建设费用的1/3～1/5；水路运输成本低，我国沿海运输成本只有铁路的40%，美国沿海运输成本只有铁路运输的1/8；长江干线运输成本只有铁路运输的84%，而美国密西西比河干流的运输成本只有铁路运输的1/3～1/4；但搬运和装卸费用高，装卸作业量大。

航空运输的成本结构可分为运营成本和非运成本两大部分。航空公司的运营成本是指飞机在航班生产过程中发生的各种费用。运营成本由直接运营成本和间接运营成本构成。其中，直接运营成本是指与飞机的拥有和使用相关的成本，包括燃油成本、航材消耗、机场起降费、空地勤人员工资奖金津贴及补贴、福利费、制服费、飞机发动机折旧费、飞机发动机修理费、飞机发动机保险费、经营租赁费、国内外餐饮供应品费、客舱服务费等。间接运营成本是指与飞机的拥有和使用不直接相关，但与航空公司组织旅客、货物运输和管理过程相关的成本，如客票销售和促销费、旅客服务费、地面服务费和一般管理费等。非运营成本包括：利息支出净额、汇兑净损失、处理固定资产损失、其他营业外支出等一些与航空运输业务不直接相关的成本。

公路货运的成本结构包括较高的可变成本和较低的固定成本。公路货运营运成本一般比铁路、水运要高很多倍。与铁路运输业相似，管道运输业的固定成本比较高，而可变成本所占比例低。从线路建设投资看，从高到低依次是：铁路、管道、公路、内河、航空和海运；从运输工具投资看，从高到低依次是：飞机、轮船、火车、汽车；从运营成本看，从高到低依次是：航空、公路、铁路、水路和管道。

4. 运输灵活性的比较

运输灵活性是指一种运输方式在任意给定的两点间的服务能力。

公路运输机动灵活、迅速，便于实行"门到门"运输。公路运输的送达速度快，对不同的自然条件适应性强，空间活动的灵活性很大，特别是在短途和某些货物的中距离运输中有明显优势。同时，公路运输可以直接深入中、小城市和偏僻山区、农村，可以做到"门到门"直达运输，减少中转环节，加速货物的运送，提高货运质量，加快资金的周转。

航空运输机动性较强，飞机在空中运行，受地理因素的影响较小，只需在航线两端配备必要的设施就可以实现航空运输，机动性很强。特别对于那些紧急少量的运输需要，如救灾、军事、警务等，航空运输更能显示出灵活机动的特点。

水路运输灵活性相对较差。由于是水上航行，难免会受到气候因素的干扰，而且航道等级和港湾水深差别较大，使得水运的灵活性和直达性较差，往往需要地面其他运输方式的配合才能完成运输过程，将货物送达目的地。

铁路运输和管道运输的灵活性差。

5. 运输安全性的比较

安全是人们对运输最基本的要求。从经济角度看，安全具有避免与减少事故的经济损耗和损失，以及维护生产力与保障社会经济财富增值的双重功能和作用。现有理论主要采用结果性统计指标描述运输，如交通事故损失额、交通事故伤亡率、减少交通事故损失率、减少交通事故伤亡率等。而更完善的安全性评价体系应该更全面地考虑运输质量的技术经济保障，可以从车辆等级、新旧程度、驾驶技术以及运输企业对安全提供经济保障。

在五种运输方式中，管道运输能保证运输安全，因为管道运输主要依靠机械操作，只需要少数的劳动力，其次为铁路运输、航空运输，一般看法以为铁路较民航安全，但高铁以时速 250km 以上的速度运行，安全系数有待观察。我国铁路仅 2008 年以来就发生过多起出轨与撞车事故，如"4.28"胶济铁路的特别重大交通事故、2009 年"6.29"郴州列车相撞事故、2011 年"7.23"温州特别重大动车事故等。原国家铁路局从 2015 年开始面向社会公开铁路交通事故信息，过去三年以来，仅发布过一次关于 2016 年 12 月 10 日郑州铁路局发生导致 6 人死亡的"12·10"事故。据国家铁路局 2018 年 3 月发布的《2017 年铁路安全情况公告》显示，2017 年全国铁路未发生铁路交通特别重大、重大事故。民航业一直以持续安全为首要目标，已经成熟运营多年，2017 年全年实现运输飞行 1 059.7 万小时，未发生运输航空事故。截至 2017 年 12 月 31 日，民航运输航空连续安全飞行 88 个月，5 682 万小时。民航是目前唯一执行常态化的严格安全检查的交通运输方式，这也决定了民航的安全性要远高于铁路运输；水路运输受环境因素、天气因素等影响，安全性较差；最后是公路运输，公路运输安全性差，主要是由于公路运输组织和运行的复杂程度高，车辆状况和驾驶员的状态一定程度上不可控，使得公路运输的事故率远远高于其他运输方式，安全性较差。

第 7 章
控制性详细规划

主要内容：

（1）控制性详细规划的基本概念和主要内容。

（2）控制性详细规划的编制与审批。

学习要求：

（1）了解控制性详细规划产生的背景、地位与作用。

（2）熟悉开发建设用地的性质、强度及形态控制。

（3）了解控制性详细规划的编制与审批程序。

7.1　控制性详细规划的基本概念

控制性详细规划主要是确定城市土地使用的具体空间组织、功能分类、兼容范围及开发强度，对城市新旧区的开发与再开发活动实施引导，防止单个开发建设活动对城市整体产生不良影响。它以总体规划及分区规划为依据，以土地使用控制为重点，其特点是规划设计考虑规划管理需求，规则设计与土地和物业开发衔接，将规划控制的条件用简练明确的方式表达出来，从而利于规划管理实现规范化、法制化。

7.1.1　控制性详细规划产生的背景

从 20 世纪 80 年代初开始，我国某些开放程度较高的经济发达地区就开始尝试类似于控制性详细规划的城市规划与管理的实践。但控制性详细规划最终未能进入 1989 年颁布的《城市规划法》的正式内容之中。1991 年，原建设部颁布的《城市规划编制办法》中正式出现控制性详细规划这一名称。因此，从严格意义上来说，直到 2007 年《城乡规划法》正式颁布为止，控制性详细规划缺少必要的法律依据。控制性详细规划的产生与我国改革开放以及经济体制转型的大背景密切相关。快速城市化、土地使用制度的改革、城市建设方式与投资渠道的变化对城市规划管理工作的模式提出了新的要求。而城市规划管理模式的变革又需要城市规划编制思路和技术能够适应这种形势的变化。同时，随着城市规划与管理领域对外交往活动的增加，欧美以及我国香港地区中以区划为代表的适应市场经济体制的城市规划法制手段，被陆续介绍到我国内地。控制性详细规划就是在面对我国城市建设中的现实问题，吸收国外城市规划中成功经验的基础上诞生的。控制性详细规划产生的背景可归纳为以下几个方面：

1. 市场经济体制的确立与利益多元化

我国改革开放以来的经济体制经历了一系列从计划经济走向市场经济的过程。从改革开放初期的企业生产自主权扩大，到1984年党的十二届三中全会提出的"以公有制为基础的按计划的商品经济"，直到1992年党的十四大提出建立"社会主义市场经济"。伴随着市场经济的逐步建立，社会利益集团开始显现，并呈多元化的趋势。这种情况是导致城市建设领域中大量新问题出现，要求城市规划与管理手段发生重大变革的根本原因。这一根本原因在改革开放的不同时期，可能体现为不同的特征，但总体上导致了城市开发建设中对利益的角逐和不确定因素的增加。

2. 土地使用制度的改革

土地使用制度的改革体现在作为城市规划对象的土地利用领域，土地使用制度从计划经济时期土地的无期、无偿划拨转向"商品经济"或"市场经济"下的有期、有偿使用。深圳分别在1982年和1987年率先进行的"土地有偿使用"和"土地使用权转让"，就是这种状况的早期实例。土地的有偿、有期使用，使得土地利用配置中的土地级差等经济因素成为城市开发者需要考虑的首要问题。土地的级差效应既带来土地合理配置、城市土地利用结构优化等有利因素，也提出了政府如何使土地的增值收益能够为城市所有，并最终返还社会的问题。城市规划所限定的开发条件（包括保障与制约两个侧面）恰恰是衡量土地收益的重要依据。

3. 建设方式与投资渠道的变化

除土地收益被重视外，建设方式与投资渠道的变化也是对城市规划与管理手段提出新要求的重要因素。所谓建设方式的变化主要是指改革开放初期，城市中存在着以"单位"为单位和建设主体，小规模、零散的见缝插针式的建设，不利于城市整体的协调发展，希望以"统建"的形式进行统一规划和建设。投资渠道的变化则是指随着改革开放的进展，多种经济成分、多渠道的资金涌入城市开发建设领域。计划经济体制下以国家或单位为主的相对单一的投资渠道被作为商业活动的房地产开发等多种投资渠道所取代。以行政命令和计划为依据的城市规划内容和相应的管理手段，不能适应这种形式的变化，必须代之以公开、相对公平、有法律依据的城市规划与管理手段。

4. 对规划管理及规划设计工作提出新的要求

随着城市规划管理工作的手段，从依靠行政指令为主转向依靠法治与经济调控为主，以及以建设为导向转向以管理控制为导向的观念改变，作为城市规划管理重要依据的规划形式与内容必然要发生根本性的变化。这种变化主要体现在：首先，必须适应规划管理工作的需求，能够为规划管理与控制提供具有权威性的依据；其次，规划的内容不必是终极蓝图，但要对开发建设提出明确的要求和指导性意见，并在执行过程中具有一定的灵活性（即规划内容具有一定的弹性）；再次，这种要求不但要符合城市总体规划的方针、政策和原则，同时还要体现城市整体设计的思想和构思。

7.1.2 控制性详细规划的地位与作用

2007年，《城乡规划法》将控制性详细规划列入法定规划，控制性详细规划首次获得了正式的法律地位。虽然由于审批程序而导致控制性详细规划法律效力受到一定制约，其在整个城乡规划体系中的地位还存在不同理解，甚至规划实践中仍存在着诸多问题，但控制性详细规划在城市规划管理中所发挥的重要作用及其不可取代的地位已成为不争的事实。

控制性详细规划在城市规划与管理实践中的作用主要体现在以下几个方面：

1. 通过抽象表达方式落实城市总体规划的意图

有关控制性详细规划的作用，我国城市规划界历来强调其承上启下的"桥梁"作用，即将控制性详细规划看作是一个规划层次，起到连接粗线条的作为框架规划的总体规划与作为小范围建设活动总平面的修建性详细规划的作用。即上承总体规划所表达的方针、政策，将城市总体规划的宏观、平面、定性的规划内容体现为微观、立体、定量的控制指标；下启修建性详细规划，作为其编制的依据。控制性详细规划作为城市总体规划与修建性详细规划之间的有效过渡与衔接，深化前者控制后者。

2. 提供管理依据，引导开发建设

在市场经济环境下，城市规划不但具有工程技术的属性，同时也对城市开发利益分配与再分配起到至关重要的作用。控制性详细规划是国有土地出让的必备条件之一。通过对开发地块中用地性质、开发强度以及建筑形态等要素的预设条件控制，在实质上确定了地块的使用价值，进而在相当程度上左右了该地块土地的出让价格。因而成为实现城市发展政策、落实总体规划意图、明确具体地块开发条件、协调城市开发利益的重要规划管理工具。按照法定程序审议的、事先确定的、公开的、相对公平合理的控制性详细规划可以成为城市规划管理的主要依据，并通过规范修改程序等手段，提高其严肃性和可操作性，使城市规划管理工作做到有章可循、有规可依。控制性详细规划的内容如能做到公开、公正，并保持相对的稳定性，起到开发建设指南的作用，使城市开发建设活动的盈损具有了相当程度的可预测性，从而可以降低具体开发建设活动的风险程度。

3. 体现城市设计构想

由于我国现行的城市规划体系中，城市设计并不是法定城市规划的内容，因此，各个空间层次上的城市设计构思与意图，必须通过一定的途径才能得到体现。控制性详细规划可部分起到这种作用，将具象的城市设计内容转换为相对抽象的控制指标（规定性指标）和引导性要求（指导性指标）。同时，配合城市设计导则等手段，完整体现城市规划与城市设计的意图。

7.2 控制性详细规划的主要内容

按照住建部 2010 年颁布的《城市、镇控制性详细规划编制审批办法》第十条的规定，控制性详细规划应包括的基本内容如下：

（1）土地使用性质及其兼容性等用地功能控制要求。

（2）容积率、建筑高度、建筑密度、绿地率等用地指标。

（3）基础设施、公共服务设施、公共安全设施的用地规模、范围及具体控制要求，地下管线控制要求。

（4）基础设施用地的控制界线（黄线）、各类绿地范围的控制线（绿线）、历史文化街区和历史建筑的保护范围界线（紫线）、地表水体保护和控制的地域界线（蓝线）等"四线"及控制要求。

同时，该办法还分别针对大城市与特大城市以及镇的控制性详细规划提出了不同的要求。针对大城市与特大城市，"可以根据本地实际情况，结合城市空间布局、规划管理要求，以及社区边界、城乡建设要求等，将建设地区划分为若干规划控制单元，组织编制单元规划"；针对镇的控制性详细规划"可以根据实际情况，适当调整或者减少控制要求和指标。规模较小的建制镇的控制性详细规划，可以与镇总体规划编制相结合，提出规划控制要求和指标"。

由于该办法的颁布并未涉及之前已颁布相关规章的存废，所以规划实践中仍参照之前颁布的《城市规划编制办法》以及《城市规划编制办法实施细则》中的相关内容综合确定控制性详细规划的内容。这些内容可归纳为以下两个类型，3 个方面，即保护导向的土地利用类型以及开发建设导向的土地利用类型。后者又可以进一步划分为对市场经济下开发行为进行管控的方面以及保障涉及公共利益用地的方面。

7.2.1 开发及保护用地范围的划定

控制性详细规划的主要任务是落实上位规划的意图。对规划范围内的开发建设活动实施全面的管控。因此，根据《城乡规划法》保护公共利益、体现公共政策的立法意图，《城市、镇控制性详细规划编制审批办法》特别强调了基础设施用地的控制界线（黄线）、各类绿地范围的控制线（绿线）、历史文化街区和历史建筑的保护范围界线（紫线）、地表水体保护和控制的地域界线（蓝线）"四线"及控制要求，并与已颁布的"四线"管理办法相衔接，将控制性详细规划的中心从为城市开发建设提供指引转向维护城市空间开发与保护的平衡。因此，控制性详细规划的第一步就是要确定规划范围内开发建设导向的范围、历史文化及资源保护导向的范围以及绿地、水面等限制开发的范围，更加强调其对整体土地利用的管控作用。

7.2.2 开发建设用地的性质、强度及形态控制

对规划范围内的土地按照不同地块或街坊实施土地利用管控是控制性详细规划的主要任务。规划实践中通常会涉及以下内容：

1. 地块划分

控制性详细规划是在划定地块边界，确定规划范围内各类不同使用性质的用地界线与用地面积的基础上，以地块为单位实施规划控制的。对于地块划分的原则、地块的规模等需要结合实际情况作出判断。在规划实践中，通常可以以土地权属、拟建建筑物的布局等作为地块划分的依据。一般位于城市中心区的地块划分较细，单个地块的规模相对较小。其原因主要是城市中心区的开发建设多以非居住类的单栋建筑或紧凑建筑群为单位，同时由于城市中心区获取单位面积土地使用权的代价较高，较难形成由单一开发商大面积开发的状况；而位于城市外围或郊区的居住用地中的地块划分则较粗，单个地块的面积较大。这是因为需要照顾到居住区开发建设时建筑群布局的灵活性。

2. 控制指标体系

控制性详细规划的控制指标可分为规定性指标和指导性指标（又称"引导性指标"）（表 7-1）。前者是必须遵照执行的，后者是参照执行的。规定性指标通常包括用地性质、建筑密度（建筑基底总面积/地块面积）、建筑控制高度、后退建筑线、容积率（建筑总面积/地块面积）、绿地率（绿地总面积/地块面积）、交通出入口方位以及停车泊位和其他需要配建的公共服务设施。指导性指标通常包括人口容量（人/公顷）、建筑形式、体量、风格、色彩等方面的要求以及城市景观风貌、环境等方面的要求。所有控制指标的总和构成了控制性详细规划的控制指标体系。

表 7-1 控制性详细规划控制指标一览表

类别	指标名称	内容说明
规定性指标	用地性质	规划用地的使用功能，可根据用地分类标准进行标注
	用地面积	规划地块划定的面积
	建筑密度	通常以上限控制
	建筑控制高度	由室外明沟面或散水坡面量至建筑物主体最高点的垂直距离
	建筑红线后退距离	通常以下限控制，包括后退道路红线及后退地块边界的距离
	容积率	根据需要制定上限和下限
	绿地率	通常以下限控制。不包括屋顶、晒台的人工绿地
	交通出入口方位	含机动车出入口方位、禁止机动车开口地段、主要人流出入口方位等
	停车泊位及其他需要配置的公共设施	通常按下限控制。其他设施的配置包括：居住区服务设施（中小学、幼托、居住区级公建），环卫设施（垃圾转运站、公共厕所），电力设施（变电站、配电所），电信设施（电话局、邮政局），燃气设施（煤气调气站）
指导性指标	人口容量	通常以上限控制
	建筑形式、体量、色彩、风格要求	广场控制线、绿地控制线、裙房建筑控制线、主体建筑控制线、建筑架空控制线、建筑高度控制范围、建筑颜色等具体指标
	其他环境要求	

资料来源：谭纵波著，城市规划，清华大学出版社，2016.06，第 443 页。

按照控制指标所控制的对象，控制指标可进一步分为土地利用、建筑物、设施配套以及行为活动；按照控制指标的控制方式，控制指标又可分为量化指标（例如建筑密度、容积率等）、条文规定（例如用地性质）、图则标定（例如道路红线、建筑后退线等）以及城市设计指引（例如建筑形体组合、色彩等）。

3. 用地种类划分与用地兼容性控制

按照不同的土地利用性质及强度划分规划用地的种类是控制性详细规划的基本技术手段。在控制性详细规划对土地利用性质的控制中存在着用地种类划分详细程度与用地兼容性（又称"用地相容性"）的问题。用地兼容性是指某一类型规划用地中可以容许的活动类型或建筑类型。通常，用地种类划分越粗，每一种类用地的兼容性就越强；用地种类划分越细，每一种类用地的兼容性就越弱。对此，我国尚无控制性详细规划专用的用地分类标准。规划实践中多套用《城乡用地分类与规划建设用地标准》中的用地分类，或在此基础之上增加更为细致或具有特定目的的种类划分（例如混合使用的土地利用类型）。对于控制性详细规划中用地分类的详细程度，学术界也存在不同的看法，但从控制性详细规划职能的原意上来看，为适当增加其作为规划的"弹性"和规划执行中的灵活程度，用地种类的划分不宜过细，而主要依靠用地兼容性控制来解决不同城市功能之间相互干扰的问题。

7.2.3 基础设施及公共服务设施用地的划定

随着市场经济体制的不断完善，控制性详细规划的内容从早期侧重规划中的工程技术性内容逐步向强调对土地利用管控的方向转变。对于规划中的道路交通设施、工程管线设施以及安全设施等城市基础设施，主要强调对设施的用地规模、范围以及其他要求的管控，而不再强调其中的纯技术性内容；而对于公共服务设施更多地结合《城乡用地分类与规划建设用地标准》的调整，从用地权属以及用地规模与布局等方面确保公共服务用地（A类用地）不被侵占。

但是，由于规划界对这一问题认识的差异，在规划实践中，规划编制工作的惯性以及相关规章的相互关系与效力不明确。有关道路交通设施以及工程管线的技术性内容仍广泛存在于控制性详细规划之中。

1. 道路交通设施

控制性详细规划从用地管控（例如，道路红线的位置）和建设工程（例如道路断面形式）两个方面对规划范围内的道路交通设施进行规划。控制性详细规划按照城市总体规划所确定的道路等级划分，完善规划范围内的道路网系统，准确确定道路设施的位置和用地边界。例如，确定包括支路在内的各等级道路的红线位置、控制点坐标和标高、道路断面形式、交叉口形式及渠化措施、公共停车场的规模和用地范围，以及配建停车场（库）的配建标准和方位、公共交通场站用地范围和站点位置、步行交通及其他交通设施等。此外，各地块中，交通出入口方位的控制也是有关道路交通设施规划的重要内容。

2. 工程管线设施

按照 2005 年颁布的《城市规划编制办法》及其相关规章的要求，控制性详细规划中还包含大量有关工程管线规划的内容，例如，给水工程、排水工程、供电工程、通信工程、燃气工程、供热工程以及管线综合等。并要求根据地块中的建设容量，计算各种工程设施的容量，确定工程管线的走向、管径和工程设施的用地界线等。此外，对地下空间开发利用的具体要求也被列入控制性详细规划的内容之中。

7.3 控制性详细规划的编制与审批

依据《城市、镇控制性详细规划编制审批办法》《城市规划编制办法》以及《城市规划编制办法实施细则》的相关规定，控制性详细规划的编制程序、内容及成果介绍如下。

7.3.1 控制性详细规划的编制程序

控制性详细规划的编制工作可分为基础资料收集、地块划分及用地分类、确定控制内容以及成果制作几个阶段，其主要工作内容如下：

1. 基础资料的收集

与其他层次的规划相同，控制性详细规划的编制工作首先从基础资料的收集整理入手。通过实地踏勘、访谈以及相关资料的收集，获取编制规划的基础资料。编制控制性详细规划需要收集的基础资料有：

（1）总体规划对本规划地段的规划要求，相邻地段已批准的规划资料。

（2）土地利用现状，用地分类至小类。

（3）人口分布现状。

（4）建筑物现状，包括房屋用途、产权、建筑面积、层数、建筑质量、保留建筑等。

（5）公共设施规模、分布。

（6）工程设施及管网现状。

（7）土地经济分析资料，包括地价等级、土地级差效益、有偿使用状况、开发方式等。

（8）所在城市及地区历史文化传统、建筑特色等资料。

2. 地块划分及用地分类

控制性详细规划中的地块划分通常遵照以下原则：

（1）应保证地块性质单一，避免不相容使用性质用地之间的干扰。

（2）严格遵守城市总体规划或其他专业规划的要求。

（3）尊重现有用地产权或使用权边界。

（4）考虑土地价值的区位级差。

（5）兼顾基层行政管辖界线，便于现状资料的收集及统计。

地块规模除根据不同性质的用地有所变化外，一般新区的地块规模较大，为0.5～3hm²；旧城等现状建成区内的地块规模较小，为0.05～1hm²。

用地性质的分类，一般按照《城乡用地分类与规划建设用地标准》分至小类，或根据实际情况，在小类中适当增加一些更为细致的分类或增加一些特殊目的的用地分类，例如混合使用的分类。但过细的分类会影响控制性详细规划面向市场等不确定因素时的弹性。控制性详细规划的用地分类需要与各类用地相对应的兼容性规定相互配合，共同完成对土地利用进行控制的目的。

3. 根据规划设计构思确定控制内容

控制性详细规划中的控制内容可分为以下几种类型：

（1）开发及保护用地范围包括基础设施用地的控制界线（黄线）、各类绿地范围的控制线（绿线）、历史文化街区和历史建筑的保护范围界线（紫线）、地表水体保护和控制的地域界线（蓝线）等"四线"及控制要求。

（2）用地控制指标包括用地性质、用地面积、土地与建筑使用兼容性。

（3）建筑形态控制指标包括建筑高度、建筑间距、建筑后退红线距离、沿路建筑高度、相邻地段的建筑规定。

（4）环境容量控制指标包括容积率、建筑密度、绿地率、人口容量。

（5）交通控制内容包括交通出入口方位、停车位。

（6）城市设计引导及控制。对城市重要地段的地块内建筑的形式、色彩、体量、风格等提出设计要求。

（7）配套设施包括应配套的生活服务设施、行政公用设施、交通设施和管理要求。

4. 编制规划成果

控制性详细规划的成果主要包括规划文本、图表（图则）以及附件（含规划说明及技术研究资料等）。文本与图表的内容应当一致，共同形成规划管理的法定依据。

7.3.2 控制性详细规划的成果

1. 规划文本

控制性详细规划的文本应包括土地使用与建设管理细则，以条文形式重点反映规划范围内各类用地控制和管理的原则以及技术规定，经批准后可纳入规划管理法规体系。规划文本中应包含以下主要内容：

（1）总则：包括制定规划的背景、目的、依据和原则，规划范围，文本与图则之间的关系以及主管部门和管理权限。

（2）规划目标、功能定位及规划结构。

（3）"四线"控制：包括黄线（基础设施用地控制界线）、绿线（各类绿地范围控制线）、紫线（历史文化街区和历史建筑保护范围界线）及蓝线（地表水体保护和控制的地域界线）的控制要求。

（4）地块划分以及各地块的使用性质、规划控制原则、规划设计要点。

（5）各地块控制指标一览表（控制指标分为规定性和指导性两类。前者是必须遵照执行的，后者是参照执行的）。

（6）公共服务设施。

（7）道路交通设施。

（8）水系、绿化及开敞空间。

（9）基础设施：包括给水、排水、电力、电信、燃气、供热以及工程管线综合等。

（10）环保、环卫及防灾。

（11）地下空间利用。

（12）城市设计引导。

（13）土地使用和建筑规划管理通则，包括：① 各种使用性质用地的活动与建筑兼容性要求（适建、不适建、有条件适建的建筑类型）；②建筑间距的规定；③建筑物后退道路红线距离的规定；④相邻地段的建筑规定；⑤容积率奖励和补偿规定；⑥市政公用设施、交通设施的配置和管理要求；⑦有关名词解释；⑧其他有关通用的规定。

2. 规划图纸

表 7-2 列出了控制性详细规划的图纸。

表 7-2　控制性详细规划图纸一览表

图纸名称	表现内容	图纸比例
（1）位置图	规划用地的位置（区位）	不限
（2）用地现状图	分类画出各类用地范围（分至小类），建筑物现状、人口分布现状、市政公用设施现状，必要时分别绘制	1/1 000~1/2 000
（3）土地使用规划图	画出规划各类用地的范围，规划用地的分类和性质，道路网布局，公共设施位置等	1/1 000~1/2 000
（4）"四线"规划图	划定黄线（基础设施用地控制界线）、绿线（各类绿地范围控制线）、紫线（历史文化街区和历史建筑保护范围界线）及蓝线（地表水体保护和控制的地域界线）的具体范围	1/1 000~1/2 000
（5）地块划分编号图	标明地块划分界线及编号（和本文中控制指标相对应）	1/1 000~1/5 000
（6）各地块控制性详细规划图（分图则）	① 规划各地块的界线，标注主要指标［地块编号、地块面积、用地性质、用地兼容性、建筑密度、绿地率、容积率及地块内有特殊需要的控制指标（以表格表示）］ ② 道路红线、建筑后退线、停车泊位、主要出入口方位、禁止开口路段、人行通道（地面、地下或高架）位置 ③ 各类公共服务设施的位置及范围，绿化、文物等保护范围，基础设施控制范围（地下、地面、架空），高压走廊等净空控制范围，安全防护范围等 ④ 城市设计导引（地块内的空间形态、环境状况及规划保留建筑）	1/1 000~1/2 000
（7）公共服务设施规划图	标明公共服务设施的位置、类别、等级、规模以及服务半径等	1/1 000~1/2 000

续表

图纸名称	表现内容	图纸比例
(8)道路交通及竖向规划图	包括道路（包括主、次干道，支路）走向、线形、断面、主要控制点坐标、标高、停车场和其他交通设施位置及用地界线，各地块室外地坪规划标高	1/1 000～1/2 000
(9)开敞空间及景观风貌规划图	标明各类水面、绿化用地、广场等室外活动场地以及视觉景观点、观景点和标志性建筑物、构筑物的位置、视觉通廊等视觉保护范围	1/1 000～1/2 000
(10)各项工程管线规划图	标绘各类工程管网平面位置、管径、控制点坐标和标高	1/1 000～1/2 000
(11)环保、环卫及防灾规划图	标明各类环境卫生设施的位置、等级、服务半径、防护隔离距离等。划定环境保护分区的范围，确定各类危险源的位置、危害程度及安全防护距离，确定防灾设施、通道的位置、范围、等级及服务半径等	1/1 000～1/2 000
(12)地下空间利用规划图	明确地下空间利用的平面及竖向范围，各类地下设施的权属以及不同权属设施间的接口，确定与其他地下工程管线的相对位置关系	1/1 000～1/2 000
(13)空间形态示意图	表达空间形态与环境的各类透视图、断面图、天际线轮廓图等	不限

资料来源：谭纵波著，城市规划，清华大学出版社，2016.06，第449页。

7.3.3 控制性详细规划的审批

根据《城乡规划法》以及《城市、镇控制性详细规划编制审批办法》的规定，城市及县人民政府所在地镇的控制性详细规划由城市或县人民政府城乡规划主管部门负责编制，经城市或县人民政府批准后，报本级人民代表大会常务委员会和上一级人民政府备案。其他镇的控制性详细规划由镇人民政府组织编制，报上一级人民政府审批。

按照上述法规的规定，控制性详细规划的组织编制机关应当组织召开由有关部门和专家参加的审查会。审查通过后，组织编制机关应当将控制性详细规划草案、审查意见、公众意见及处理结果报审批机关。控制性详细规划应当自批准之日起20个工作日内，通过政府信息网站以及当地主要新闻媒体等便于公众知晓的方式公布。

7.3.4 控制性详细规划的修改

《城乡规划法》及《城市、镇控制性详细规划编制审批办法》对控制性详细规划的修改作出了严格、明确的规定。首先，控制性详细规划组织编制机关应当建立规划动态维护制度，有计划、有组织地对控制性详细规划进行评估和维护；其次，经批准后的控制性详细规划具有法定效力，任何单位和个人不得随意修改。确需修改的，应当按照下列程序进行：

（1）控制性详细规划组织编制机关应当组织对控制性详细规划修改的必要性的专题论证。

（2）控制性详细规划组织编制机关应当采用多种方式征求规划地段内利害关系人

的意见，必要时应当组织听证。

（3）控制性详细规划组织编制机关提出修改控制性详细规划的建议，并向原审批机关提出专题报告，经原审批机关同意后，方可组织编制修改方案。

（4）修改后应当按法定程序审查报批，报批材料中应当附具规划地段内利害关系人意见及处理结果。

同时，如果控制性详细规划修改涉及城市总体规划、镇总体规划强制性内容时，应当先修改总体规划。

第8章
修建性详细规划

主要内容：

（1）修建性详细规划的任务和特点。

（2）修建性详细规划的编制与审批。

学习要求：

（1）了解修建性详细规划的渊源、任务和特点。

（2）熟悉修建性详细规划的编制内容、编制与审批程序。

修建性详细规划是控制性详细规划的深化和具体化。修建性详细规划的任务是对城市近期建设范围内的房屋建筑、市政工程、公用事业设施、园林绿地和其他公共设施作出具体布置，选定技术经济指标，提出建筑空间和艺术处理要求，确定各项建设用地的控制性坐标和标高，为各项工程设计提供依据。

8.1　修建性详细规划的任务和特点

8.1.1　修建性详细规划的渊源

在我国的城市规划体系中，修建性详细规划具有较长的历史。事实上，在1991年控制性详细规划正式出现之前，修建性详细规划就是详细规划的代名词。详细规划最早出现在1952年《中华人民共和国编制城市规划设计程序（初稿）》中，并一直为后来的规划体系所沿用。在控制性详细规划这一名词和概念出现后，传统的详细规划被冠以修建性详细规划的名称，以示区别。

在1991年之前的城市规划体系中，修建性详细规划与城市总体规划相对应，主要承担描绘城市局部地区具体开发建设蓝图的职责。城市重点项目或重点地区的建设规划、居住区规划、城市公共活动中心的建筑群规划、旧城改造规划等均可以看作是修建性详细规划。在控制性详细规划出现后，修建性详细规划的基本职责并未发生太大的变化，依然以描绘城市局部的建设蓝图为主。但相对于控制性详细规划侧重于对城市开发建设活动的管理与控制，修建性详细规划则侧重于具体开发建设项目的安排和直观表达，同时也受控制性详细规划的控制和指导。

8.1.2 修建性详细规划的任务

1991年颁布的《城市规划编制办法》第二十五条中要求："对于当前要进行建设的地区，应当编制修建性详细规划，用以指导各项建筑和工程设施的设计和施工"。因此，修建性详细规划的根本任务是按照城市总体规划及控制性详细规划的指导、控制和要求，以城市中准备实施开发建设的待建地区为对象，对其中的各项物质要素（例如建筑物的用途、面积、体型、外观形象，各级道路、广场、公园绿化以及市政基础设施等）进行统一的空间布局。编制修建性详细规划的依据主要来自于两个方面：一个是城市总体规划、控制性详细规划对该地区的规划要求及控制指标；另一个是来自开发项目自身的要求。修建性详细规划要综合考虑这两个方面的要求，在不违反上级规划的前提下尽量满足开发项目的要求。

8.1.3 修建性详细规划的特点

相对于控制性详细规划，修建性详细规划具有以下特点：

1. 以具体、详细的建设项目为依据，计划性较强

修建性详细规划通常以具体、详细的开发建设项目策划及可行性研究为依据，按照拟定的各种功能的建筑物面积要求，将其落实至具体的城市空间中。

2. 城市空间、形象与环境的形象表达

修建性详细规划一般采用模型、透视图等形象的表达方式将规划范围内的道路、广场、建筑物、绿地、小品等物质空间构成要素综合地体现出来，具有直观、形象、易懂的特点。

3. 多元化的编制主体

和控制性详细规划代表政府意志，对城市土地利用与开发建设活动实施统一控制与管理不同，修建性详细规划本身并不具备法律效力，且其内容同样受到控制性详细规划的制约。因此，修建性详细规划的编制主体并不限于政府机构，根据开发建设项目主体的不同而异。例如，政府主导的旧城改造项目的修建性详细规划应由政府负责编制，但开发商进行的商品化住宅区开发的居住区规划就可以由开发商负责编制，当然其前提是在政府编制的控制性详细规划的控制之下，或由政府对规划进行审批。

8.2 修建性详细规划的编制与审批

8.2.1 修建性详细规划的编制内容

按照《城市规划编制办法》的要求，修建性详细规划应当包括以下内容：
（1）建设条件分析及综合技术经济论证。
（2）建筑、道路和绿地等的空间布局和景观规划设计，布置总平面图。
（3）对住宅、医院、学校和托幼等建筑进行日照分析。
（4）根据交通影响分析，提出交通组织方案和设计。
（5）市政工程管线规划设计和管线综合。
（6）竖向规划设计。
（7）估算工程量、拆迁量和总造价；分析投资效益。

8.2.2 修建性详细规划的编制程序

修建性详细规划的编制通常分为以下几个阶段：

1. 基础资料收集

修建性详细规划需要收集的基础资料与控制性详细规划大致相同，但同时应增加控制性详细规划等规划对本规划地段的要求、工程地质、水文地质等资料以及有关各类建设工程造价的资料等。

2. 方案构思的比较

由于修建性详细规划涉及更具体的建筑物形体、外观、空间组合以及规划范围内的城市外部空间环境的设计，即使在项目确定、规划要求明确的前提下，也会出现从不同角度、不同着眼点进行的规划设计构思。因此，修建性详细规划在方案编制的初期阶段，多采用多方案比较的方式，探讨不同的可能性。实践中还可以采用规划设计竞赛、招标等形式，邀请不同的设计单位或设计者，博采众长，优化方案。

3. 规划设计成果制作

在选定方案后，通常将修建性详细规划制作成符合要求的直观的规划设计成果，以便上报审批。

8.2.3 修建性详细规划的成果

修建性详细规划的成果一般由规划说明书和图纸两大部分组成。修建性详细规划成界应包含的主要条目、内容、图纸比例等详见表8-1。

表 8-1　修建性详细规划成果一览表

规划说明书	规划图纸	图纸比例
现状条件分析	规划地段位置图 规划地段现状图（地形地貌、道路、绿化、工程管线及各类用地和建筑的范围、性质、层数、质量等）	1/500～1/2 000
规划原则和总体构思	规划总平面图（地形地貌、规划道路、绿化布置及各类用地的范围和建筑的轮廓线、用途、层数等）	同上
用地布局		同上
空间组织和景观特色要求	绿化景观规划图（植物配置、景点名称）	同上
道路和绿地系统规划	道路交通规划图（道路控制点坐标，道路断面，交通设施）	同上
各项专业工程规划及管网综合	市政设施规划图（市政设施的走向、容量、位置，相关设施和用地）	同上
竖向规划	竖向规划图	同上
主要技术经济指标（总用地面积、总建筑面积、住宅建筑总面积、平均层数、容积率、建筑密度、住宅建筑容积率、建筑密度、绿地率等）		同上
工程量及投资估算		
	透视图、鸟瞰图或模型、动画等	

资料来源：谭纵波著，城市规划，清华大学出版社，2016.06，第463页。

8.2.4　修建性详细规划的审批

《城乡规划法》以及现行的《城市规划编制办法》均未对修建性详细规划的审批主体作出明确的规定。但在规划实践中，仍然延续了由城市人民政府审批的惯例。由于修建性详细规划是依据控制性详细规划以及政府城乡规划主管部门提出的规划条件编制的，可以将其审批环节视作与建筑物等其他开发建设项目的审批相同。

8.2.5　修建性详细规划与城市设计

虽然我国现行《城乡规划法》并未涉及有关城市设计的内容，但在城市规划实践中，详细规划阶段的城市设计有时伴随着控制性详细规划的编制或单独开展。由于详细规划阶段的城市设计与修建性详细规划同为对规划范围中未来物质空间形态做出的安排，所以在规划设计的对象、内容、方法、成果表达方式等方面存在着一定程度的相似之处，但同时又各有所侧重。

一般认为，修建性详细规划更加侧重于建设项目的具实性与经济技术上的可行性，即以落实明确、具体的开发项目为主要目的，其所描绘的是一幅准备在相对较短时期内实施的建设蓝图；而详细规划阶段的城市设计则侧重于描绘城市空间布局与城市风貌景观的某种理想状态，通常不伴随明确的项目可行性分析和实现期限，因而在某种程度上带有控制与引导该地区城市建设的性质。

第 9 章
城市工程系统规划

主要内容：

(1) 城市基础设施的概念、分类与范畴。

(2) 城市工程系统规划的概念、任务和内容。

(3) 城市给水排水工程系统规划。

(4) 城市能源供给工程系统规划。

(5) 城市通信工程系统规划。

(6) 城市工程管线综合规划。

学习要求：

(1) 了解城市基础设施的概念，了解城市工程系统规划的概念和内容。

(2) 熟悉城市用水量预测，掌握城市水源、给水工程设施规划及城市输配水管网规划。

(3) 了解城市排水体制，掌握城市污水及雨水工程系统规划。

(4) 熟悉城市供电、燃气、供热、通信工程系统规划，掌握城市工程管线综合的原则及总体协调与布置。

9.1 城市工程系统规划概述

9.1.1 城市基础设施

1. 城市基础设施的概念

基础设施的原意是"下部构造"，用来表示对上部构造起支撑作用的基础。城市基础设施最初是由西方经济学家在 20 世纪 40 年代提出的概念，泛指由国家或各种公益部门建设经营，为社会生活和生产提供基本服务和一般条件的非营利性行业和设施。虽然城市基础设施是社会发展不可或缺的生产和经济活动，但不直接创造最终产品，所以又被称为"社会一般资本"或"间接收益资本"。

我国的《城市规划基本术语标准》将城市基础设施定义为："城市生存和发展所必须具备的工程性基础设施和社会性基础设施的总称。"

实际上，虽然城市基础设施这一概念提出的时间较短，但是其所指的内容却具有几乎与城市同样长的历史。从中国古代乡村小镇的青石板路，到明清北京紫禁城中的排水暗沟系统；从古罗马的输水道，到现代化城市中的"综合管沟"，这些都是城市基础设施的典型实例。

由此，可以看出城市基础设施实际上是维持城市正常运转的最为基础的硬件设施以及相应的最基本的服务。这些设施的建设与运营带有很强的公共性，通常由城市政府或公益性团体直接承担，或进行强有力的监管。

2. 城市基础设施的分类与范畴

有关城市基础设施的分类及其所包括的范畴各个国家不尽相同。例如，德国将城市基础设施分为：①物质性基础设施；②制度体制方面的基础设施；③个人方面的基础设施。美国则分为：①公共服务性设施（包括教育、卫生保健、交通运输、司法、休憩等设施）；②生产性设施（包括能源供给、消防、固体废弃物处理、电信、给水及污水处理系统等）。日本的分类方式大致与我国相同，但将城市公园也作为城市工程性基础设施的一种。

按照我国《城市规划基本术语标准》对城市基础设施的定义，城市基础设施主要包括工程性基础设施（或称技术性基础设施）与社会性基础设施两大类。工程性基础设施主要包括城市的道路交通系统、给排水系统、能源供给系统、通信系统、环境保护与环境卫生系统以及城市防灾系统等，又被称为狭义的城市基础设施。社会性基础设施则包括行政管理、基础性商业服务、文化体育、医疗卫生、教育科研、宗教、社会福利以及住房保障等。由此可见，城市基础设施渗透于城市社会生活的各个方面，对城市的存在与发展起着重要的作用。城市规划与这两大类基础设施的规划与建设均有着密切的关系。对于社会性基础设施，城市规划的主要任务是确定合理的布局，确保其用地的落实和不被其他功能所侵占；而对于工程性基础设施，城市规划则需要针对各个系统作出详细具体的规划安排并落实其实施措施。由于工程性基础设施的规划设计与建设具有较强的工程性和技术性特点，因此又被称为城市工程系统规划。

9.1.2 城市工程系统规划的任务和内容

1. 城市工程系统规划的构成

城市工程系统规划是指针对城市工程性基础设施所进行的规划，是城市规划中专业规划的组成部分，或者是单系统（如城市给水系统）的工程规划。城市工程系统规划包括：

（1）城市交通工程系统规划（包括对外交通与城市道路交通）。

（2）城市给排水工程系统规划（包括给水工程与排水工程）。

（3）城市能源供给工程系统规划（包括供电工程、燃气工程及供热工程）。

（4）城市电信工程系统规划。

（5）城市环保环卫工程系统规划（包括环境保护工程与环境卫生工程）。

（6）城市减灾工程系统规划。

（7）城市工程管线综合规划。

2. 城市工程系统规划的任务

城市工程系统规划的任务可分为总体上的任务以及各个专项系统本身的任务。从总体上说，城市工程系统的任务就是根据城市社会经济发展目标，同时结合各个城市的具体情况，合理地确定规划期内各项工程系统的设施规模、容量，对各项设施进行科学合理的布局，并制订相应的建设策略和措施。而各专项系统规划的任务则是根据该系统所要达到的目标，选择确定恰当的标准和设施。例如，对于供电工程而言，该工程系统规划需要预测城市的用电量、用电负荷作为规划的目标，在电源选择，输配电设施规模、容量、电压等要素的确定以及输配电网络与变配电设施的布局等方面作出相应的安排。城市工程系统规划所包含的专业众多，涉及面广，专业性强，同时各专业之间需要协调与配合。此外，城市工程系统规划更多地侧重于各项工程性城市基础设施的建设与实施，有着相对确定的建设目标和建设主体。因此，从本质上来看，城市工程系统规划基本上是一种修建性的规划，与土地利用规划等城市规划的其他组成部分有所不同。

3. 城市工程系统规划的层次

城市工程系统规划一方面可以作为城市规划的组成部分，形成不同空间层次与详细程度的规划，例如城市总体规划中的工程系统规划、详细规划中的工程系统规划；另一方面，也可以针对组成工程系统整体的各个专项系统，单独编制该系统的工程规划，如城市供电系统的规划。各专项规划中又包含不同层面和不同深度的规划内容。此外，对这些专项规划进行综合与协调又形成了综合性的城市工程系统规划。这些不同层次、不同深度、不同类型、不同专业的城市工程系统规划构成了一个纵横交错的网络。

通常，各专项规划由相应的政府部门组织编制，作为行业发展的依据。城市规划在吸取各专项规划内容的基础上，对各个系统进行协调，并将各种设施用地落实到城市空间中。

4. 城市工程系统规划的一般规律

构成城市工程系统的各个专项系统繁多，内容复杂，各专项系统又具有各自在性能、技术要求等方面的特点。因此，各专项规划无论是其内容还是要解决的主要矛盾各不相同。但是，作为城市规划组成部分的各专项系统规划之间又存在着某些共性和具有普遍性的规律。

首先，各专项系统规划的层次划分与编制的顺序基本相同，并与相应的城市规划层次相对应。即在拟定工程系统规划建设目标的基础上，按照空间范围的大小和规划内容的详细程度，依次分为：①城市工程系统总体规划；②城市工程系统详细规划。

其次，各专项规划的工作程序基本相同，依次为：①对该系统所应满足的需求进行预测分析；②确定规划目标，并进行系统选型；③确定设施及管网的具体布局。

9.2 城市给水排水工程系统规划

城市给水排水工程系统包含了城市给水工程系统与城市排水工程系统。

9.2.1 城市给水工程系统规划

城市给水工程系统规划的主要环节与步骤如下：
（1）预测城市用水量。
（2）确定城市给水规划目标。
（3）城市给水水源规划。
（4）城市给水网络与输配设施规划。
（5）估算工程造价等。

1. 城市用水量预测

城市用水主要包括生活用水、生产用水、市政用水（例如道路保洁、绿化养护等）、消防用水，以及包括输供水管网滴漏等在内的未预见用水等。城市用水量就是这些不同种类用水的总和。对城市用水量的预测可以转化为对其中各个分项的预测。由于城市所在地理位置、经济发展水平、生活习惯以及可供利用的水资源条件各不相同，应根据各个城市的特点，在对现状用水情况进行调研的基础上，根据城市规划确定的规划人口、产值、产业结构等因素，选用相应规范标准，最终叠加计算出城市总用水量。在我国现行规划设计规范标准中，与城市用水量相关的标准主要有以下几种：

1）城市综合用水标准

中华人民共和国国家标准《城市给水工程规划规范》GB 50282—2016 中包括：城市单位人口综合用水量指标［万立方米/（万人·天）］、城市单位建设用地综合用水量指标［万立方米/（平方千米·天）］、人均综合生活用水量指标［升/（人·天）］、单位居住用地用水量指标［万立方米/（平方千米·天）］、单位公共设施用地用水量指标［万立方米/（平方千米·天）］、单位工业用地用水量指标［万立方米/（平方千米·天）］以及单位其他用地用水量指标［万立方米/（平方千米·天）］。

2）居民生活用水量标准

中华人民共和国国家标准《室外给水设计规范》GB 50013—2006、中华人民共和国国家标准《建筑给水排水设计规范》GB 50015—2003（2009 版）主要给出了不同类型住宅的居民生活用水量。

3）公共建筑用水量标准

中华人民共和国国家标准《建筑给水排水设计规范》GB 50015—2003（2009 版）列出了各类公共建筑的用水定额。

4）工业企业用水量标准

中华人民共和国国家标准《建筑给水排水设计规范》GB 50015—2003（2009 版）、中华人民共和国国家标准《工业企业设计卫生标准》GBZ 1—2010 主要列举了工业企业中职工生活用水标准。生产用水量一般参照原建设部、国家经委于 1984 年编制的

《工业用水量定额》以及各地政府编制的《工业用水定额》计算，其单位一般为万元产值用水量。

5）消防用水量标准

中华人民共和国国家标准《消防给水及消火栓系统技术规范》GB 50974—2014 列出了消防给水一起火灾灭火用水量。

此外，有关市政用水标准，通常按照绿化浇水 1.5～4.0 升/（平方米·次），道路洒水 1～2 升/（平方米·次）计算。有关未预见用水量，按照总用水量的 15％～20％计算。

对于城市用水量的预测，除根据规范，按照人均综合指标、单位用地指标或不同种类用水叠加计算外，还有一些根据城市用水量增长趋势进行计算的方法，如线性回归法、年递增率法、生长曲线法、生产函数法、城市发展增量法等。此外，城市用水量的预测只是一个平均数值，在对城市供水管网及设施进行实际规划设计时还要考虑不同季节、每天不同时段中实际用水量的变化情况。

2. 城市水源规划

城市水源规划的主要任务就是为城市寻找、选择满足一定水质要求的稳定水源。

可用作城市水源的有：以潜水为主的地下水，包括江河、湖泊、水库在内的地表水，作为淡化水源的海水以及咸水、再生水等其他一些水源。其中，地下水与地表水是城市供水的主要水源。对于城市水源的选择，规划主要从以下几个方面考虑：

（1）具有充沛、稳定的水量，可以满足城市目前及长远发展的需要。

（2）具有满足生产及生活需要的水质。相关标准可参见：中华人民共和国国家标准《地面水环境质量标准》GB 3838—2002、中华人民共和国城镇建设行业标准《生活饮用水源水质标准》CJ 3020—1993、中华人民共和国国家标准《生活饮用水卫生标准》GB 5749—2006 以 及 中华人民共和国国家标准《工业企业设计卫生标准》GBZ 1—2010。

（3）取水地点合理，可免受水体污染以及农业灌溉、水力发电、航运及旅游等其他活动的影响。

（4）水源靠近城市，尽量降低给水系统的建设与运营资金。

（5）为保障供水的安全性，大、中城市通常考虑多水源分区供水；小城市也应设置备用水源。

城市水源规划不但要满足城市供水需求，更要从战略角度做好水资源的保护与开发利用。我国是一个整体上缺水的国家，人均径流量仅为世界人均占有量的 1/4，且在国土中的分布呈极不平衡的状况。尤其在北方地区，水资源的匮乏已经成为严重影响城市发展的制约因素。因此，除开展节约用水、水资源回收再利用以及域外引水等措施外，应对现有水资源进行严格的保护，避免其受到进一步的污染。城市规划中应按照相关标准规范的要求，划定相应的水域或陆域作为地表水与地下水的水源保护区，严禁在其中开展有悖于水质保护的各种活动。

3. 城市给水工程设施规划

城市给水工程系统包括以下环节：①取水工程；②净水工程；③输配水工程等。

其主要任务是将自然水体获取水经过净化处理，达到使用要求后，通过输配水管网输送到城市中的用户。

各个环节的规划概要如下：

1）取水工程设施规划

取水工程设施规划包括地下水取水构筑物与地表水取水构筑物的规划，其目的是从水源中通过取水口取到所需水量的水。地表取水口一般设置在城市上游，水文条件稳定，远离排污口或其他易受污染的河段。

2）净水工程设施规划

净水工程设施（水厂）的目的是：根据原水的水质特点，通过澄清，过滤，消毒，除臭除味，除铁、锰、氟，软化以及淡化除盐等手段，使原水达到可供饮用或生产需要的水质标准。水厂通常选在工程地质条件好、有利于防洪排涝、具有环境卫生及安全防护条件、交通方便并靠近电源的地方。水厂的用地规模一般为 $0.1\sim0.8m^2/(m^3\cdot d)$。

3）输配水工程设施规划

其任务是保障经净化处理的水输送到城市中的每个用户，通常包括输水管渠、配水管网、泵站、水塔及水池等设施。城市给水工程系统的布置形式可分为以下几种：

（1）统一给水系统。

采用一个水质标准及供水系统供给生活、生产、消防等对水质、供水量要求不同的用水。其特点是系统简单，适用于小城镇及开发区等。

（2）分质给水系统。

根据工业生产与居民生活对水质要求不同的特点，采用多系统、多水质标准供水的方式。其特点是可以降低净水的费用，做到水资源的优质优用，但同时会增加系统的复杂程度，适合于水资源紧缺、工业用水量大的城市。

（3）分区给水系统。

将城市供水工程系统按照地域划分成几个相对独立的区。这种系统常见于地形起伏较大的城市，可以有效地降低供水管网所承受的压力。按照各个分区与总泵站的关系又可分为"并联分区"和"串联分区"。

（4）循环给水系统。

循环给水系统对使用过的水经过简单处理后重复使用，仅从水源地获取少量水用于补充循环过程中消耗的水，一般用于用水大户的厂矿企业。

（5）区域性给水系统。

对于流域污染严重或水资源严重匮乏地区的城市，可根据实际情况由多个城镇联合建设给水系统。

4. 城市输配水管网规划

城市输配水管网由输水管渠、配水管网以及泵站、水塔、水池等附属设施组成。其中，输水管渠的功能主要是将经过处理的水由水厂输送到给水区，其间，并不负责向具体的用户分配水量。而配水管网的任务则是将通过输水管渠输送来的水（或直接由水厂提供的水）配送至每个具体的用户。根据管线在整个供水管网中所起的作用和管径的大小，给水管可分为干管、分配管（配水管）、接户管（进户管）三个等级。给水管网的布置形式主要分为树状管网和环状管网（图 9-1）。

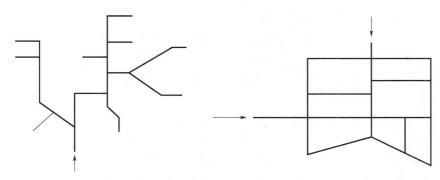

图 9-1　给水管网布置形式（左图为树状，右图为环状）

1）树状供水管网

树状供水管网是指从水厂至用户的形态呈树枝状布置。这种布置形式的特点是结构简单、管线总长度短，可节约管线材料，降低造价，但供水的安全可靠性相应降低，适于小城市建设初期采用。日后可逐渐改造成为环状供水管网系统。

2）环状供水管网

环状供水管网系统中的管线相互联结串通，形成网状结构，其中某条管线出现问题时，可由网络中的其他环线迂回替代，因而大大增强了供水的安全可靠性。在经济条件允许的城市中应尽量采用这种方式。

以上两种给水管网的布置形式并不是绝对的，同一城市中的不同地区可能采用不同的形式。城市在发展过程中也会随着经济实力的提高，逐步将树状系统改造成环状供水管网系统。

此外，给水管网系统中还包括了泵站、水塔、水池、阀门等附属设施。在规划中也需要对其位置、容量等予以考虑。

9.2.2　城市排水工程系统规划

城市排水工程系统主要由两大部分组成：一是城市污水排放与处理系统；另一个是城市雨水排放系统，分别包括排水量估算、排水体制的选择、排水管网的布置、污水处理方式选择与设施布局，以及工程造价及经营费用估算等环节。

1. 城市排水体制

城市排水系统通常需要排放的有：①各类民用建筑的厕所、浴室、厨房、洗衣房中排出的生活污水；②工业生产过程中排放出的受轻度污染的工业废水和受重度污染的生产污水；③降雨过程中产生的雨水或道路清洗、消防用后水等。其中，生活污水与生产污水需经过处理后才能排入自然水体中；雨水一般无需处理而直接排入自然水体；工业废水可经简单处理后直接重复利用，一般不宜排出。

城市排水体制是指城市排水系统针对污水及雨水所采取的排出方式，主要有采用一套系统兼用作污水、雨水排放的合流制系统，以及采用不同系统排放污水和雨水的分流制系统。在合流制排水系统中，根据系统中有无污水处理设施而进一步分为直排式合流制与截流式合流制。直流式合流制指污水在排放前不经任何处理；截流式合流制指污水需经过污水处理设施的处理，只是在降雨时大量雨水汇入同一排水管网系统，超出污水处理设施处理能力的部分直接排放。在分流制排水系统中，根据有无雨水排放管道，分为完全分流制与不完全分流制。完全分流制具有两套完整的管网系统；而不完全分流制只有污水管道系统，雨水经过地面漫流，依靠不完整的明沟及小河排放至自然水体。

城市排水工程系统规划究竟选择哪种排水体制，主要取决于城市及其所在流域对环境保护的要求、城市建设投资的实力以及城市现状条件等多方面的因素。很显然，完全分流制排水系统的环境保护效果最好，但建设投资也最大；而直排式合流制的建设费用最小，对环境造成的污染却最严重。一般来说，一个城市中也会存在着混合的排水体制，既有分流制，也有合流制。随着城市的不断发展，对环境保护要求的日益提高，完全分流制是城市排水工程系统规划与建设的努力方向，在实践中也可以采用按照较高标准规划、分期改造实施的方法。

2. 城市排水工程系统构成

城市排水工程系统通常由排水管道（管网）、污水处理系统（污水处理厂）和出水口组成。生活污水、生产污水以及雨水的排水系统组成略有差别，详见表 9-1。

表 9-1　城市排水工程系统构成一览表

排水系统类别	主要设施设备构成
生活污水排水系统	①室内污水管道系统和设备；②室外污水管道系统；③污水泵站和压力管道；④污水处理厂；⑤出水口
生产污水排水系统	①车间内部管道系统和设备；②厂区管道系统；③污水泵站及压力管；④污水处理站；⑤出水口
雨水排水系统	①房屋雨水管道系统和设备；②街坊或厂区雨水管渠系统；③城市道路雨水管渠系统；④雨水泵站及压力管；⑤出水口

资料来源：谭纵波著．城市规划．清华大学出版社，2016.06，第 338 页。

3. 城市排水工程系统布局

由于城市排水主要依靠重力使污水自流排放，必要时才采用提升泵站和压力管道。因此，城市排水工程系统的布局形式与城市的地形、竖向规划、污水处理厂的位置、周围水体状况等因素有关。常见的布局形式有以下几种：

1）正交式布置

排水管道沿适当倾斜的地势与被排放水体垂直布局，通常仅适用于雨水的排放。

2）截流式布置

这种系统实际上是在正交式的基础上沿被排放水体设置截流管，将污水汇集至污水处理厂处理后再排入水体。这种布置形式适用于完全分流制及截流式合流制排水系统，对减少水体污染起到至关重要的作用。

3）平行式布置

在地表坡降较大的城市，为避免因污水流速过快而对排水管壁的冲刷，采用与等高线平行的污水干管将一定高程范围内的污水汇集后，再集中排向总干管的方式。也可以将其看作一种由几个截流式排水系统通过主干管串联在一起的形式。

2）分区式布置

这是在地形起伏较大，污水处理厂又无法设在地形较低处时所采用的一种方式。将城市排水划分为几个相互独立的分区。高于污水处理厂分区的污水依靠重力排向污水处理厂；低于污水处理厂分区的污水则依靠泵站提升后排入污水处理厂，从而减轻了提升泵站的压力和运行费用。

5）分散式布置

当城市因地形等原因难以将污水汇集送往一个污水处理厂时，可根据实际情况分设污水处理厂，并形成数个相互独立的排水系统。

6）环绕式布置

当上述情况下难以建立多个污水处理厂时，可采用一条环状的污水总干管将所有污水汇集至单一的污水处理厂。

7）区域性布置

因流域治理或单一城镇规模过小等问题，设置为两个以上城镇服务的污水排放及处理系统。

4. 城市污水工程系统规划

城市污水工程系统规划主要包括污水量估算、污水管网布局、污水管网水力计算、污水处理设施选址以及排污口位置确定等内容。

1）城市污水量预测和计算

虽然城市污水的排放量与城市性质、规模、污水的种类有关，但更直接取决于城市的用水量。通常，城市污水量占城市用水量的 $70\%\sim90\%$。如果按不同污水种类细分时，生活污水的排放量占生活用水量的 $85\%\sim95\%$；工业污水（废水）的排放量占工业用水量的 $75\%\sim95\%$。按照这种方法估算出的只是城市污水的排放总量，城市污水工程系统规划还要考虑到污水排放的周期性变化。

2）城市污水管网布置

在估算出城市污水排放量之后，城市污水工程系统规划需要根据城市的地形条件等进一步确定排水区界，划分排水流域、选定排水体制，拟定污水干管及主干管的路线，确定需要必须依靠机械提升排水的排水区域和泵站的位置。

城市污水管主要依靠重力将污水排出。因此，管网的规划设计需尽可能利用自然地形和调节管道埋深达到重力排放的要求。污水管道管径较大且不易弯曲，通常沿城市道路敷设，埋设在慢车道、人行道或绿化带的下方，埋设深度一般为覆土深度 $1\sim2m$，埋设深度不超过 8m。

3）选择污水处理厂和出水口的位置

城市污水最终排往污水处理厂，经处理后再排向自然水体。其位置、用地规模均有相应的要求。

5. 城市雨水工程系统规划

由于降雨而降落到地表的水除一部分被植物滞留，一部分通过渗透被土壤吸收外，还有一部分沿地面向地势低处流动，形成所谓的地面径流。城市雨水工程系统的功能就是将这部分地面径流雨水顺畅地排放至自然水体，避免城市中出现积水或内涝现象。虽然雨水径流的总量并不大，但通常集中在一年中的较短时期，甚至是一天中的某个时间段中，容易形成短时期的径流高峰。加之城市中非透水性硬质铺装的面积增大，可以蓄水的洼地水塘较少，加剧了这种径流的峰值。因此，与城市污水工程系统不同，城市雨水系统虽然平时处于闲置状态，但一旦遇到较强的降雨过程，又需要具有较强的排水能力。

城市雨水工程系统由雨水口、雨水管渠、检查井、出水口以及雨水泵站等所组成。城市雨水工程系统规划主要包括以下几个方面：

（1）选用符合当地气象特点的暴雨强度公式以及重现期（即该暴雨强度出现的频率），确定径流高峰单位时间内的雨水排放量（通常以分钟为单位）。

（2）确定排水分区与排水方式。排水方式主要有排水明渠和排水暗管两种，城市中尽量选择后者。

（3）进行雨水管渠的定线。雨水管依靠重力排水，管径较大，通常结合地形埋设在城市道路的车行道下面。

（4）确定雨水泵房、雨水调节池、雨水排放口的位置。城市雨水工程系统规划要尽量利用城市中的水面，调节降雨时的洪峰，减少雨水管网的负担，尽量减少人工提升排水分区的面积，但对必须依靠人工进行排水的地区需设置足够的雨水泵站。

（5）进行雨水管渠水利计算，确定管渠尺寸、坡度、标高、埋深以及必要的跌水井、溢流井等。

6. 城市雨污合流工程系统规划

在合流制排水系统中，有直排式合流制与截流式合流制两种类型。由于直流排式合流制对污水、雨水均未经任何处理，给环境造成较严重的污染，城市规划中一般不再采用。而截流式合流制排水系统在特定情况下有一定的优势，仍可作为可选择的城市排水系统之一。截流式合流制系统的基本原理是：在没有雨水排放的情况下，城市污水通过截流管输入污水处理厂，经处理后排放。而当降雨时，初期的混浊雨水仍然通过雨污合流排水管网及截流管排至污水处理厂处理。只是当降雨强度达到一定程度，进入雨污合流排水管网的雨水与污水的流量超过截流管的排放能力时，一部分雨水及污水通过溢流井溢出，直接排放至自然水体，其中的污水对环境会造成一定的影响。但此时由于大量雨水的流入与混合，溢流井的污水浓度已大大降低。因此可以看出，截流式合流制系统的最大特点就是可以利用一套管网同时解决污水及雨水的排放问题，可以节省排水管网建设的投资，适用于降雨量较少、排水区域内有充沛水量的自然水体的城市，以及旧城等进行完全分流制改造困难的地区。

对于大量采用直排式合流制的旧城地区，将合流制逐步改为分流制是一个必然的趋势，但往往受到道路空间狭窄等现状条件的制约，只能采用合流制的排水形式。在这种情况下，保留合流制，新设截流干管。

此外，在工业生产中也会排放出大量的工业废水及生产污水。对于不含或少量含有有害物质，且尚未重复利用的工业废水，可以直接排入雨水排放系统；而对于含有有害物质的生产污水则应排入城市污水系统进行处理。对于有害物质超出排放标准的生产污水应在工厂内部进行处理，达标后再排入城市污水系统，或者建设专用的生产污水独立处理、排放系统。

7. 城市污水的处理利用

通过城市污水管网排至污水处理厂的污水中含有大量的各种有害有毒物质。这些有害有毒的物质通常包括有机类污染物、无机类污染物、重金属离子、有毒化合物以及各种散发出气味，呈现颜色的物质。不同种类的污水，其中所含有的有害有毒物质是不一样的。通常，生活污水中多含有有机污染物、致病病菌等；而生产污水中则根据不同门类的产业含有有机、无机污染物，有毒化合物及重金属离子等。对于污水的排放标准，我国制定了中华人民共和国国家标准《污水综合排放标准》GB 8978—1996。污水处理的方法有：

(1) 物理法：包括沉淀、筛滤、气浮、离心与旋流分离、反渗透等方法。

(2) 化学法：混凝法、中和法、氧化还原法、吸附法、离子交换法、电渗析法等。

(3) 生物法：活性泥法、生物膜、自然处理法、厌氧生物处理法等。

污水处理根据处理程度的不同，通常划分为三级。级别越高表示处理的程度越深，处理后的水中污染成分越少。由于污水处理需要耗用能源和资金投入，所以选择哪个级别的处理深度主要考虑排入水体的环境容量、城市的经济承受能力以及处理后的水是否重复使用等多方面的因素。各个级别污水处理能力分级见表9-2。

表 9-2　污水处理能力分级

处理级别	处理目的及效果	污染物	处理方法
一级处理	去除污水中呈悬浮状态的固体污染物，一般作为二级处理的预处理	悬浮或胶态固体、悬浮油类、酸、碱	格栅、沉淀、混凝、浮选、中和
二级处理	大幅度去除污水中呈胶体和溶解状态的有机污染物，通常可达到排放标准	溶解性可降解有机物	生物处理
三级处理	进一步除去二级处理未能除去的污染物质。如悬浮物，未被生物降解的有机物、磷、氮等，可满足污水再利用的要求	不可降解有机物	活性炭吸附
		溶解性无机物	离子交换、电渗析、超滤、反渗透、化学法、臭氧氧化

资料来源：谭纵波著，城市规划，清华大学出版社，2016.06，第342页。

城市规划中需要具体确定污水处理厂的位置与规模。污水处理厂应选在地质条件较好，地势较低但没有被洪水淹没危险的靠近自然水体的地段。为避免对城市取水等方面的影响，污水处理厂应布置在城市下游和夏季主导风向的下风向，并与工厂及居民生活区保持300m以上的距离，其间设置绿化隔离带。为保障正常运转，污水处理厂还应具有较好的交通运输条件和充足的电力供给。污水处理厂的用地规模主要与处理能力及处理深度相关，处理能力越大，处理深度越浅，处理单位污水量的占地面积越小，反之亦然。具体指标在 $0.3\sim2.0m^2/(m^3\cdot d)$ 之间。

此外，在水资源匮乏地区，还可以考虑城市中水系统的建设。即将部分生活污水或城市污水经深度处理后用作生活杂用水及城市绿化灌溉用水，可以有效地做到水资源的充分利用，但需要敷设专用的管道系统。

9.3　城市能源供给工程系统规划

城市能源供给工程系统规划包括供电工程、燃气工程及供热工程系统规划。

9.3.1　城市供电工程系统规划

城市供电工程系统主要由电源工程与输配电网络工程所组成，其相应的规划主要包括城市电力负荷预测、供电电源规划、供电网络规划以及电力线路规划等。

1. 城市电力负荷预测

城市用电可大致分为两类，即生产用电和生活用电。对于生产用电还可以根据产业门类进行进一步的划分。预测城市电力负荷可采用的方法较多，例如产量单耗法、产值单耗法、人均耗电量法（用电水平法）、年增长率法、经济指标相关分析法、国际比较法等。但预测的基本思路无外乎两种：一种是将预测的用电量按照用电分布转化为城市中各个用电分区的电力负荷；另一种是以现状电力负荷密度为基础进行预测。在实际预测过程中，可根据不同层次的规划要求采用不同的方法。在城市总体规划阶段，城市供电工程系统规划需要对城市整体的用电水平以及各种主要城市用地中的用电负荷做出预测。通常采用人均城市居民生活用电量作为预测城市生活用电水平的指标；采用各类用地的分类综合用电指标作为预测各类城市用地中的单位建设用地面积用电负荷指标，进而可以累计出整个城市的用电负荷（表 9-3）。而在详细规划阶段，一般采用城市建筑单位建筑面积负荷密度指标作为预测用电负荷的依据。

表 9-3　规划单项建设用地供电负荷密度指标

类别名称	单项建设用地负荷密度（kW/hm²）
居住用地用电	100～400
公共设施用地用电	300～1 200
工业用地用电	200～800

资料来源：谭纵波著，城市规划，清华大学出版社，2016.06，第 343 页。

2. 城市供电电源规划

城市供电电源均来自各种类型的发电厂，例如：火力发电厂、水力发电厂、风力发电厂、地热发电厂、原子能发电厂等。对于城市而言，供电电源或由靠近城市的电厂直接提供，或通过长距离输电线路经位于城市附近的变电所向城市提供。由于水力发电厂受地理条件的制约，原子能发电厂在安全方面存在争议，因此，火力发电厂就成为靠近城市的发电厂中最常见的一种。火力发电厂通常选择靠近用电负荷中心，便于煤炭运输，有充足水源，对城市大气污染影响较小的地段。其用地规模主要与装机总容量有关，规模越大，单位装机容量的占地面积就越小，一般在 0.28～0.85 公顷/万千瓦之间。变电站的选址也要尽量靠近用电负荷中心，并具有可靠、安全的地质及水文条件。其用地规模较发电厂要小，一般在数百平方米至十公顷之间。由于发电厂及变电站需要通过高压输电线与供电网络连接，所以发电厂及变电站附近均需要留出足够的架空线、走廊所需要的空间。

3. 城市供电网络规划

在城市供电规划中，按照供电网络的功能及其中的电压分为为城市提供电源的一次送电网、作为城市输电主干网的二次送电网以及高压、低压配电网。按照我国现行标准，供电电网的电压等级分为 8 类。其中，城市一次送电为 500kV、330kV 和 220kV；二次送电为 110kV、66kV、35kV；高压配电为 10kV；低压配电为 380V/220V。

城市供电网络的接线方式主要有放射式、多回线式、环式及网格式等，其可靠性依次提高。其中，由于放射式可靠性较低，仅适用于较小的终端负荷。

城市供电网络通过网络中的变电所与配电所将高压电降为终端用户所使用的低压电（380V/220V）。变电所的合理供电半径主要与变电所二次侧电压有关，二次侧电压越高，其合理供电半径就越大。例如，城市中最常见的二次侧电压为 10kV，变电站的合理供电半径为 5～7km。而将 10kV 高压电变为低压电的配电所、开闭所的合理供电半径为 250～500m。

4. 城市电力线路规划

电力线路按照其功能可分为高压输电线与城市送配电线路；按照敷设方式又可以分为架空线路与电力电缆线路，前者通常采用铁塔、水泥或木质杆架设，后者可采用直埋电缆、电缆沟或电缆排管等埋设形式。电力电缆通常适用于城市中心区或建筑物密集地区的 10kV 以下电力线路的敷设。对于架空线路，尤其是穿越城市的 10kV 以上高压电力线路，必须设置必要的安全防护距离。在这一防护距离内不得存在任何建筑物、植物以及其他架空线路等。城市规划需在高压线穿越市区的地方设置高压走廊（或称电力走廊），以确保高压电力线路与其他物体之间保持一定的距离。高压走廊中禁止其他用地及建筑物的占用，进行绿化时应考虑到植物与导线之间的最小净空距离（110kV 不小于 4m，500kV 不小于 7m）。高压走廊的宽度与线路电压、杆距、导线材料、风力等气象条件，以及由这些条件所形成的导线弧垂、水平偏移等有关，准确数值需要经专门的计算，但一般可根据经验值，从表 9-4 中选用。此外，高压输电线与各种地表物（地面、峭壁岩石、建筑物、树木）的最小安全距离，与铁路、道路、河流、管道、索道交叉或接近时的距离，以及低压配电线路与铁路、道路、河流、管道、索道交叉或接近时的距离均有相应的要求。

表 9-4 城市高压架空线路走廊宽度

线路电压等级（kV）	高压走廊宽度（m）
500	60～75
330	35～45

续表

线路电压等级（kV）	高压走廊宽度（m）
220	30～40
110/66	15～30
35	12～20

资料来源：谭纵波著，城市规划，清华大学出版社，2016.06，第344页。

9.3.2　城市燃气工程系统规划

城市燃气工程系统规划主要包括城市燃气负荷预测、城市燃气系统规划目标确定、城市燃气气源规划、城市燃气网络与储配设施规划等内容。

1. 城市燃气负荷预测

由于不同种类的燃气热值不同，在进行城市燃气负荷预测时先要确定城市所采用的燃气种类。目前，我国城市中所采用的燃气种类主要有以下几种：

1）人工煤气

人工煤气主要是由固体或液体燃料经加工生成的可燃气体，主要成分为甲烷、氢、一氧化碳。其特点是热值较低并有毒。

2）液化石油气

液化石油气是石油开采及冶炼过程中产生的一种副产品，主要成分为丙烷、丙烯、丁烷、丁烯等石油系轻烃类，在常温下为气态，加压或冷却后易于液化，液化后的体积为气体的1/250。其热值在城市燃气中最高。

3）天然气

由专门气井或伴随石油开采所采出的气田气，其主要成分为烃类气体和蒸气的混合体，常与石油伴生。热值比人工煤气高，比液化石油气低。天然气具有无毒无害、可充分燃烧、热值较高等优点，是城市燃气的理想气源。但由于气态运输需要专用管道，而液态运输需要专用设备、运输工具及相应技术，因此需要较高的投资和较强的专业技术。

从大多数发达国家城市燃气的发展历程来看，大多经历了从人工煤气到石油气，再到天然气的变化过程。我国煤炭资源丰富，为人工煤气提供了丰富且相对廉价的原料。液化石油气以其高热值、低投入、使用灵活等特点而适于城市燃气管网形成之前的广大中小城市。天然气具有储量丰富、洁净等优势，是未来城市燃气发展的方向。由于我国经济发展的地域性不平衡，这三大气种并存于不同城市中的局面将长期存在。

在进行城市燃气负荷预测时，通常按照民用燃气负荷（炊事、家庭热水、采暖等）与工业燃气负荷两大类来进行。民用燃气负荷预测一般根据居民生活用气指标（兆焦耳/（人·年））以及民用公共建筑用气指标［兆焦耳/（人·年）、兆焦耳/（座·年）、兆焦耳/（床位·年）等］计算。工业燃气负荷预测则需要根据工业发展情况另行预测。

2. 城市燃气气源规划

城市燃气气源规划的主要任务是选择恰当的气源种类，如人工煤气、液化石油气及天然气，并布置相应的设施。例如，人工煤气设施、液化石油气气源设施以及天然气气源设施。其中，人工煤气气源设施主要有制气设施（包括炼焦制气厂、直立炉煤气厂、油制气厂、油制气掺混各种低热值煤气厂等）；液化石油气气源设施主要包括液化石油气储存站、储配站、灌瓶站、气化站和混气站等；天然气气源设施主要包括采用管道输送方式中的天然气储配设施、城市门站，或者采用液化天然气方式中的气化站及其储配设施等。城市燃气气源设施的选址虽然根据不同气源种类各不相同，但有些原则是共通的。例如，气源设施应尽量靠近用气负荷的中心；需要考虑气源设施对周围环境的影响及其易燃易爆的危险性，因而留出必要的防护隔离带；用地的地质、水文条件较好且交通方便等。

3. 城市燃气输配系统规划

城市燃气输配系统主要由城市燃气储配设施及输配管网所组成。城市燃气储配设施主要包括燃气储配站和调压站。燃气储配站的主要功能包括储存并调节燃气使用的峰谷，将多种燃气混合以达到合适的燃气质量，以及为燃气输送加压。城市燃气管道一般分为高压燃气管道（0.4～1.6MPa）、中压燃气管道（0.005～0.4MPa）以及低压燃气管道（0.005MPa以下）。调压站的功能是调节燃气压力，实现不同等级压力管道之间的转换，在燃气输配管网中起到稳压与调压的作用。

城市燃气输配管网按照其形制可以分为环状管网与枝状管网。环状管网多用于需要较高可靠性的输气干管；枝状管网用于通往终端用户的配气管。城市燃气输配管网按照压力等级还可以划分为以下几个级别：

1）一级管网系统

一级管网系统包括低压一级管网和中压一级管网。低压一级管网的优点是系统简单、安全可靠、运行费用低，但缺点是需要的管径较大、终端压差较大，比较适用于用气量小、供气半径在2～3km的城镇或地区。而中压一级管网具有管径较小、终端压力稳定的优点，但也存在易发生事故的弱点。

2）二级管网系统

二级管网系统是在一个管网系统中同时存在两种压力的城市燃气输配系统。通常二级管网系统为中压—低压型。燃气先通过中压管道输送至调压站，经调压后再通过低压管道送至终端用户。其优点是供气安全、终端气压稳定，但系统建设所需投资较高，调压站需要占用一定的城市空间。

3）三级管网系统

三级管网系统是在一个管网系统中同时含有高、中、低三种压力管道的城市燃气输配系统。燃气依次经过高压管网、高中压调压站、中压管网、中低压调压站、低压管网到达终端用户。该类型系统的优点是供气安全可靠，可覆盖较大的区域范围，但系统复杂、投资大、维护管理不便，通常只用于对供气可靠性要求较高的特大城市。

此外，还有一些城市由于现状条件的限制等，采用一、二、三级管网系统同时存在的混合管网系统。

4. 城市燃气输配管网敷设

城市燃气输配管网一般沿城市道路敷设，通常应注意以下问题：

（1）为提高燃气输送的可靠性，主要燃气管道应尽量设计成环状布局。

（2）考虑安全和便于维修方面，燃气管道最好避开交通繁忙的路段，同时不得穿越建筑物。

（3）燃气管道不应与给排水管道、热力管道、电力电缆及通信电缆铺设在同一条地沟内，如必须同沟铺设时，应采取必要的防护措施。应避免燃气管道与高压电缆平行铺设。

（4）燃气管道在跨越河流、穿越隧道时，应避免与其他基础设施同桥或同隧道铺设，尤其不允许与铁路同设。穿越铁路或重要道路时应增设套管。

（5）燃气管道可设在道路一侧，但当道路宽度超过 20m 且有较多通向两侧地块的引入线时，也可以双侧铺设。燃气管道应埋设在土壤冰冻线以下。

9.3.3　城市供热工程系统规划

城市供热工程（又称集中供热或区域供热）是指城市中的某个区域或整个城市利用集中热源向工业生产及市民生活提供热能的一种方式，具有节能、环保、安全可靠、劳动生产率高等特点，是提高城市基础设施水平所采取的重要方式。城市供热工程系统规划包括热负荷预测、热源规划以及供热管网与输配设施规划等内容。

1. 城市集中供热负荷的预测

在进行城市供热工程系统的规划时，首先要进行的是热负荷的预测。城市热负荷通常可以根据其性质分为民用热负荷与工业热负荷。民用热负荷可以进一步分为室温调节与生活热水两大类型。此外，城市热负荷还可以根据用热时间分布的规律，分为季节性热负荷与全年性热负荷。在具体选择供热对象时，分散的小规模用户，如一般家庭、中小型民用建筑和小型企业应优先考虑。这些用户集中分布的地区也是应优先考虑的地区。

城市热负荷预测的具体方法可采用较为精确的计算法或简便易行的概算指标法。城市规划中通常采用概算指标法。热负荷计算通常按照采暖通风热负荷、生活热水热负荷、空调冷负荷以及生产工艺热负荷分项计算后累计为供热总负荷。对于民用热负荷一般还可以采用更为简便的综合热指标进行概算。例如，对于北京地区各类民用建筑的平均热指标为 $75.5w/m^2$，冷负荷指标为 $0.5\sim1.6qc$（qc 为冷负荷指标，一般取 $70\sim90w/m^2$）。

2. 城市集中供热热源规划

热电厂、锅炉房、低温核能供热堆、热泵、工业余热、地热、垃圾焚化厂等均可作为城市集中供热的热源，但其中最常见的是热电厂和锅炉房（或称区域锅炉房，以区别于普通的锅炉房）。热电厂是利用蒸汽发电过程中的全部或部分蒸汽直接作为城市的热源，又被称为热电联供。热电厂的选址条件与普通火力发电厂类似，但由于蒸汽输送管道的距离不宜过长（通常为 $3\sim4$km），因此，其选址受到较大的制约，城市边缘地区是其较为理想的位置。热电厂的生产过程需要大量的用水，能否获得充足的水源也是一种至关重要的条件。热电厂的用地规模主要与机组装机容量相关，例如两台 6000kW 的热电厂占地规模在 $3.5\sim4.5$hm^2 之间。相对于热电厂而言，锅炉房的布局更为灵活，适用范围也更广。根据采用热介质的不同，锅炉房可分为热水锅炉房和蒸汽锅炉房。锅炉房的布局主要从靠近热负荷中心、便于燃料运输、减少环境污染等几个方面综合考虑确定。锅炉房的占地规模与其容量直接相关，例如，容量为 $30\sim50$Mkcal/h 锅炉房的占地面积为 $1.1\sim1.5$hm^2。

此外，制冷站还可以利用城市集中供热的热源或直接使用电力、燃油等能源为一定范围内的建筑物提供低温水作为冷源。通常，冷源所覆盖的范围较城市供热管网要小，一般从位于同一个街区内的数栋建筑物到数个街区不等。

3. 城市供热管网规划

城市供热管网又称为热网或热力网，是指由热源向热用户输送和分配热介质的管线系统，主要由管道、热力站和阀门等管道附件所组成。

城市供热管网按照热源与管网的关系可分为区域网络式与统一网络式两种形式。区域网络式为单一热源与供热网络相连；统一网络式为多个热源与网络相连，比区域网络式具有更高的可靠性，但系统复杂。按照城市供热管网中的输送介质又可分为蒸汽管网、热水管网以及包括前两者在内的混合管网。在管径相同的情况下，蒸汽管网输送的热量更多，但容易损坏。从平面布局上来看，城市供热管网又可以分为枝状管网与环状管网。环状管网的可靠性较强，但管网建设投资较高。此外，根据用户对介质的使用情况还可以分为开式管网与闭式管网，开式管网用户可以直接使用热介质，通常只设有一根输送热介质的管道；闭式管网不允许用户使用热介质，必须同时设回流管。

在设有热力站的城市供热管网系统中，热源至热力站之间的管网被称为一级管网；热力站至热用户之间的管网被称为二级管网。城市供热管网的布局要求尽可能直短，供热半径通常以不超过 5km 为宜。管网的敷设方式通常有架空敷设与地下敷设两种。当采用地下敷设时，管道要尽量避开交通干道，埋设在道路一侧或人行道下。由于管道中介质的影响，城市供热管道必须考虑热胀冷缩带来的变形和应力，在管道中加设伸缩器，并采用弯头连接的方式连接干管和支管。

4. 热转换设施

在一些规模较大的城市供热系统中，存在对热媒参数要求不同的用户。为满足不同用户的需求，同时保证系统中不同地点供热的稳定性和供热质量的均一，通常在热源与用户之间布置一些热转换设施，通过调节介质的温度、压力、流量等将热源提供的热量转换成用户所需要的热媒参数，甚至进行热介质与冷媒之间的转换，并进行检测和计量工作等。热转换设施包括热力站和制冷站。热力站又称为热交换站，根据功能不同分为换热站与热力分配站；根据管网中热介质的不同又可分为水—水换热与汽—水换热。热力站的所需面积不大，可单独设立，也可以附设于其他建筑物中。例如，一座供热面积为 10 万平方米的换热站所需建筑面积为 $300\sim350$ 平方米。

此外，利用城市供热系统中的热源，通过制冷设备将热能转化为低温水等冷媒供应用户的制冷站也属于热转换设施的一种。

9.4　城市通信工程系统规划

城市通信工程系统主要包括邮政、电信、广播及电视 4 个分系统，其规划内容主要有：城市通信需求量预测、城市通信设施规划、城市有线通信网络线路规划以及城市无线通信网络规划等。

1. 城市通信需求量的预测

与其他城市工程系统的规划类似，城市通信工程系统规划的第一步要对城市通信的需求量做出预测。按照城市通信工程的几个分项，预测工作可分为：邮政需求量预测、电话需求量预测以及移动通信系统容量预测等。

城市邮政需求量预测可按照邮政年业务总收入或通信总量来进行。城市的邮政业务量通常与城市的性质、人口规模、经济发展水平、第三产业发展水平等因素相关，在预测中多采用以此为因子的单因子相关系数预测法或综合因子相关系数预测法，也可以采用基于现状的发展态势延伸预测法。近年来，由于新型通信方式的出现及普及，传统邮政的业务量呈下降趋势，但特色邮政如 EMS 快递业务等则有较大的增长。

城市电话需求量预测包括电话用户预测及话务预测。我国采用电话普及率来描述城市电话发展的状况，同时也作为规划中的指标。具体的预测方法有：在 GDP 增长与电话用户增长之间建立函数关系的简易相关预测法；对潜在用户进行调查的社会需求调查法；城市规划中常用的根据规划地区的建筑性质或人口规模，以电话"饱和状态"为电话设备终期容量的单耗指标套算法等。

城市移动通信系统容量的预测通常采用移动电话普及率法以及移动电话占市话百分比法等方法。

2. 城市通信设施规划

城市通信设施规划包括邮政局所规划、电话局所规划，以及广播、电视台规划。

城市邮政局所通常按照等级划分为市邮政局、邮政通信枢纽、邮政支局和邮政所。邮政局所的规划主要考虑其本身的营业效率及合理的服务半径，根据城市人口密度的不同，其服务半径一般为 0.5～3 千米，对于我国常见的人口密度为 1 万人/平方千米的市区，其服务半径通常为 0.8～1 千米。邮政通信枢纽的选址通常靠近城市的火车站或其他对外交通设施；一般邮政局所的选址则应靠近人口集中的地段。邮政局所的建筑面积根据局所等级而变化，一般邮政支局建筑面积为 1 500～2 500 平方米；邮政所建筑面积在 150～300 平方米之间。邮政局所建筑物可单独建设，也可设置在其他建筑物之中。

城市电话局所主要起到电信网络与终端用户之间的交换作用，是城市电话线路网设计中的一个重要组成部分。电话局的选址需要考虑用户密度的分布，使其尽量处于用户密度中心或线路网中心。同时也要考虑运行环境、用电条件等方面的因素。

广播、电视台（站）担负着节目制作、传送、播出等功能，其选址应以满足这些功能为主要条件。广播、电视台（站）的占地面积与其等级、播出频道数、自制节目数量等因素有关，一般在一至数公顷的范围内。

3. 城市有线通信网络线路规划

城市有线通信网络是城市通信的基础和主体，其种类繁多。如果按照功能分类，有长途电话、市内电话、郊区（农村）电话、有线电视、有线广播、国际互联网以及社区治安监控系统等；如果按照线路所使用的材料分类，有光纤、电缆、金属明线等；按照敷设方式分类，有管道、直埋、架空、水底敷设等。电话线路是城市通信网络中最为常见也是最基本的线路，一般采用电话管道或电话电缆直埋的方式，沿城市道路铺设于人行道或非机动车道的下面，并与建筑物及其他管道保持一定的间距。由于电话管道线路自身的特点，平面布局应尽量短直，避免急转弯。电话管道的埋深通常在 0.8～1.2 米之间；直埋电缆的埋深一般在 0.7～0.9 米之间。架空电话线路应尽量避免与电力线或其他种类的通信线路同杆架设，如必须同杆时，需要留出必要的距离。

城市有线电视、广播线路的敷设要点与城市电话线路基本相同。当有线电视、广播线路经过的路由上已有电话管道时，可利用电话管道敷设，但不宜同孔。此外，随着信息传输技术的不断发展。利用同一条线路同时传输电话、有线电视以及国际互联网信号的"三线合一"技术已日趋成熟，可望在将来得到推广普及。

4. 城市无线通信网络规划

城市中的移动电话网根据其单个基站的覆盖范围分为大区制、中区制以及小区制。大区制系统的基站覆盖半径为 30～60km，通常适用于用户容量较少（数十至数千）的情况。小区制系统是将业务区分成若干个蜂窝状小区（基站区），在每个区的中心设置基站。基站区的半径一般为 1.5～15 km。每间隔 2～3 个基站区同一组频率可重复使用。小区制系统适合于大容量移动通信系统，其用户可达 100 万。我国目前所采用的 900MHz 移动电话系统就是采用的小区制。中区制系统的工作原理与小区制相同，但基站半径略大，一般为 15～30km。中区制系统的容量要远低于小区制系统，一般在数千至一万用户。

20 世纪 80～90 年代，我国的无线寻呼业曾一度发达，但随着移动电话的普及。无线寻呼已不再是城市通信的主要方式。

此外，广播电视信号经常通过微波传输。城市规划应保障微波站之间的微波通道以及微波站附近的微波天线近场净空区（天线口面锥体张角约为 20°）不受建筑物、构筑物等物体的遮挡。

9.5 城市工程管线综合

9.5.1 城市工程管线综合的原则与技术规定

城市工程管线种类众多，一般均沿城市道路空间埋设或架设。各工程管线的规划设计、施工以及维修管理一般由各个专业部门或专业公司负责。为避免工程管线之间以及工程管线与邻近建筑物、构筑物相互产生干扰，解决工程管线在设计阶段的平面走向、立体交叉时的矛盾，以及施工阶段建设顺序上的矛盾，在城市基础设施规划中必须进行工程管线综合工作。因此，城市工程管线综合对城市规划、城市建设与管理具有重要的意义。

因为城市工程管线综合工作的主要任务是处理好各种工程管线的相互关系和矛盾，所以整个工作要求采用统一的平面坐标、竖向高程系统以及统一的技术术语定义，以确保工作的顺利进行。

1. 城市工程管线的种类与特点

为做好城市工程管线综合工作，首先需要了解并掌握各种工程管线的使用性质、目的以及技术特点。在城市基础设施规划中，通常需要进行综合的常见城市工程管线有6种：给水管道、排水管沟、电力线路、电信线路、热力管道以及燃气管道。在城市规划与建设中，一般将待开发地块的"七通一平"作为进行城市开发建设的必要条件。其中的"七通"即指上述6种管线与城市道路的接通。

城市工程管线按照其性能和用途可以分为以下种类：

（1）给水管道——包括工业给水、生活给水、消防给水管道。

（2）排水管沟——包括工业污水（废水）、生活污水、雨水管道及沟渠。

（3）电力线路——包括高压输电、低压配电、生产用电、电车用电等线路。

（4）电信线路——包括市内电话、长途电话、电报、有线广播、有线电视、国际互联网等线路。

（5）热力管道——包括蒸汽、热水等管道。

（6）燃气管道——包括煤气、乙炔等可燃气体管道以及氧气等助燃气体管道。

其他种类的管道还有：输送新鲜空气、压缩空气的空气管道，排泥、排灰、排渣、排尾矿等灰渣管道，城市垃圾输送管道，输送石油、酒精等液体燃料的管道以及各种工业生产专用管道。

工程管线按照输送方式可分为压力管线（例如：给水、煤气管道）与重力自流管线（例如：污水、雨水管渠）两大类别。

按照敷设方式，工程管线又可分为架空线与地下埋设管线。地下埋设管线又可以进一步分为地铺管线（指在地面敷设明沟或盖板明沟的工程管线，如雨水沟渠）以及地埋管线。地埋管线的埋深通常在土壤冰冻深度以下，埋深大于1.5m的为深埋，小于1.5m的为浅埋。

由于各种工程管线所采用的材料不同，机械性能各异，一般根据管线可弯曲的程度分为可弯曲管线（如电信、电力电缆，给水管等）与不易弯曲的管线（如电力、电信管道，污水管道等）。

2. 城市工程管线综合原则

城市工程管线综合涉及的管线种类众多，在处理相互之间矛盾以及与城市规划中的其他内容相协调时，一般遵循以下原则：

（1）采用统一城市坐标及标高系统，如坐标或标高系统不统一时，应首先进行换算工作，以确保各种管网的正确位置。

（2）管线综合布置应与总平面布置、竖向设计、绿化布置统一进行，使管线之间，管线与建筑物、构筑物之间在平面及竖向上保持协调。

（3）根据管线的性质、通过地段的地形，综合考虑道路交通、工程造价及维修等因素后，选择合适的敷设方式。

（4）尽量降低有毒、可燃、易爆介质管线穿越无关场地及建筑物。

（5）管线带应设在道路的一侧，并与道路或建筑红线平行布置。

（6）在满足安全要求、方便检修、技术合理的前提下，尽量采用共架、共沟敷设管线的方法。

（7）尽量减少工程管线与铁路、道路、干管的交叉，交叉时尽量采用正交。

（8）工程管线沿道路综合布置时，干管应布置在用户较多的一侧或将管线分类，分别布置在道路两侧。

（9）当地下埋设管线的位置发生冲突时，应按照以下避让原则处理：

① 压力管让自流管。

② 小管径让大管径。

③ 易弯曲的让不易弯曲的。

④ 临时的让永久的。

⑤ 工程量小的让工程量大的。

⑥ 新建的让现有的。

⑦ 检修次数少的、方便的，让检修次数多的、不方便的。

（10）工程管线与建筑物、构筑物之间，以及工程管线之间的水平距离应符合相应的规范，当因道路宽度限制无法满足水平间距的要求时，可考虑调整道路断面宽度或采用管线共沟敷设的方法解决。

（11）在交通繁忙，路面不宜进行开挖并且有两种以上工程管线通过的路段，可采用综合管沟进行工程管线集中敷设的方法。但应注意的是，并非所有工程管线在所有的情况下都可以进行共沟敷设。管线共沟敷设的原则是：

① 热力管不应与电力、电信电缆和压力管道共沟。

② 排水管道应位于沟底，但当沟内同时敷设有腐蚀性介质管道时，排水管道应在其上，腐蚀性介质管道应位于沟中最下方的位置。

③ 可燃、有毒气体的管道一般不应同沟敷设，并严禁与消防水管共沟敷设。

④ 其他有可能造成相互影响的管线均不应共沟敷设。

（12）敷设主管道干线的综合管沟应在车行道下。其埋深与道路行车荷载、管沟结构强度、冻土深度等有关。敷设支管的综合管沟应在人行道下，通常埋深较浅。

（13）对于架空线路，同一性质的线路尽可能同杆架设。例如，高压供电线路与低压供电线路宜同杆架设；电信线路与供电线路通常不同杆架设；必须同杆架设时需要采取相应措施。

3. 城市工程管线综合技术规定

在进行城市工程管线综合工作时，需要对管线之间以及管线与建筑物、构筑物之间的间距是否恰当作出判断。对此，中华人民共和国国家标准《城市工程管线综合规划规范》GB 50289—2016 对下列内容作了具体规定，可作为城市工程管线综合时的依据：

(1) 工程管线之间及其与建（构）筑物之间的最小水平净距。

(2) 工程管线交叉时的最小垂直净距。

(3) 工程管线的最小覆土深度。

(4) 架空管线之间及其与建（构）筑物之间的最小水平净距。

(5) 架空管线之间及其与建（构）筑物之间交叉时的最小垂直净距。

9.5.2　城市工程管线综合规划

城市工程管线综合通常根据其任务和主要内容划分为不同的阶段：规划综合、初步设计综合、施工图详细检查阶段。并与相应的城市规划阶段相对应。规划综合对应城市总体规划阶段，主要协调各工程系统中的干线在平面布局上的问题。例如，各工程系统的干管走向有无冲突，是否过分集中在某条城市道路上等。初步设计综合对应城市规划的详细规划阶段，对各单项工程管线的初步设计进行综合，确定各种工程管线的平面位置、竖向标高，检验相互之间的水平间距及垂直间距是否符合规范要求，管道交叉处是否存在矛盾。综合的结果及修改建议反馈至各单项工程管线的初步设计，必要时可以提出对道路断面设计的修改要求。

1. 城市工程管线综合总体协调与布置

城市工程管线综合中的规划综合阶段与城市总体规划相对应，通常按照以下工作步骤与城市总体规划的编制同步进行。其成果一般作为城市总体规划成果的组成部分。

1）基础资料收集阶段

基础资料收集阶段包括城市自然地形、地貌、水文、气象等方面的资料，城市土地利用现状及规划资料，城市人口分布现状与规划资料，城市道路系统现状及规划资料，各专项工程管线系统的现状及规划资料，以及国家与地方的相关技术规范。这些资料有些可以结合城市总体规划基础资料的收集工作进行，有些则来源于城市总体规划的编制成果。

2）汇总综合及协调定案阶段

将上一个阶段所收集到的基础资料进行汇总整理，并绘制到统一的规划底图上（通常为地形图），制成管线综合平面图。检查各个工程管线规划本身是否存在问题，各个工程管线规划之间是否存在矛盾。如存在问题和矛盾，需提出总体协调方案，组织相关专业共同讨论，并最终形成符合各个工程管线规划要求的总体规划方案。

3）编制规划成果阶段

城市总体规划阶段的工程管线综合成果包括比例尺为1∶5 000～1∶10 000的平面图，比例尺为1∶200的工程管线道路标准横断面图以及相应的规划说明书。

2. 城市工程管线综合详细规划

城市工程管线综合的详细规划又称为初步设计综合，其任务是协调城市详细规划阶段的各专项工程管线详细规划的管线布置，确定各工程管线的平面位置和控制标高。

城市工程管线综合详细规划在城市规划中的详细规划以及各专项工程管线详细规

划的基础上进行，并将调整建议反馈给各专项工程管线规划。城市工程管线综合详细规划的编制工作与城市详细规划同步进行，其成果通常作为详细规划的一部分。城市工程管线综合详细规划有以下几个主要工作阶段：

1）基础资料收集阶段

城市工程管线综合详细规划所需收集的基础资料与总体规划阶段相似，但更侧重于规划范围以内的地区。如果所在城市已编制过工程管线综合的总体规划，其规划成果可直接作为编制详细规划的基础资料。但在尚未编制工程管线综合总体规划的城市，除所在地区的基础资料外，有时还需收集整个城市的基础资料。

2）汇总综合及协调定案阶段

与城市工程管线综合总体规划阶段相似，将各专项工程管线规划的成果统一汇总到管线综合平面图上，找出管线之间的问题和矛盾，组织相关专业进行讨论，调整方案，并最终确定工程管线综合详细规划。

3）编制规划成果阶段

城市工程管线综合详细规划的成果包括管线综合详细规划平面图（通常比例尺为 1：1 000）、管线交叉点标高图（比例尺 1：500～1：1 000）、详细规划说明书以及修订的道路标准横断面图。

第 10 章
城乡住区规划

主要内容：

（1）城乡住区的概念、类型、规模与用地组成。

（2）住区的开发模式。

（3）住区的规划设计与技术经济指标。

学习要求：

（1）熟悉城乡住区的概念、类型、规模与用地组成。

（2）了解住区的"邻里单位"开发模式、居住开发单元模式、"扩大小区"与"居住综合区"模式、公共交通导向开发模式、公共服务设施导向开发模式等住区开发模式。

（3）掌握住区的规划设计及其技术经济指标。

10.1 住区的概述

10.1.1 住区的概念、类型与规模

1. 住区的概念

住区是城乡居民定居生活的物质空间形态，是关于各种类型、各种规模居住及其环境的总称。

2. 住区的类型

住区类型的划分有多种方式，主要包括城乡区域范围、建设条件和住宅层数等方面。按照城乡区域范围不同，住区类型划分为城市居住住区、独立工矿企业和科研基地的住区和乡村住区；按照建设条件的不同，住区类型可分为新建住区和城市旧住区；按照建筑层数的不同，住区类型可分为低层住区、多层住区、小高层住区、高层住区或各种层数混合修建的住区。

3. 住区的规模

住区的规模包括人口及用地两个方面，一般以人口规模作为主要标志。根据我国《城市居住区规划设计规范》GB 50180—1993（2016 年版）的划分，城市住区分为居住区、居住小区和居住组团三个基本层次，具有相应的居住人口规模。

居住区包括泛指的居住区和特指的居住区，泛指的居住区指不同居住人口规模的居住生活聚居地，特指的居住区指被城市干道或自然分界线所围合，并与居住人口规模（30 000～50 000 人）相对应，配建一整套较完善的、能满足该区居民物质与文化生活所需的公共服务设施的居住生活聚居地。

居住小区是指被城市道路或自然分界线所围合，并与居住人口规模（10 000～15 000 人）相对应，配建一套能满足该区居民基本的物质与文化生活所需的公共服务设施的居住生活聚居地。

居住组团指被道路分隔，并与居住人口规模（1 000～3 000 人）相对应，配建居民所需的基层公共服务设施的居住生活聚居地。

各级标准控制规模，应符合表 10-1 的规定。

表 10-1　居住区的分级规模

	居住区	小区	组团
户数（户）	10 000～16 000	3 000～5 000	300～700
人口（人）	30 000～50 000	10 000～15 000	1 000～3 000
用地（公顷）	50～100	15～20	4～6

10.1.2　住区的组成

1. 住区的工程组成

根据工程类型，住区的组成基本上可分为建筑工程和室外工程两类。建筑工程主要为居住建筑（包括住宅和单身宿舍），其次是公共建筑、生产性建筑、市政公用设施用房（如泵站、调压站、锅炉房等）以及小品建筑等。室外工程包括地上、地下两部分，其内容有道路工程、绿化工程、工程管线（给水、排水、供电、燃气、供暖等管线和设施等）以及挡土墙、护坡等。

2. 住区的用地组成

1）住宅用地（R01）

住宅用地指居住建筑基底占有的用地及其前后左右附近必要留出的一些空地，其中包括通向居住建筑入口的小路、宅旁绿地和杂务院等；住宅用地所占的比重为最大，从一些已建的居住区实例分析，一般占 50％左右。

2）公共服务设施用地（R02）

公共服务设施用地一般称为公建用地，是与居住人口规模相对应配建的、为居民服务和使用的各类设施的用地，应包括建筑基底占地及其所属场院、绿地和配建停车场等。

3）道路用地（R03）

居住区道路、小区路、组团路及非公建配建的居民汽车地面停放场地，指居住区范围内的不属于 R01 和 R02 的路面以及小广场、泊车场、回车场等。

4）公共绿地（R04）

公共绿地包括居住区公园、小游园、运动场、林荫道、小块绿地、成年人休息和儿童活动场地等。公共绿地在居住用地中应不少于用地总面积的 10％。居住小区内每块集中绿地的面积应不小于 400m²，且至少有 1/3 的绿地面积在规定的建筑间距范围之外。

居住区用地构成中，各项用地所占比例的平衡控制指标应符合表 10-2 规定。

表 10-2 居住区用地平衡控制指标　单位：％

用地构成	居住区	小区	组团
住宅用地（R01）	50～60	55～65	70～80
公建用地（R02）	15～25	12～22	6～12
道路用地（R03）	10～18	9～17	7～15
公共绿地（R04）	7.5～18	5～15	3～6
居住区用地（R）	100	100	100

参与居住区用地平衡的用地应为构成居住区用地的四项用地，其他用地不参与平衡。人均居住区用地控制指标，应符合表 10-3 的规定。

表 10-3　人均居住区用地控制指标　单位：平方米/人

居住规模	层数	建筑气候区划		
		Ⅰ、Ⅱ、Ⅵ、Ⅶ	Ⅲ、Ⅴ	Ⅳ
居住区	低层	33～47	30～43	28～40
	多层	20～28	19～27	18～25
	多层、高层	17～26	17～26	17～26
小区	低层	30～43	28～40	26～30
	多层	20～28	19～26	18～25
	中高层	17～24	15～22	14～20
	高层	10～15	10～15	10～15
组团	低层	25～35	23～32	21～30
	多层	16～23	15～22	14～20
	中高层	14～20	13～18	12～16
	高层	8～11	8～11	8～11

注：本表各项指标按每户 3.2 人计算。

10.1.3　住区的功能

住区应当满足居民的宜居需求，同时促进环境保护、经济效益和社会公平。住区的功能主要包括以下几个方面：

1）居住功能

提供令人满意的住房，应与居民生活方式和经济承受能力相一致，包括提供给、排水等基本服务，燃气、供电和电信等基础设施，以及安全、健康的环境。

2）公共服务和基础设施的高效性

通过公共服务设施和基础设施的集成配置，将公共成本最小化，体现设施配置的高效性。公共服务和基础设施包括给水和排水系统的建设维护、垃圾收集、消防和治安、教育、休闲和交通系统等。

3）环境保护、维持生态过程

采用对环境友好型的规划建造技术和方法，最大程度地实现生态、环保、节能、省地，实现对生态过程的维持和改善。

4）社会互动功能

通过邻里、社会网络、组织机构、教育系统和环境设施，为人际交往提供机会，以促进居民参与游憩、休闲、社交、就业和购物等活动，为各种不同生活方式和年龄段的居民提供服务。

10.2　住区的结构模式

住区的规划结构是根据住区的功能要求综合地解决住宅与公共服务设施、道路、公共绿地等相互关系而采取的组织方式。最有影响的住区结构模式包括郊区整体规划社区模式、邻里单位模式、居住开发单元模式、扩大小区模式（居住综合区）、新城市主义模式、公共交通导向开发模式、公共服务设施导向开发模式等。

1. 郊区整体规划社区模式（Suburban master-planned community model）

这一模式被称为美国最早的有规划的住区模式，是由奥姆斯特德（Olmsted）和沃克斯（Vaux）于1868年为美国伊利诺伊州的河滨小镇（Riverside）提出的设计原则，成为以后一个多世纪上百座城市发展的指导方针，至今仍然有效。它的特征是采用曲线形的街道，尽端式道路，并在交叉口形成三角形的园林休憩空间，街道两侧充满当地园艺特色的前院草坪，构成了开放空间体系的组成部分。在住区中心设置了一个由商店和列车换乘站构成的小型商业中心，配置学校、办公楼区、休闲场所，并在购物中心、就业中心、学校和其他目的地设置了宽敞的停车场地，提升了机动性和可达性。

2. "邻里单位"模式（Neighborhood unit model）

这一模式由美国克拉伦斯·佩里（Clarence Perry）在1929年最先提出，其影响力在美国土地使用规划中持续超过70年。它以邻里单位作为组织住区的基本形式，以避免由于汽车的迅速增长对居住环境带来的严重干扰，并提出六条基本原则。

邻里单位周围为城市道路所包围，城市道路不穿过邻里单位内部。

邻里单位内部道路系统应限制外部车辆穿越。一般应采用尽端式，以保持内部的安静、安全和交通量少的居住气氛。

以小学的合理规模为基础控制邻里单位的人口规模，使小学生上学不必穿过城市道路，一般邻里单位的规模在5 000人左右，规模少的，也在3 000~4 000人。

邻里单位的中心建筑是小学，它与其他的邻里服务设施一起布置在中心公共广场或绿地上。

邻里单位占地约 160 英亩（合 64.75hm²），每英亩 10 户，保证儿童上学距离不超过半英里（0.8km）。

邻里单位内的小学附近设有商店、教堂、图书馆和公共活动中心。

3. 居住开发单元模式（Housing estate）

邻里单位的住区规划思想对世界各国城市住区规划建造实践影响深远。随后不久，各国在住区规划和建设实践中又进一步总结和提出了"居住开发单元"的组织形式，即以城市道路或自然界线（如河流等）划分，并不被城市交通干道所穿越的完整地段。每一居住开发单元内设有一整套居民日常生活所需要的公共服务设施，规模一般以设置小学的最小规模为其人口规模下限的依据，以单元内公共服务设施最大服务半径作为控制用地规模上限的依据。原苏联早在 1958 年批准的《城市规划修建规范》中，就明确规定居住开发单元作为构成城市的基本单位，对其规模、居住密度和公共服务设施的项目和内容等都作了详细规定，对我国从 20 世纪 50 年代末开始的居住小区建设产生了重要的影响，至今仍对我国城市住区规划设计规范的制定产生影响。

4. "扩大小区"与"居住综合区"模式

随着城市的发展，住区的改造、建设和规划问题逐渐暴露出来，如小区内自给自足的公共服务设施在经济上的低效益、居民对使用公共服务设施缺乏选择的可能性等，都要求住区的组织形式应具有更大的灵活性。"扩大小区""居住综合体"和各种性质的"居住综合区"的组织形式应运而生。

"扩大小区"就是在干道间的用地内（一般为 100～150hm²）不明确划分居住小区的一种组织形式。其公共服务设施（主要是商业服务设施）结合公交站点布置在扩大小区边缘，即相邻的扩大小区之间，这样居民使用公共服务设施可有选择的余地。如英国的第三代新城密尔顿—凯恩斯（Milton Keynes）就作了很好的探索，位于中心区南侧的费斯密德住区具有较好的代表性。

"居住综合体"是指将居住建筑与为居民生活服务的公共服务设施组成一体的综合大楼或建筑组合体。这种居住综合体早在 20 世纪 40 年代末、50 年代初法国建筑师勒·柯布西耶设计的马塞公寓中已得到了体现。它不仅为居民生活提供方便，而且还试图通过这种居住组织形式促进人们相互关心和新道德、新风尚的形成。这种居住综合体对节约用地和提高土地的利用效益是十分有利的。

"居住综合区"是指居住和工作环境布置在一起的一种居住组织形式，有居住与无害工业结合的综合区，有居住与文化、商业服务、行政办公等结合的综合区。居住综合区不仅使居民的生活和工作方便，节省了上下班时间，减轻了城市交通的压力，同时由于不同性质建筑的综合布置，使城市建筑群体空间的组合也更加丰富多彩。

5. 新城市主义模式（New urbanism）

"新城市主义"于 20 世纪 80 年代末期在美国兴起，核心思想是以现代需求改造旧城市市中心的精华部分，使之衍生出符合当代人需求的新功能。但是强调要保持旧的面貌，特别是旧城市的尺度，最典型的案例是美国巴尔的摩、纽约时报广场、费城"社会山"以及英国道克兰地区等的更新改造。

20 世纪 90 年代以后，"紧凑城市"（Compact city）被西方国家认为是一种可持续的城市增长形态。从侧重于小尺度的城镇内部街坊角度，安德斯·杜尼（Andres Duany）和伊丽莎白·泽贝克（Elizabeth Zyberk）夫妇提出了"传统邻里发展模式"（Traditional neighborhood development，TND）；从侧重于整个大城市区域层面的角度，彼得·卡尔索普（Peter Calthorpe）则提出了"公共交通导向开发模式"（Transit-oriented development，TOD）。TND 和 TOD 是新城市主义规划思想提出的有关现代城市空间重构的典型模式。

6. 传统邻里发展模式

"传统邻里发展模式"即 TND 模型。该模型认为社区的基本单元是邻里，每一个邻里的规模大约有 5 min 的步行距离，单个社区的建筑面积应控制在 16 万～80 万平方米的范围内，最佳规模半径为 400m，大部分家庭到邻里公园距离都在 3 min 步行范围之内。

7. 公共交通导向开发模式

"交通引导开发"基本模型即 TOD 模型，是为了解决第二次世界大战后美国城市的无限制蔓延而采取的一种以公共交通为中枢、综合发展的步行化城区。

TOD 社区具备以下特征：以公交交通站点为中心、以不超过 600 m（或 10 min 步行路程）为半径建立社区。最靠近车站的将是零售业区、商业服务区、办公楼、餐馆、健身俱乐部、文化设施和公用设施，外围建立 1 000～2 000 户以公寓和连排为主的不同类型住宅。自中心向外采用放射形街道，内部服务性道路路宽不超过 8.5m，住区内汽车时速不能超过 25 km。此外，居住开发密度是 25～60 户/公顷，接近车站的地方的商业用地不少于 10%，市中心 1.6 km 范围内不再允许设置其他商业中心。

8. 公共服务设施导向开发模式（Service-oriented development，SOD）

公共服务设施导向开发模式是近年来我国城市规划与建设中常用的开发引导模式。即通过完善大型公共设施的配置，为物质生产、流通等创造条件，提升新区功能，进而带动城市新区的发展，从而影响城市整体经济的发展进程。较成功的案例有青岛新区建设，青岛市政府出让了老城区用地，而率先进入新区，实现了城市功能转移、空间疏解与优化、政府财政状况改善等多重目标。

10.3 住区的规划设计

10.3.1 住区规划设计的基本原则与基本要求

住区规划设计的基本原则包括住区及其环境的整体性、功能性、经济性、科学性、地方性与时代性、超前性与灵活性、领域性与社会性、健康性等。住区规划设计的基本要求，包括使用要求、卫生要求、安全要求、经济要求和美观要求等。

1. 住区规划设计的基本原则

居住区的规划布局应综合考虑周边环境、路网结构、公建与住宅布局、群体组合、绿地系统及环境等内在联系，构成一个完善、相对独立的有机整体。居住区的规划结构应遵循下列原则：

（1）方便居民生活，与周边环境条件关系紧密。

（2）组织与居住人口规模相对应的公共活动中心，方便经营、使用和社会化服务。

（3）合理组织人流、车流和车辆停放，创造安全、安静、方便的居住环境。

（4）合理设置和组织公共绿地和休闲娱乐体系。

2. 规划设计的基本要求

1）安全、卫生

创造一个卫生、安静的居住环境，拥有良好的日照、通风等条件，防止噪声的干扰和空气的污染等。防止来自有害工业的污染，在冬季采暖地区，有条件的应尽可能采用集中采暖的方式。

创造一个安全的居住环境，保证居民正常生活，适应可能引起灾害发生的特殊和非常情况。例如，火灾、地震等，对各种可能产生的灾害进行分析，按照有关规定，对建筑的防火、防震构造、安全间距、安全疏散通道与场地、人防的地下构筑物等作必要的安排，使居住区规划能有利于防止灾害的发生或减少其危害程度。

2）方便、舒适

创造一个生活方便的居住环境。适应住户家庭不同的人口组成和气候特点，选择合适的住宅类型，合理确定公共服务设施的项目、规模及其分布方式，合理地组织居民室外活动、休息场地、绿地和居住区的内外交通等。

现代居住区的规划与建设已完全改变了从前那种把住宅孤立地作为单个的建筑来进行设计和建设的传统观念，而是把居住区作为一个有机的整体进行规划设计。城市的居住区应反映出生动活泼、欣欣向荣的面貌，具有明朗、大方、整洁、优美的居住环境，既要有地方特色，又要体现时代精神。

3）识别和特色

居住区的规划布局和建筑应体现地方特色，与周围环境相协调，精心设置建筑小品，丰富及美化环境，注重景观和空间的完整性。公共活动空间的环境设计应处理好建筑、道路、广场、院落、绿地和建筑小品之间及其与人的活动之间的相互关系，便于寻访、识别和街道命名。供电、电信、路灯等管线宜地下埋设。

4）经济合理

居住区的规划与建设应与国民经济的发展水平、居民的生活水平相适应。住宅的标准，公共建筑的规模、项目等需考虑当时当地的建设投资及居民的经济状况，降低居住区建筑的造价，节约城市用地。居住区规划的经济合理性主要通过对居住区的各项技术经济指标和综合造价等方面的分析来表述。新建住房严格按照节能标准实施，推广太阳能等可再生能源的利用，试点探索旧住房节能改造，大力推进节地、节水、节材和资源的综合利用。

10.3.2 住区及其组群的规划

1. 住宅群体平面组合的基本形式及其特点

1）行列式布置

这是一种建筑按一定朝向和合理间距成排布置的形式。这种布置形式能使绝大多数居室获得良好的日照和通风，是各地广泛采用的一种方式。但如果处理不好，会造成单调、呆板的感觉，容易产生穿越交通的干扰。为了避免以上缺点，在规划布置时常采用山墙错落、单元错开拼接以及用矮墙分隔等手法。

2）周边式布置

这是一种建筑沿街坊或院落周边布置的形式。这种布置形式形成较内向的院落空间，便于组织休息园地，促进邻里交往。对于寒冷及多风沙地区，可阻挡风沙及减少院内积雪。周边布置的形式还有利于节约用地，提高居住的建筑面积密度。但是这种布置形式有相当一部分的建筑朝向较差，因此在湿热地区难以推广。有的还采用转角建筑单元，使结构、施工较为复杂，不利于抗震，造价也会增加。另外，对于地形起伏较大的地区也会造成较大的土石方工程。

3）混合式布置

此种建筑为以上两种形式的结合形式，最常见的往往以行列式为主，以少量住宅或公共建筑沿道路或院落周边布置，形成半开敞式院落。

4）自由式布置

此建筑结合地形，在满足日照、通风等要求的前提下，成组自由灵活地布置。

以上四种基本布置形式并不包括住宅布置的所有形式，而且也不可能列举所有的形式。在进行规划设计时，必须根据具体情况，因地制宜地创造不同的布置形式。

2. 住宅群体的组合方式

1）成组成团的组合方式

住宅群体的组合可以由一定规模和数量的住宅（或结合公共建筑）组合成组或成团，作为住区或居住小区的基本组合单元，有规律地发展使用。这种基本组合单元可以由若干同一类型或不同类型的住宅（或结合公共建筑）组合而成。组团的规模主要受建筑层数、公共建筑配置、自然地形和现状等条件的影响而定。一般为 1 000～2 000 人，较大规模的可达 3 000 人。组团之间可用绿地、道路、公共建筑或自然地形进行分隔。这种组合方式也有利于分期建设。

2）成街成坊的组合方式

成街的组合方式就是以住宅（或结合公共建筑）沿街成组成段的组合方式，而成坊的组合方式就是住宅（或结合公共建筑）以街坊作为整体的一种布置方式。成街的组合方式一般用于城市和住区主要道路的沿线和带形地段的规划，成坊的组合方式一般用于规模不太大的街坊或保留房屋较多的旧居住地段的改建。成街组合是成坊组合中的一部分，两者相辅相成、密切结合，特别在旧住区改建时，不应只考虑沿街的建筑布置，而不考虑整个街坊的规划设计。

3）整体式组合方式

整体式组合方式是将住宅（或结合公共建筑）用连廊、高架平台等连成一体的布置方式。如住宅群体成组成团和成街成坊的组合方式并不是绝对的，往往这两种方式相互结合使用。在考虑成组成团的组合方式时，也要考虑成街的要求；而在考虑成街成坊的组合方式时，也要注意成组的要求。

10.3.3　住区公共服务设施规划

1. 住区公共服务设施的分类和内容

住区内的公共服务设施的配置应符合《城市居住区规划设计规范》GB 50180—1993（2016 年版）中"公共服务设施分级配建表"的要求，根据使用性质分为以下 8 类设施：

（1）教育：包括托儿所、幼儿园、小学、中学等。

（2）医疗卫生：包括医院、诊所、卫生站等。

（3）文化体育：包括影剧院、俱乐部、图书馆、游泳池、体育场、青少年活动站、老年人活动室、会所等。

（4）商业服务：包括食品、菜场、服装、棉布、鞋帽、家具、五金、交电、眼镜、钟表、书店、药房、饮食店、食堂、理发、浴室、照相、洗染、缝纫、综合修理、服务站、集贸市场、摩托车、小汽车、自行车存放处等。

（5）金融邮电：包括银行、储蓄所、邮电局、邮政所、证券交易所等。

（6）社区服务：包括居民委员会、派出所、物业管理等社区生活服务设施。

（7）市政公用：包括公共厕所、变电所、消防站、垃圾站、水泵房、煤气调压站等。

（8）行政管理：包括商业管理、街道办事处等行政管理类机构。

按居民对公共服务设施的使用频繁程度，也可分为居民每日或经常使用的公共服务设施和居民必要的非经常使用的公共服务设施。

2. 规划布置

住区公共服务设施的规划布置应按照分级（主要根据居民对公共服务设施使用的频繁程度）、对口（指人口规模）、配套（成套配置）和集中与分散相结合的原则进行，一般与住区的规划结构相适应。

住区公共服务设施规划布置的方式可按级布置。

第一级（居住区级）：公共服务设施项目主要包括一些专业性的商业服务设施和影剧院、俱乐部、图书馆、医院、街道办事处、派出所、房管所、邮电、银行等为全区居民服务的机构。

第二级（居住小区级）：主要包括菜站、综合商店、小吃店、物业管理、会所、幼托、中小学等。

第三级（居住组团级）：主要包括居委会、青少年活动室、老年活动室、服务站、小商店等。

3. 配置标准

社区公共服务设施配置的目标是建设布局合理、配套齐全、设施共享、环境优美、交通方便、综合利用、便于管理，适宜国内外各类人士生活、学习和创业的和谐社区，配置标准参见《城市居住区规划设计规范》GB 50180—1993（2016 年版）以及城市政府制定的社区公共服务设施配置标准。

10.3.4 住区交通与道路规划

住区道路是城市道路的延续，是居住空间和环境的一部分。不仅要关注机动车的便捷与可达要求，还要尊重居民使用步行、自行车和公共交通工具等交通方式的意愿，满足居民出行便利性要求。

居住区道路的日常功能应满足：清除垃圾、递送邮件等市政公用车辆的通行要求；住区内公共服务设施和工厂货运车辆的通行要求；铺设各种工程管线的需要；居民步行、交流需求。另外，还要考虑一些特殊情况，如供救护、消防和搬运家具等车辆的通行。不同的道路功能应具有不同的道路宽度及道路设施等。因此，居住区道路系统应形成等级结构。

第一级（居住区级道路）：居住区的主要道路，用以解决居住区内外交通的联系。道路红线宽度不宜小于 20 m。

第二级（居住小区级道路）：居住区的次要道路，用以解决居住区内部的交通联系。路面宽为 6~9 m，如需敷设供热管线，建筑控制线之间的宽度不宜小于 14 m，无供热管线的不宜小于 10 m。

第三级（住宅组团级道路）：居住区内的支路，用以解决住宅组群的内外交通联系。路面宽为 3~5 m，如需敷设供热管线，建筑控制线之间的宽度不宜小于 10 m，无供热管线的不宜小于 8 m。

第四级（宅前小路）：通向各户或各单元门前的小路，路面宽不宜小于 2.5 m。

此外，住区内还可有专供步行的林荫步道，其宽度根据规划设计的要求而定。

不同的道路系统可形成不同的人、车组织方式，主要有"人车分行"和"人车混行"两种道路系统。

1933 年，美国新泽西州的雷德朋（Radburn，NJ）新镇规划中首次采用并实施人车分行道路系统，此系统后被私人小汽车较多的国家和地区采用，并称为"雷德朋"系统。建立人车分行的交通组织体系的目的是保证居住区内部居住生活环境的安静和安全，使居住区内各项生活活动能正常进行，避免居住区内大量私人机动车交通对居住生活质量的影响。人车分行的交通组织应做到以下几点：

（1）进入居住区后，步行通路与汽车通路在空间上分开，设置步行路与车行路两个独立的路网系统。

（2）车行路应分级明确，可采取围绕住宅区或住宅群落布置的方式，并以枝状尽端路或环状尽端路的形式伸入各住户或住宅单元背面的入口。

在车行路周围或尽端应设置适当数量的住户停车位，在尽端型车行道的尽端应设回车场地。

（3）步行路应该贯穿于居住区内部，将绿地、户外活动场地、公共服务设施串联起来，并伸入各住户或住宅单元正面的入口，起到连接住宅院落、住家私院和住户起居室的作用。

人车分行的交通组织与路网布局在居住环境的保障方面有明显的效果，但在采用时必须充分考虑经济性和它的适用条件，因为它是一种针对住宅区内存在较大量的私人机动车交通量的情况而采取的规划方式。在许多情况下，特别是在我国，人车混行的交通组织方式与路网布局有其独特的优点。今后随着私人机动车的大量增加，有必要采用人车分行的交通组织方式。

人车混行的交通组织方式是指机动车交通和人行交通共同使用一套路网，具体地说就是机动车和行人在同一道路断面中通行。这种交通方式在私人汽车不多的国家和地区，既方便又经济，是一种常见而传统的住宅交通组织方式。人车混行交通组织方式下的住宅区路网布局要求道路分级明确，并应贯穿于住宅区内部，主要路网一般采用互通型的布局形式。

居住区内还应考虑机动车停车问题。根据《城市居住区规划设计规范》GB 50180—1993（2016 年版），居住区内必须配套设置居民汽车（含通勤车）停车场、停车库，并对数量、规模有相应控制。

10.3.5　住区绿地规划设计

住区绿地是城市绿地系统的重要组成部分，它面广量大，且与居民关系密切，对改善居民生活环境和城市生态环境也具有重要作用。

通过住区绿地系统规划布局，详细设计包括道路和其他小径、广场、绿地等在内的公共空间系统，注重公共空间与私密空间的关系（规模/尺度），尊重街道和其他公共空间，创造地标、对景、视廊、远景、边缘、肌理等视觉与形象要素，并注意各个要素之间的联系，丰富住区景观，提升住区生态环境品质。

住区绿地系统组成中的公共绿地，包括住区内居民公共使用的绿化用地，如住区公园、游园、林荫道、住宅组团的小块绿地等。公共建筑和公用设施附属绿地，包括住区内的学校、幼托机构、医院、门诊所、锅炉房等用地内的绿化。宅旁和庭院绿地，包括住宅四旁绿地、街道绿地，还包括住区内各种道路的行道树、绿地等。

住区绿地规划的基本要求应做到：根据住区的功能和居民对绿地的使用要求采取集中与分散，重点与一般及点、线、面相结合的原则，以形成完整统一的住区绿地系统，并与城市总的绿地系统相协调。尽可能利用劣地、坡地、洼地进行绿化，以节约用地，对建设用地中原有的绿化、河湖水面等自然条件要充分利用，应注意美化居住环境的要求。住区绿化是面广量大的绿化工程，不应追求名贵的花木树种，应以经济、易管理、易长为原则，绿化以草坪为主，树径不宜过小，宜在 10cm 以上。在住区的重要地段可少量种植一些形态优美，具有色、香和地方特色的花木或大树，使整个住区的绿化环境能保持四季常青的景色。

10.4 住区规划的技术经济指标

住区是城市重要组成部分，在用地上、建设量上都占有绝对高的比重。因此，研究和分析住区规划和建设的经济性，对充分发挥投资效果、提高城市土地利用效益都具有十分重要的意义。住区规划的技术经济分析，一般包括用地分析、技术经济指标的比较及造价的估算等几个方面。

1. 用地平衡表

住区的用地一般可分为以下四类：住宅用地、公共服务设施用地、道路用地、公共绿地。除此以外，还有其他用地，指规划范围内除住区用地以外的各种用地，包括非直接为本区居民配建的道路用地、其他单位用地、保留的自然村或不可建设用地等。住区用地平衡表见表10-4。

表 10-4 居住区用地平衡表

项目		面积（hm²）	所占比例（%）	面积（平方米/人）
一、居住用地		▲	100	▲
1	住宅用地	▲	▲	▲
2	公建用地	▲	▲	▲
3	道路用地	▲	▲	▲
4	公共绿地	▲	▲	▲
二、其他用地		△	—	—
居住区规划总用地		△	—	—

备注："▲"为参与居住区用地平衡的项目。

2. 技术经济指标

（1）平均层数：各种住宅层数的平均值。一般按各种住宅层数总建筑面积与基地总面积之比进行计算。其计算公式如下：

住宅平均层数＝住宅总建筑面积/住宅基地总面积（层）

（2）住宅建筑净密度：住宅建筑净密度主要取决于房屋布置对气候、防水、防震、地形条件和院落使用等要求。因此，住宅建筑净密度与房屋间距、建筑层数、层高、房屋排列方式等有关。在同样条件下，一般住宅层数越高，住宅建筑净密度越低。其计算公式如下：

住宅建筑净密度＝住宅建筑基地总面积/住宅用地面积（%）

（3）住宅建筑面积净密度：

住宅建筑面积净密度＝住宅总面积/住宅用地面积（m²/hm²）

（4）住宅建筑面积毛密度：

住宅建筑面积毛密度＝住宅总建筑面积/居住用地面积（m²/hm²）

（5）人口净密度：

人口净密度＝规划总人口/住宅用地总面积（人/公顷）

（6）人口毛密度：

$$人口毛密度＝规划总人口/居住用地总面积（人/公顷）$$

（7）容积率（又称建筑面积密度）：

$$容积率＝总建筑面积/总用地面积$$

（8）住宅用地指标：

平均每人住宅用地＝平均每人居住面积定额/（层数×住宅建筑密度×平均系数）（平方米/人）

或＝（每人居住面积定额×住宅用地面积）/住宅总面积（平方米/人）。

第11章
镇、乡和村庄规划

主要内容：

（1）镇、乡和村庄规划的基本概念。

（2）村镇规划的法律地位和工作范畴。

（3）镇规划编制的内容及其成果要求。

（4）乡和村庄规划的编制。

（5）名镇和名村保护规划。

学习要求：

（1）熟悉镇、乡和村庄的概念，村镇体系的概念及其构成。

（2）掌握县城关镇、一般建制镇规划编制的内容及其成果要求。

（3）了解乡和村庄规划的指导思想、基本原则和成果要求，掌握乡和村庄规划编制的内容及技术要点。

（4）了解名镇和名村保护规划的内容及成果要求。

11.1 镇、乡和村庄规划的基本概念

11.1.1 镇、乡和村庄的概念

我国的居民点依据它的政治、经济地位、人口规模及其特征，可以分为城镇型居民点和乡村型居民点两大类型。其中，城镇型居民点又分为城市和城镇（城关镇、其他建制镇）；乡村型居民点分为集镇（中心集镇、一般集镇）和村（中心村、自然村）。"小城镇"是建制镇和集镇的总称，但不是一个行政建制的概念，却具有一定的政策属性。"小"是相对于城市而言，是从人口规模、地域范围、经济总量影响能力等方面比较而言较小。

建制镇：指国家按行政建制设立的镇。除建制市以外的城市聚落可统称之为镇，其中具有一定人口规模，人口、劳动力结构与产业结构达到一定要求，基础设施达到一定水平，并被省（直辖市、自治区）人民政府批准设置的镇为建制镇。建制镇是农

村一定区域内政治、经济、文化和生活服务的中心。

乡（即集镇）：指乡、民族乡人民政府所在地和经县级人民政府确认由集市发展而成的作为农村一定区域经济、文化和生活服务中心的非建制镇。乡一般是和镇同级的行政单元。传统意义上的乡是属于农村范畴，乡政府驻地一般是乡域的中心村或集镇。乡的设置是针对农村地区的属性，其社会经济活动不具备聚集性，乡政府的职能主要是行政管理和服务。集镇大多数是在集市的基础上发展起来的。"集"的发展带动了镇的发展，在位置适中、交通方便、规模较大的集市上，有人为交易者食宿方便，开设了酒店、饭馆、客栈等饮食服务业。随后又有工业、商业者前来定居、经营，集市逐渐成为具有一定人口规模和多种经济活动内容的聚落居民点——集镇。它是商品经济发展到一定程度的产物。因此，集镇大多数是乡政府所在地，或居于若干中心村的中心。集镇也是农村中工农结合、城乡结合、有利生产、方便生活的社会和生产活动中心。集镇是今后我国农村城镇化的重点。

村庄：指农村村民居住和从事各种生产的聚居点。行政村也称中心村，一般是村民委员会的所在地，是农村中从事农业、家庭副业和工业生产活动的较大居民点，其中有为本村和附近基层村服务的一些生活福利设施，如商店、医疗站、小学等。基层村也就是自然村，是农村中从事农业和家庭副业生产活动的最基本的居民点，一般只有简单的生活福利设施，甚至没有。

11.1.2 村镇体系的概念及构成

1. 村镇体系的概念

世界上任何一个城镇都不是孤立存在的。城镇既是物质的生产者，又是物质的消耗者。城镇活动是一个物质的生产与消耗的过程，为了维持城镇的正常活动，城镇与城镇之间、城镇与乡村之间总是不断地进行着物质、能量、人员、信息的交换与相互作用。这种相互作用将彼此分离的村镇结合为具有一定结构和功能的有机整体，即形成村镇体系。

村镇体系是以某一村镇为核心，形成一定引力范围的村镇居民点网络。即在一定区域内，由不同层次的村庄与村庄、村庄与集镇之间的相互影响、相互作用和彼此联系构成的相互完整的系统。村镇系统和城市系统完整地构成了城乡体系。

村镇体系由村庄、集镇及县城以外的建制镇组成，其范围一般以行政边界划分，但村镇体系分析要考虑行政区外的相邻区域，结合实际分析论证，如确有必要时，也可突破行政边界。

2. 村镇体系的构成条件

村镇体系并不是与城镇、乡村同步产生的，它是在区域内的城镇、乡村发展到一定阶段的历史产物。村镇体系的构成一般应具备以下几个条件：

（1）各村镇内部在地域上是相邻的，彼此之间有便捷的交通联系。

（2）各村镇应具有自身的功能特征和形态特征。

（3）各村镇从大到小、从主到次、从中心镇到一般集镇、从中心村到自然村，共同构成整个系统内的等级序列，而系统本身又是属于一个更大系统的组成部分。

经济发展是村镇发展的必要条件，而村镇的发展又有力地影响和推动经济的发展。一方面，区域内各村镇和区域是"点"和"面"的关系，区域经济的发展是区域内村镇之间纵横方向具有相互密切的联系，并在其经济中心的带动下发展；另一方面，村镇的建设和发展不能脱离区域的具体条件。因此，要编制一个行之有效的村镇建设规划，必须立足于宏观角度，从现实角度出发，全面综合地分析研究区域经济发展的具体条件，分析研究区域内村镇之间的相互影响和作用，因地制宜地进行整体的、发展的、动态的规划，将其纳入更为科学的轨道。

3. 村镇体系的构成结构

村镇体系的构成如下：建制镇或集镇（中心集镇、一般集镇）—中心村（行政村）—基层村（自然村）。

村镇体系构成为多层次、多等级的结构模式。从系统角度而言，村镇体系具有群体性、层次性、关联性、开放性、动态性、整体性的特征。建制（集）镇与区域内的其他村庄、建制（集）镇等相互联系，产生区域性的影响和辐射作用。在村镇体系中，村庄和村庄、建制（集）镇和村庄之间的相互联系表现为：经济上互相依托、生产上分工协作、生活上密切联系、发展上协调统一。因此，建立起完整的村镇体系，从区域和系统的角度进行村镇规划，对村庄和建制（集）镇定点、定性、分责、分级，明确发展对象，合理布局生产力具有深远的意义。

11.2 村镇规划的法律地位和工作范畴

11.2.1 村镇规划的法律地位

目前，我国有《城市规划编制办法》与《村镇规划编制办法》两部规划编制的技术性文件，《城市规划编制办法》适用于县政府所在地的城关镇及以上城市的规划编制，而一般建制镇、集镇、乡政府所在地的镇及村的规划均按《村镇规划编制办法》编制。镇、乡和村庄规划的任务、内容及成果要求基本一致，村庄规划的内容略简于镇规划。关于乡规划和村庄规划的内容在《城乡规划法》第十八条有简要叙述。

《城乡规划法》把镇规划与乡规划作为法定规划，含在同一规划体系内，纳入同一法律管辖范围，明确了镇政府和乡政府的规划责任。同时《城乡规划法》将镇规划单独列出，顺应了我国城镇化建设的需求，有助于促进城乡协调发展。

1. 镇规划的法律地位

《城乡规划法》顺应体制改革的需求和部分小城镇迅猛发展的现实，赋予一些小城镇拥有部分规划行政许可权利。对于镇规划建设重点，从法律层面上提出了有别于城市和村庄的要求，这是考虑镇自身特点提出的，是统筹城乡发展的重要制度安排。

2. 乡规划和村庄规划的法律地位

《城乡规划法》明确了乡规划和村庄规划的编制内容等，将城镇体系规划、城市规划、镇规划、乡规划和村庄规划统一纳入一个法律管理，确立了乡规划和村规划的法律地位。

11.2.2 村镇规划的工作范畴

1. 镇、村庄规划的阶段划分

编制村庄、集镇规划，一般分为村庄、集镇总体规划和村庄、集镇建设规划两个阶段进行。

村庄、集镇总体规划的主要内容包括：乡级行政区域的村庄、集镇布点，村庄和集镇的位置、性质、规模和发展方向，村庄和集镇的交通、供水、供电、商业、绿化等生产和生活服务设施的配置。

集镇建设规划的主要内容包括：住宅、乡（镇）村企业、乡（镇）村公共设施、公益事业等各项建设的用地布局、用地规划，有关技术经济指标，近期建设工程以及重点地段建设具体安排。

村庄建设规划的主要内容，可以根据本地区经济发展水平，参照集镇建设规划的编制内容，主要对住宅和供水、供电、道路、绿化、环境卫生以及生产配套设施作出具体安排。

2. 村镇规划的工作范畴

镇规划所划定的范围即为规划区。镇规划包括两个空间层次：一是镇域范围为镇人民政府行政的地域；二是镇区范围为镇人民政府驻地的建成区和规划建设发展区。

1）县城关镇规划的工作范畴

编制县城关镇规划时，需编制县域城镇体系规划，镇区规划参照城市规划的内容进行。

2）一般建制镇规划的工作范畴

一般建制镇规划介于城市和乡村之间，服务于农村，有其特定的侧重面，既是有着经济和人口聚集作用的城镇，又是服务于广大农村地区的村镇。因此，应编制镇域镇村体系规划。

镇域镇村体系是镇人民政府行政地域内，在经济、社会和空间发展中有机联系的镇区和村庄群体。镇村体系规划中，村庄分为中心村和基层村，中心村是镇村体系中为周围村服务公共设施的村，基层村是中心村以外的村。

3）乡和村庄规划的工作范畴

《村庄和集镇规划建设管理条例》中所称的集镇，是指乡、民族乡人民政府所在地和经县级人民政府确认由集市发展而成作为农村一定区域经济、文化和生活服务中心的非建制镇。规划区是指集镇建成区和因集镇建设及发展需要实现规划控制的区域。

《镇规划标准》明确，乡规划可按《镇规划标准》执行。

村庄是指农村村民居住和从事各种生产的居民点。规划区是指村庄建成区和因村庄建设及发展需要实行规划控制的区域。

11.3 镇规划的编制

11.3.1 镇规划的作用和任务

1. 镇规划的作用

镇规划是对镇行政区内的土地利用、空间布局以及各项建设的综合部署，是管制空间资源开发，保护生态环境和历史文化遗产，创造良好生活生产环境的重要手段，是指导与调控镇发展建设的重要公共政策之一，是一定时期内镇的发展、建设和管理必须遵守的基本依据。

2. 镇规划的层次和任务

镇规划包括镇域规划和镇区规划。镇域规划的任务是落实市（县）社会经济发展战略及城镇体系规划提出的要求，指导镇区、村庄进行规划编制。

县人民政府所在地的镇规划，分为总体规划和详细规划，总体规划之前可增加规划纲要阶段；县人民政府所在地的镇总体规划，包括县域城镇体系规划和县城区规划。

镇总体规划的任务是：综合研究和确定城镇的性质、规模和空间发展形态，统筹安排城镇各项建设用地，合理配置城镇各项基础设施，处理好远期发展与近期建设的关系，指导城镇合理发展。镇可以在总体规划指导下编制控制性详细规划和修建性详细规划，也可直接编制修建性详细规划。

镇区控制性详细规划的任务是：以镇区总体规划为依据，控制建设用地性质、使用强度和空间环境。

镇区修建性详细规划的任务是：对镇区近期需要进行建设的重要地段作出具体的安排和规划设计。

3. 镇规划的编制期限

（1）镇总体规划的期限为 20 年。
（2）镇近期建设规划可以为 5～10 年。

11.3.2 一般建制镇规划编制的内容

1. 镇总体规划的主要内容

（1）对现有居民点与生产基地进行布局调整，明确各自在村镇体系中的地位。
（2）确定各个主要居民点与生产基地的性质和发展方向，明确它们在村镇体系中的职能分工。

（3）确定乡（镇）域及规划范围内主要居民点的人口发展规模和建设用地规模。

人口发展规模的确定：用人口的自然增长加机械增长的方法计算出规划期末乡（镇）域的总人口。在计算人口的机械增长时，应当根据产业结构调整的需要，分别计算出从事一、二、三产业所需要的人口数，估算规划期内有可能进入和迁出规划范围的人口数，预测人口的空间分布。

建设用地规模的确定：根据现状用地分析土地资源总量以及建设发展的需要，按照《镇规划标准》确定人均建设用地标准。结合人口的空间分布，确定各主要居民点与生产基地的用地规模和大致范围。

（4）安排交通、供水、排水、供电、电信等基础设施，确定工程管网走向和技术选型等。

（5）安排卫生院、学校、文化站、商店、农业生产服务中心等对全乡（镇）域有重要影响的主要公共建筑。

（6）提出实施规划的政策措施。

2. 镇规划的强制性内容

（1）规划范围。

（2）规划建设用地规模。

（3）基础设施和公共服务设施用地。

（4）水源地和水系。

（5）基本农田和绿化用地。

（6）环境保护的规划目标与治理措施。

（7）自然与历史文化遗产保护区及利用的目标与要求。

（8）防灾减灾工程。

3. 镇域镇村体系规划的具体内容

（1）预测一、二、三产业的发展前景以及劳动力和人口的流动趋势。

（2）落实镇区规划人口规模，划定镇区用地规划发展的控制范围。

（3）提出村庄的建设调整设想。

（4）确定镇域内主要道路交通、公用工程设施、公共服务设施以及生态环境、历史文化保护、防灾减灾防疫系统。

4. 镇区建设规划的具体内容

（1）在分析土地资源状况、建设用地现状和经济社会发展需要的基础上，根据《镇规划标准》确定人均建设用地指标，计算用地总量，再确定各项用地的构成比例和具体数量。

（2）进行用地布局，确定居住、公共建筑、生产、公用工程、道路交通系统、仓储、绿地等建筑与设施建设用地的空间布局，做到联系方便、分工明确，划清各项不同使用性质用地的界线。

（3）确定历史文化保护及地方传统特色保护的内容及要求。

（4）根据村镇总体规划提出的原则要求，对规划范围的供水、排水、供热、供电、电信、燃气等设施及其工程管线进行具体安排，按照各专业标准规定，确定空中线路、地下管线的走向与布置，并进行综合协调。

（5）确定旧镇区改造和用地调整的原则、方法和步骤。

（6）对中心地区和其他重要地段的建筑体量、体型、色彩提出原则性要求。

（7）确定道路红线宽度、断面形式和控制点坐标标高，进行竖向设计，保证地面排水顺利，尽量减少土石方量。

（8）综合安排环保和防灾等方面的设施。

（9）编制镇区近期建设规划。

5. 镇区详细规划编制的内容

1）控制性详细规划

① 确定规划区内不同用地性质的界线。

② 确定各地块主要建设指标的控制要求与城市设计指导原则。

③ 确定地块内的各类道路交通设施布局与设置要求。

④ 确定各项公用工程设施建设的工程要求。

⑤ 制定相应的土地使用与建筑管理规定。

2）修建性详细规划

① 建设条件分析及综合技术经济论证。

② 建筑、道路和绿地等的空间布局和景观规划设计。

③ 提出交通组织方案和设计。

④ 进行竖向规划设计以及公用工程管线规划设计和管线综合。

⑤ 估算工程造价，分析投资效益。

11.3.3 县城关镇规划的内容

县人民政府所在地镇（即县城关镇）的规划编制应执行城市规划的办法，按照省（自治区、直辖市）域城镇体系规划以及所在市的城市总体规划提出的要求，对县域镇乡和所辖村庄的合理发展与空间布局、基础设施和社会公共服务设施的配置等内容提出引导和控制措施。

县人民政府所在地的镇规划，分为总体规划和详细规划。其中，镇总体规划包括县域城镇体系规划和县城区规划。总体规划之前可增加规划纲要阶段。

镇总体规划纲要包含的内容有：

（1）根据县（市）域规划，特别是县（市）域城镇体系规划所提出的要求，确定乡（镇）的性质和发展方向。

（2）根据对乡（镇）本身发展优势、潜力与局限性的分析，评价其发展条件，明确长远发展目标。

（3）根据农业现代化建设的需要，提出调整村庄布局的建议，原则上确定村镇体系的结构与布局。

（4）预测人口的规模与结构变化，重点是农业富余劳动力空间转移的速度、流向与城镇化水平。

（5）提出各项基础设施与主要公共建筑的配置建议。

（6）原则上确定建设用地标准与主要用地指标，选择建设发展用地，提出镇区的规划范围和用地的大体布局。

11.3.4　镇规划的成果要求

1. 村镇总体规划的成果要求

村镇总体规划的成果包括图纸与文字资料两部分。

1）图纸

图纸应当包括：①乡（镇）域现状分析图（比例尺1：10000，根据规模大小可在1：5 000～1：25 000之间选择）；②村镇总体规划图（比例尺必须与现状分析图一致）。

2）文字资料

文字资料应当包括：①规划文本，主要对规划的各项目标和内容提出规定性要求；②经批准的规划纲要；③规划说明书，主要说明规划的指导思想、内容、重要指标选取的依据，以及在实施中要注意的事项；④基础资料汇编。

2. 镇区建设规划的成果要求

镇区建设规划的成果要求包括图纸与文字资料两部分。

1）图纸

图纸应当包括：①镇区现状分析图（比例尺1：2 000，根据规模大小可在1：1 000～1：5 000之间选择）；②镇区建设规划图（比例尺必须与现状分析图一致）；③镇区工程规划图（比例尺必须与现状分析图一致）；④镇区近期建设规划图（可与建设规划图合并，单独绘制时比例尺采用1：200～1：1 000）。

2）文字资料

文字资料应当包括规划文本、说明书、基础资料三部分。镇区建设规划与村镇总体规划同时报批时，其文字资料可以合并。

11.4　乡和村庄规划的编制

11.4.1　乡和村规划的概述

1. 乡和村庄规划的指导思想和基本原则

乡和村庄规划应以服务农业、农村和农民为基本目标。根据因地制宜、循序渐进、统筹兼顾、协调发展的指导思想，规划编制应遵循以下原则：

（1）根据国民经济和社会发展计划，结合当地经济发展的现状和要求，以及自然环境、资源条件和历史状况等，统筹兼顾，综合部署村庄和集镇的各项建设。

（2）处理好近期建设与远景发展、改造与新建的关系，使村庄、集镇的性质和建设的规模、速度和标准，与经济发展和农民生活水平相适应。

（3）合理用地，节约用地，各项建设应当相对集中，充分利用原有建设用地，新建、扩建工程及住宅应当尽量不占用耕地和林地。

（4）有利生产，方便生活，合理安排住宅、乡（镇）企业、乡（镇）村公共设施和公益事业的建设布局，促进农村各项事业协调发展，并适当留有发展余地。

（5）保护和改善生态环境，防治污染和其他公害，加强绿化和村容村貌、环境卫生建设。

2. 乡和村庄规划的阶段和层次

乡规划分为乡总体规划和乡驻地建设规划两个阶段。

村庄、集镇规划一般分为总体规划和建设规划两个阶段。

3. 乡和村庄规划的期限

乡总体规划期限为20年，近期建设规划可以为5～10年。

村庄规划期限比较灵活，一般整治规划考虑近期为3～5年。

4. 乡和村庄规划的编制重点

乡规划和村庄规划编制的方法与镇规划编制的方法相同，均以《村镇规划标准》的要求为准。村庄规划编制的重点是：村庄用地功能布局、产业发展与空间布局、人口变化分析、公共设施和基础设施、发展时序、防灾减灾。

11.4.2 乡和村庄规划的内容

1. 乡规划编制的内容

1）乡域规划的主要内容

① 提出乡产业发展目标以及促进生产发展的措施建议，落实相关生产设施、生活服务设施以及公益事业等各项建设的空间布局。

② 确定规划期内各阶段人口规模与人口分布。

③ 确定乡的职能规模，明确乡政府驻地的规划建设标准与规划范围。

④ 确定中心村、基层村的层次与等级，提出村庄集约建设的分阶段目标及实施方案。

⑤ 统筹配置各项公共设施、道路和各项公用工程设施，制定各专项规划，并提出自然和历史文化保护、防灾减灾、防疫等要求。

⑥ 提出实施规划的措施和有关建议。

⑦ 明确规划强制性内容。

2）村庄，集镇总体规划的主要内容

① 乡级行政区域的村庄、集镇布点。

② 村庄和集镇的位置、性质、规模和发展方向。

③ 村庄和集镇的交通、供水、供电、商业、绿化等生产和生活服务设施的配置。

3）乡驻地规划的主要内容

① 确定规划区内各类用地布局，提出道路网络建设与控制要求。

② 对规划区内的工程建设进行规划安排。

③ 建立环境卫生系统和综合防疫系统。

④ 确定规划区内生态环境与优化目标，划定主要水体保护和控制范围。

⑤ 确定历史文化保护及地方传统特色保护的内容及要求。

⑥ 划定历史文化街区、历史建筑保护范围，确定各级文物保护单位、特色风貌保护区域范围及保护措施。

⑦ 划定建设容量，确定公用工程管线位置、管径和工程设施的用地界线，进行管网综合。

2. 村庄规划编制的内容

（1）安排村域范围内的农业生产用地布局及为其配套服务的各项设施。

（2）确定村庄居住、公共设施、道路、工程设施等用地布局。

（3）确定村庄内的给水、排水、供电等工程设施及其管线走向、敷设方式。

（4）确定垃圾分类及转运方式，明确垃圾收集点、公厕等环境卫生设施的分布、规模。

（5）确定防灾减灾、防疫设施分布和规模。

（6）对村口、主要水体、特色建筑、街景、道路以及其他重点地区的景观提出规划设计。

（7）对村庄分期建设时序进行安排，提出 3～5 年内近期项目的具体安排，并对近期建设的工程量、总造价、投资效益等进行估算和分析。

（8）提出保障规划实施的措施和建议。

11.4.3 村庄规划编制的技术要点

1. 村庄规划编制的技术要点

（1）村庄规划应是以行政村为单位的编制。

（2）村庄规划应在乡（镇）域规划、土地利用规划等有关规划的指导下进行编制。

（3）村庄规划重点规划好公共服务设施、道路交通、市政基础设施、环境卫生设施等内容。

（4）村庄规划要合理保护和利用当地资源、尊重当地文化和传统，充分体现"四节"原则。

2. 村庄规划中应注意的问题

（1）要重视安全问题。

（2）村庄发展用地，可以在乡、镇规划中统筹考虑。

（3）结合村庄道路规划，安排消防通道。

（4）市政、道路等公用设施的规划充分结合当地条件，因地制宜。

（5）配套公共服务设施的配置不能缺项。

（6）新农村建设，应避免大拆大建，力求有地方特色。

3. 村庄建设发展对策的确定

根据风险型生态因素、资源型生态因素、村庄规模和管理体制、历史文化资源等影响发展建设的因素，规划可以将村庄分为城镇化整理、迁建和保留发展三种类型，其中：

（1）城镇化整理型村庄是位于规划城市（镇）建设区内的村庄。

（2）迁建型村庄是与生态限建要素有矛盾需要搬迁的村庄。

（3）保留发展型村庄包括位于限建区内可以保留但需要控制规模的村庄和发展条件好可以保留并发展的村庄，具体可再细分为保留控制发展型、保留适度发展型、保留重点发展型。

4. 村庄整治规划

村庄整治规划的重点是解决当前农村地区的基础条件差、人居环境亟待改善等问题，兼顾长远。其规划应遵循以下原则：

（1）尊重农民意愿，保护农民利益。

（2）尊重农村建设实际，坚持因地制宜，分类指导。

（3）整治的重点要明确，避免盲目铺开。

11.4.4 乡和村庄规划的成果要求

乡和村规划的成果要求可参照镇规划执行，包括规划图纸和必要的文字说明。规划基本图纸包括以下内容：

（1）位置图。

（2）用地现状图。

（3）用地规划图。

（4）道路交通规划图。

（5）市政设施系统规划图。

11.5 名镇和名村保护规划

11.5.1 国家历史文化名镇和名村的基本情况

从 2003 年起，住房城乡建设部（原建设部）、国家文物局分六批公布了国家历史文化名镇和国家历史文化名村，并制定了《中国历史文化名镇（村）评选办法》。目前，我国已公布的国家历史文化名镇共计 252 个，国家历史文化名村共计 276 个（表 11-1）。

表 11-1　我国六批次的历史文化名镇和名村的评选情况

批次	批复时间	国家历史文化名镇（个）	国家历史文化名村（个）
第一批	2003 年 10 月 8 日	10	12
第二批	2005 年 9 月 6 日	34	24
第三批	2007 年 5 月 31 日	41	36
第四批	2008 年 12 月 23 日	58	36
第五批	2010 年 7 月 22 日	38	61
第六批	2014 年 2 月 19 日	71	107
合计		252	276

11.5.2　国家历史文化名镇和名村的评选标准

根据《中国历史文化名镇（村）评选办法》，入选的镇（村）应满足以下四个方面的基本条件和标准：

1. 历史价值与风貌特色

历史文化名镇（村）在历史价值和风貌特色上应当具备下列条件之一：

（1）在一定历史时期内对推动全国或某一地区的社会经济发展起过重要作用，具有全国或地区范围的影响。

（2）系当地水陆交通中心，成为闻名遐迩的客流、货流、物流集散地。

（3）在一定历史时期内建设过重大工程，并对保障当地人民生命财产安全、保护和改善生态环境有过显著效益且延续至今。

（4）在革命历史上发生过重大事件，或曾为革命政权机关驻地而闻名于世。

（5）历史上发生过抗击外来侵略或经历过改变战局的重大战役，以及曾为著名战役军事指挥机关驻地。

（6）能体现我国传统的选址和规划布局经典理论，或反映经典营造法式和精湛的建造技艺。

（7）能集中反映某一地区特色和风情，民族特色传统建造技术。

（8）建筑遗产、文物古迹和传统文化比较集中，能较完整地反映某一历史时期的传统风貌、地方特色和民族风情，具有较高的历史、文化、艺术和科学价值，现存有清代以前建造或在中国革命历史中有重大影响的成片历史传统建筑群、纪念物、遗址等，基本风貌保持完好。

2. 原状保存程度

（1）尽量保存镇（村）内历史传统建筑群、建筑物及其建筑细部乃至周边环境的原貌。

（2）因年代久远，原建筑群、建筑物及其周边环境虽曾倒塌破坏，但已按原貌整修恢复。

（3）原建筑群及其周边环境虽部分倒塌破坏，但"骨架"尚存，部分建筑细部也保存完好，依据保存实物的结构、构造和样式可以整体修复原貌。

3. 现状规模

除同时满足上述一、二项条件外，镇的现存历史传统建筑的总建筑面积须在 5 000㎡以上，村的现存历史传统建筑的总建筑面积须在 2 500 ㎡以上。

4. 规划编制

已编制了科学合理的村镇总体规划，并设置有效的管理机构，配备了专业人员，有专门的保护资金。

11.5.3　名镇和名村保护规划的内容

历史文化名镇保护规划的规划期限应当与镇总体规划的规划期限相一致；历史文化名村保护规划的规划期限应当与村庄规划的规划期限相一致。

规划内容具体包括：
（1）保护原则、保护内容和保护范围。
（2）保护措施、开发强度和建设控制要求。
（3）传统格局和历史风貌保护要求。
（4）历史文化街区、名镇、名村的核心保护范围和建设控制地带。
（5）保护规划分期实施方案。

11.5.4　名镇和名村保护规划的成果

历史文化名镇名村保护规划的成果一般由规划文本、图纸和附件三部分组成，其中附件包括规划说明、基础资料和专题报告。

1. 规划文本

1）总则
规定本次保护规划编制的目的依据、指导思想、基本原则和规划期限等。
2）保存现状和价值特色评价
分析评价现存的历史街区、街巷格局、历史建筑保存规模、保存完好度和历史价值。
3）确定保护范围
划定保护等级、保护范围、保护面积，根据保护等级和范围，提出有针对性的保护要求、控制指标。
4）建（构）筑物的保护
对历史保护区内现存的建筑物和构筑物，根据其价值的不同划分为保护和整治两大类。对保护类建筑，分别提出有针对性的保存、维护、修复等保护方式；对整治类建筑，分别提出有针对性的保留、整饰、拆除等整治方式。
5）街巷格局的保护
对历史保护区内现存街巷的空间尺度、街巷立面和铺地等，分别提出有针对性的保护要求和整治措施。

6）重点地段的保护

对历史文化名镇、名村历史保护区内重点地段和空间节点的现状情况，从空间和建筑分别提出具体的保护整治措施。

7）重点院落的保护

对历史文化名镇、名村保护区内重点院落，分别从院落布局、建（构）筑物等方面，提出有针对性的保护和维修措施。

8）历史环境的保护

分别对名镇、名村内部历史环境和外部自然生态环境，提出有针对性的保护、整治要求和措施。

9）设施功能的提升

对历史文化名镇、名村历史保护区，在保护原有格局、风貌、特色和价值的前提下，提出改善设施、提升功能的规划意见。

10）历史文化资源的利用

进行旅游资源分析、景区划分、市场定位、线路设计、客源分析、旅游环境容量测定，提出旅游设施配置的意见。

11）分期规划

提出分期保护和整治的重点，详细列出修缮、整治的街区和建筑，以及需要改造的设施项目，提出分期整治的具体措施。

12）规划实施的措施

对保护规划的实施，提出具体措施和政策建议。

13）附则

规定保护规划的成果构成、法律效力、生效时间、规划解释权、强制性内容等。

2. 规划图纸

图纸比例尺一般宜采用 1：200～1：500，具体包括下列内容：

（1）区位结构分析图。

（2）土地利用现状图。

（3）建筑质量评价图。

（4）资源景观分析图。

（5）保护规划总平面图。

（6）建筑高度控制图。

（7）重点地段和院落保护规划图。

（8）保护与更新规划图。

（9）分期保护规划图。

（10）旅游规划图。

（11）道路绿化规划图。

（12）基础设施规划图。

（13）保护规划鸟瞰图。

3. 附件

1）规划说明

对保护规划中重要观点进行分析，重要思路进行论证，重要指标进行解释，重要措施进行说明。

2）基础资料

基础资料汇编，包括历史资料、建筑资料、用地资料、经济资料、社会资料、人口资料和环境资料等。

3）专题报告

对重要问题通过深入研究形成的专题论证材料等。

第12章
城乡规划的实施与管理

主要内容：

（1）城乡规划实施管理的方法。

（2）城乡规划实施管理的制度。

（3）城乡规划实施中公众参与。

学习要求：

（1）了解城乡规划实施管理的方法，了解国外城乡规划实施管理的制度。

（2）掌握中国城乡规划实施管理制度，包括建设项目选址规划管理制度、建设用地规划管理制度、建设工程规划管理制度、乡村建设规划管理制度。

（3）了解国内外公众参与城市规划制度。

12.1 城乡规划实施管理方法

根据《城乡规划法》的规定，城乡规划实施管理主要由依法采取行政的方式行使管理职能，兼采用科学技术的方法和社会监管的方法及经济的方法，结合起来综合运用，以达到加强城乡规划实施管理的目的。

12.1.1 行政的方法

《城乡规划法》第三章明确规定，城乡规划的实施，主要由城乡规划主管部门依法对建设项目选址，建设用地、建设工程、乡村建设的当前建设项目实施行政管理，即依法行政。需要经过申请、审查、核定、提出规划条件、报批、复核、核发规划许可证等一系列程序和手段来实施行政许可的管理职能。换而言之，就是依靠行政组织，根据行政权限，运用行政手段，履行行政手续，按照行政方式来进行城乡规划实施管理。城市、县人民政府城乡规划主管部门是具体进行城乡规划实施管理、核发规划许可证的行政主体。

12.1.2 法制的方法

我国已经颁布了一系列关于城乡规划、建设和管理的法律、行政法规、部门规章、地方性法规、地方政府规章和规范性文件，初步具备了有法可依的条件。依法行政是城乡规划主管部门在城乡规划实施管理的过程中，必须依照法律规范的规定行事，有法必依，严格执法，依法办事，不得违法，违法必究。城乡规划实施管理的过程是一个具体执法的过程。一方面，城乡规划主管部门要加强对法律法规的宣传，使大家知法、懂法、守法，以便规范自己的建设行为；另一方面，城乡规划主管部门要依法行政，运用法律手段认真执法，法有授权必须行，法无授权不得行，正确用法，自觉守法，充分调动法律规范来履行城乡规划实施管理工作。

12.1.3 科学技术的方法

《城乡规划法》第十条规定："国家鼓励采用先进的科学技术，增强城乡规划的科学性，提高城乡规划实施监督管理的效能。"这就指出了在城乡规划实施管理中运用科学技术方法的要求，即应当采用当代的先进科学方法、先进技术、先进设备来加强规划管理工作。采用科学技术的方法是一种辅助管理的方法，它能够提高城乡规划实施管理的效能，把管理工作提升到一个新的水平。科学技术的方法，不仅包括基础资料的科学准确性、计算机运用、办公自动化和网上实施管理等，还应包括先进的管理理念、专家咨询、科学决策和效能监察等。

12.1.4 社会监管的方法

《城乡规划法》不仅对城乡规划制定过程中的公众参与作了明确规定，对于城乡规划实施管理过程中的公众参与也作了规定：一是任何单位和个人有权就涉及其利害关系的建设活动是否符合规划的要求向城乡规划主管部门查询；二是有权举报或者控告违反城乡规划的行为；三是应将经审定的修建性详细规划、建设工程设计方案的总平面图予以公布；四是应将依法变更后的规划条件公示等。这些措施和方式通过法律规定促进城乡规划实施管理中的政务公开，便于公众参与，增强社会监管的力度，从而运用社会监管的方法来加强城乡规划实施管理工作。

12.1.5 经济的方法

经济的方法是通过经济杠杆，运用价格、税收、奖金、罚款等经济手段，按照客观经济规律的要求来进行管理，这是对行政管理方法的补充。《城乡规划法》在"法律责任"一章中规定了对于违法建设的罚款和竣工验收资料逾期不补报的罚款处罚，就是城乡规划实施管理中关于经济方法的运用。

12.2 城乡规划实施管理制度

12.2.1 美国城市规划实施管理制度

美国的城市规划实施管理主要通过完善的城市规划法律体系、健全的城市规划体系和开发许可证制度的有机结合实现的。其中，美国的城市规划法律体系主要由规划法、区划法、建筑法和住宅法组成；城市规划体系由城市总体规划、区划、土地细分管理和公图制组成；开发许可证制度主要包括土地使用许可、区划许可、开发选址许可和施工许可等。区划法、区划和开发许可证制度的有机结合是美国城市规划实施管理的突出特征。

美国的城市规划实施管理呈现以下特点：一是将建设项目的规划、土地和施工管理融于一体，对建设项目实施综合管理。二是由一个专项许可的综合归口部门对专项许可进行收集、协调并做出最终许可，不存在过多部门分割。三是充分发挥注册建筑师和工程师的作用，将其签署的文件作为设计方案报批和竣工验收的依据。四是对建设项目的施工监管十分严格，在建设项目施工期间先后 5 次到现场进行检查，包括开工验线、施工过程中的工程检验、对建筑材料的检查、对抗震设施的检查、竣工验收。五是充分发挥咨询公司、建筑设计公司和承包商等中介机构的作用，允许它们提供与建设工程有关的项目开发、规划、设计咨询服务、项目管理、施工管理、业主代理、法律咨询等服务。此外，为保证规划实施，联邦政府还通过立法、设立基金以及低息贷款、减免税费等手段对城市规划实施进行间接管理。

12.2.2　英国城市规划实施管理制度

英国城市规划实施管理的突出特征是分类开发规划许可。它一般将规划许可分为无条件开发规划许可、有条件开发规划许可、国家法律规定的自由开发许可和默认开发许可四种类型。如果建设项目开发者拟订的开发建设项目与城市规划内容和城市土地开发控制原则没有矛盾，就可以直接申请无条件开发规划许可证；当地方规划当局在签发开发许可证时，可以合法地附加几项强制性的限制条件，即有条件开发规划许可；如果开发项目属于城市规划一般开发规则、专项开发规则和土地使用分类规则，则可免除申请开发规划许可证的法律程序。1990 年的《城市规划法》规定：地方规划当局在受理开发规划许可申请后，必须在 8 周内做出明确答复，否则成为默认开发许可；凡是张贴"广告控制规则"规定内容的广告无论其是否属于开发行为，一律视为"默认开发许可"；地方规划局的开发项目、公共机构与政府部门有协议的开发项目、皇室土地开发也都属于默认开发。同时，为保证规划实施，英国政府还通过立法、设立官方或民间的规划实施组织机构、财政预算和强制执行等手段对城市规划进行间接管理。同时，还根据国家和地方经济社会发展需要，对立法和组织实施机构适时作出调整，如为改造老城，成立了城市开发公司。

12.2.3　德国城市规划实施管理制度

德国的规划体系比较简单，主要包括土地利用规划、分区规划和交通能源等专项规划，但其可操作性较强，尤其是分区规划，实质上是规划实施管理的法律文件。它不仅对规划范围内各宗用地的用途、容积率和建筑密度等开发控制指标作出明确规定，而且还对建筑屋的立面和屋顶形式，以及园林绿化提出明确要求。

分区规划等可操作的实施规划是城市规划实施管理的核心内容。由于城市规划实施管理完全以分区规划作为法律依据，只要分区规划得到批准，就意味着规划范围内的大部分开发建设项目能获得许可。一般情况下，只实行建筑开发许可管理。如果一个单位或个人要开发建设某个建设项目，只要严格依据分区规划制订详细的开发计划，并按照开发计划设计建筑方案和建筑施工图，填写标准的申请表格，就可向地方政府规划管理部门直接申请建筑规划许可。

12.2.4 中国城乡规划实施管理制度

根据《中华人民共和国城乡规划法》，城乡规划许可制度由"建设项目选址意见书""建设用地规划许可证""建设工程规划许可证"及"乡村建设规划许可证"四项制度构成。城市、镇称为"一书两证"、乡村称为"一证"。规划实施许可制度的设立，体现了城乡规划同时规范政府行为和管理相对人的双重功能和职责，确立了城乡规划对城乡建设活动实施综合调控和具体管理的工作机制和程序，为城乡规划的实施管理提供了有效的制度保障。

1. 建设项目选址规划管理

按照国家规定需要，有关部门批准或者核准的建设项目，以划拨方式提供国有土地使用权的，建设单位在报送有关部门批准或者核准前，应当向城乡规划主管部门申请核发选址意见书。当建设单位和个人报批建设项目的可行性研究报告书时，必须附有城市规划行政主管部门的建设项目选址意见书。

1) 选址意见书的概念

选址意见书是指建设工程（主要指新建的大、中型工业与民用项目）在立项过程中，上报的设计任务书中必须附有由城乡规划行政主管部门提出的关于建设项目选在哪个城乡或者选在哪个方位的意见。

2) 申请领取选址意见书的条件

需要申请领取选址意见书的建设项目必须同时满足以下三个条件：必须在城市、镇规划区内，规划主管部门只能在规划区内实施规划许可，在规划区外是不能核发选址意见书的；建设项目需要有关部门批准或者审核；以划拨方式提供国有土地使用权的。

依照现行法律规定取得国有土地使用权的方式只有划拨和出让两种方式。以出让方式取得国有土地使用权的建设项目，出让前规划条件已纳入国有土地使用权出让合同，没有必要再申请核发选址意见书。因此，只有以划拨方式取得国有土地使用权的建设项目才可能需要领取选址意见书。通过行政划拨的方式取得土地使用权的建设用地包括：国家机关用地和军事用地；城市基础设施用地和公益事业用地；国家重点扶持的能源、交通、水利等项目用地；法律、行政法规规定的其他用地。

3) 建设项目选址意见书的合法程序和要求

建设项目选址意见书的合法程序主要包括选址申请、参加选址、选址审查、核发选址意见书等程序。

根据国土资源部《建设项目用地预审管理办法》的规定，建设项目用地在报送审批、核准、备案之前，涉及土地利用事项要先经过国土资源管理部门的预审，以保证土地的利用符合总体规划和国家土地政策，保护耕地特别是基本农田，控制建设用地总量。

4）选址意见书的内容

（1）建设项目的基本情况。主要是指建设项目的名称、性质、用地与建设规模，供水与能源的需求量，采取的运输方式与运输量，以及废水、废气、废渣的排放方式和排放量等。

（2）建设项目规划。经批准的项目建议书；建设项目与城乡规划布局是否协调；建设项目与交通、通信、市政、能源、防灾规划是否衔接与协调；建设项目配套的生活设施与城乡生活居住及公共设施规划是否衔接与协调；建设项目对于城乡环境可能造成的污染影响，以及与环境保护规划和风景名胜、文物古迹保护规划是否协调。

2. 建设用地规划管理

在城市、镇规划区内以划拨方式提供国有土地使用权的建设项目，经有关部门批准、核准、备案后，建设单位应当向城市、县人民政府城乡规划主管部门提出建设用地规划许可申请，由城市、县人民政府城乡规划主管部门核发建设用地规划许可证。以出让方式取得国有土地使用权的建设项目，在签订国有土地使用权出让合同后，建设单位应当持建设项目的批准、核准、备案文件和国有土地使用权出让合同，向城市、县人民政府城乡规划主管部门领取建设用地规划许可证。建设单位或者个人在取得建设用地规划许可证后，方可向县级以上地方人民政府土地管理部门申请用地，经县级以上人民政府审查批准后，由土地管理部门办理建设用地手续。

1）以划拨方式取得国有土地使用权的建设项目取得建设用地规划许可证

（1）建设用地规划许可证概念。

建设用地规划许可证是由建设单位和个人提出建设用地申请，城乡规划行政主管部门根据规划和建设项目的用地需要，向申请者核发的确定建设用地位置、面积、界限的法定凭证。

建设用地规划许可是城乡规划行政主管部门行政许可的一种。

（2）建设用地的审批。

建设用地的审批程序分为六个步骤：现场踏勘、征求意见、提供设计条件、审查总平面图、核定用地面积、核发建设用地规划许可证。

2）以出让方式取得国有土地使用权的建设项目取得建设用地规划许可证

（1）国有土地使用权出让合同概念。

国有土地使用权出让合同是指行政机关代表国家与行政相对人签订的将国有土地使用权在一定期限内出让给行政相对人，行政相对人支付出让金并按合同的规定开发利用国有土地的合同。

国有土地出让合同是一种比较典型的行政合同。由《中华人民共和国城市地产管理法》《城镇国有土地使用权出让和转让暂行条例》《协议出让国有土地使用权最低价确定办法》等法律、行政法规、部门规章对其进行规范。

（2）国有土地使用权出让合同的内容。

国有土地使用权出让合同必须包含拟出让地块的规划条件。即《城乡规划法》第三十八条第一款所规定的："在国有土地使用权出让前，城市、县人民政府城乡规划主管部门应当依据控制性详细规划，提出出让地块的位置、使用性质、开发强度等规划条件，作为国有土地使用权出让合同的组成部分。未确定规划条件的地块，不得出让国有土地使用权。"也就是说，在国有土地使用权出让合同中，如果对拟出让的地块没有确定规划条件，那么该地块的国有土地使用权不能出让。

（3）建设用地规划许可证的取得程序。

根据《城乡规划法》第三十八条第二款、第三款的规定。在签订国有土地使用权出让合同后，建设单位应当持建设项目的批准、核准、备案文件和国有土地使用权出让合同，向城市、县人民政府城乡规划主管部门领取建设用地规划许可证。城市、县人民政府城乡规划主管部门不得在建设用地规划许可证中，擅自改变作为国有土地使用权出让合同组成部分的规划条件。

3）国有土地使用权出让合同的无效及其法律后果

（1）合同无效制度概念。

合同无效制度指的是对已经成立的合同，因其在内容上违反了法律、行政法规的强制性规定和社会公共利益，而确定其不产生法律效力，并对由此产生的法律后果进行规定的一系列制度的总和。

根据我国《合同法》的规定，无效合同主要包括以欺诈、胁迫等手段订立的损害国家利益的合同，恶意串通，损害国家、集体或者第三人利益的合同，以合法形式掩盖非法目的的合同，损害社会公共利益的合同，违反法律、行政法规中强制性规定的合同。根据《城乡规划法》第三十八条、第三十九条的规定，规划条件未纳入国有土地使用权出让合同的，该国有土地使用权出让合同无效。

（2）国有土地使用权出让合同无效的法律后果。

对未取得建设用地规划许可证的建设单位批准用地的，由县级以上人民政府撤销有关批准文件；占用土地的，应当及时退回；给当事人造成损失的，应当依法给予赔偿。

3. 建设工程规划管理

建设单位或者个人在取得建设用地规划许可证后，需要建设用地的，应当按照有关法规向土地管理部门办理有关手续，领取土地使用权证等有关批准文件，然后向城镇规划行政主管部门提出建设申请。《城乡规划法》第四十条规定："在城市、镇规划区内进行建筑物、构筑物、道路、管线和其他工程建设的，建设单位或者个人应当向城市、县人民政府城乡规划主管部门或者省、自治区、直辖市人民政府确定的镇人民政府申请办理建设工程规划许可证。"对符合控制性详细规划和规划条件的，由城市、县人民政府城乡规划主管部门或者省、自治区、直辖市人民政府确定的镇人民政府核发建设工程规划许可证。建设单位或者个人取得建设工程规划许可证件和其他有关批准文件后，方可申请办理开工手续。

1）建设工程规划许可证概念

建设工程规划许可证是由城镇规划行政主管部门核发的，用于确认建设工程是否符合城镇规划要求的法律凭证。

2）建设工程审批

城镇规划行政主管部门受理建设申请后，便进入了建设工程的审批阶段，其程序为：认定建设工程申请、征求有关部门意见、提供规划设计要求、方案审查、核发建设工程规划许可证。

3）建设工程规划许可证的作用

确认有关建设活动合法地位；作为建设活动进行过程中接受监督检查时的依据；作为城镇规划行政主管部门有关城镇建设活动的重要历史资料和城镇建设档案重要内容。

4）有关城乡规划行政主管部门对建设工程核查的规定

县级以上地方人民政府城乡规划主管部门按照国务院规定对建设工程是否符合规划条件予以核实。未经核实或者经核实不符合规划条件的，建设单位不得组织竣工验收。

建设单位应当在竣工验收后6个月内向城乡规划主管部门报送有关竣工验收资料。

5）乡村规划区内非农建设用地审批程序

在乡、村庄规划区内进行乡镇企业、乡村公共设施和公益事业建设的，建设单位或者个人应当向乡、镇人民政府提出申请，由乡、镇人民政府报城市、县人民政府城乡规划主管部门核发乡村建设规划许可证。

在乡、村庄规划区内使用原有宅基地进行农村村民住宅建设的规划管理办法，由省、自治区、直辖市制定。

在乡、村庄规划区内进行乡镇企业、乡村公共设施和公益事业建设以及农村村民住宅建设，不得占用农用地；确需占用农用地的，应当依照《中华人民共和国土地管理法》有关规定办理农用地转用审批手续后，由城市、县人民政府城乡规划主管部门核发乡村建设规划许可证。

建设单位或者个人在取得乡村建设规划许可证后，方可办理用地审批手续。

6）建设用地规划许可地域范围的限制

《城乡规划法》第四十二条规定："城乡规划主管部门不得在城乡规划确定的建设用地范围以外作出规划许可。"

7）规划条件的变更

根据《城乡规划法》第四十三条的规定："建设单位应当按照规划条件进行建设；确需变更的，必须向城市、县人民政府城乡规划主管部门提出申请。变更内容不符合控制性详细规划的，城乡规划主管部门不得批准。城市、县人民政府城乡规划主管部门应当及时将依法变更后的规划条件通报同级土地主管部门并公示，建设单位应当及时将依法变更后的规划条件报有关人民政府土地主管部门备案。"

4. 乡村建设规划管理

《城乡规划法》第四十一条规定："在乡、村庄规划区内进行乡镇企业、乡村公共设施和公益事业建设的，建设单位或者个人应当向乡、镇人民政府提出申请，由乡、镇人民政府报城市、县人民政府城乡规划主管部门核发乡村建设规划许可证。"这就规定了经乡、镇人民政府报送城乡规划主管部门行使乡和村庄建设规划管理的职能。

1）乡和村庄建设规划管理的概念

建设社会主义新农村是我国面临的新的历史使命。要建设社会主义新农村，必须先从根本上改变农村建设中存在的缺乏规划、无序建设和土地资源浪费现象，做到规划先行、全盘考虑、统筹协调，避免盲目建设和滥用土地。因此，为了加强对乡村规划的管理，保证其在建设社会主义新农村的过程中发挥应有的作用，《城乡规划法》对于乡规划和村庄规划的制定和实施作出了明确的规定。

乡和村庄建设规划管理，是指乡、镇人民政府负责在乡、村庄规划区内进行乡镇企业、乡村公共设施和公益事业建设的申请，报送城市、县人民政府城乡规划主管部门，根据城乡规划及其有关法律法规以及技术规范进行规划审查，核发乡村建设规划许可证，实施行政许可证制度，加强乡和村庄建设规划管理工作的总称。

乡镇企业系指农村集体经济组织或者农民投资为主，在乡镇（包括所辖村）举办的承担支援农业义务的各类企业。所谓投资为主是指农村集体经济组织或者农民投资超过50%，或者虽未超过50%但能起到控股或者实际支配作用。乡镇企业应当符合企业法人条件，依法取得企业法人资格。乡镇企业的主要任务是，根据市场需要发展商品生产，提供社会服务，增加社会有效供给，吸收农村剩余劳动力，调高农民收入，支援农业，推动农业和农村现代化建设，促进国民经济和社会事业的发展。

乡村公共设施系指由人民政府、村民委员会、乡镇企业及其他企业事业单位、社会组织建设的用于乡村社会公众使用的或享用的公共服务设施。比如，乡村文化教育设施、乡村医疗卫生防疫设施、乡村文艺娱乐设施、乡村体育设施、乡村社会福利与保障设施、乡村商业金融服务设施、乡村行政管理与社会服务设施等。也就是为乡村人口和社会服务的公共建筑设施。

乡村公益事业建设系指直接或者间接地为乡村经济、社会活动和乡村居民生产、生活服务的公益公用事业建设。比如，乡村公路与道路交通设施建设、乡村自来水生产建设、乡村电力供应系统建设、乡村信息与通信设施建设、乡村防灾减灾设施建设。乡村生产与生活供应系统建设等。也就是支持和维持乡村健康发展的基础设施建设。

此外，乡村中还有大量的村民住宅建设。《城乡规划法》第四十一条规定："在乡、村庄规划区内使用原有宅基地进行农村村民住宅建设的规划管理办法，由省、自治区、直辖市制定。"这就强调了对于农村村民使用原有宅基地进行住宅建设同样需要加强规划管理，授权省、自治区、直辖市根据本直辖区的实际情况和客观要求制定符合当地实际的地方性法规和地方政府规章，来具体规定村民住宅建设的规划管理办法。

2）乡和村庄建设规划管理的任务

我国有数量众多的乡和村庄，是保障农业生产和农产品及农副产品供应的重要基地。把广大的乡和村庄规划好、建设好、管理好，是建设社会主义新农村的必由之路和重要使命。遵循城乡统筹、合理布局、节约土地、集约发展和先规划后建设的原则，《城乡规划法》规定了乡和村庄建设实施规划管理的内容和要求，是实现我国城乡现代化建设目标和建设社会主义新农村的需要，是促进城乡统筹、协调发展的需要，是落实科学发展观，尽快改变目前乡、村庄缺乏规划或者规划不科学而不能适应农村发展需要的重要举措。它的主要任务是：

（1）有效控制乡和村庄规划区内各项建设遵循先规划后建设原则进行，推进美丽乡村建设。

如果乡和村庄的建设没有规划或者是规划的不科学以及不依照规划进行建设，就会带来随意选址、盲目建设、无序发展、乱占耕地、浪费土地、破坏生态、污染环境的不良后果和恶性循环，就会影响到社会主义新农村建设，农民生产生活和农业发展，进而影响我国城乡现代化建设的发展进程。因而，从根本上改变农村建设中存在的随意、盲目、无序、混乱的发展建设状况，确立"先规划后建设"和按照规划进行建设的思想观念势在必行，必须加强管理，使其成为广大农村建设中的自觉行动。《城乡规划法》规定了乡和村庄建设的规划管理内容和要求，就是要通过法律的形式，加强对乡村建设的规划管理，建立乡村建设规划许可证制度，以便有效地控制乡和村庄规划区内各项建设遵循先规划后建设的原则并按照规划进行，以乡村建设的科学规划、合理布局、统筹安排、有序建设，加强管理，推动美丽乡村的建设。

（2）切实保护农用地、节约土地，为确保国家粮食安全做出具体贡献。

农用地是农民的命根子，也是确保国家粮食等安全生产的基础。粮食安全，关系经济社会发展全局，关系人民群众切身利益，丝毫不能放松粮食生产。要保证粮食生产，就必须保护直接用于农业生产的土地，包括耕地、林地、草地、农田水利用地、养殖水面等农用地。《城乡规划法》第四十一条规定："在乡、村庄规划区内进行乡镇企业、乡村公共设施和公益事业建设以及农村村民住宅建设，不得占用农用地；确需占用农用地的，应当依照《土地管理法》有关规定办理农用地转用审批手续后，由城市、县人民政府城乡规划主管部门核发乡村建设规划许可证。"这就指明了乡和村庄建设，包括乡镇企业、乡村公共设施建设、乡村公益事业建设、使用土地进行的农村村民住宅建设等，原则上都不得占用农用地，尤其必须严格保护耕地，以确保农业粮食生产留有足够的土地。在乡、村庄的建设和发展中，应当因地制宜、节约用地，不能浪费土地资源，提高乡和村庄建设中土地的利用率，以便最大限度地不去占用农用地和保护耕地。为此，赋予乡村建设规划管理的一个重要任务，就是通过严格管理，有效地控制农用地的占用，保护耕地，节约土地，具体为确保国家粮食安全做出积极贡献。

（3）合理安排乡镇企业、乡村公共设施和公益事业建设，提升农村发展建设水平。

乡镇企业是农村经济的重要支柱和国民经济的重要组成部分，国家对乡镇企业采取积极支持、合理规划、分类指导、依法管理的政策，鼓励和重点扶持经济欠发达地区、少数民族地区发展乡镇企业，并鼓励经济发达地区的乡镇企业或者其他经济组织采取多种形式支持经济欠发达地区、少数民族地区开办乡镇企业。发展乡镇企业，应坚持以农村集体经济为主导，多种经济成分共同发展的原则。发展乡镇企业，在于增强农村经济实力，但必须注意不能给农村环境和农村生产带来污染和影响。加强农村基础设施建设，包括乡村公共设施等社会性基础设施建设和乡村公益事业即饮水、道路、电网、通信等工程性基础设施建设，是改善农村生产、生活条件，改善人居环境，提高农村生活质量水平的重要举措，在乡和村庄建设中必须给予足够的重视和合理的安排布局。对于乡村公共设施、公益事业建设以及乡镇企业的合理安排，不仅是乡规划、村庄规划的重要内容，而且需要通过乡和村庄建设的规划管理并核发乡村建设规划许可证予以落实就位，使其各得其所、各尽所能，从而获得乡和村庄建设的经济效益、社会效益和环境效益，提升农村发展建设的整体水平。在这方面，乡村建设规划管理的任务明确，责任重大，不容懈怠。

（4）结合实际，因地制宜地引导农村村民住宅建设有规划、合理地进行。

《土地管理法》规定，农村村民一户只能拥有一处宅基地，其宅基地的面积不得超过省、自治区、直辖市规定的标准。农村村民建住宅，应当尽量使用原有的宅基地和村内空闲地。农村村民出卖、出租住房后，再申请宅基地的，不予批准。对于在乡、村庄规划区内使用原有宅基地进行农村村民住宅建设的规划管理办法，《城乡规划法》授权由省、自治区、直辖市根据本地的实际情况作出符合当地实际情况的规定。地方上无论是以地方性法规还是地方政府规章的形式来制定农村村民住宅建设的规划管理办法，对于农村村民住宅建设进行规划管理是毋庸置疑的。这就要求其要有规划并按规划进行建设，履行由省、自治区、直辖市所制定的规划管理程序和要求，以便结合实际，因地制宜，实事求是，尊重村民意愿，能够体现地方和农村特色的要求来引导村民合理进行建设。

3）乡和村庄建设规划管理的审核内容

根据《城乡规划法》第四十一条规定，建设单位或者个人在乡、村庄规划区内进行乡镇企业、乡村公共设施和公益事业建设的，首先向乡、镇人民政府提出申请，然后由乡、镇人民政府报城市、县人民政府城乡规划主管部门核发乡村建设规划许可证。对于在乡、村庄规划区内使用原有宅基地进行农村村民住宅建设的具体规划管理办法则另行规定，即由省、自治区、直辖市制定。不论《城乡规划法》的规定还是地方制定的农村村民住宅建设规划管理办法，规划管理审核的内容都应当是审核乡村建设的申请条件，审核建设项目是否占用农用地，审核建设项目是否符合乡和村庄规划，核定建设项目是否符合有关方面的要求，审定建设工程总平面设计方案等。

（1）审核乡村建设的申请条件。

建设单位或者个人，应当向乡、镇人民政府提交关于进行乡镇企业、乡村公共设施和公益事业建设，以及村民住宅建设的申请报告，并附建设项目的建设工程总平面设计方案等，填写乡村建设申请表。乡、镇人民政府应根据已经批准的乡规划、村庄规划，审核该建设项目的性质、规模、位置和范围是否符合要求，并审核是否占用农用地，如果是占用农用地的，应提出是否同意办理农用地转用审核手续的审核意见。乡、镇人民政府确认报送的有关文件、资料、图纸、表格完备，符合申请乡村建设规划许可证的应有条件和要求后，签注初审意见，一并报城市、县人民政府城乡规划主管部门。

（2）审定乡村建设的规划设计方案。

城市、县人民政府城乡规划主管部门接到乡、镇人民政府报送的乡村建设项目的申请材料后，首先应根据乡规划、村庄规划复核该建设项目的性质、规模、位置和范围是否符合要求，核定该建设项目是否符合交通、环保、文物保护、防灾（消防、抗震、防洪防涝、防山体滑坡、防泥石流、防海啸、防台风等）和保护耕地等方面的要求，是否符合关于乡村规划建设的法规和技术标准、规范的要求，然后审定该乡村建设工程总平面设计方案。

（3）审核农用地转用审批文件。

城市、县人民政府城乡规划主管部门接到乡、镇人民政府报送的乡村建设项目的申请材料后，经审核，如果该建设项目确需占用农用地，根据乡、镇人民政府的初审同意意见，该建设项目应依照《土地管理法》的有关规定办理农用地转用审批手续。如果该建设项目所占用的农用地是在已批准的农用地转用范围内，该具体建设项目用地可以由市、县人民政府批准。建设单位或者个人向城市、县人民政府城乡规划主管部门提交农用地转用审批文件后，经审核无误，才能核发乡村建设规划许可证。

4）乡和村庄建设规划管理的行政主体

根据《城乡规划法》第四十一条的规定，乡村建设规划管理的行政主体是乡、镇人民政府和城市、县人民政府城乡规划主管部门。《城乡规划法》明确规定，乡、镇人民政府负责乡村建设项目的申请审核，城市、县人民政府城乡规划主管部门负责对乡村建设项目申请的核定和核发乡村建设规划许可证。

（1）乡、镇人民政府。

乡、镇人民政府是直接管辖乡、村庄的政府机构，《城乡规划法》第二十二条规定："乡、镇人民政府组织编制乡规划、村庄规划，报上一级人民政府审批。"乡、镇人民政府通过对乡规划、村庄规划的组织编制，具有乡规划、村庄规划实施的行政责任和主动权，以及具有负责乡村建设规划管理的规划依据，同时要十分了解乡、村庄规划区内的农用地保护，以及乡镇企业、乡村公共设施、乡村公益事业建设、农村村民住宅建设情况。因此，《城乡规划法》第四十一条规定，由乡、镇人民政府行使乡村建设规划管理的对乡村建设项目申请的审核权限，以便把好乡村建设项目的依法申请关。乡、镇人民政府没有核发乡村建设规划许可证的行政许可权限。

（2）市、县城乡规划主管部门。

《城乡规划法》第十一条规定："县级以上地方人民政府城乡规划主管部门负责本行政区域内的城乡规划管理工作。"对于城乡规划的实施管理权限，除《城乡规划法》第四十条规定省、自治区、直辖市确定的镇人民政府可以核发镇行政区域内建设工程规划许可证，行使部分规划许可职权外，关于选址意见书、建设用地规划许可证、建设工程规划许可证、乡村建设规划许可证的核发，都由城乡规划主管部门行使规划许可的行政职权。《城乡规划法》第四十一条明确规定了由城市、县人民政府城乡规划主管部门核发乡村建设规划许可证，行使行政许可权限。

《城乡规划法》第四十二条规定："城乡规划主管部门不得在城乡规划确定的建设用地范围以外作出规划许可。"市、县城乡规划主管部门在核发乡村建设规划许可证，行使行政许可职能的过程中，应当注意，必须在乡规划、村庄规划所确定的建设用地范围内行使规划许可权限，核发乡村建设规划许可证。

市、县城乡规划主管部门接受由乡、镇人民政府报送的乡村建设项目的申请材料后，一方面要尊重乡、镇人民政府的审核意见；另一方面要依法对申报材料进行规划复核，对建设活动的内容进行核定，并审定建设工程总平面设计方案，以确定其性质、规模、位置和范围。如果是涉及占用农用地的，还应依法办理农用地转用审批手续，然后才能核发乡村建设规划许可证。

《城乡规划法》第四十一条规定："建设单位或者个人在取得乡村建设规划许可证后，方可办理用地审批手续。"这就进一步强调和明确规定了市、县城乡规划主管部门核发乡村建设规划许可证后，建设单位或者个人须持乡村建设规划许可证才可以向县级以上地方人民政府土地管理部门提出申请，依法办理乡村建设用地的审批手续。

5）乡和村庄建设规划管理的程序

根据《城乡规划法》第四十一条的规定，乡村建设规划管理的主要程序为申请程序、核定程序、核发乡村建设规划许可证等。

（1）申请程序。

建设单位或者个人在乡、村庄规划区内从事乡镇企业、乡村公共设施和乡村公益事业建设活动，应当持有关部门批准、核准的乡镇企业、公共设施、公益事业建设的批文，乡村建设项目的申请报告，建设项目的建设工程总平面设计方案等，向乡、镇人民政府提交申请材料，并填写乡村建设申请表。由乡、镇人民政府对报送的申请材料进行初步审核，签注审核意见。

（2）核定程序。

市、县城乡规划主管部门收到乡、镇人民政府报送的乡村建设项目的申请材料后，应进行程序性复核和实质性核定。一是程序性复核，即审核建设单位或者个人报送的各种有关文件、资料、图纸是否完备，是否符合申请核发乡村建设规划许可证的应有条件和要求。二是实质性核定，即审查该建设项目是否符合乡规划、村庄规划要求，核定该建设项目是否符合交通、环保、文物保护以及历史文化名村保护、防灾和保护耕地等方面的要求，是否符合关于乡村规划建设的法规和技术标准、规范的要求，审定乡村建设工程总平面设计方案，并审核该建设项目是否占用农用地，如果占用农用地的须审核农用地转用审批文件。最后，对乡村建设项目的申请提出核定意见。

（3）核发乡村建设规划许可证。

市、县城乡规划主管部门对乡村建设项目申请的有关材料，经审查核定后符合城乡规划要求的，向建设单位或者个人核发乡村建设规划许可证及其附件。对于不符合城乡规划要求的乡村建设项目，不得发放乡村建设规划许可证，但要说明理由，给予书面答复。

（4）关于村民住宅建设的规划审批程序。

根据《城乡规划法》第四十一条第二款的规定，对于在乡、村庄规划区内使用原有宅基地进行农村村民住宅建设的，其规划管理办法由省、自治区、直辖市制定。其程序为，首先建房村民应向乡村集体经济组织或者村民委员会提出建房申请，以便充分发挥村民自治组织的作用，经同意后报送乡、镇人民政府提出用地建设申请。是否由乡、镇人民政府实行规划许可管理，还是由市、县城乡规划主管部门实施规划许可管理，鉴于使用原有宅基地进行农村村民住宅建设，不涉及乡、村庄规划区内用地性质的调整，加之各地经济发展、社会、传统文化、自然环境等情况差异很大，条件复杂，农村住宅建设状况不尽相同，不能强求一致。从农村实际出发，为尊重村民意愿，体现地方和农村特色，并降低农民的建房成本和方便村民，其管理程序可以相对简单，以利切实可行，故由省、自治区、直辖市根据本辖区域内的实际情况，体现实事求是、因地制宜的原则来制定农村村民住宅建设的规划管理办法。一经制定，则应当按照其规划管理办法规定的程序和要求执行规划管理。

5. 临时建设和临时用地规划管理

1）临时建设和临时用地规划管理的概念

临时建设是指经城市、县人民政府城乡规划主管部门批准，临时建设并临时性使用，必须在批准的使用期限内自行拆除的建筑物、构筑物、道路、管线或者其他设施等建设工程。临时建设的特征：①时间特征明显，使用期限一般不超过两年。②简易结构特征明显，不得建设成为永久性或者半永久性建筑物、构筑物等。③在临时建设使用期间，如果国家建设需要时，一般应无条件拆除。④临时建设应当在批准的使用期限内自行拆除。⑤临时建设规划批准证件到期后，该批准证件自行失效。如果需要继续使用时，应当重新申请临时建设规划批准证件。

临时用地是指由于建设工程施工、堆料、安全等需要和其他原因，需要在城市、镇规划区内经批准后临时使用的土地。临时用地的特征：①时间特征明显，《土地管理法》规定："临时使用土地限期一般不超过两年"。②禁止在批准临时使用的土地上建设永久性建筑物、构筑物和其他设施。③临时用地批准证件到期后，该批准证件自行失效。如果需要继续使用时，应当重新申请临时用地批准证件。

临时建设和临时用地规划管理是指城市、县人民政府城乡规划主管部门，对于在城市、镇规划区内进行临时建设和临时使用土地，实行严格控制和审查批准，行使规划许可工作职责的总称。临时建设和临时用地规划管理的具体办法，由省、自治区、直辖市人民政府制定。

2）临时建设和临时用地规划管理的任务

（1）保证近期建设规划和控制性详细规划的顺利实施。

临时建设和临时用地规划管理的首要任务就是依法申请合理安排临时建设和临时用地，使其对近期建设规划和控制性详细规划以及修建性详细规划的实施不构成影响，既有利于临时建设和临时用地的需要，又能够保证城乡规划的顺利实施。

（2）统筹兼顾，因地制宜，避免对交通、市容、安全等带来影响。

临时建设和临时用地的规划管理，统筹兼顾，因地制宜提出城乡规划主管部门的管理和控制要求，尽可能避免对交通、消防、公共安全、市容市貌和环境卫生等造成干扰性影响，更不能影响城镇局部地段的正常生产、生活秩序。

（3）考虑周边环境要求，妥善解决矛盾、影响和利益问题。

临时建设和临时用地，一定要慎重考虑其可能对周边环境带来的影响和周边环境的客观要求，不得对周边环境造成污染、干扰性影响甚至破坏。如果因特殊需要确实无法安全避免的，应当依法给予补偿，妥善解决矛盾、影响和利益问题。

3）临时建设和临时用地规划管理的行政主体和审核内容

（1）临时建设和临时用地规划管理的行政主体。

城市、县级人民政府城乡规划主管部门是施行临时建设和临时用地规划管理职能的行政主体，依法对临时建设和临时用地的申请进行审核批准，行使规划许可权限。

（2）城乡规划主管部门对临时建设和临时用地项目的审核内容。

以近期建设规划或者是控制性详细规划为依据，审核该临时建设和临时用地项目，是否影响近期建设规划和控制性详细规划的实施。

审核该临时建设和临时用地项目是否对城镇道路正常交通运行、消防通道、公共安全、市容市貌和环境卫生等构成干扰和影响。

是否对周边环境，尤其是历史文化保护、风景名胜保护、医院、学校、住宅、商场、科研、易燃易爆设施等造成干扰和影响。

必须明确规定临时建设和临时用地的使用期限，临时建设须在批准的使用期限内自行拆除。

（3）临时建设工程审核要求。

临时建设工程中最常见的是临时建筑。对于临时建筑的审核，一般应当遵守下列使用要求：

临时建筑不得超过规定的层数和高度，应当采用简易结构，不得改变使用性质。

城镇道路交叉口范围内不得修建临时建筑。车行道、人行道、街巷和绿化带上不应当修建居住或营业用的临时建筑。在临时用地范围内只能修建临时建筑。临时占用道路、街巷的施工材料堆放场和工棚，当建筑的主体建筑工程第三层楼顶完工后，应当拆除，可利用建筑的主体工程建筑物的首层堆放材料作为施工用房。屋顶平台、阳台上不得擅自搭建临时建筑。临时建筑使用期限一般不超过两年，应当在批准的使用期限内自行拆除。

（4）临时管线的审核内容。

临时管线的埋设，必须先申请临时用地，然后进行临时建设。管线埋设后，必须恢复原来的地形地貌。不得影响，更不能破坏原有的地下管线和地面道路、建筑物、构筑物和其他设施。临时管线的架设，必须符合管线架设技术要求，不能随意走线和零乱设置，不能影响城镇观瞻和环境卫生。必须符合规划的高度要求，不能影响城镇道路交通运输的通畅和安全。易燃易爆的临时管线，必须考虑设防措施，并有明显标志。施工现场的临时管线，主体建筑竣工验收前必须拆除干净，不能留下后遗症。临时管线的使用期限一般不超过两年，应当在批准的使用期限内自行拆除。

4）临时建设和临时用地规划管理的程序

临时建设和临时用地规划管理的程序，应当包括临时建设和临时用地的申请、规划审核、核发批准证件等。

（1）申请。

建设单位或者个人在城市、镇规划区内从事临时建设活动，应向城乡规划行政主管部门提交临时建设申请报告，阐明建设依据、理由、建设地点、建筑层数、建筑面积、建设用途、使用期限、主要结构方式、建筑材料和拆除承诺等内容，以及临时建设场地权属证件或临时用地批准证件，同时还应提交临时建筑设计图纸等。

临时用地的申请，同样应当提交临时用地申请报告以及有关文件、资料、图纸（临时用地范围示意图，包括临时用地上的临时设施布置方案）等。

（2）审核。

城乡规划主管部门受理临时建设申请后，可到拟建临时建设的场地进行现场踏勘，并依据近期建设规划或者控制性详细规划对其审核。审核其临时建设工程是否影响近期建设规划或者控制性详细规划的实施；是否影响道路交通正常运行、消防通道、公共安全、历史文化保护和风景名胜保护、市容市貌、环境卫生以及周边环境等；同时，要对临时建筑设计图纸进行审查，主要审查临时建筑布置与周边建筑的关系，建筑层数、高度、结构、材料以及使用性质、用途、建筑面积、外部装修等是否符合临时建筑的使用要求等。如果是临时管线工程，则以临时管线的使用要求进行审核。

临时用地的审核，同样应当审核其是否影响近期建设规划或者控制性详细规划的实施以及交通、市容、安全等，审核临时用地的必要性和可行性，并审核临时用地范围示意图，包括临时用地上的临时设施布置方案等。

（3）批准。

城乡规划主管部门对临时建设的申请报告、有关文件、材料和设计图纸经过审核同意后，核发临时建设批准证件，说明临时建设的位置、性质、用途、层数、高度、面积、结构形式、有效使用时间，以及规划要求和到期必须自行拆除的规定等，实施规划行政许可。如果该临时建设影响近期建设规划或者控制性详细规划实施以及交通、市容、安全等，不得批准。但应说明理由，给予书面答复。

临时用地的批准，同样是经审核同意后，核发临时用地批准证件，在临时用地范围示意图上明确划定批准的临时用地红线范围的具体尺寸。如果不予批准，说明理由，给予书面答复。

6. 违法用地和违法建设查处

1）违法用地

违法用地指建设单位或个人未取得城乡规划行政主管部门批准的建设用地规划许可证，或者未按照建设用地规划许可证核准的用地范围和使用要求而使用土地的行为。其表现形式包括：未领取建设用地规划许可证或临时用地许可证使用土地的；擅自改变用地位置或扩大范围的；擅自出让、转让、买卖、交换、租赁土地的；以物易地或私自协议使用土地的；擅自改变土地使用性质的；临时用地逾期不交还的。

2）违法建设

违法建设指未取得建设工程规划许可证进行施工的，不按照建设工程规划许可证的规定和核准的施工设计图纸进行施工的，临时性工程或应该拆除的工程逾期未拆除的，以及违法用地的所有建设活动。有下列情况之一属于违法建设：未取得建设工程规划许可证进行建设的；未按照建设工程规划许可证及标准的附图要求进行的；擅自改变建筑物使用性质且与城市规划用地性质不相容并对周围环境造成妨碍的；建设工程规划许可证逾期且又未核准延期进行建设的；临时建筑和建设基地内的临时建设逾期未拆除的；建设基地内的建筑物、构筑物，按规划管理要求应当拆除而未拆除的；被撤销建设工程规划许可证后仍然进行建设的；违法审批的建设工程。

3）违法用地查处

对非法占用土地和使用土地的单位和个人，由县级以上人民政府土地行政主管部门进行查处。

（1）非法占地的查处。

未经批准或者采取欺骗手段骗取批准，非法占用土地的，由县级以上人民政府土地行政主管部门责令退还非法占用的土地；对违反土地利用总体规划擅自将农用地改为建设用地的，限期拆除在非法占用的土地上新建的建筑物和其他设施，恢复土地原状；对符合土地利用总体规划的，没收在非法占用的土地上新建的建筑物和其他设施，可以并处罚款；对非法占用土地单位的直接负责的主管人员和其他直接责任人员，依法给予行政处分；构成犯罪的，依法追究刑事责任。超过批准的数量占用土地，多占的土地以非法占用土地论处。

农村村民未经批准或者采取欺骗手段骗取批准，非法占用土地建住宅的，由县级以上人民政府土地行政主管部门责令退还非法占用的土地，限期拆除在非法占用的土地上新建的房屋。超过省、自治区、直辖市规定的标准，多占用的土地以非法占用土地论处。

责令限期拆除在非法占用的土地上新建的建筑物和其他设施的，建设单位或者个人必须立即停止施工，自行拆除；对继续施工的，作出处罚决定的机关有权制止。建设单位或者个人对责令限期拆除的行政处罚决定不服的，可以在接到责令限期拆除决定之日起十五日内，向人民法院起诉；期满不起诉又不自行拆除的，由作出处罚决定的机关依法申请人民法院强制执行，费用由违法者承担。

（2）非法用地的查处。

根据《土地管理法》的有关规定，非法用地的查处分以下几种不同的情况：

占用耕地建窑、建坟或者擅自在耕地上建房、挖砂、采石、采矿、取土等，破坏种植条件的，或者因开发土地造成土地荒漠化、盐渍化的，由县级以上人民政府土地行政主管部门责令限期改正或者治理，可以并处罚款；构成犯罪的，依法追究刑事责任。

拒不履行土地复垦义务的，由县级以上人民政府土地行政主管部门责令限期改正；逾期不改正的，责令缴纳复垦费，专项用于土地复垦，可以处以罚款。

已经办理审批手续的非农业建设占用耕地，一年内不用而又可以耕种并收获的，应当由原耕种该幅耕地的集体或者个人恢复耕种，也可以由用地单位组织耕种；一年以上未动工建设的，应当按照省、自治区、直辖市的规定缴纳闲置费；连续两年未使用的，经原批准机关批准，由县级以上人民政府无偿收回用地单位的土地使用权；该幅土地原为农民集体所有的，应当交由原农村集体经济组织恢复耕种。承包经营耕地的单位或者个人连续两年弃耕抛荒的，原发包单位应当终止承包合同，收回发包的耕地。

（3）非法批地的查处。

无权批准征收、使用土地的单位或者个人非法批准占用土地的，超越批准权限非法批准占用土地的，不按照土地利用总体规划确定的用途批准用地的，或者违反法律规定的程序批准占用、征收土地的，其批文无效，对非法批准征收、使用土地的直接负责的主管人员和其他直接责任人员，依法给予行政处分；构成犯罪的，依法追究刑事责任。非法批准征收、使用的土地应当收回；有关当事人拒不归还的，以非法占用土地论处。非法批准征收、使用土地，给当事人造成损失的，依法应当承担赔偿责任。

4）违法建设的查处

处理违法建设按照依法、及时、准确、公开、处教结合的原则进行。根据其影响城乡规划的不同程度，城乡规划行政主管部门可以采取不同的处罚措施。

依据《中华人民共和国城乡规划法》对于城乡规划区内各类违法建设活动进行处罚，不仅是保障城乡规划顺利实施的需要，也是依法治城，为城市发展提供良好建设环境和秩序的需要。根据违法建设的性质、影响的不同，城乡规划行政主管部门应采取不同的行政处罚手段。根据《中华人民共和国城乡规划法》的规定，城乡规划行政主管部门对违法建设行为的处罚主要有以下几种：

（1）未取得建设工程规划许可证或者未按照建设工程规划许可证的规定进行建设的，由县级以上地方人民政府城乡规划主管部门责令停止建设；尚可采取改正措施消除对规划实施的影响的，限期改正，处建设工程造价百分之五以上百分之十以下的罚款；无法采取改正措施消除影响的，限期拆除，不能拆除的，没收实物或者违法收入，可以并处建设工程造价百分之十以下的罚款。

（2）在乡、村庄规划区内未依法取得乡村建设规划许可证或者未按照乡村建设规划许可证的规定进行建设的，由乡、镇人民政府责令停止建设、限期改正；逾期不改正的，可以拆除。

（3）对未经城乡规划行政主管部门批准，擅自改变建筑物或构筑物已经确定的使用性质的，一经发现，城乡规划行政主管部门应责令有关当事人限期采取规定的改正措施并处以罚款，如果违法行为性质恶劣并已严重影响城乡规划的实施，应处以没收的处罚。

（4）对批准临时建设而进行永久性、半永久性建设的，一经发现应立即责令停止。对于已形成的违法建（构）筑物和其他设施限期拆除。同时追究直接责任人的行政责任，并对其所在单位或者上级主管机关给予必要的行政处分。建设单位或者个人有下列行为之一的，由所在地城市、县人民政府城乡规划主管部门责令限期拆除，可以并处临时建设工程造价一倍以下的罚款：①未经批准进行临时建设的；②未按照批准内容进行临时建设的；③临时建筑物、构筑物超过批准期限不拆除的。

12.3 城市规划实施中的公众参与

公众参与是在社会分层、公众和利益集团需求多样化的情况下所采取的一种协调对策。它强调公众参与城市社会发展的决策和管理过程使公众自下而上的参与和政府部门自上而下的管理形成合力以促进社会的和谐发展。城市规划实施中的公众参与就是在社会阶层、公众需求多样化、利益集团介入的情况下采取的一种协调对策，它强调公众对城市规划编制、审批和管理实施过程的参与、决策和管理。20 世纪 60 年代中期，公众参与已成为西方国家城市规划的重要内容。中国自 1990 年颁布《中华人民共和国城市规划法》以来，也相继建立了一些有效的公众参与机制，对维护公众利益起到了重要作用。

12.3.1 公众参与城市规划的必要性

1. 公众参与城市规划是依法行政的必然要求

中国《宪法》规定："中华人民共和国的一切权力属于人民。"政府由人民产生，为人民服务，对人民负责，这是中国依法行政的重要基石。城市规划作为政府的公共行政职能之一，其各种行政行为都涉及每个市民的日常生活和切身利益。因而公众参与城市规划的制定、审批和管理全过程，是公众利益的集中体现和利益表达，也是宪法赋予每个公民的权利。改革开放后，市场经济体制的建立、法律体系的逐步确立、城市规划宣传和实施的深入、各种侵犯公众利益事件不断发生等主客观原因促使公众意识到参与规划的必要性和重要性。

2. 公众参与是促进社会和谐发展的必要保障

随着市场经济的深入发展，社会各方利益诉求日益多元化，社会各界要求参与城市规划、维护城市空间资源配置公正性的愿望和呼声越来越强烈。在城市规划和建设中处理日趋复杂的社会关系，需要引入公众参与制度，采用社会化的公共管理方式，鼓励利益各方参与规划，通过相互协商妥善解决问题。公众广泛参与涉及切身利益的城市规划，能够促使政府与其他社会主体相互协调、不同利益团体相互平衡，保证了人民的利益，规范了市场，维护了社会稳定。

3. 公众参与城市规划编制、审批和管理实施的内在要求

城市规划是一项综合性很强的工作，其内容和方式也是规划期内社会经济普遍性需求和愿望的体现。因此，规划决策和实施需要考虑多种因素，协调各种关系，仅靠政府和规划编制者的智慧、经验是远远不够的。让公众参与城市规划，广泛听取各个方面的意见、集思广益，可最大限度地避免规划成果脱离实际，使之更趋于合理化、科学化。

目前，在城市规划编制阶段，国内普遍采用城市规划部门通过各种调查、走访、开座谈会等形式让公众参与，但这种参与是消极参与、被动参与、小范围的参与。城市规划送审前，大多数城市普遍采用专家咨询方式，专家一般由城市规划部门聘请，多为城市规划专业和相关专业人士。规划审批后，由于一些现有的行政体制问题，当地领导随意修改规划，造成公众利益的损害，公众都可以借助媒体或者直接向上级主管部门反映，甚至进行行政诉讼。与发达国家和地区相比，中国城市规划中的公众参与机制亟待完善。

12.3.2 国外公众参与城市规划制度

1. 美国城市规划中的公众参与

在美国，公众参与的渠道主要是一些社区组织。这些组织有的是社区自发组织的，有的是受政府的资助，如政府安排工作人员到社区中解释规划中遇到的各种问题，增加公众对这些问题的认识。此外，这些组织有权干预城市规划领域的各种活动，并通过投票、游行或举行集会等实现公众对城市规划的干预。

规划的不同阶段公众参与的方式、参与的作用也不同。城市规划分为十个阶段，依次为社区价值评价、目标确定、数据收集、准则设计、方案比较、方案优选、规划细节设计执行、规划修批、贯彻完成和信息反馈。公众参与规划的方式主要有问题研究会、邻里规划会议和机动小组等，在规划阶段，公众在公众评议和公众听证会扮演重要角色。审查审批阶段，也伴有公众会议。美国不但重视规划制定的广泛参与，就是规划的执行也是广泛参与的结果。如某些建筑超过规划规定的高度，可能会影响相邻建筑采光或破坏整体协调，或由于某建筑商任意改变住宅区中住宅的外观颜色，而影响邻居的审美视觉等，立刻会遭到利益相关者举报，城市的主管部门会立即要求违规者及时纠正，并给予处罚。为了保证公众参与的力度，联邦政府将公众参与的程度作为投资的重要依据，并制定了相应的法规。

2. 德国城市规划中的公众参与

德国属于地方分权的联邦体制国家，政府行政组织体制可分为联邦、邦、区域、县（市）及市乡镇五级。在规划编制过程中，德国《建设法典》特别强调公众参与和其他建设部门与国家部门的及早参与，有关公众参与主要分为两个阶段，即初始公众参与和正式公众参与。德国公众参与具体实施过程如下：

一是公告规划。即在报纸、广播、电视上公开发布将在某地区进行的建设规划。

根据《建设法典》的规定，公众应在尽可能早的阶段参与规划，并在第一时间得到如下信息：有关规划措施的总体目标和意图，地区重新设计或开发的主要备选方案；规划方案可能造成的影响。

二是提出规划草案，在报纸上刊登，供公民讨论，同时与各部门沟通。议会召开公众会议研究各方面意见。通常，利益相关者会参加公众会议，关注焦点往往集中在城市设计方面，如建筑密度和高度、开放空间和绿地、停车的条款等。议会将尽其所能地吸纳公众意见。

三是根据公众会议形成的意见修改后的规划，按照法律程序审批后正式公示。根据规定，城市政府必须在公示发生至少一个星期之前通知公众，常用的方法是出版正式的政府公报或者在地方报纸杂志上登载信息，有时也可以通过在公共招贴栏或在市政厅展示窗上张贴声明以实现这一目的。公众通知本身必须满足特定的要求，如其必须包括足够的信息以使公众能够判断自身是否受到了规划的影响，必须包括规划草案公示的时间和地点等，公众通知还必须明确说明在公示期间市民可以提出建议和反对意见。规划草案连同附带的解释报告或充分理由说明，要置于公示地点一个月。在此期间，市政府邀请专家对规划进行解释，同时任何公民有权审查规划，提出建议或反对意见。这些建议和意见既可以是书面材料，也可以是口头表达。

四是一个月的公示期结束后，管理部门的官员将搜集到的意见整理成文字材料，送交议会，议会将讨论群众意见，并进行表决。那些曾发表过意见的人士将被告知决策结果。如果公示过程导致很多新问题出现，因而必须对规划草案进行修改或补充时，就要求规划草案修改或补充后应再按程序进行公示。若无太大意见，议会通过，规划被上报州审批。州审批通过，正式公告。一旦规划得到州批准，建设者可以依法开工。

通过这样一个事先公众参与—规划设计—公众参与审核—法律审查程序后的城市规划，具有法律效力，任何人都不能改变它，即使是政府领导班子换届也不能改变。《城市建设基本法》中明确规定，任何一个地方政府制定城市规划，都必须按照上述程序进行。特别是规划设计前后两次公众参与绝对不能缺少。德国的城市规划法执法非常严厉，规划局有权制止违章者的违章行为。

3. 法国城市规划中的公众参与

在法国当前的城市规划编制中，公众参与是通过"公众咨询"和"民意调查"这两个基本程序来实现的。根据公众的参与程度，"公众咨询"可以有信息发布、意见征询、共同决策三种组织形式。公众咨询是指在规划编制初始阶段，为求更符合居民的需求，就定期与公众沟通、交流、征求意见；"民意调查"在规划审批过程中的作用举足轻重，公众对是否接受这一规划方案提出意见，"民意调查"最后形成的决议对已经编制好的城市规划方案具有否决权。在"地域协调发展纲要"编制中，公众参与更全面、更具体。"民意调查"的重要性得到了加强和扩展。"公众咨询"程序形成制度化：完全把居民当成城市的建设者和真正的主人，在规划问题上，公众与公共机构平起平坐，参与贯穿整个的规划编制过程。

虽然法国将"公众咨询"规定为城市规划编制过程中的一个必要程序，但在组织方式和机构设置上并没有提出具体的规定，因此与"民意调查"相比，它在实际操作中的组织形式有很大的自由度。根据公众参与程度的不同，"公众咨询"可以有三种组织形式：一是信息发布，主管城市规划的公共机构在新规划方案的编制过程中，不仅不能采取任何形式或以任何借口阻挠、干扰公众了解规划编制情况，而且在规划编制的某些重要阶段，应当主动借助合适的宣传方式（大众媒体、互联网等）帮助公众了解项目进展。二是意见征询，在规划方案编制过程中，城市规划的主管机构不仅定期向公众发布有关信息，而且通过开放的讨论会或封闭的工作会议等方式，就一些问题向公众或其代表征求意见。但在这种"公众咨询"方式中，公共机构有组织意见征询的责任，但没有采纳建议的义务，他们完全保留着最后决策的独立性。三是共同决策，在这种方式中，公众通常是以"协会"这一集体形式参与讨论。公共机构不提出一个供讨论的既定方案，而是在与公众或其代表的协商过程中共同拟订方案。虽然公共机构仍然保留最后的决定权，但在决策过程中，需要充分考虑公众提出的要求和建议，并通过谈判方式谋求一个折中的解决办法，最终形成双方都能接受的方案。

12.3.3 中国公众参与城市规划存在的主要问题

1. 外来制度尚未本土化

城市规划公众参与等一系列制度都是来源于欧美，对我国来说就属于外来文化。因此，在引进城市规划制度的过程中，就面临着如何在本土传统文化与外来制度之间寻找平衡点的问题。国外由于有特殊的文化且城市规划长期发展，已经建立起了一套公众参与城市规划的制度，公众参与已经成为现实，且已作为一种社会制度。一旦被中国当成工具简单复制过来，在使用过程中就有可能出现"水土不服"的现象，当它面对当地的具体问题时，也难以避免会出现地方化的变形。

2. 法律制度不健全，体系尚未建立

《中华人民共和国城乡规划法》的第九条、第二十六条都对公众参与城市规划作了规定，但是缺乏可供操作的程序性规范，如公众参与的范围、参与方式、参与途径及其保障等公众参与城市规划的法律地位没有得到确立。中国的城市规划法规，从规划的编制、审批、公布到管理实施都没有关于公众参与的相关内容规定。因而，公众参与城市规划的法律地位就无从确立了。

同时，公众的知情权、参与权得不到体现。中国城市规划的制定和实施作出了原则性规定，实际上确立的是一种偏重于行政管理的法律模式。在这种模式下，城市规划的编制、审批和管理实施被视为城市规划和管理部门的内部工作。虽然在城市规划编制、审批和管理实施阶段也有些公众参与的环节，但大多停留在规划展会或调查民意上，市民处于消极参与或不参与的阶段，缺乏实质性的公众参与活动。因此，公众的知情权、参与权就难以得到真正的体现。

3. 市民参与意识淡薄

由于中国经济、社会发展水平还不高，并且长期受计划经济体制影响，公众普遍认为规划是政府的事，与自己无关，从而在实际生活中形成了公众对城市规划漠不关心的局面，这也直接影响了公众参与城市规划的各种活动的开展。现有规划法律法规

体系中，只有领导者才有法律赋予的规划决策权的官本位思想，使公众参与流于形式。

4. 宣传力度不够，缺乏民主监督机制

《中华人民共和国城乡规划法》规定城市规划经批准后须向市民公布，广泛宣传，让公众对城市规划既有执行的责任和义务，也可以使知情权和参与权得以体现。在编制规划过程中，向市民进行问卷调查或召开相关单位、市民代表座谈会，了解具体情况，让他们提出意见，并宣传规划内容和具体实施的措施等内容。这些做法可以进一步提高市民参与的积极性，对宣传规划和规划的实施具有重要的意义。但是，缺乏相应的监督机制，这种公众参与仅限于意见的表达，而采纳与否则完全取决于当地领导和规划师。

12.3.4　提高城市规划实施中公众参与的相关建议

随着公民权利意识的觉醒，推行城市规划的公众参与将有利于规划决策的民主化和科学化，促进社会的和谐。而真正要做到这一点，关键是要提高公众参与的水平，扩大参与领域，建立完善的参与机制，使公众参与成为体现社会民主、维护公众利益、监督规划和建设的重要手段。就目前而言，在公众参与城市规划方面要加强的工作至少有以下四个方面：

1. 更新观念，高度重视公众在城市规划中的作用

城市规划向社会展示的目的在于充分吸取公众的合理化建议，并将其运用到规划决策中，把不利因素的影响降低到最低程度。城市规划是政府进行市场调控和引导经济发展的重要手段，政府在其中充当了极其重要的角色，但是，政府的理性是有限的，公众才是城市的主体，他们长期生活在规划所创造的城市环境中，对城市的服务设施与环境最了解。因此，城市规划应充分尊重和体现公众的意愿，并建立市民参与城市管理的机制，让市民与政府共同来维护公共利益，维护社会稳定，创造和谐社会。

2. 广泛宣传规划，增强公众参与意识

在目前公众参与的萌芽阶段，规划重点应放在规划知识的普及和传播上。让公众、规划部门和政府官员真正了解城市规划的实质。公众参与的主体应以专业人士为主，尤其是高校和研究机构的相关专业教师、研究人员和学生。同时注重调动媒体舆论的力量进行宣传，提高公众参与的积极性和判断力。政府部门应将《中华人民共和国城乡规划法》的宣传纳入到普及法律知识的活动当中，以《中华人民共和国城乡规划法》的宣传教育为先导，采取灵活多样的组织形式，有计划、有步骤地广泛宣传城市规划理论和政策，让城市规划真正深入到公众生活中去，让市民真正关注规划、主动参与规划，并积极行使监督规划的权力。

3. 加强法制建设，完善规划立法体系

公众参与是城市规划体系中一个不可或缺的内容，如果没有具体的法律规定城市规划中必须有公众参与的环节，那么公众参与只能流于形式。《中华人民共和国城乡规

划法》中增加了有关公众参与城市规划的章节和条款，从法律上为真正意义上的公众参与提供了依据。应该以建设规划法规体系、规划管理体系和规划行政执法体系为重点，全面推进规划法制建设，规范立法程序，提高立法质量，完善配套法规，形成以《中华人民共和国城乡规划法》为基础的，由法律、行政法规和部门规章、地方性法规和政府规章等组成的多层次的城市规划法规体系，使各项城市规划活动做到有法可依。应进一步提高规划部门依法行政和依法决策的水平，强化规划行政执法人员的法律素质和执法能力，自觉地运用法律手段调整、引导和规范各种城市规划活动，促进和保障公众事业发展；保证公众依法享有规划的知情权，实现规划的民主决策、民主管理和民主监督，真正树立法制权威，有效地制约城市规划中忽视、损害公众利益的情况发生。

4. 提高规划师素质，深化规划理论和政策的研究

城市规划的实质是社会经济利益的反映，是社会财富的调整和再分配过程。如何满足不同利益集团的要求，尤其是公众及弱势群体利益，是新时期城市规划对规划师素质的新要求。公众参与城市规划意识的建立不仅仅是针对社会公众而言，规划师自身的公众参与意识也应该加强，中国目前的城市规划教育还局限于专业技术领域，对规划师的培养也还着重于专业知识方面，缺少社会沟通能力的培养。这种能力对于规划师来说又是必须具备的。规划师不能只扮演价值中立的专家角色，而应同时扮演多种角色：市民参与过程的促成者，公众意见冲突的调停者，为特定价值保护的辩护者。规划师从公众角度出发，通过推行一系列活动，例如公开论坛、讲座、巡回展览、举行简介会等，力求让一般公众易于理解和掌握规划的框架和内容，并及时把公众的意见吸纳到下一轮的规划修改中。

参 考 文 献

[1] 同济大学. 城市规划原理 [M]. 4 版. 北京：中国建筑工业出版社，2010.

[2] 李德华. 城市规划原理 [M]. 3 版. 北京：中国建筑工业出版社，2001.

[3] 邹德慈. 城市规划导论 [M]. 北京：中国建筑工业出版社，2002.

[4] 吴良镛. 中国人居史 [M]. 北京：中国建筑工业出版社，2014.

[5] 王克强，石忆邵，刘红梅主编. 城市规划原理 [M]. 3 版. 上海：上海财经大学出版社，2015.

[6] 谭纵波. 城市规划 [M]. 修订版. 北京：清华大学出版社，2016.

[7] 全国城市规划执业制度管理委员会. 城市规划原理试用版 [M]. 北京：中国计划出版社，2008.

[8] 闫学东. 城市规划 [M]. 北京：北京交通大学出版社，2011.

[9] 邻艳丽，田莉. 城市总体规划原理 [M]. 北京：中国人民大学出版社，2013.

[10] 闫学东. 城市总体规划 [M]. 北京：北京交通大学出版社，2016.

[11] 董光器. 城市总体规划 [M]. 5 版. 南京：东南大学出版社，2014.

[12] 何杰著. 城乡规划原理 [M]. 北京：中国农业大学出版社，2017.

[13] 文国玮. 城市交通与道路系统规划 [M]. 2013 版. 北京：清华大学出版社，2013.

[14] 李鸿飞. 小城镇规划与设计 [M]. 北京：北京师范大学出版社，2011.

[15]《中华人民共和国城乡规划法》编委会. 中华人民共和国城乡规划法 [M]. 北京：法律出版社，2007.

[16] 国务院法制办公室. 中华人民共和国城乡规划法注解与配套 [M]. 北京：中国法制出版社，2008.

[17] 全国人大常委会法制工作委员会经济法室. 中华人民共和国城乡规划法解说 [Z]. 北京：知识产权出版社，2016.

[18] 国务院法制办公室. 城市规划编制办法·城市黄线管理办法·城市蓝线管理办法 [Z]. 北京：中国法制出版社，2006.

[19] 中华人民共和国住房和城乡建设部. 关于发布《村镇规划编制办法》（试行）的通知（建村〔2000〕36 号）. 2000.02

[20] 中华人民共和国国务院. 村庄和集镇规划建设管理条例. 中华人民共和国国务院令第 116 号，1993.06

[21] 国家质量技术监督局，中华人民共和国建设部. 城市规划基本术语标准：GB/T 50280—1998 [S]. 北京：中国标准出版社，1998.

[22] 中华人民共和国住房和城乡建设部. 城市用地分类与规划建设用地标准：GB 50137—2011 [S]. 北京：中国计划出版社，2011.

[23] 国家技术监督局，中华人民共和国建设部. 城市居住区规划设计规范（2016 年修订版）：GB 50180—1993 [S]. 北京：中国标准出版社，1993.

[24] 中华人民共和国建设部. 镇规划标准：GB 50188—2007 [S]. 北京：中国建筑工业出版社，2007.

[25] 中华人民共和国住房和城乡建设部. 城市工程管线综合规划规范：GB 50289—2016 [S]. 北京：中国建筑工业出版社，2016.